黄跃飞　张硕　周沙
李兵　聂冲　林昌杰 ｜ 编著

陆地生态系统碳水通量耦合时空变化及其驱动机制

Spatiotemporal Variations of Carbon
and Water Fluxes in Terrestrial Ecosystems
and their Driving Mechanisms

清华大学出版社
北 京

内 容 简 介

本书总结了生态水文学的最新进展,综合理论、观测、模型和案例研究,深入探讨了植被碳水通量与环境条件的关系,涵盖从叶片尺度到区域尺度的多尺度研究,为理解生态系统对全球变化的响应提供了科学依据,并为相关领域的研究者和决策者提供了宝贵的信息和工具,具体包括六方面:全球变化与陆地生态系统的耦合过程、观测与模拟方法的多样性、水分利用效率的多尺度研究、环境变化对 WUE 的影响、植被气孔导度的调节机制、叶绿素荧光技术的应用。

本书适合环境科学、生态学、地理学、气象学等领域的研究人员和学者,从事气候变化、生态系统管理、水资源管理等政策制定的政府官员和决策者,土地利用规划、农业、林业等领域的专业人士,高等院校相关专业的教师和学生,以及对植被生态学和全球变化感兴趣的读者阅读参考。

版权所有,侵权必究。举报: 010-62782989, beiqinquan@tup.tsinghua.edu.cn。

图书在版编目(CIP)数据

陆地生态系统碳水通量耦合时空变化及其驱动机制 / 黄跃飞等编著.
北京:清华大学出版社,2025. 4. -- ISBN 978-7-302-68914-0
Ⅰ. X511
中国国家版本馆 CIP 数据核字第 2025AB0264 号

责任编辑: 李双双
封面设计: 何凤霞
责任校对: 王淑云
责任印制: 刘海龙

出版发行: 清华大学出版社
  网　　址: https://www.tup.com.cn, https://www.wqxuetang.com
  地　　址: 北京清华大学学研大厦 A 座　　**邮　编:** 100084
  社 总 机: 010-83470000　　**邮　购:** 010-62786544
  投稿与读者服务: 010-62776969, c-service@tup.tsinghua.edu.cn
  质量反馈: 010-62772015, zhiliang@tup.tsinghua.edu.cn
印 装 者: 大厂回族自治县彩虹印刷有限公司
经　　销: 全国新华书店
开　　本: 170mm×240mm　　**印　张:** 16.5　　**字　数:** 313 千字
版　　次: 2025 年 5 月第 1 版　　**印　次:** 2025 年 5 月第 1 次印刷
定　　价: 119.00 元

产品编号: 109045-01

前言

在全球变化的大背景下,陆地生态系统作为地球生物圈的重要组成部分,其碳水循环过程对于维持生态平衡、保障人类福祉和推动社会经济的可持续发展起着至关重要的作用。本书旨在深入探讨这一领域的科学问题,为理解陆地生态系统在不同时空尺度上的碳水交换过程提供全面的视角。

随着全球气候变化和人类活动的影响日益加剧,陆地生态系统的碳水循环过程正经历着前所未有的变化。这些变化不仅影响着生态系统的结构和功能,也对全球和区域的生态安全、粮食安全、能源安全和水资源安全构成了重大挑战。因此,准确把握陆地生态系统碳水通量的耦合特征及其对环境变化的响应,对于预测生态系统未来的发展趋势、制定科学的生态环境管理策略具有重要意义。

本书综合运用生态学、地理学、气象学和遥感学等多学科的理论与方法,系统研究了陆地生态系统碳水通量的时空变化特征及其内在驱动机制。书中首先介绍了陆地生态系统碳水通量的基本概念与方法,包括植被总初级生产力(GPP)和蒸散发(ET)的站点观测与估算技术、区域尺度模拟与估算方法,以及水分利用效率(WUE)的估算和变化驱动机理。进一步,本书深入分析了不同空间尺度下WUE的影响因子,探讨了温度、水分条件、CO_2浓度等环境因素对WUE的影响。

通过大量的案例研究和数据分析,本书揭示了陆地生态系统碳水通量耦合变化的复杂性,并识别了影响WUE的关键环境因子。书中提出了潜在水分利用效率(uWUE)模型,为区域尺度上WUE的估算提供了新的理论基础和方法工具。此外,本书还探讨了植被导度对水分条件的响应机制,以及土壤大气水分条件对植被碳水通量的耦合影响,为理解植被与水分条件相互作用提供了新的视角。

面向未来,本书的研究成果将为气候变化影响评估、生态系统服务功能评价和水资源合理配置等提供科学依据。我们期望本书能够成为生态学、环境科学、地理学等领域的学者和研究生的有益参考,同时也能为政策制定者和资源管理者在生态环境保护和可持续发展实践中提供指导。

在本书即将付梓之际,作者对所有参与研究的同仁表示衷心的感谢,并对支持本研究的机构和基金表示诚挚的谢意。我们期待本书的出版能够激发更多关于陆地生态系统碳水循环研究的讨论和探索。

作 者

2025年5月于清华园

主要符号对照表

A	叶片碳同化量($\mu mol/(m^2 \cdot s)$)
C_a	CO_2 浓度($\mu mol/mol$)
C_L	叶片尺度二氧化碳浓度($\mu mol/mol$)
c_p	空气定压比热(1012 $J/(kg \cdot K)$)
d	零平面位移高度(m)
DI	干旱指数(dryness index,无量纲)
Δ	饱和水汽压与温度曲线的斜率(kPa/K)
e_a	空气实际水汽压(kPa)
e_L	叶片尺度实际水汽压(kPa)
e_s	空气饱和水汽压(kPa)
ET	蒸散发(evapotranspiration,mm/s 或 $kg(H_2O)/(m^2 \cdot s)$)
FPAR	光合有效辐射分量(fraction of absorbed PAR,无量纳)
GPP	总初级生产力(gross primary production,$\mu mol/(m^2 \cdot s)$)
G	土壤热通量(W/m^2)
G_a	空气动力导度(m/s)
g_s	气孔导度($mol/(m^2 \cdot s)$)
G_s	植被导度($mol/(m^2 \cdot s)$ 或 m/s)
G_0	一般性植被导度模型截距项($mol/(m^2 \cdot s)$)
G_1	一般性植被导度模型斜率项(kPa^m)
Γ	CO_2 补偿点($\mu mol/mol$)
h_c	植被平均高度(m)
H	显热通量(W/m^2)
κ	冯卡曼常数(0.41,无量纲)
λ	叶片碳同化的边际用水成本($g(C)/kg(H_2O)$)
λ_{vapor}	水的汽化热(MJ/kg)
LAI	叶面积指数(leaf area index,m^2/m^2)
LE	潜热通量(W/m^2)
LUE	光利用效率(light use efficiency,$\mu mol\ C/J$)

m	一般性植被导度模型最适 VPD_l 指数项(无量纲)
ρ	空气密度(kg/m^3)
P	降水(mm)
P_a	大气压强(kPa)
PAR	光合有效辐射(photosynthetically active radiation,W/m^2)
PAR_{in}	入射光合有效辐射(W/m^2)
PAR_{out}	出射光合有效辐射(W/m^2)
γ	干湿表常数(kPa/K)
R	干燥空气的气体常数(0.008 314 $m^3 \cdot kPa/(K \cdot mol)$)
R^2	修正拟合优度(无量纲)
R_n	净辐射(W/m^2)
S_c	冠层储能(W/m^2)
SWC	土壤体积含水量(m^3/m^3)
SW_{pot}	大气层顶入射短波辐射(W/m^2)
T	叶片蒸腾量(mm/s 或 $kg(H_2O)/(m^2 \cdot s)$)
T_a	空气温度(K 或 ℃)
T_L	叶片温度(℃)
T/ET	蒸腾比(无量纲)
θ_s	土壤体积含水量(m^3/m^3)
u	风速(m/s)
VPD	水汽压差(vapor pressure deficit,kPa),包含 VPD_a 和 VPD_l 两种定义
VPD_a	空气水汽压差(kPa)
VPD_l	叶片表面水汽压差(kPa)
VPD_L	叶片尺度水汽压差(kPa)
ψ_l	叶片水势(MPa)
Ψ_H	热量传输修正函数(无量纲)
Ψ_M	动量传输修正函数(无量纲)
WUE	水分利用效率系数(water use efficiency,g C/kg H_2O)
WUE_t	植被水分利用效率系数(g C/kg H_2O)
z	通量塔观测高度(m)
z_{0h}	热量传输粗糙长度(m)
z_{0m}	动量传输粗糙长度(m)

目录

第 1 章　陆地生态系统碳水通量中的基本概念与方法 ·········· 1
　1.1　研究背景与意义 ·········· 1
　1.2　GPP 和 ET 的站点观测与估算 ·········· 2
　　1.2.1　涡度相关观测法 ·········· 2
　　1.2.2　GPP 和 ET 的其他观测和估算方法 ·········· 3
　1.3　GPP 的区域尺度模拟与估算 ·········· 3
　　1.3.1　过程机理模型 ·········· 3
　　1.3.2　数据驱动模型 ·········· 4
　　1.3.3　光能利用效率模型 ·········· 4
　1.4　ET 的区域尺度模拟与估算 ·········· 5
　　1.4.1　传统 ET 估算方法 ·········· 5
　　1.4.2　基于地表能量平衡模型估算 ET ·········· 6
　　1.4.3　基于陆面过程模型估算 ET ·········· 6
　1.5　植被通量与环境因子的日内变化特征 ·········· 7
　1.6　水分利用效率的估算方法 ·········· 8
　1.7　水分利用效率变化的驱动机理 ·········· 9
　　1.7.1　不同空间尺度 WUE 的影响因子 ·········· 9
　　1.7.2　温度和水分条件对 WUE 的影响 ·········· 10
　　1.7.3　干旱胁迫对 WUE 的影响 ·········· 11
　1.8　植被水分利用效率（WUE_t）估算方法 ·········· 11
　1.9　植被水分利用效率驱动机理研究 ·········· 12
　1.10　其他水分利用效率指标定义 ·········· 13
　1.11　基于植被气孔导度的植被碳水耦合研究 ·········· 14
　1.12　大气土壤水分条件对植被碳水通量的耦合影响 ·········· 16
　　1.12.1　生态系统碳水通量对大气土壤水分条件变化的响应规律 ·········· 16
　　1.12.2　生态系统水分利用效率对水汽压差及土壤水变化的响应规律 ·········· 19
　1.13　生态系统蒸散发分离方法 ·········· 20

第一部分　潜在水分利用效率模型与应用

第 2 章　日内尺度潜在水分利用效率模型 ……………………………………… 27
 2.1 本章概述 ………………………………………………………………… 27
 2.2 模型公式推导 …………………………………………………………… 28
  2.2.1 uWUE 模型公式推导 ……………………………………… 28
  2.2.2 一般化水分利用效率模型 ………………………………… 30
  2.2.3 日内滞后模型 ……………………………………………… 31
  2.2.4 站点数据及处理 …………………………………………… 33
 2.3 uWUE 模型验证 ………………………………………………………… 34
  2.3.1 一般化水分利用效率模型 ………………………………… 34
  2.3.2 日内滞后模型 ……………………………………………… 36
 2.4 本章小结 ………………………………………………………………… 38

第 3 章　日尺度潜在水分利用效率模型 ………………………………………… 39
 3.1 本章概述 ………………………………………………………………… 39
 3.2 理论方法 ………………………………………………………………… 40
  3.2.1 有效 VPD …………………………………………………… 40
  3.2.2 日尺度 uWUE 模型 ………………………………………… 41
  3.2.3 站点数据及处理 …………………………………………… 42
 3.3 模型验证 ………………………………………………………………… 43
  3.3.1 日平均 VPD 的有效性 …………………………………… 43
  3.3.2 模型升尺度对比 …………………………………………… 45
  3.3.3 模型稳定性对比 …………………………………………… 47
  3.3.4 日尺度 GPP 模拟对比 …………………………………… 48
 3.4 本章小结 ………………………………………………………………… 52

第 4 章　基于潜在水分利用效率模型的蒸散发分离方法 …………………… 53
 4.1 本章概述 ………………………………………………………………… 53
 4.2 理论方法 ………………………………………………………………… 54
  4.2.1 潜在和表观 uWUE 模型 ………………………………… 54
  4.2.2 蒸腾比估算 ………………………………………………… 55
  4.2.3 站点数据及处理 …………………………………………… 56
  4.2.4 植被指数 …………………………………………………… 57

4.3 蒸腾比估算结果 ·········· 57
　　4.3.1 潜在 uWUE 估算与验证 ·········· 57
　　4.3.2 表观 uWUE 与蒸腾比估算 ·········· 60
　　4.3.3 植被覆盖度对蒸腾比的影响 ·········· 61
4.4 本章小结 ·········· 64

第 5 章　黑河流域典型生态系统潜在水分利用效率及蒸腾比 ·········· 65
5.1 本章概述 ·········· 65
5.2 数据及方法 ·········· 66
　　5.2.1 站点数据 ·········· 66
　　5.2.2 uWUE 方法 ·········· 68
　　5.2.3 稳定同位素方法 ·········· 68
　　5.2.4 蒸渗仪/涡动协方差方法 ·········· 69
　　5.2.5 液流计方法 ·········· 69
　　5.2.6 4 种方法对比分析 ·········· 70
5.3 潜在水分利用效率及蒸腾比 ·········· 70
　　5.3.1 季节变异性分析 ·········· 70
　　5.3.2 站点结果对比 ·········· 72
5.4 蒸散发分离方法对比 ·········· 75
　　5.4.1 大满站蒸腾比估算 ·········· 75
　　5.4.2 胡杨林站蒸腾估算 ·········· 77
　　5.4.3 4 种方法优缺点分析 ·········· 79
　　5.4.4 蒸腾估算对流域灌溉节水的意义 ·········· 81
5.5 本章小结 ·········· 81

第 6 章　潜在水分利用效率对全球变化的响应 ·········· 83
6.1 本章概述 ·········· 83
6.2 数据及方法 ·········· 85
　　6.2.1 模型数据 ·········· 85
　　6.2.2 综合归因方法 ·········· 85
　　6.2.3 表观 uWUE 分解 ·········· 87
　　6.2.4 CO_2 施肥效应 ·········· 88
　　6.2.5 数据分析 ·········· 90
6.3 $uWUE_a$ 对环境因子的响应 ·········· 90

  6.3.1　$uWUE_a$ 的变异性 ·· 90
  6.3.2　$uWUE_p$ 和蒸腾比的变异性 ································ 92
  6.3.3　$uWUE_a$ 对大气 CO_2 升高的响应机理 ················ 92
  6.3.4　$uWUE_a$ 对其他环境因子的响应 ························ 95
 6.4　本章小结 ·· 97

第二部分　基于植被导度的碳水通量研究

第 7 章　植被导度对水分条件的响应机制 ··· 101
 7.1　本章概述 ·· 101
 7.2　数据来源与预处理 ·· 102
 7.3　植被导度对水分条件响应的分析方法 ································· 103
  7.3.1　植被导度与叶片表面 VPD 的计算 ······················· 103
  7.3.2　叶片表面 VPD 结果的合理性分析 ······················· 105
  7.3.3　基于叶片表面 VPD 的一般性植被导度模型 ·········· 110
 7.4　植被导度模型的适用性评价结果 ······································· 113
  7.4.1　叶片表面 VPD 用于植被导度模型的效果分析 ······ 113
  7.4.2　不同植被导度模型结果比较 ······························· 115
 7.5　植被导度对水分条件的响应关系 ······································· 118
  7.5.1　植被导度对叶片表面 VPD 的响应关系与规律 ······ 118
  7.5.2　土壤水含量变化对植被导度的影响 ······················ 122
 7.6　本章小结 ·· 126

第 8 章　植被碳水通量耦合变化的日内迟滞特征及驱动机制 ············ 128
 8.1　本章概述 ·· 128
 8.2　数据来源与预处理 ·· 129
 8.3　植被碳水通量日内迟滞特征的分析方法 ······························ 130
  8.3.1　基于太阳辐射的日内时段划分与迟滞特征分析方法 ······· 130
  8.3.2　植被导度与叶片表面 VPD 计算 ·························· 132
  8.3.3　基于方差分解的 GPP 迟滞特征分析方法 ············· 133
  8.3.4　基于植被导度模型的植被特征参数日内变化分析 ··· 134
 8.4　环境条件变量与植被碳水通量的日内迟滞变化特征 ············· 135
  8.4.1　环境条件变量的日内迟滞特征 ···························· 135
  8.4.2　植被 ET 的日内迟滞特征与驱动机制 ·················· 138

  8.4.3 植被 GPP 的日内迟滞特征与驱动机制 ································ 140
 8.5 植被导度及边际用水成本的日内变化特征 ································ 145
 8.6 本章小结 ·· 148

第三部分 大气土壤耦合水分条件对植被碳水通量的影响

第 9 章 水汽压差与土壤水对生态系统碳水通量的耦合影响 ·················· 153
 9.1 本章概述 ·· 153
 9.2 数据来源与数据预处理 ·· 154
 9.3 分离 VPD_L 及土壤水对生态系统碳水通量变化的相对贡献 ········ 159
  9.3.1 数据分箱法的基本思路 ·· 159
  9.3.2 基于数据分箱法的相对贡献分离方法 ·························· 161
  9.3.3 生态系统碳水通量对 VPD_L 及土壤水变化的响应 ············ 163
  9.3.4 分离 VPD_L 及土壤水对 GPP 变化的相对贡献 ················ 167
  9.3.5 分离 VPD_L 及土壤水对 ET 变化的相对贡献 ·················· 169
 9.4 分离 VPD_L 及土壤水对生态系统水分利用效率变化的相对贡献 ··· 171
  9.4.1 VPD_L 及土壤水对 WUE 变化相对贡献的量化方法 ········· 171
  9.4.2 分离 VPD_L 及土壤水对生态系统水分利用效率变化的相对
     贡献 ·· 172
  9.4.3 生态系统水分利用效率对 VPD_L 及土壤水的敏感性
     分析 ·· 177
 9.5 本章小结 ·· 185

第 10 章 蒸腾比及植被水分利用效率对耦合水分胁迫的响应机制 ··········· 188
 10.1 本章概述 ·· 188
 10.2 数据来源与蒸散发分离方法介绍 ······································ 189
  10.2.1 数据来源与数据预处理 ·· 189
  10.2.2 基于 uWUE 指标的蒸散发分离方法 ·························· 190
  10.2.3 基于一般性生态系统导度模型的蒸散发分离方法 ········· 190
  10.2.4 基于机器学习的蒸散发分离方法 ······························ 192
 10.3 通量站蒸腾比的时空变化特征 ·· 194
  10.3.1 3 种蒸散发分离方法的结果对比 ······························· 194
  10.3.2 蒸腾比与叶面积指数的相关性分析 ··························· 195
  10.3.3 森林生态系统蒸腾比的季节变化特征分析 ·················· 196
 10.4 蒸腾比及植被水分利用效率对耦合水分胁迫的响应规律 ········ 199

  10.4.1 蒸腾比及植被水分利用效率对 VPD_L 及土壤水变化的响应特征 ·· 199

  10.4.2 分离 VPD_L 及土壤水对植被水分利用效率及蒸腾比变化的相对贡献 ·· 204

  10.4.3 生态系统水分利用效率对土壤水敏感性的分解 ··········· 208

 10.5 3 种蒸散发分离方法的不确定性讨论 ································ 212

 10.6 本章小结 ··· 214

参考文献 ·· 216

第1章

陆地生态系统碳水通量中的基本概念与方法

1.1 研究背景与意义

陆地植被的碳水耦合过程是连接全球和区域"水分-碳-能量"三大循环的关键环节,对陆地生态系统的结构和功能有着重要影响[1-3]。植被通过调节叶片气孔同时控制光合作用中二氧化碳(CO_2)的吸收量和蒸腾作用中水蒸气(H_2O)的释放量以适应外部环境条件变化[4-6]。因此,植被的光合作用和蒸腾作用是相互联系、相互耦合的生态过程,通常用水分利用效率(water use efficiency,WUE)来表征其相互关系。在生态系统尺度,水分利用效率被定义为植被总初级生产力(gross primary production,GPP)与蒸散发(evapotranspiration,ET)的比值[7-8],即陆地植物每消耗单位水分所能吸收的碳量。陆地生态系统 WUE 是植物碳水通量耦合的重要量化指标,也是生态系统结构和功能的特征指标[7-10]。

水分利用效率连接的陆地生态系统碳通量 GPP 和水通量 ET,对全球和区域生态安全、粮食安全、能源安全和水资源安全都具有重大影响[1-2]。一方面,陆地生态系统 GPP 是反映植被生理效应和结构效应、评估陆地生态系统健康程度的重要指标,其变化会显著影响地表水文过程和能量平衡[11-12]。生产 GPP 的陆地植被光合作用过程会消耗大气中的 CO_2,且生产的 GPP 作为有机物能为地球上的生命提供基本的食物和能量[1]。因此,GPP 对抵消人类 CO_2 排放、调节全球碳循环和生态平衡及保障粮食安全具有重要作用[13-15]。另一方面,陆地生态系统 ET 是联系植被和外部水分循环的重要环节,陆地生态系统大约 60% 的降水通过 ET 的形式返回大气中[16]。蒸散发对应的潜热通量 λE(λ 是水的蒸发潜热)能冷却地表和底层大气,消耗 50% 以上地表吸收的太阳能。因此,ET 的变化影响着能量平衡,并进一步影响着区域及全球气候[17]。此外,ET 能够用于量化陆地植被的用水需求,在水资源管理和农业生产中有着重要的应用价值[15]。

气候变化会改变陆地植被的外部环境,驱动植被结构和生理特性发生变化,并影响植被的光合-蒸腾作用过程[18-19]，进而对陆地生态系统碳水通量和碳水耦合关系产生显著的影响[20]，并最终给生态平衡和经济社会的可持续发展带来不确定性[15,21-23]。例如，干旱和热浪等极端气候事件往往会给植被带来不可逆转的功能损害，大大降低 GPP 和 WUE，严重影响农林业的产量[24]。因此，制定提高水资源利用效率、确保水资源安全和粮食安全措施的科学决策，需要正确认识变化环境条件下陆地植被水分利用效率的时空变化特征及其内在驱动机制[10,12,15,22,25-26]。

变化环境下陆地生态系统区域尺度水分利用效率的变化根本在于植被光合作用产生 GPP 和陆地植被蒸散发的变化。因此，陆地生态系统 WUE 的估算实际上归结为对陆地生态系统 GPP 和 ET 的估算，WUE 变化的内在驱动机理归结为 GPP 和 ET 的内在驱动机理。一方面，关于陆地生态系统区域尺度 GPP 和 ET 的估算，国内外已开展了大量的研究并取得了很多成果[1,27-33]，主要基于过程机理模型、数据驱动模型、半经验模型等进行模拟估算[10,32]。但是，现有的 GPP 和 ET 区域尺度模型存在过度依赖地面信息数据[34-35]、参数化方案的确定难度大[29,32]等局限和不足，需要进一步开展研究工作。另一方面，WUE 变化的内在驱动机理一直是研究热点，由于在叶片尺度和站点尺度上能获取较为全面的观测数据，因此现有研究深入探究了气温、CO_2 等环境因素和叶面积、冠层结构等生物因素对 WUE 的影响[12,36-45]。但是，由于区域尺度 WUE 数据获取难度大，区域尺度 WUE 时空变化特征及其驱动机理的研究相对偏少[8,10]，因此缺乏区域尺度 WUE 时空变化的多因素综合影响机理分析，缺乏植物物候和生理特征变化对 WUE 影响路径的探究。在气候变化背景下，我们亟须尽快明晰 WUE 变化的内在驱动机理，辨识环境因素变化如何通过影响 GPP 和 ET 来影响 WUE，才能准确、全面地评估和预测气候变化对 WUE 的影响[40,43,45]。

本书旨在总结目前更为精准、可靠的区域尺度碳水通量估算方法，辨识陆地生态系统区域尺度水分利用效率变化特征及其内在驱动机制，为优化和改善生物机理模型、预测和评估气候变化对生态环境的影响提供理论支撑，为农林业生产、生态环境保护和水资源管理的决策制定提供科学依据。

1.2 GPP 和 ET 的站点观测与估算

1.2.1 涡度相关观测法

涡度相关观测法作为国际通用的通量观测方法，被公认为是目前能在站点尺度准确测定植被 GPP 和 ET 的方法[27,44]。涡度相关法能测量向上和向下的大气湍流运动中的碳水通量脉动情况，从而求算大气-地表之间的 CO_2 和 H_2O 交换通量,在站点上实现 GPP 和 ET 的同时测定[46]。由各国科学家共同搭建的全球通量站点观测网络 FLUXNET 成为提供 GPP 和 ET 站点观测数据的重要平台(https://fluxnet.fluxdata.org/)。该观测网络整合了全球范围内多个国家和地区的观测网络数据(包括 ChinaFlux、AmeriFlux、AsiaFlux、CarboEuripe 等),覆盖了世界各大洲的 500 多个通量塔、所有常见的植被类型(包括林地、草地、农田、湿地等)。FLUXNET 通量观测网络提供的连续且长期的碳水通量地面站点观测数据,为碳水循环及碳水耦合机理的研究提供了重要的数据支撑[47]。尽管目前众多研究基于涡度相关法探究森林、草地等不同植被生态系统的 WUE 变化规律及影响因素[41,44,48-50],但是涡度相关法的观测数据局限在 100～2000 m 的空间水平范围[51]。由于植被 GPP 和 ET 的空间变异性极大,因此站点尺度的观测数据无法反映区域尺度 GPP 和 ET 的空间异质性。此外,现有的通量站点在空间分布上极度不均,绝大部分站点集中在欧美、日本等发达国家和地区。相比之下,由于建设和维护成本高,中国等发展中国家的通量塔站点密度非常低。此外,通量站观测数据的质量容易受仪器性能的影响[29]。

1.2.2 GPP 和 ET 的其他观测和估算方法

除涡度相关法外,站点尺度的 GPP 还可以通过传统的生物量调查法进行估算,即通过实地测量生物量,并基于生物量和 GPP 的经验关系估算 GPP[52]。此外,利用 Penman-Monteith 方程和 Priestley-Taylor 方程均能实现站点尺度 ET 的估算。Penman 和 Monteith 在能量平衡和水汽扩散的物理学理论的基础上,引入表面阻抗的概念,进一步考虑了植被水分向大气输送的影响,从而得到计算 ET 的彭曼方程[53-54]。因为表面阻抗受到植被生理特征、结构特征、生长状况、土壤供水等一系列复杂因素的影响,所以表面阻抗系数的计算和量化非常困难[28],大大局限了彭曼方程在 ET 估算方面的应用。Priestley 以平衡蒸发为基础,构建了估算饱和下垫面 ET 的 Priestley-Taylor 方程[55],并在该方程的基础上乘以一个修正系数,把其应用范围推广到非饱和下垫面[55]。但是,很多研究发现,该修正系数在不同的条件和环境下变化很大,确定过程复杂[28]。

1.3 GPP 的区域尺度模拟与估算

目前,陆地生态系统区域尺度 GPP 的模拟模型主要有三大类:过程机理模型、数据驱动模型和光能利用效率模型。

1.3.1 过程机理模型

随着对光合作用等植被活动规律及其背后的生物物理机理的认识不断加深,

学者用概化的经验方程和参数去表征"土壤-植被-大气"连续体系统中的蒸腾作用、光合作用、呼吸作用等一系列生物物理过程,从而建立了可以估算 GPP 的过程机理模型[56-59]。过程机理模型以气象因子(如降水、气温等)作为输入,其优势在于能模拟生态系统中各组成要素之间的相互关系、相互作用,能清晰辨识外部环境变化对 GPP 影响的生物物理机制[32]。例如,Biome-BGC 模型能模拟叶片生长与凋零等植物生长过程、冠层截留等产汇流过程、土壤蒸发等物理过程、蒸腾和光合作用等植被生理过程、土壤固氮等生物化学过程[60-61]。BEPS 模型则包含气孔导度子模型、光合作用子模型等模块[62]。此外,常见的能估算 GPP 的过程机理模型还有 SiB3 模型[57]、TEM 模型[59]等。

过程机理模型的局限在于,模型所需的很多参数在区域尺度上无法通过遥感技术获取,参数本地化过程面临挑战[1],而且目前对部分植被类型的参数化方案探究有限,如 Biome-BGC 模型就缺少与农作物对应的生态参数[60]。然而,过程机理模型的参数在不同植被类型中变化很大,例如,阔叶林的冠层截流系数是玉米的 2 倍,死木质部分的碳氮比例是玉米的 3.2 倍[60]。

1.3.2　数据驱动模型

得益于机器学习算法的发展,估算区域尺度 GPP 的数据驱动模型得到不断的发展和完善,其模拟精度也不断提高[27,29,33]。数据驱动模型利用站点观测数据建立预测变量(GPP)与解释变量(气象因子、植被指数、土壤性质等)之间的关系,并假定在站点尺度上训练得到的经验关系能够推广应用到空间栅格上,进而利用解释变量的栅格观测数据作为输入以获得区域尺度上的 GPP 数据[27,33,63]。例如,FLUXCOM 模型便是以气温、降水、地表温度、植被指数、叶面积指数等一系列表征气象环境和植被结构的变量作为预测变量,基于由站点观测数据训练得到的算法来估算全球的 GPP 数据[33]。数据驱动模型的优势在于基于观测数据确定预测变量和解释变量之间的关系,减少了对理论假设的依赖。目前常见的估算 GPP 的数据驱动模型有 MPI-GBC 模型[27]及基于 MPI-GBC 模型进一步改进的 FLUXCOM 模型[33]。

1.3.3　光能利用效率模型

光能利用效率模型属于半经验模型,其基本假设为 GPP 是植被吸收光合有效辐射(aPAR)进行光合作用而实现碳转化的结果,这个转换过程会受到温度、水分条件等环境因素的限制和影响[64]。光能利用效率模型通常使用光能利用效率 ε 来量化 aPAR 转化为 GPP 的效率,如 VPM 光能利用效率模型如下[64]:

$$\text{GPP} = a\text{PAR} \times \varepsilon \times f(T) \times f(W) \times f(P) \tag{1-1}$$

其中，$f(T)$、$f(W)$ 和 $f(P)$ 分别代表温度、水分和植物物候期对光能利用效率 ε 的影响。光能利用效率 ε 决定了模型估算结果的准确性，但其会随着模拟的时空尺度不同、植被类型不同而变化，所以该参数的确定是光能利用效率模型实现区域尺度 GPP 可靠模拟的重点和难点[32]。目前常见的区域尺度 GPP 光能利用效率模型还有 MODIS 模型[65]和 GLASS 模型[66]。

光能利用效率模型在缺乏地面观测数据的地区存在应用局限。目前 FLUXNET 提供的地面站点观测数据是区域尺度 GPP 模型参数率定和模型校准的重要数据支撑。但是，FLUXNET 的通量站点分布极度不均匀，存在很多缺乏地面观测数据的地区，无法提供足够的地面观测数据对光能利用效率参数进行有效率定，导致光能利用效率模型在这些地区的模拟存在较大的不确定性，如 MODIS 模型和 VPM 模型在青藏高原的模拟结果具有显著的偏差[51,64,67-68]。此外，光能利用效率模型还存在结构性缺陷，此类模型通常假设 GPP 随 aPAR 线性增长，导致此类模型模拟的 GPP 出现"高值高估、低值低估"的现象[29]。

1.4 ET 的区域尺度模拟与估算

区域尺度的 ET 估算同样也可以采用数据驱动模型，其基本原理与区域尺度 GPP 数据驱动模型类似（见 1.3.2 节），即基于机器学习方法建立 ET 与解释变量之间的关系。此外，区域尺度的 ET 估算方法还包括传统方法、地表能量平衡模型及陆面过程模型[28-29,69]，其中陆面过程模型属于过程机理模型。

1.4.1 传统 ET 估算方法

区域尺度 ET 估算的传统方法可以分为两大类，一类是通过引入遥感数据在区域尺度上对 Penman-Monteith 方程和 Priestley-Taylor 方程中的参数进行率定，从而获得区域尺度的 ET。例如，Cleugh 等[70]尝试通过叶面积指数 LAI 的遥感数据估算 Penman-Monteith 方程中的表面阻抗系数。但是，由于两个方程中的参数确定过程复杂且在空间上具有很大的异质性（如 Priestley-Taylor 方程中的调整系数 α），难以在区域尺度上获取支撑参数确定的全部数据，所以此类方法在实际应用中存在很大的不确定性[28-29]。

另一类在区域尺度上估算 ET 的方法包括流域水量平衡法[71]和 Budyko 方程[72-73]。流域水量平衡法基于流域尺度的水量平衡原理对 ET 进行估算。该方法局限在年尺度和流域空间尺度，无法获取 ET 的年内时间变化和空间变化，因而在实际应用上具有较大的局限性[71]。Budyko 方程是基于水热耦合平衡理论构建的可以估算 ET 的经验方程，但是该方法同样只能用于估算年尺度和流域空间尺度的 ET[72-73]。

1.4.2　基于地表能量平衡模型估算 ET

地表能量平衡模型基于地表能量平衡原理,即地表太阳净辐射 R_n 转化为潜热通量 λE、显热通量 H 及土壤热通量 G 的等量关系[28,74]:

$$R_n = \lambda E + H + G \tag{1-2}$$

其中,太阳净辐射 R_n 可以通过遥感影像数据反演获取;而土壤热通量 G 则通过其与太阳净辐射、下垫面特征参数(如遥感植被指数)之间的经验关系来确定。因此,该模型的关键在于如何可靠估算显热通量 H[74]。根据对地表情况的模拟概化差异,地表能量平衡模型可以分为单层模型和双层模型[28,74]。单层模型中将植被覆盖的地表假设为一片大叶子,往往仅适用于单一、均匀、由植被覆盖的下垫面条件。在单层模型中,显热通量可以由空气动力学温度和气温计算得到[28]。由于空气动力学温度无法通过遥感反演获取,因此通常只能用地表温度替代,而这两者较大的差异会显著影响显热通量的估算[28]。双层模型则是单层模型的进一步拓展,通过串联多个单层模型以表征由于下垫面条件的不均匀导致的土壤蒸发和植被蒸腾的空间差异,从而使构建的双层模型能够适用于不均匀下垫面条件[75-76]。但是,双层模型同样面临着区域尺度上无法获取足够输入变量观测值的问题。双层模型需要两组不同角度的温度观测数据以求解植被温度和土壤温度,这在遥感观测方面目前还无法实现[75-77]。

1.4.3　基于陆面过程模型估算 ET

最早估算 ET 的陆面过程模型比较简单,即以水量平衡方程和地表能量平衡方程为基础的"水桶"模型(bucket model)[78]。经过不断的发展,目前最新的第三代陆面过程模型与估算 GPP 的物理生物过程机理模型类似,以"土壤-植被-大气"作为系统整体,实现对土壤水热输送、近地面湍流输送、冠层内部辐射传输、水量平衡等一系列机理过程的模拟[79-80]。因此,陆面过程模型包含的过程相对复杂,考虑的要素相对全面,适用的范围也广泛[79-81]。例如,北京大学陆面过程模型 PKULM 就包含了辐射传输过程、湍流输送过程、植物生理过程、土壤热力学过程和水量平衡过程 5 个相互耦合的过程,能模拟系统内部各过程、各要素间的相互作用和变化过程,从而实现对土壤蒸发、植被蒸腾、土壤水等的估算[82]。常见的陆面过程模型还包括 CoLM 模型[79]、SiB2 模型[80]、BATS 模型[58]等。

为了提高模型的适用范围和模拟准确性,陆面过程模型的复杂程度不断提高,模型内部包含的模块、算法和参数不断增多,导致模型的参数化方案非常复杂,其中很多参数难以在区域尺度上可靠获取。例如,PKULM 陆面过程模型需要的多层土壤温度、土壤湿度等输入数据[82]均无法通过遥感技术获取。部分研究会对模型原有的参数化方案进行简化以实现在区域尺度上的应用[83-84]，但这样必然会降低模拟的准确性及模型的适应性，同时会给模型模拟结果引入不小的误差[85-86]。

1.5 植被通量与环境因子的日内变化特征

受到太阳辐射驱动，环境条件在不同时间尺度上均呈现出周期性的变化，其中日内环境变化波动明显，并会引起植被通量随之发生变化[38,87]。在典型的一日内，植被 ET 和 GPP 通常在正午前后达到峰值，此时植被活动强度较高，环境气温和水汽压差（VPD_a）则在下午达到最高值[39]，图 1.1 所示为常见的典型 ET、GPP、VPD_a 与空气温度（T_a）的日内变化示意图。不同变量之间日内周期变化存在相位差，从而表现为各变量的迟滞特征[88-89]。作为基础的时间变化周期，日内尺度植被与环境变量的迟滞变化特征是许多学者在研究工作中关注的重点，能够为更好地理解植被的碳水耦合特征和受环境影响的机制提供基础视角[39,90]。

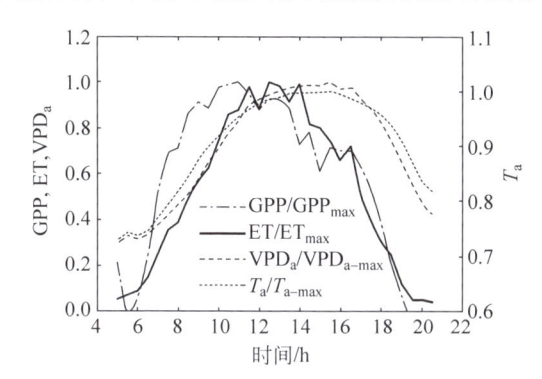

图 1.1 植被 ET、GPP、VPD_a 与 T_a 的日内变化

数据来自 2010 年 7 月 19 日的 US-AR1 通量站，站点植被类型为草地

植被通量与环境变量，以及不同环境变量之间都存在日内迟滞关系，许多学者对不同变量间的日内迟滞关系与特征进行了研究与分析，例如，土壤 CO_2 浓度与土壤温度和土壤呼吸的迟滞关系[91-92]，净辐射与土壤热通量的迟滞特征关系[88,93]，以及植被 ET、GPP 与环境条件之间的迟滞效应[94-97]。

ET 是反映植被水分利用特征的重要因子，对环境水分变化敏感（如空气水汽变化等），ET 与环境条件变量的响应关系一直是迟滞关系研究的重要内容。Zheng 等[98]采用通量站点数据，通过相关分析等方法验证了 ET 与辐射的日内变化趋势一致，由于 ET 和 VPD_a 之间，以及辐射和 VPD_a 存在相似的迟滞关系特征，结合 ET 的驱动机制，他们认为 ET 与 VPD_a 的迟滞效应主要由辐射与 VPD_a 的迟滞关系引起。Zhang 等[98]利用三角函数描述变量的日内变化特征，采用相位差表征变量间的迟滞关系,基于田间观测数据及土壤-植物-大气连续体(soil-plant-atmosphere continuum,SPAC)模型结果,对 ET 和 VPD_a 的迟滞关系进行分析,同样认为辐射与 VPD_a 之间的相位差是引起 ET 与 VPD_a 存在滞后的重要原因。考虑 VPD_a 对 ET 的非线性影响,Zhou 等[99]也在植被尺度上通过三角函数分析验证了 ET、GPP 及 VPD_a 三者的日内迟滞变化特征。

为从机理层面探究植物蒸腾及植物内水分供给与传输的日内迟滞特征,许多研究从田间植物个体尺度开展分析[100]。树干液流是反映植物内水分传输的重要指示因子,而树干液流量通常等于植被蒸腾量[101-102],因此对液流的研究能为植被 ET 变化提供更为微观细致的理解视角。O'Brien 等[103]采用热带森林的野外观测数据,分析了辐射、空气水汽条件、土壤水分变化、树木形态特征等因素对树干液流日内迟滞特征的影响,其中土壤水分对液流日内变化影响较小,空气和辐射的影响较大,并且树木越高,液流对环境的敏感性越高。O'Grady 等[104]采用实测的数据对热带草原与灌丛蒸腾变化进行了探究,发现植物蒸腾与 VPD_a 之间的迟滞关系在干旱季节更明显,并且气孔约束调节与植物导管导水率变化是影响蒸腾的重要原因。相似的结论同样在热带森林得到证实,植物蒸腾与 VPD_a 的迟滞关系在 VPD_a 较高时更加显著[105]。

植被 GPP 是对植被碳同化规律的重要评价因子,对 GPP 的日内变化研究多与辐射、光利用效率及营养物质变化等因素相关联[106-108]。Han 等[109]对海岸湿地 GPP 与土壤呼吸的迟滞关系进行了分析,发现二者存在 1~1.5 h 的迟滞效应。Nair 等[110]采用通量数据分析了 GPP 日内变化特征及其与气温、潜热的相关关系,结果也说明 GPP 与 ET 之间存在迟滞效应。多数研究表明,GPP 在下午具有下降趋势,并且与气孔的调节约束机制、下午的空气水分胁迫增强等因素有关[94,111-112]。采用模型刻画并由实测数据验证能够更全面探究日内植被通量变化机理。Tuzet 等[113]通过搭建耦合了植被气孔调节机制、光合作用和蒸腾作用过程的机理模型,提出对植被日内迟滞变化开展特征分析需要综合考虑植物生理过程,认为其日内迟滞变化是由环境改变及植物根部、叶片水势变化共同引起的。Buckley 等[114]基于耦合了碳同化过程影响的气孔导度模型,分析了植物气孔导度变化、水势和导水率变化引起的日内植物蒸腾和碳同化变化差异。

1.6 水分利用效率的估算方法

水分利用效率在不同的研究尺度有着不同的定义和测量估算方法[7,9-10,22,115]。在叶片尺度,WUE 被定义为光合作用速率和蒸腾速率的比值,研究人员通常通过 Li-6400 光合作用测定仪来测定光合作用速率和蒸腾速率,并计算得到叶片尺度

WUE[8]。此外，部分研究会使用稳定同位素法，即通过测量植物的稳定同位素 $\delta^{13}C$ 来计算叶片尺度 WUE[9,116]。在生态系统尺度（包括站点尺度和区域尺度），WUE 通常被定义为植被初级生产力 GPP 与蒸散发 ET 的比值，即 WUE=GPP/ET。在站点尺度，GPP 的测量主要依靠涡度相关观测法和实地调查法[29,46]，而 ET 的测量则可以依靠涡度相关观测法和蒸腾仪法等[47,117]。在区域尺度上，虽然遥感技术在不断发展，但是目前仍缺乏针对 GPP 和 ET 的直接观测手段，无法实现对 WUE 的直接测定，所以模型估算便成了获取区域尺度 WUE 的主要手段[28-29,32]。WUE 的估算模型主要分为两大类：一类是基于两个不同的模型分别估算 GPP 和 ET 后进一步计算 WUE，例如，卢玲等[118]分别使用 C-FIX 模型（光能利用效率模型）和 CoLM 模型（陆面过程模型）估算 GPP 和 ET，最终实现了陆地生态系统区域尺度 WUE 的估算；第二类是可以同时估算 GPP 和 ET 的耦合模型[29-30,119]，例如，BESS 模型整合了冠层辐射传输子模型、Farquhar 光合作用子模型、气孔导度子模型、彭曼方程和能量平衡方程等不同模块，能实现 GPP 和 ET 的同时模拟[30]。此外，常见的耦合模型还有 DLEM 模型[120]、VIP 模型[119]等。

1.7 水分利用效率变化的驱动机理

水分利用效率是表征碳水通量耦合关系的重要指标，因此，WUE 变化的驱动机理一直是研究热点。"植被-土壤-大气"生态系统有机整体中，相互影响的过程和要素非常复杂，众多研究表明，WUE 同时受多种因素的控制[40,43,45]，但在不同空间尺度上的变化特征及驱动机理会有差异。因此，WUE 变化驱动机理的研究范围和关注问题会由于研究尺度的不同（叶片尺度、站点尺度、区域和全球尺度）而有所侧重和不同[38]。

1.7.1 不同空间尺度 WUE 的影响因子

在叶片尺度上，研究者往往关注的是 WUE 日内变化的驱动机理，现有研究发现，气象条件（如气温和水汽压差 VPD 等）、光照条件和 CO_2 浓度都是叶片尺度 WUE 的重要影响因子[5]。在叶片尺度上，光合作用速率和蒸腾速率都可以表达为气孔导度的函数，所以环境因素会通过影响气孔开闭来影响 WUE[5-6]。在站点尺度上，研究发现，WUE 变化受气候因素（如 VPD、温度和降水）[39,45]、生物因素（如叶面积指数和植被类型）[121]、土壤特性[122]、CO_2 施肥[12,123]和人类管理（如灌溉和施肥）[26]等一系列因素的影响。由于通量塔观测的数据比较全面，因此目前关于 WUE 变化影响机理的研究主要集中在站点尺度；由于对区域尺度 GPP 和 ET 的观测不足，针对区域尺度 WUE 的时空变化特征及其控制机理的研究相对偏少[10]。

叶片、站点和区域3个不同尺度上的研究均表明，大气 CO_2 浓度的升高会提高 WUE[10]。大气和叶片细胞间的 CO_2 浓度差值是驱动叶片尺度 WUE 变化的重要因素，所以，大气 CO_2 浓度的变化是 WUE 发生变化的重要影响因素之一[123]。Huang 等[40]基于过程机理模型模拟了不同情境设置下的 WUE 变化，发现 CO_2 浓度升高在全球范围内提高了区域尺度 WUE。廖建雄等[124]基于田间试验发现 CO_2 浓度升高能促进小麦光合作用从而提高 WUE。

1.7.2 温度和水分条件对 WUE 的影响

无论是在叶片尺度还是站点、区域尺度，现有研究表明，温度和降水都是影响 WUE 的重要气象因素，但是关于其影响 WUE 变化的内在机理却存在着不一致、甚至相反的结论[7-8,10]。针对气温对 WUE 的影响，有的研究发现气温升高对 WUE 有抑制作用，而有的研究则发现气温升高对 WUE 有促进作用[25,125]。针对两种相互矛盾的结论，有研究者认为，温度对 WUE 的影响存在临界值，当低于临界值温度时，温度上升对 WUE 有促进作用；而高于临界值后，温度上升对 WUE 有抑制作用[10,22]。也有人认为，气温对 WUE 的影响取决于当地的气候条件。例如，Huang 等[40]发现变暖趋势在高纬度地区会提高 WUE，而在中低纬度地区会降低 WUE。廖建雄等[124]发现气温升高可以增加小麦 GPP，但是气温升高对 ET 的影响会根据土壤水分情况的不同而存在差异，最终导致 WUE 对气温的响应在不同情况下会截然相反。此外，在不同空间尺度下，气温对 WUE 也可能表现出不同的影响特征。例如，Niu 等[38]发现气温升高会使生态系统尺度上的 WUE 降低，但是对叶片尺度 WUE 几乎没有影响。

同样，降水量增加对 WUE 的影响也因情况而变。降水量的适当增加能促进 WUE 的增长，但是如果增幅过多反而会降低 WUE[22,126]。此外，降水变化对 WUE 的影响也受当地水分条件的影响。例如，Xue 等[127]发现，在中国降水量较小的地区，降水量增加通常会提高 WUE；而在降水量较大的地区，降水量增加通常会降低 WUE。饱和水汽压差 VPD 作为表征气温和水分条件综合情况的气象因子，对 WUE 有重要影响。在叶片尺度上，VPD 是影响 WUE 的最主要环境因素，VPD 的增大会使 WUE 降低[7]。在站点尺度，Law 等[36]发现，不同植被类型的 WUE 与 VPD 均呈现显著的负相关关系。但是，也有研究发现，VPD 与 WUE 的相关性会随着 VPD 的升高而减弱[7]。

植物物候和生理变化是温度和水分条件变化影响 WUE 的重要路径。植物物候和生理特征对气温和水分条件的变化非常敏感[128]，全球气候变化导致各地植被的物候和生理特征发生了显著的变化[129]，进而影响了植物的光合作用（GPP）[130-133]和蒸腾作用（ET），并最终影响 WUE。例如，研究发现，在高纬度地区,气温升高会提高植被早春和晚秋的 WUE,因为变暖趋势延长了生长季,从而使 GPP 的增幅大于 ET[134]。研究发现,气候变化引起的植物物候和生理变化正耦合影响着美洲和欧洲的 GPP[128,130-133]。近几十年来,中国气候变暖趋势引起了显著的物候变化[135-136],但是作为气候变化影响 WUE 的重要路径,植物物候和生理特征变化对中国 WUE 的影响还不明晰[136-139]。

1.7.3 干旱胁迫对 WUE 的影响

由于全球气候变暖和降水时空变化差异性加剧,干旱事件的频率和强度都显著加大,干旱事件正成为最具有破坏性的极端气候灾害之一[140-141]。干旱胁迫会导致植物碳吸收减少[142-143],造成生态衰退、农业减产和经济损失,严重威胁着全球的生态安全和粮食安全[140,144]。因此,随着干旱风险不断加大,干旱胁迫对 WUE 的影响机制也受到众多研究者的关注[145-146]。

不少研究发现,不同程度的干旱对 WUE 有着不同的影响机制[20]。例如,Erice 等[147]发现中度干旱会促进 WUE 增大,而 Reichstein 等[148]发现极端干旱会减小 WUE。研究认为,当出现中度干旱时,土壤水的减少会减小气孔导度以减少水分消耗,与此同时,植被能够进行自我适应性调整以尽量维持光合作用速率,从而促使植物提高 WUE[7]。Liu 等[41]发现,干旱通常会提高中国东南部和内蒙古区域的陆地生态系统 WUE,但会减小中国中部区域的 WUE。此外,Liu 等[41]发现,WUE 对干旱有明显的滞后响应,而且不同地区之间的滞后响应时间存在着差异,中国东南部的滞后响应时间较短,而北方的滞后响应时间相对较长。目前关于 WUE 对干旱胁迫响应的相关研究,主要以现象之间的关联性特征和表观规律辨识为主,而关于干旱胁迫对 WUE 影响的内在机理还有待进一步探究[145-146]。

1.8 植被水分利用效率(WUE_t)估算方法

植被水分利用效率作为衡量生态系统碳和水分循环相互关系的关键参数,在不同尺度有着不同的定义和测量估算方法[9]。在叶片尺度,WUE_t 通常定义为光合作用速率和蒸腾速率的比值,可用 Li-6400 等设备直接测量碳水交换过程获得[8]。基于植物长期水分利用效率与其碳同位素歧化的内在联系,测量稳定同位素($\delta^{13}C$)也为评估叶片尺度 WUE_t 提供了一种间接但有效的手段[149-150]。在站点尺度,WUE_t 通常定义为植被总初级生产力与植被蒸腾(TR)的比值,即 $WUE_t = GPP/TR$。在站点尺度,GPP 可以通过涡度相关观测法和实地调查法获得[29,46],TR 可由蒸腾仪和液流计方法等测量[151]。在区域尺度上,由于缺乏 GPP 和 TR 的直接观测手段[152],目前我们仍无法实现对 WUE_t 进行直接测定,因此模型估算便成了获取区域尺度 WUE_t 的主要手段[33,153-154]。Nelson 等[89]基于机器学习模型预测了 TR/ET 的时空变化,但该方法对数据要求较高,进行机器学习训练的特征向量包含较多变量。过程模型通过模拟植被生理生态过程,如光合作用、呼吸作用、水分传输等,实现对植被碳水通量的估算[28-29]。然而,模型的不确定性和尺度效应问题常常导致各种方法获得的区域尺度 GPP 和 TR 及相应的 WUE_t 存在差异,因此寻求更准确的区域尺度 WUE_t 估算方法是当前研究的热点。

近年来,卫星遥感技术的快速发展,特别是太阳诱导叶绿素荧光(SIF)的卫星观测技术,为区域尺度 WUE_t 的模拟和估算提供了新契机。SIF 作为反映植物光合作用的指标,已被广泛应用于区域尺度乃至全球尺度碳水通量的模拟[155-156]。运用 SIF 估算 GPP 已经取得显著成效,通过建立 GPP 与 SIF 之间的线性比例关系,可评估全球或者区域尺度 GPP[157-158]。鉴于 SIF 与光合作用的直接相关性,以及 GPP 与 TR 通过气孔导度和环境水分条件等因素耦合,SIF 与蒸腾之间的关系得到广泛讨论[159]。Shan 等[160]基于 SIF 估算了森林和农田生态系统的蒸腾,但在水分胁迫期间,GPP 与 TR 的解耦影响了估算蒸腾的准确性[161]。De Kauwe 等[161]发现,蒸腾和潜在蒸发之间的比例与 SIF 和光合有效辐射(PAR)之间的比例存在较强相关性,且该关系依赖空气水汽需求。虽然目前的工作主要集中在 SIF 与蒸腾之间的经验关系上,两者之间的机理联系尚未得到完全探索,但是仍为基于 SIF 推导植被蒸腾提供了巨大的应用潜力和理论支撑。

1.9 植被水分利用效率驱动机理研究

过去几十年,全球温度、降水、CO_2 浓度的变化,对陆地生态系统的生态功能、群落组成和结构产生了显著影响。首先,环境因子的变化会改变植物生理过程。如 CO_2 浓度变化会通过影响叶片气孔的开闭程度控制冠层气孔导度[162-163],或通过 CO_2 施肥效应导致植物冠层叶面积发生变化[164]。其次,环境因子的变化会导致生态系统的结构发生变化[165-166]。例如,气候变暖、降水减少会造成耐旱物种数量明显增多[167]。最后,植物光合产物分配格局的改变也影响着生态系统的结构和功能[168]。例如,在干旱和养分限制等胁迫环境中,植物会增加光合产物向根系的分配,增强根系生长以应对气候干旱带来的水分胁迫[169]。这一系列的变化会影响陆地生态系统中的循环过程,进而影响植被碳水通量的 WUE_t 的改变。

CO_2 作为光合作用的重要原料,其浓度变化会显著影响植被 WUE_t。开放式空气 CO_2 浓度升高实验、站点实测数据分析及陆面与全球气候模型模拟结果均表明,CO_2 浓度的升高会引起植被 WUE_t 出现不同程度的升高[12,170-171],但不同植被类型的响应存在差异,如森林植被 WUE_t 通常比草本植被对 CO_2 浓度具有更高的敏感性,而农田植被 WUE_t 对 CO_2 浓度的敏感性相对较低[90,172]。此外,有研究发现,CO_2 浓度升高对水分利用效率的影响与空间尺度有关,随着尺度的上升,其对 CO_2 浓度的敏感性有所下降,即区域尺度的 CO_2 浓度敏感性要小于叶片尺度[173]。这主要是因为在生态系统水平上,CO_2 浓度升高不仅会影响植物生理过程,还会通过改变界面层导度、根系生物量的分配和叶面积等对环境变化进行反馈[174-175]。例如,CO_2 浓度升高能显著提高叶面积指数,从而导致植被蒸腾量增加[176]。因此,在生态系统尺度上,WUE_t 对 CO_2 浓度升高的响应比在叶片尺度上更加复杂[177]。

温度、降水等气候因子的变化也会对 WUE_t 造成影响[178]。一方面,温度可以同时影响光合固碳过程和水分散失过程,当大气温度低于生产力最适温度时,环境温度升高对生态系统总初级生产力起到促进作用,反之则相反[179]。另一方面,温度变化又能够通过改变 VPD 对植被蒸腾过程产生影响[158,180]。因此,温度变化对 WUE_t 的影响也可能存在一定的阈值,在一定的温度范围内,温度升高对光合固碳的提高幅度大于对蒸散速率的提高幅度,使得 WUE_t 提高;若超过一定的温度,温度升高对植被蒸腾的促进作用大于对生产力的促进作用,造成 WUE_t 降低[40]。降水变化作为气候变化的重要方面,会对生态系统水分平衡和植物生理过程产生重要影响[181]。从植物生理角度来看,植物叶片或个体水平上的 WUE_t 对降水变化的响应主要受到气孔导度的控制[171]。轻度或中度水分胁迫下,气孔关闭导致气孔导度下降,一方面减少蒸腾耗水提高 WUE_t,另一方面也抑制 CO_2 向叶片扩散,降低光合速率从而降低 WUE_t[182]。大多数植物叶片和个体尺度的研究表明,WUE_t 与水分条件呈现负相关关系,即生长在相对干旱气候条件下的植被具有更高的 WUE_t[134]。但不同物种的水分利用策略有所差异,其对水分胁迫的响应程度和方式不尽相同[183]。除温度和降水的变化外,气候变化还包括辐射变化等其他方面,其对 WUE_t 的影响是不同气候因子变化综合作用的结果[184]。揭示 WUE_t 的驱动机理,准确模拟和预测其在未来环境变化下的动态响应,仍是当前研究面临的重大挑战。

1.10 其他水分利用效率指标定义

随着碳水耦合研究的不断深入,水分利用效率指标的概念和内涵更加多样化。在叶片尺度,内在水分利用效率(intrinsic WUE,iWUE)也是常用的水分利用效率指标,表示为单位气孔导度所同化的碳量[185]。与 WUE 相比,iWUE 能更好地反映植被气孔的调节功能。由于 iWUE 仅是叶片内外 CO_2 分压差的函数,而大气

CO_2 浓度在短时间内变化较小,通过假定叶片内外 CO_2 分压比保持相对稳定,日尺度 iWUE 相比于 WUE 呈现出更小的变异性[63]。与叶片尺度 iWUE 相对应,Beer 等[63]提出生态系统固有水分利用效率(Inherent WUE,IWUE)的概念,表示为 GPP×VPD 与 ET 的比值。大量研究表明,生态系统 WUE 会受到 VPD 的影响[186-188]。通过考虑 VPD 对碳水耦合关系的影响,在日尺度上,生态系统 IWUE 相比于 WUE 更加稳定[63]。因此,IWUE 能更好地应用于生态系统 GPP 与 ET 之间的相互估算[37]。

1.11 基于植被气孔导度的植被碳水耦合研究

气孔是连接植物内部与外界环境的重要通道,气孔对 CO_2 与水分进出叶片的调节是植被应对环境改变的重要方式[189-190]。植物气孔的开闭程度由气孔导度(g_s,mol/(m^2·s))描述。植物气孔开度越大,g_s 越高,CO_2 与水分越容易进出气孔[191]。区域植被的平均气孔导度可以由植被导度(G_s,mol/(m^2·s))表征,其既包含植被的平均气孔导度,也包含受土壤蒸发和冠层截留蒸发影响的部分[192-193]。

环境条件的变化会影响叶片气孔的开闭,引起 g_s 发生变化。影响 g_s 的主要环境因素包括环境温度、环境湿度、光照、CO_2 浓度及土壤含水量等[194-195],其中环境湿度、CO_2 浓度等会直接对气孔行为产生影响,而土壤含水量等因素则通过影响植物生物激素及植物水势间接影响气孔[196-198],受植物物种、外部环境条件,以及研究空间和时间尺度不同的影响,气孔导度与环境条件之间的关系也会表现出差异,对此需要在研究中加以区分和讨论[199-200]。

水分条件是众多环境因子中显著影响气孔导度的重要因素,主要包括环境水汽条件及土壤水含量两方面。环境水汽条件可以由相对湿度和水汽压差(vapor pressure deficit,VPD,kPa)来表示,其中 VPD 定义为当前环境的水汽压与饱和水汽压的差值,其中饱和水汽压是温度的函数[201]。在对气孔导度的研究中,VPD 可以包含两种定义:叶片表面 VPD(VPD_l)和空气 VPD(VPD_a)。VPD_l 定义为叶片表面水汽压与对应于叶片温度的饱和水汽压之间的差值,表示叶片表面空气的缺水程度,是叶片气孔直接感知的水汽条件[202-204]。VPD_a 定义为空气中水汽压与对应于空气温度的饱和水汽压之间的差值,在 VPD_l 难以直接测量时可采用 VPD_a 近似表征气孔所处的环境水汽条件,尤其是在区域尺度上,研究常使用 VPD_a 来分析植被气孔对环境水汽条件变化的响应规律[90,180]。与 VPD 类似,相对湿度也存在叶片表面相对湿度与空气相对湿度的差别。当环境对植被造成水分胁迫时,此时湿度降低[205]或 VPD(VPD_l 与 VPD_a)升高[194,206],植物通过减小气孔开度以减少蒸腾水量,维持植物水分所需。许多研究表明,g_s 随 VPD_l 增大而减小,二者呈现双曲线关系[194,207],并得到了实测数据的验证。

建立植物气孔导度模型是定量描述 g_s 与环境因子之间相互关系的重要方式,许多学者基于实测数据,结合植物生理过程提出了气孔导度经验模型和机理模型。Jarvis[195]基于观测数据提出关于 g_s 的环境因子阶乘模型,认为 g_s 同时受到光照强度、叶片温度、VPD_l、CO_2 浓度(C_a)及叶片水势的影响。Jarvis 模型是较早提出并得到广泛应用的气孔导度模型,但该模型假定各环境因子对气孔导度的影响相互独立,不能刻画环境因子对气孔导度的耦合作用[208],如叶片水势与 VPD_l 存在相关性[209]。Jarvis 模型属于经验模型,各环境因子的函数表达需要根据不同条件确定,在应用上也存在一定的局限性[210]。Wong 等[211]发现,g_s 与植物碳同化量存在良好的线性关系,Ball 等[202]基于这样的关系提出了组合因子模型,即假设 g_s 同时与碳同化量及叶片表面相对湿度成正比。随后许多研究发现,相比于叶片相对湿度,VPD_l 能更好地反映水汽条件对 g_s 的影响[212-214]。因此,Leuning[204]采用 VPD_l 替换相对湿度,建立 Leuning 模型,假设 g_s 与植物碳同化量成正比的同时,与 VPD_l 和 C_a 成反比,并得到了广泛应用。

除经验模型外,许多研究关注气孔与环境因子相互作用的机理过程,其中基于内在机理的最优气孔导度理论[4]被广泛应用于描述植被气孔行为的研究。该理论假设植物气孔寻求一种最优平衡,即最大化植物叶片碳同化量的同时,气孔会最小化叶片蒸腾,即在某一时间段内最小化如下表达式:

$$\int_{t_1}^{t_2}\left[T(t)-\lambda A(t)\right]\mathrm{d}t \tag{1-3}$$

其中,T 是叶片蒸腾量(mm/s 或 kg H_2O/($m^2 \cdot s$));A 是叶片碳同化量(μmol/($m^2 \cdot s$));t 是时间;λ 是碳同化的边际用水成本(kg H_2O/g C),即每再同化一单位碳所消耗的水量,定义为

$$\lambda = \frac{\partial T}{\partial g_s}\bigg/\frac{\partial A}{\partial g_s} = \frac{\partial T}{\partial A} \tag{1-4}$$

部分研究采用式(1-4)的倒数作为定义,此处定义与最初的最优气孔理论一致[4]。在此基础上,最优气孔导度理论同时假定气孔保持最优的 λ 值不变。最优气孔导度理论先后被应用于不同的研究,用以提出植物气孔调节的机理性模型[111,191,215-216]。Medlyn 等[217]从最优气孔导度理论出发,推导得到了具有与经验模型相似表达式的机理模型(Medlyn 模型)。模型假定 g_s 与叶片碳同化量成正比,并与 $VPD_l^{0.5}$ 和 C_a 的乘积成反比。Medlyn 模型表达式与经验模型相近,但与 Leuning 模型不同的是,Medlyn 模型中的 g_s 与 VPD_l 的指数关系为 $0.5(VPD_l^{-0.5})$,而在 Leuning 模型中,该指数关系为 $1(VPD_l^{-1})$。

除环境水汽因素外,土壤水变化也会影响 g_s 的变化。土壤水减少引起土壤水

势降低和植物吸水困难,进而造成植物内导管的空穴和栓塞(空气气泡阻塞木质部导管)[218],使植物水分运输发生障碍[219-220]。持续性的土壤水分减少会引起植物导水率下降,进而引起气孔关闭[221-222]。研究表明,土壤水下降引起的树木导管栓塞和修复过程并不在日内短时间完成,需要一定的时间与过程[223]。土壤水与 VPD_a 通常具有相关性,并且相关性随时间尺度的增大而增大,在日内小时尺度上,二者的相关性较弱[180],是区分土壤水和 VPD_a 对气孔调节影响的理想研究尺度。Novick 等[180]利用每半小时时间尺度的通量数据,通过气孔导度模型分析 VPD_a 和土壤水对植物气孔的影响,发现 VPD_a 对气孔导度的影响明显大于土壤水产生的影响。此外,植物气孔导度也受叶片表面 CO_2 浓度[202]及叶片温度[224]的影响。

相比于对叶片尺度气孔导度的研究,对植被尺度平均气孔导度的研究能更好地反映区域生态的整体变化[225-226]。对区域植被的研究一般基于叶片气孔的模型与机理,选取相应的植被参数,如采用 G_s、ET、GPP,结合实测的环境温度和 VPD_a 进行分析[90]。但在升尺度研究中,区域尺度数据容易与叶片尺度数据不一致,例如,受数据观测的限制,直接采用 VPD_a 代替 VPD_l 需要假设叶片表面的水汽条件与空气的一致,但这样的假设不一定能够得到满足[54,203]。由于区域尺度研究的复杂性,对于气孔导度模型在植被尺度上的应用性,以及 G_s 对水汽条件的响应关系,还需要开展更多的研究工作进行验证与分析。考虑到土壤水与空气水汽条件在日内时间尺度上解耦,土壤水变化对 G_s 的影响程度和相互联系需要在日内时间尺度上得到更多的研究与分析。

1.12 大气土壤水分条件对植被碳水通量的耦合影响

1.12.1 生态系统碳水通量对大气土壤水分条件变化的响应规律

水汽压差(vapor pressure deficit,VPD)定义为:给定温度下的饱和水汽压与当下实际水汽压之间的差值。水汽压差可以用于衡量空气水分需求,是表征空气干燥程度的重要指标[228]。饱和水汽压与气温之间有较好的相关关系(Clauius-Clapeyron 关系),气温每增加 1 K,饱和水汽压增加约 7%[229]。当空气实际水汽压的增加与饱和水汽压的增加不同步时,温度的升高就会导致 VPD 的升高[229-230]。从叶片尺度来看,气孔对 VPD 变化的响应涉及一系列复杂的植物生理过程,叶片水势和水力传导度决定了表皮水势和保卫细胞膨压对 VPD 的反应[231]。VPD 的增加通常会引起稳态气孔孔径和气孔导度的降低[232]。对于被子植物来说,气孔导度的调节涉及脱落酸的激素信号[233]。气孔的调节作用直接影响叶片尺度蒸腾作用对 VPD 的响应,当 VPD 比较低时,气孔是完全开放的,这时蒸腾作用随着 VPD 的增加而线性增加。但是当植被遭遇水分胁迫时,植被生理过程会变得更加复杂[234]。Monteith[194]认为,气孔的关闭是由保卫细胞检测到通过气孔的蒸腾增加而诱导的,这种反馈(feed-back)机制导致蒸腾速率的变化与 VPD 的变化呈比例关系。

在生态系统尺度,VPD 的变化对于陆地生态系统的结构和功能至关重要[234]。VPD 的增加会引起气孔关闭,即生态系统导度减小,从而导致生态系统的光合速率下降[235]。Yuan 等[229]基于 4 种全球气候数据集,发现陆地 VPD 在 2000 年前后有显著增加,VPD 的增加限制了全球植被的生长,多个 CMIP5 模式显示未来 VPD 会持续上升,对植被的负面影响将会继续。Konings 等[236]应用遥感数据分析了美国草地生态系统生产力对 VPD 及降水变化的响应,结果发现,VPD 的增加会显著减少草地生态系统的生产力,且其作用远超降水。Restaino 等[237]应用分布在美国的道格拉斯冷杉的观测网络数据,分析了道格拉斯冷杉的生长速率,发现温度的升高导致的 VPD 的升高显著限制了道格拉斯冷杉的生长。因此,以上研究表明,VPD 是导致全球陆地植被生态系统变化的重要影响因素,并且由于全球气温的上升,VPD 对陆地植被生态系统的影响变得更加深远[238]。此外,水汽压差对生态系统的影响很难量化分离,这是由于水汽压差的变化通常与土壤水、温度、辐射及其他气候因子的变化具有高度相关性[180],特别是在日内尺度和季节尺度上,高水汽压差通常伴随着强辐射、热浪和降水异常,因此,量化分离水汽压差对陆地植被生态系统碳水通量变化的影响一直是学术研究的热点和难题。

此外,上述生态系统碳水通量对水汽压差变化的响应的相关研究,应用的数据均为空气水汽压差(VPD_a)数据,有研究表明,太阳辐射会导致叶片温度升高,连同植被蒸腾过程,会显著改变叶片周围的水汽环境,导致叶片尺度水汽条件与空气水汽条件出现差异,因此,从机理上分析,对植被影响更为直接的水汽压差应该是叶片尺度水汽压差(VPD_L)[44,234,239]。在单个叶片尺度上,有研究通过观测的手段来获取 VPD_L。Marchin 等[240]、韩路等[241]和周文君等[242]通过气体交换的方法测量了单个叶片温度及叶片水汽压,并进一步计算了叶片水汽压差,但该方法耗时耗力,且只适用于单个叶片。在区域尺度和冠层尺度上,我们无法直接观测 VPD_L,Lin 等[192,243]依据大叶模型,假设生态系统导度(G_s)近似等于植被冠层导度(G_c),估算了冠层平均的叶片尺度 VPD_L。然而,$G_s \approx G_c$ 这一假设对于叶面积指数较小的非森林植被和土壤含水量较高的生态系统不一定成立[193]。因此,目前在生态系统尺度上,对于叶片尺度水汽压差的研究不够充分。

土壤水是影响碳水循环的重要非生物因素,它决定了可以被植被根系吸收的水量,并且对气孔的导度也有一定的调节作用,因此,土壤水的变化对植物的水分状况、光合作用和蒸腾作用都会产生一定的影响[244-245]。从植物生理上来讲,土壤干旱会增加植物木质部的水分张力(该张力促使水分从根部流动到叶子),但易形成气泡阻塞从根部到叶子的液体流动,会增加栓塞风险并引发植物水力系统的功能障碍[246]。较低的土壤含水量也会影响植物新细胞的生长,特别是对木质部和韧皮部产生较大影响。木质部是一种运输组织,通过导管将水分和可溶性养分从树的枝干运输到嫩芽,木质部的液流运输也用于补充蒸腾损失的水分,因此该过程与光合作用过程密切相关[247-248]。韧皮部是另一种运输组织,它通过筛管将碳水化合物从叶片运输到植物各部[249-250]。土壤水的变化会通过影响植物体内的渗透势或水势来影响水分和碳水化合物的运输,从而影响木质部和韧皮部的生理过程,同时也会影响膨压,进一步影响蒸腾量和GPP[251-252]。长期土壤干旱可能会导致植物死亡,进一步减弱生态系统的蒸腾作用和碳吸收能力[253-254]。

从生态系统尺度上来看,Stocker等[255]基于通量站数据研究了土壤含水量对光能利用效率(light use efficiency, LUE)的影响,LUE定义为总初级生产力与冠层吸收的光合有效辐射的比值,结果表明,土壤水对GPP的影响在半湿润、半干旱及干旱地区明显较高。Zhou等[256]基于通量站的观测数据研究了中国北京地区白杨树的总生态系统生产力对土壤水变化的响应,研究结果表明,生态系统总初级生产力的年际变化主要由土壤水的变化引起,且发生在生长季初期的土壤干旱对生态系统总初级生产力的影响持续时间较长。此外,Bonal等[257]和Meir等[258]的研究均表明,土壤水的减少会导致生态系统碳通量的大幅减小。由于土壤水的原位观测数据较为缺乏,因此有些研究应用大尺度遥感数据或气候模型输出资料来分析土壤水对生态系统碳水通量变化的影响。Gentine等[233]基于SIF数据和GRACE的陆地水储量(TWS)数据,发现了光合作用与TWS之间具有强烈的非线性响应关系。Green等[245]基于地球系统模型研究了陆地生态系统净生产力对土壤水变化的响应,结果表明,土壤水的变化会引起CO_2通量发生巨大变化,碳通量与土壤水及陆-气相互作用之间具有强烈的非线性响应关系,土壤水的变化会引起陆地碳汇的变化。Humphrey等[244]基于GRACE的TWS数据研究了陆地水储量的变化对区域和全球碳循环的影响,结果表明,大气CO_2的增长率对TWS的变化相当敏感,干旱年份的CO_2浓度增长较快,即TWS的年际变化对陆地碳汇的影响较大。有研究表明,土壤水与气候之间具有相互作用及反馈机制,特别是土壤水的变化通常与降水、气温的异常关联密切[259-260]。

水汽压差与土壤水作为生态系统的主要水分胁迫因子,二者通过陆-气相互作用强烈地耦合在一起,表现为二者之间存在较强的负相关关系,即高水汽压差通常对应较低的土壤含水量,空气干旱通常伴随着土壤干旱[261-262]。水汽压差与土壤水的耦合-反馈过程为:降水量的异常减少会导致土壤水减少,进一步使蒸散发量减少,潜热的减少会导致显热增加,进一步使近地表气温升高,从而导致水汽压差增加;水汽压差的增加会促进蒸散发,导致土壤水的进一步消耗。上述两个过程相互耦合,持续反馈[259]。Zhou 等[263]认为,干旱应被视为高水汽压差-低土壤水的耦合事件。水汽压差与土壤水之间强烈的耦合关系,为分离二者对生态系统碳水通量变化的相对贡献带来了挑战。在未来,CO_2浓度的增加会进一步导致气温升高,水汽压差与土壤水的变化可能会出现不同步,二者耦合关系的变化会进一步影响生态系统碳水通量。

在年尺度与季节尺度上,水汽压差与土壤水的相关性较强。由于土壤水在短时间内波动较小,水汽压差受辐射和温度的影响在短时间内波动较大,因此,随着时间尺度的减小,土壤水和水汽压差的关系逐渐解耦,因此有研究将日尺度作为解耦水汽压差与土壤水相对贡献的时间尺度。Novick 等[180]利用通量站观测数据,在日尺度上,将水汽压差与土壤水对生态系统导度(G_s)变化的相对贡献进行量化,并认为水汽压差是限制 G_s 变化的主要因素。Kimm 等[264]基于通量站数据,研究了日尺度下,水汽压差与土壤水对美国玉米带地区 G_s 和 GPP 变化的相对贡献,结果显示,水汽压差解释了 G_s 和 GPP 约 90% 的变异性,水汽压差是主导 G_s 和 GPP 变化的主要原因。以上研究虽然考虑了水汽压差与土壤水的耦合关系,但是将日尺度作为解耦二者相对贡献的时间尺度仍具有不确定性,因为尽管相比于长时间尺度(如年尺度和月尺度),日尺度下土壤水与水汽压差的相关性有显著减小,但是二者的相关性仍然较高[262],因此,该时间尺度下,土壤水与水汽压差没有做到真正的解耦。针对水汽压差及土壤水对生态系统碳水通量变化的相对贡献的研究不够充分,导致了在陆地生态系统模型和遥感模型中,水汽压差与土壤水的胁迫函数也存在较大差异,进一步导致模型输出结果存在较大的不确定性[255,265-266]。例如,在陆地生态模型 JSBACH 中并不包含气孔对水汽压差变化的响应,因为考虑到水汽压差-土壤水的相关性可能会造成水分胁迫作用的叠加;在模型 G'Day 中,水汽压差通过影响气孔的导度来限制光合作用速率,而土壤水则直接限制光合作用[90,267]。

1.12.2 生态系统水分利用效率对水汽压差及土壤水变化的响应规律

目前有较多研究应用通量站数据分析 WUE 对水汽压差变化的响应,Beer 等[63]将叶片尺度水分利用效率公式的推导过程用于生态系统尺度,认为 WUE 与 VPD_a 的变化成反比,WUE 乘以 VPD_a 后在日尺度变得更加稳定,并进一步提出了生态系统固有水分利用效率(IWUE)指标。Zhou 等[39,99]基于最优气孔导度理论和通量站数据,认为在日内尺度和日尺度上,WUE 与 $VPD_a^{0.5}$ 之间具有较强的相关关系,进一步提出了生态系统潜在水分利用效率指标(uWUE)。Zhao 等[268]基于通量站观测数据,研究了 WUE 对干旱的响应及 GPP、ET 对 WUE 变化的相对影响,结果表明,VPD$_a$ 是 WUE 变化的重要驱动因子。总体上看,目前 WUE 对 VPD$_a$ 变化的响应规律的研究较多。

土壤水作为重要的生态系统水分胁迫因子,并没有在水分利用效率模型中有明确的体现,有研究表明,土壤水通过影响叶片内和大气 CO_2 浓度的比值(c_i/c_a)来进一步影响 WUE[269]。植物根系吸收土壤水,土壤水的变化会影响气孔导度,进一步影响 GPP 与 ET。目前,学界关于 WUE 对土壤水变化的响应研究存在一定的争议,有研究表明,WUE 在土壤干旱的年份可能会增加[270]。Yang 等[271] 基于通量站数据及遥感数据,分析了全球 GPP、ET 及 WUE 对水分条件变化的响应,发现 WUE 对干旱的响应在不同的生态系统中存在相反的趋势。同样,Huang 等[272]基于 MODIS 的 GPP 和 ET 产品估算 WUE,然后分析了 WUE 在不同区域对干旱响应的差异,结果发现,在干旱地区,WUE 与干旱程度呈负相关关系,在湿润地区既存在正相关关系也存在负相关关系。在叶片尺度上也有研究发现,WUE 对土壤水变化的响应存在较大差异[273-274]。Dekker 等[42]基于通量站数据及树木年轮数据,研究了 WUE 对 VPD$_a$、CO_2 浓度及土壤水变化的敏感性,发现 WUE 对土壤水变化的敏感性较小,CO_2 浓度的变化对 WUE 的变化起主导作用。

总的来说,相比于水汽压差,土壤水对 WUE 变化的影响更为间接,WUE 对土壤水变化的响应研究仍需进一步深入。考虑到水汽压差与土壤水之间存在较强的耦合关系,与二者解耦后对 WUE 变化的影响有关的研究目前比较缺乏,有待进一步探究。

1.13　生态系统蒸散发分离方法

生态系统蒸散发包括植被蒸腾和土壤蒸发,如何将两者有效地分离面临着较大的挑战。植被蒸腾与土壤蒸发过程相对独立,前者与光合固碳过程相互耦合,受植物生理调控,而后者则可以看作一个物理过程。目前,蒸散发分离研究主要包括 4 个方面:一是进行蒸腾-蒸发-蒸散发观测,二是建立蒸腾-蒸发双源模型,三是采用稳定同位素示踪方法分离蒸散发,四是基于碳水耦合关系分离蒸散发。

蒸散发观测方法种类众多。土壤蒸发观测仪器主要包括蒸发皿、蒸发计、蒸渗仪等,用来观测点尺度的蒸发量[275]。植被蒸腾主要采用气室法(叶片尺度)和液流计方法(冠层尺度)观测[276]。根据观测范围从小到大变化,生态系统蒸散发观测主要包括波文比观测系统(几十米)、涡动协方差观测系统(几百米)和大孔径闪烁仪(几百米至几千米)[277]。由于蒸腾-蒸发-蒸散发三者的观测尺度及区域不匹配,因此经常出现水量不平衡现象,即 $E+T \neq ET$,这给蒸散发分离方法的研究和验证带来了较大困难。

蒸腾-蒸发双源模型种类繁多,根据建构方式可分为机理模型或经验模型,根据求解方式可分为解析模型或数值模型[278]。其中,Shuttleworth-Wallace 模型[279]和 TSEB 模型[280]为机理-解析模型,SWEAT 模型[281]和 HYDRUS 模型[282]为机理-数值模型,而 FAO dual-Kc 模型[283]为经验-解析模型。蒸腾-蒸发双源模型采用地面观测和遥感数据,可以在大尺度、长时段连续估算植被蒸腾和土壤蒸发[284]。然而,由于缺乏直接有效的大尺度植被蒸腾及土壤蒸发观测数据,这些模型并没有得到有效验证。

氢氧稳定同位素示踪技术是目前常用的分离植被蒸腾与土壤蒸发的方法。在自然状态下,氢主要有两种稳定同位素,即 $^1H(99.9844\%)$ 和 $^2H(0.0156\%)$,氧主要有三种稳定同位素,即 $^{16}O(99.762\%)$、$^{17}O(0.038\%)$ 和 $^{18}O(0.200\%)$[285]。在土壤蒸发过程中,较轻的氢氧稳定同位素(^1H 和 ^{16}O)优先蒸发,而较重的同位素(^2H 和 ^{18}O)则会富集在土壤水中,即稳定同位素分馏现象[286]。在植物根系吸水过程中,一般不发生同位素分馏现象。植物通过气孔蒸腾水汽的过程中会出现同位素分馏现象,但是一般在午后达到同位素稳定状态,即蒸腾水汽与植物木质部水分中稳定同位素含量不变[287]。Wang 等[288]将激光同位素分析仪与气室法相结合,获取了非稳态条件下蒸腾水汽中的稳定同位素含量。基于植被蒸腾、土壤蒸发及大气水汽中氢氧稳定同位素含量的差异,可以实现植被蒸腾与土壤蒸发的分离。目前,稳定同位素分离方法主要应用于以土壤蒸发为主的干旱地区,而在森林和农田等以植被蒸腾为主的生态系统中应用较少[289-290]。

基于碳水耦合关系,Scanlon 和 Sahu[291]提出分离蒸散发的新途径——碳-水相关方法。该方法认为,气孔调节过程(光合固碳和植被蒸腾)和非气孔调节过程(土壤蒸发和生态系统呼吸)分别满足通量方差相似假定,并假设在半小时内叶片尺度 WUE 保持稳定,经过一系列推导和计算,可实现碳水通量的分离。也就是说,蒸散发分离为植被蒸腾和土壤蒸发,净生态系统交换(net ecosystem exchange,NEE)分离为总初级生产力与生态系统呼吸[292]。该方法主要依赖涡动协方差系统观测得到的高频(10 Hz)水汽和 CO_2 交换数据实现碳水通量分离,主要难点在于参数 WUE 的确定。Scanlon 和 Kustas[292]采用叶片内外 CO_2 和水汽浓度梯度近似计算参数 WUE。在实际应用过程中,叶片尺度 WUE 可能出现明显的时空变异性,导致该方法会出现较大误差。例如,当叶片附近的温度和湿度发生变化时,叶片尺度 WUE 会随 VPD 的变化而变化;对于混合下垫面,不同植被类型 WUE 具有明显差异。目前,该方法仅被应用于农田和草地生态系统[293-294],还没有针对植被蒸腾和土壤蒸发进行独立验证。

基于最优气孔理论,即植物通过气孔的调节作用,以实现消耗最少的水分来同化最多的碳,Medlyn 等[217]建立了基于涡度协方差观测数据的 ET 分离方法,植被水分利用效率(定义为 GPP/T)与 $\text{VPD}_a^{-0.5}$ 之间呈非线性相关关系,因此可以通过 GPP 估算植被蒸腾量 T[5]。Berkelhammer 等[295]基于最优气孔理论,假设蒸腾比(T/ET)会间歇性地接近 1,将 GPP 序列按大小分为一系列的区间,并认为在该区间内,ET 的最小值$(\min(\text{ET})|_{\text{GPP}})$为蒸腾量,该区间内,ET 与 $\min(\text{ET})|_{\text{GPP}}$ 的差值即为土壤蒸发及叶片表面水分蒸发。T/ET 可由式(1-5)估算:

$$\frac{T}{\text{ET}} = \frac{\min(\text{ET})|_{\text{GPP}}}{\text{ET}} \tag{1-5}$$

该方法被应用于森林生态系统的蒸散发分离,基于该方法估算的蒸腾比(T/ET)具有较大的季节变异性,其结果与同位素方法估算的结果较为匹配[295]。

Zhou 等[296]提出生态系统表观的潜在水分利用效率(uWUE_a),当 uWUE_a 达到最大值或者 T/ET 近似为 1 时,定义其为潜在水分利用效率(uWUE_p):

$$\text{uWUE}_a = \frac{\text{GPP}\sqrt{\text{VPD}}}{\text{ET}} \tag{1-6}$$

$$\text{uWUE}_p = \frac{\text{GPP}\sqrt{\text{VPD}}}{T} \tag{1-7}$$

基于最优气孔理论,T/ET 可以通过 uWUE_a 和 uWUE_p 的比值来估算。该方法假设旺盛生长季的植被覆盖度比较高且表层土壤较为干燥(土壤含水量较低),部分时段可满足 $T \approx \text{ET}$。uWUE_p 可通过 95%的分位数回归得到,uWUE_a 可用通量观测数据直接计算得到。通过该方法估算的 T 与液流观测结果较为一致[297]。考虑到 T 也受到辐射的影响[298],Boese 等[299]基于 uWUE 的概念提出了半经验模型,引入辐射因子,其结果优于 Zhou 等[296]的结果。

同样基于最优气孔理论,Perez-Priego 等[269]利用大叶冠层模型和 5 天的滑动窗格对参数进行优化,将边际用水成本纳入一个成本函数中,使模拟和观测的 GPP 之间的拟合度达到最优,然后 T 可通过模型中的冠层导度(G_c)计算得到。

基于一般性生态系统导度模型[192],Li 等[193]提出了改进的参数优化方法来估算生态系统导度:

$$G_s = G_0 + G_1 \frac{\text{GPP}}{\text{VPD}_l^m} \tag{1-8}$$

其中,G_s 代表生态系统导度,可由彭曼公式估算得到[53-54];G_0 代表土壤导度;$G_1 \frac{\text{GPP}}{\text{VPD}_l^m}$ 代表植被导度 G_{veg};m 为最优指数;VPD_l 代表基于生态系统导度的叶片尺度水汽压差。该方法没有应用滑动窗格,而是将观测数据基于土壤含水量的大小进行分箱处理。G_0、G_1 和 m 分别在不同土壤水条件下（不同分箱下）进行拟合。T/ET 可由式(1-9)得到：

$$\frac{T}{\mathrm{ET}} = \frac{G_{\mathrm{veg}}}{G_{\mathrm{s}}} \tag{1-9}$$

Perez-Priego 等[269]和 Li 等[193]提出的方法都是通过直接估算生态系统导度来进行 ET 分离的，避免了使用 T/ET 在某些时期会近似等于 1 的假设。此外，Nelson 等[300]基于无参数模型提出了蒸腾量估计算法（transpiration estimation algorithm，TEA），在实际应用中，TEA 可以用于预测 T/ET 的时空变化。但是该方法对数据要求较高，进行机器学习训练的特征向量包含较多变量，而且需要根据水桶模型来计算表面湿度指数，操作上较为复杂。

尽管目前蒸散发分离方法已经有了较大的发展，但是由于每种方法都是基于一定的假设前提，不同的 ET 分离方法计算的结果存在较大的差异，因此在缺少站点实测蒸腾量进行对比时，有必要合理评估各个方法的不确定性，选择适合的蒸散发分离方法进行分析，或者基于多种蒸散发分离方法，再对各自的结果进行比较，以保证结果的可靠性。

第一部分
潜在水分利用效率模型与应用

第2章

日内尺度潜在水分利用效率模型

2.1 本章概述

水分利用效率定义为总初级生产力与蒸散发的比值,是表征陆地生态系统碳水耦合关系的关键指标[36]。随着光照、温度、湿度等环境因子的变化,叶片气孔导度会相应变化以控制水汽和 CO_2 的进出量,从而形成植被光合固碳和蒸腾耗水之间的耦合关系[4]。在生态系统尺度上,GPP 与 ET 呈现较为一致的日内及季节变化特征,但两者并非完全线性相关,即 WUE 具有一定的日内及季节变化特征[335]。WUE 的变异性及稳定性一直是碳水耦合领域的热点问题:一方面,基于控制实验或自然观测数据,研究不同时空尺度上 WUE 对环境因子,尤其是变化环境的响应特征[38,336-337];另一方面,从植物生理的角度,探索 WUE 对环境因子的响应机理,以建立更稳定的水分利用效率模型[63]。水分利用效率模型的稳定性是密切联系生态系统光合固碳和蒸腾耗水的关键手段,具有重要的理论意义和实际应用价值。

研究表明,水汽压差是控制叶片气孔导度的重要因素,对 GPP 与 ET 之间的线性相关关系也有一定的影响[186-188]。通过考虑 VPD 对碳水耦合关系的影响,Beer 等[63]提出生态系统固有水分利用效率模型(IWUE=GPP·VPD/ET),同时证明,在日尺度上,IWUE 相比于 WUE 更稳定,即 GPP·VPD 与 ET 之间的线性相关关系比 GPP 与 ET 之间的更好。虽然 IWUE 在一定程度上减弱了 WUE 的变异性,但 IWUE 模型的提出和验证还存在两方面的局限性[39]。首先,IWUE 的稳定性建立在叶片内外 CO_2 分压比保持不变的基础上。研究表明,叶片内外 CO_2 分压比受 VPD 等环境因子的影响[5,191,338],随 VPD 变化而呈现一定的日内变异性,这将直接影响日内半小时尺度 IWUE 模型的稳定性。其次,基于日尺度数据分析 GPP、ET 及 VPD 之间的线性相关关系,忽略了这三者的日内变化特征,因此,对于 IWUE 模型在日内半小时尺度是否稳定还需要进一步验证。

针对日内半小时尺度水分利用效率模型的稳定性问题,Zhou 等[39]提出了日内半小时尺度的水分利用效率模型——潜在水分利用效率（underlying WUE，uWUE）模型。本章采用北美洲42个通量站点的碳水通量及气象观测数据，从3个不同的角度介绍该模型的开发过程。第一是机理分析，通过考虑VPD对叶片内外CO_2分压比的影响机理，进一步消除IWUE模型的变异性，从而建立更稳定的水分利用效率模型。第二是统计分析，基于碳水通量观测数据，对比不同水分利用效率模型的稳定性，并分析水分利用效率模型的最稳定形式。第三是基于GPP、ET及VPD的日内变化规律，分析VPD对碳水耦合关系影响的表现形式，探索三者之间达到稳定的线性相关关系的可行性。

2.2 模型公式推导

2.2.1 uWUE模型公式推导

1. 叶片尺度uWUE模型

植物水汽蒸腾和CO_2吸收都是通过叶片气孔进行的。根据气体扩散的菲克（Fick）定律[339]，植物碳同化速率和蒸腾速率可以分别表示为气孔导度与叶片内外CO_2及水汽压差的函数[4]。

$$A = g_s \frac{c_a - c_i}{p_a} \tag{2-1}$$

$$T = 1.6 g_s \frac{e_i - e_a}{p_a} \tag{2-2}$$

其中，A是CO_2同化速率（$\mu mol/(m^2 \cdot s)$）；g_s是叶片气孔导度（$\mu mol/(m^2 \cdot s)$）；$(c_a - c_i)$是大气和叶片内CO_2分压差（hPa）；T是水汽蒸腾速率（$\mu mol/(m^2 \cdot s)$）；$(e_i - e_a)$是叶片内外的水汽压差（hPa）；p_a是大气压（hPa）；系数1.6反映了水分子和CO_2分子扩散的速度比。

在叶片尺度上，WUE指的是单位水汽蒸腾所同化的碳量，即碳同化速率与蒸腾速率的比值。假设叶片温度和大气温度相同，$(e_i - e_a)$等于水汽压差，则结合式(2-1)和式(2-2)可以得到叶片尺度WUE的表达式：

$$\text{WUE} = \frac{c_a \left(1 - \dfrac{c_i}{c_a}\right)}{1.6 \text{VPD}} \tag{2-3}$$

iWUE在叶片尺度上也被广泛应用，定义为单位气孔导度所同化的碳量[185]。Beer等[63]将iWUE与WUE相互关联，发现iWUE等于WUE与VPD的乘积，即

$$\text{iWUE} = \frac{A \cdot \text{VPD}}{T} \tag{2-4}$$

或者

$$\text{iWUE} = \frac{c_a}{1.6}\left(1 - \frac{c_i}{c_a}\right) \tag{2-5}$$

从式(2-3)可以看出,WUE 的变异性主要来源于 3 项:大气 CO_2 浓度,叶片内外 CO_2 分压比和水汽压差。式(2-5)中,通过消除 VPD 的影响,iWUE 相比于 WUE 更加稳定。在短期内,大气 CO_2 浓度变化较小,iWUE 的变异性主要源于叶片内外 CO_2 分压比的变化。基于气孔调节的最优化理论,Lloyd 和 Farquhar[191] 推导得到式(2-6),反映了 VPD 对叶片内外 CO_2 分压比的影响机理:

$$1 - \frac{C_i}{C_a} = \sqrt{\frac{1.6D(C_a - \Gamma)}{\lambda_{cf} C_a^2}} \tag{2-6}$$

其中,各变量单位均用摩尔(mol)表示;$\frac{C_i}{C_a}$ 是叶片内外 CO_2 分压比;D 是水汽压差;C_a 和 Γ 分别是大气 CO_2 浓度和 CO_2 补偿点;λ_{cf} 是边际水分利用效率。假设理想气体方程成立[340],式(2-6)中以 mol 为单位的变量,如 $\frac{C_i}{C_a}$、C_a、D,可以分别转换为 $\frac{c_i}{c_a}$、c_a 和 VPD。将式(2-4)和式(2-5)分别代入式(2-6)左右两边,并将等式两边分别除以 $\sqrt{\text{VPD}}$,得到

$$\frac{A\sqrt{\text{VPD}}}{T} = \sqrt{\frac{C_a - \Gamma}{1.6\lambda_{cf}}} \tag{2-7}$$

由此定义叶片尺度潜在水分利用效率如下:

$$\text{uWUE}_i = \frac{A\sqrt{\text{VPD}}}{T} \tag{2-8}$$

或者

$$\text{uWUE}_i = \sqrt{\frac{C_a - \Gamma}{1.6\lambda_{cf}}} \tag{2-9}$$

由式(2-9)可以看出,uWUE_i 仅与 $(C_a - \Gamma)$ 和参数 λ_{cf} 有关。在短期内,$(C_a - \Gamma)$ 保持相对稳定。根据气孔调节的最优化理论,λ_{cf} 是与植被类型有关的参数,对于给定植被,λ_{cf} 一般保持稳定。因此,通过消除 VPD 对叶片内外 CO_2 分压比的影响,uWUE_i 相比于 iWUE 更加稳定。

2. 生态系统尺度 uWUE 模型

陆地生态系统植被同化的总碳量和蒸腾的总水量分别用 GPP 和蒸腾来表示。由于生态系统植被蒸腾难以直接观测,因此,采用蒸散发近似代替蒸腾,表示陆地生态系统植被同化 CO_2 过程中耗散的水量。生态系统 WUE 表示为

$$\text{WUE} = \frac{\text{GPP}}{\text{ET}} \tag{2-10}$$

在生态系统内部，大气温度和相对湿度的空间变异性较小，生态系统内部的 VPD 相对稳定，与叶片尺度 VPD 基本一致。因此，叶片尺度 iWUE 可以直接升尺度得到生态系统 IWUE 模型[63]：

$$\text{IWUE} = \frac{\text{GPP} \cdot \text{VPD}}{\text{ET}} \tag{2-11}$$

同理，叶片尺度 uWUE_i 可以升尺度得到生态系统 uWUE 模型：

$$\text{uWUE} = \frac{\text{GPP} \cdot \sqrt{\text{VPD}}}{\text{ET}} \tag{2-12}$$

需要注意的是，式(2-10)～式(2-12)中，采用蒸散发代替植被蒸腾，受到土壤蒸发的影响，WUE、IWUE 及 uWUE 的日内变异性及季节变异性会在一定程度上增加。总结以上分析，生态系统 uWUE 模型的稳定性主要存在 3 个假设条件：一是大气 CO_2 浓度稳定；二是生态系统植被覆盖类型均一，参数 λ_{cf} 保持稳定；三是土壤蒸发可忽略不计，植被蒸腾近似等于蒸散发。

2.2.2 一般化水分利用效率模型

对比基于气孔导度的 3 种生态系统水分利用效率模型(见表 2.1)，主要差别在于 VPD 的指数不同。本节采用参数 k 作为 VPD 的指数，表征 VPD 对生态系统碳水耦合关系的影响，建立一般化水分利用效率模型(γ)如下：

$$\gamma = \frac{\text{GPP} \cdot \text{VPD}^k}{\text{ET}} \tag{2-13}$$

基于一般化水分利用效率模型，本节主要研究两个问题：一是参数 k 的取值对 γ 的稳定性，即 $\text{GPP} \cdot \text{VPD}^k$ 与 ET 线性相关关系的影响；二是确定参数 k 的最佳取值(k^*)，使 $\text{GPP} \cdot \text{VPD}^k$ 与 ET 达到最好的线性相关关系，进而得到统计学意义上最稳定的水分利用效率模型。针对第一个问题，当 k 分别取 0.0、0.5、1.0 时，计算 $\text{GPP} \cdot \text{VPD}^k$ 与 ET 的线性相关系数，对比分析 3 种水分利用效率模型的稳定性。针对第二个问题，分析 k^* 的分布范围，计算 $\text{GPP} \cdot \text{VPD}^{k^*}$ 与 ET 的线性相关系数，并将 uWUE 模型与最稳定模型进行对比，判断其替代统计学意义上最稳定的水分利用效率模型的可行性。

表 2.1 生态系统尺度水分利用效率模型

模 型	k	表 达 式	单 位
WUE	0.0	GPP/ET	g C/kg H_2O
IWUE	1.0	GPP·VPD/ET	g C·hPa/kg H_2O
uWUE	0.5	GPP·$\text{VPD}^{0.5}$/ET	g C·$\text{hPa}^{0.5}$/kg H_2O

2.2.3 日内滞后模型

图 2.1 显示了半小时尺度 GPP、ET 和 VPD 的日内变化过程。在晴朗天气条件下，GPP、ET 和 VPD 的日内变化过程呈现"倒钟形曲线"特征，先逐渐升高，到达峰值后逐渐降低。三者之间存在一定的滞后期，ET 一般在正午达到峰值，GPP 略有提前，VPD 相对滞后。图 2.2 显示了三者之间的滞回关系，GPP 与 ET 之间的关系表现为顺时针滞回曲线，而 VPD 与 ET 之间的关系表现为逆时针滞回曲线。将 GPP 与 VPD 组合后，GPP·VPD 与 ET 之间的滞回曲线面积减小，线性相关系数提高，但仍然存在逆时针滞回关系。GPP·VPD$^{0.5}$ 与 ET 的峰值时间基本一致，二者间的线性相关关系达到最好（$r=0.998$）。由此可知，GPP 与 ET 之间日内滞后关系的存在，影响了二者的线性关系。考虑 VPD 的影响可以在一定程度上抵消 GPP 与 ET 之间的滞后期，从而达到更好的线性相关关系。

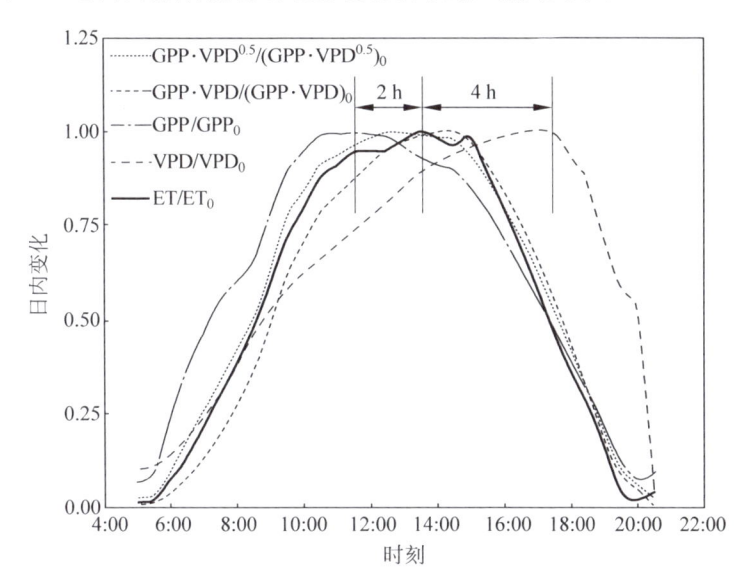

图 2.1 US-Ne1 站点 GPP、ET、VPD、GPP·VPD、GPP·VPD$^{0.5}$ 的日内变化过程（2002 年 6 月 24 日）

图中，下标 0 表示各变量日内过程的峰值

本节接下来从 GPP、ET 和 VPD 日内滞后关系的角度出发，建立三者的日内滞后模型，从而分析 VPD 对于消除 GPP 与 ET 之间滞后期的作用。采用正弦曲线模拟 GPP、ET 和 VPD 的日内变化过程[341]，考虑三者之间的滞后期，建立滞后模型如下：

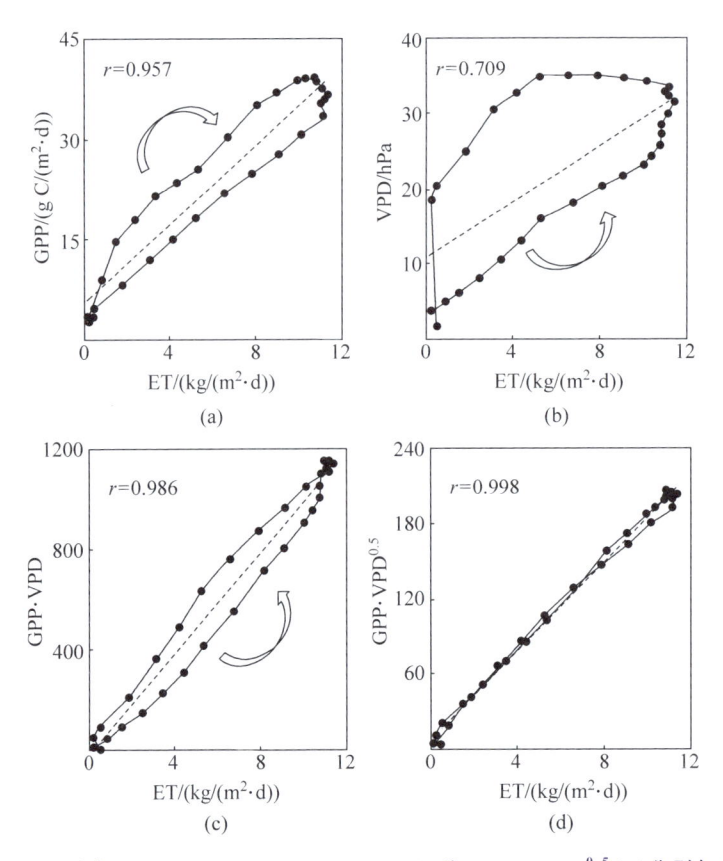

图 2.2　US-Ne1 站点 GPP(a)、VPD(b)、GPP·VPD(c) 和 GPP·VPD$^{0.5}$(d) 分别与 ET 的日内相关关系(2002 年 6 月 24 日)

$$ET = ET_0 \sin \frac{2\pi t}{T_0} \tag{2-14}$$

$$GPP = GPP_0 \sin \left[\frac{2\pi(t + t_1)}{T_0} \right] \tag{2-15}$$

$$VPD = VPD_0 \sin \left[\frac{2\pi(t - t_2)}{T_0} \right] \tag{2-16}$$

其中，ET_0、GPP_0、VPD_0 分别表示三者日内过程的峰值；T_0 为正弦曲线的周期，日间长度为 $\frac{T_0}{2}$，ET 一般在正午，即 $\frac{T_0}{4}$ 时达到峰值；t_1 和 t_2 分别表示 GPP 与 ET 及 ET 与 VPD 之间的滞后期，$t \in \left[0, \frac{T_0}{2}\right]$，$t_1, t_2 \in \left[0, \frac{T_0}{4}\right]$，则 GPP 和 VPD 分别在 $\left(\frac{T_0}{4} - t_1\right)$ 和 $\left(\frac{T_0}{4} + t_2\right)$ 时达到峰值。

基于一般化水分利用效率模型，本书假设当 GPP·VPD^k 与 ET 之间的滞后期相互抵消时，两者的线性相关关系达到最好。与 ET 一致，令 GPP·VPD^k 也在 $\dfrac{T_0}{4}$ 时达到峰值，即当 $t=\dfrac{T_0}{4}$ 时，$\dfrac{\partial \text{GPP} \cdot \text{VPD}^k}{\partial t}=0$，求解得到此时参数 k 的最佳取值，用 K^* 表示：

$$K^* = \frac{\tan \dfrac{2\pi t_1}{T_0}}{\tan \dfrac{2\pi t_2}{T_0}} \tag{2-17}$$

由式(2-17)可以看出，K^* 取决于周期 T_0 和滞后期 t_1 与 t_2。统计通量观测数据发现，大部分站点 ET 的日内过程时间长度约为 5:00—21:00，可知 T_0 为 32 h。假设 t_1 和 t_2 分别为 2 h 和 4 h，如图 2.1 所示，则可以计算得到 $K^*=0.414$。由于 t_1 和 t_2 随时间变化，这里采用滞后相关的方法[342]确定每天的 t_1 和 t_2。在晴朗天气条件下，GPP、ET 和 VPD 的峰值明显，滞后期容易确定。在阴天条件下，三者的峰值和滞后期均不明显，需要采用滞后相关的方法。以 GPP 与 ET 为例，遍历所有可能的滞后时间 n，记录两者的滞后相关系数 $r(n)$。选择相关系数最高的两个相邻滞后时间 n_1^* 和 n_2^*，取两者的平均时间 n^* 作为 GPP 与 ET 的滞后期 t_1。研究中采用半小时数据，实际滞后期位于 n_1^* 和 n_2^* 之间，因此，n^* 的误差不超过 0.25 h。ET 与 VPD 的滞后期 t_2 采用相同的方法确定。根据统计得到的 t_1 和 t_2，采用式(2-17)计算每天的 K^* 及 GPP·VPD$^{K^*}$ 与 ET 的线性相关系数，并与 uWUE 模型($k=0.5$)及最稳定模型($k=k^*$，k^* 为最佳参数)对比，一方面验证日内滞后模型假设条件的有效性，另一方面从消除 GPP 与 ET 之间滞后期的角度验证 uWUE 模型的有效性。

2.2.4　站点数据及处理

本章从美洲通量观测网络(AmeriFlux network)的四级数据产品中选取了 42 个通量站点(共 184 年)的观测数据。这 42 个站点包括 7 种植被类型：农田(CRO)、落叶阔叶林(DBF)、常绿针叶林(ENF)、草地(GRA)、多树草原(WSA)、郁闭灌丛(CSH)和混交林(MF)。站点观测时间长度为 2~15 年。站点数据经过了质量控制和插补处理，并标记为 4 种类型：原始数据、最可信数据、中度可信数据和最不可信数据[46]。在四级数据产品中，我们可以直接获取潜热(W/m^2)、气温(℃)、净辐射(W/m^2)、GPP(g C/(m^2·d))和 VPD(hPa)数据。为了减少土壤蒸发的影响，本研究采用站点生长期峰值数据，长度为 2~4 个月(60~120 天)。

站点通量和气象数据经过了以下处理：①从每年的数据中，选择生长期半小时数据，包括气温、潜热、GPP 和 VPD；②根据数据质量控制标志，仅保留原始数据和最可信数据；③选择日间数据(5:00—21:00)，并剔除净辐射为负值和降雨期间的数据；④剔除日有效记录小于 12 条或日平均 GPP 小于年最大 GPP 30% 的天数。对于日内滞后模型，采用 4 种主要植被类型(CRO、DBF、ENF、GRA)的数据进行分析。并且，剔除日有效记录小于 24 条的天数，以保证每天至少得到 12 h 的观测数据。数据筛选好后，利用潜热和气温，计算半小时的 ET 数据[343]。

本章采用 7 种植被类型生长期半小时 GPP、ET 和 VPD 数据，研究一般化水分利用效率模型中最佳参数 k^* 的分布范围。通过对比 3 种水分利用效率模型中 GPP·VPD^k 与 ET 的线性相关系数(r^k)，并与最高线性相关系数(r^{k^*})进行对比，验证 uWUE 模型取代统计学意义上最稳定的水分利用效率模型的可行性。采用 4 种主要植被类型(观测年数超过 30 年)的生长期日内半小时数据，计算每天 GPP 与 ET 和 ET 与 VPD 之间的滞后期 t_1 和 t_2，分析最佳参数 K^* 的分布范围及相应的线性相关系数(r^{K^*})。将 4 种植被类型的 r^{K^*} 分别与 r^{k^*} 及 $r^{0.5}$ 对比，以验证滞后模型假设条件的有效性及 uWUE 模型的有效性。

2.3 uWUE 模型验证

2.3.1 一般化水分利用效率模型

采用 7 种植被类型的生长期数据，表 2.2 和图 2.3 对比了 4 种水分利用效率模型 GPP·VPD^k 与 ET 的线性相关系数(r^k)。与 GPP 及 GPP·VPD 对比，GPP·VPD$^{0.5}$ 与 ET 具有更好的线性相关关系。对于这 7 种植被类型，$r^{0.5}$ 的分布范围为 0.785~0.920(均值为 0.844)，比 r^0 高 0.065~0.119，比 r^1 高 0.019~0.063(见表 2.2)，这说明，uWUE 模型相比于 WUE 和 IWUE 模型更稳定。图 2.3(d)显示了这 7 种植被类型 k^* 的分布。大多数站点的 k^* 分布在 0.4~0.6，均值为 0.479，非常接近 0.5。相比于最高相关系数 r^{k^*}，$r^{0.5}$ 平均仅低 0.004，这说明参数 $k=0.5$ 能很好地替代最佳参数 k^*，由此验证了 uWUE 模型替代统计学意义上最稳定的水分利用效率模型的可行性。采用 uWUE 模型，一方面能近似得到最稳定的水分利用效率模型；另一方面，由于 k^* 为拟合参数，随站点和年份变化，因此 uWUE 模型相比于最稳定模型具有更大的实际应用价值。

表 2.2　4 种水分利用效率模型中 GPP·VPD^k 与 ET 的线性相关系数及参数 k^*

植被类型	年数	GPP vs. ET	GPP·VPD vs. ET	GPP·VPD$^{0.5}$ vs. ET	GPP·VPD$^{k^*}$ vs. ET	k^*
CRO	31	0.855	0.878	0.920	0.923	0.452
DBF	37	0.733	0.822	0.852	0.856	0.533
ENF	57	0.677	0.751	0.795	0.800	0.490
GRA	34	0.796	0.809	0.862	0.868	0.403
WSA	9	0.692	0.722	0.785	0.790	0.451
CSH	9	0.794	0.840	0.859	0.862	0.577
MF	7	0.741	0.804	0.839	0.842	0.508
平均	184	0.750	0.802	0.844	0.848	0.479

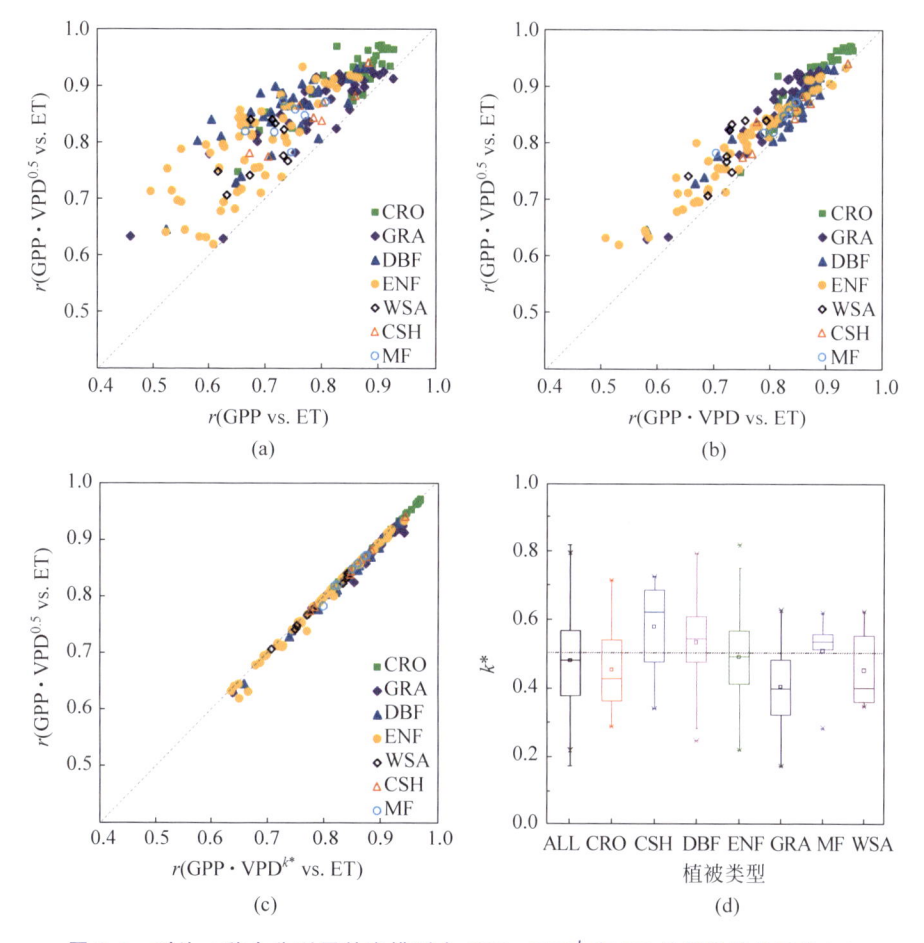

图 2.3　对比 4 种水分利用效率模型中 GPP·VPD^k 与 ET 的线性相关系数(r)（a）～（c）及 7 种植被类型参数 k^* 的分布特征（d）

由表 2.2 可以看出，对于部分植被类型，k^* 的均值会较大地偏离 0.5。75% 草地（GRA）站点的 k^* 低于 0.5，且均值仅为 0.403，而郁闭灌丛（CSH）站点的 k^* 主要分布在 0.5 以上，均值为 0.577。由站点数据求解得到的 k^* 存在一定的变异性，这与观测数据的不确定性有关。GPP 数据是由陆地生态系统与大气之间 CO_2 交换数据估算得到的，具有一定的误差。采用 ET 数据替代植被蒸腾，不可避免地会受到土壤蒸发的影响，也会导致 k^* 的计算误差。虽然 k^* 随站点或年份呈现一定的变异性，但从 GPP·VPD^k 与 ET 的线性相关关系来看，采用 uWUE 模型非常接近统计学意义上最稳定的水分利用效率模型，其稳定性相比于 WUE 和 IWUE 模型更高，这与 2.2.1 节中理论推导的结论一致。

2.3.2　日内滞后模型

式(2-17)表明，K^* 取决于 GPP 与 ET、ET 与 VPD 之间的滞后期及正弦曲线的周期(32 h)。采用 4 种植被类型共 2685 天的日内半小时数据，统计表明，GPP 与 ET 的滞后期分布在 0.5～3 h，均值为 1.68 h；ET 与 VPD 的滞后期分布在 1～5 h，均值为 3.04 h。在 4 种植被类型中，GPP 与 ET 的滞后期为 1.53～1.82 h，ET 与 VPD 的滞后期为 2.87～3.20 h，计算得到 K^* 为 0.474～0.552（见表 2.3）。

对比图 2.3(d) 和图 2.4(a) 可知，参数 k^* 与 K^* 的分布基本一致，4 种植被类型的 k^* 和 K^* 的均值非常接近 0.5。采用每天的数据，分别计算 r^{K^*}、r^{k^*} 及 $r^{0.5}$。在 2685 天的数据中，对于 95% 的天数，r^{K^*} 与 r^{k^*} 的差距小于 0.05；对于 69% 的天数，两者的差距小于 0.01；仅在 9 天的数据中，两者的差距大于 0.1（见图 2.4(b)）。这说明，在日内半小时尺度上，通过消除 GPP、ET 与 VPD 之间的滞后期，可以获得近似最佳的线性相关关系，由此验证了滞后模型的有效性。在 4 种植被类型中，r^{K^*} 与 $r^{0.5}$ 的平均差距不超过 0.001（见表 2.3），表明从日内滞后关系的角度，采用 $VPD^{0.5}$ 可以有效消除 GPP 与 ET 之间的滞后期，从而验证了日内半小时尺度 uWUE 模型的有效性。

表 2.3　GPP、ET、VPD 之间的滞后期、参数 K^* 及线性相关系数 r

植被类型	天数	滞后期/h ET & GPP	滞后期/h VPD & ET	K^*	相关系数 r GPP·VPD^{K^*} vs. ET	相关系数 r GPP·$VPD^{0.5}$ vs. ET
CRO	595	1.54±0.29	2.87±0.54	0.511±0.132	0.977	0.977
DBF	871	1.70±0.40	2.97±0.72	0.552±0.172	0.918	0.917
ENF	826	1.82±0.47	3.20±0.89	0.546±0.188	0.870	0.871
GRA	393	1.53±0.32	3.09±0.75	0.474±0.158	0.939	0.938
平均	2685	1.68±0.41	3.04±0.76	0.530±0.170	0.919	0.919

对比 4 种植被类型的 $r^{0.5}$ 可知，农田最高（CRO，$r^{0.5}=0.977$），其次是草地（GRA，$r^{0.5}=0.938$）和落叶阔叶林（DBF，$r^{0.5}=0.917$），常绿针叶林最低（ENF，$r^{0.5}=0.871$）（见表 2.3）。这与表 2.2 中的采用每年生长期数据计算得到的结果基本一致。农田 90% 的天数 $r^{0.5}$ 高于 0.95，而落叶阔叶林和常绿针叶林分别仅有 36% 和 15% 的天数高于 0.95。从图 2.4(b)可以看出，农田数据几乎分布在 1∶1 线附近，表明采用 K^* 消除滞后期即可获得近似最高的线性相关系数；而落叶阔叶林和常绿针叶林的部分数据偏离 1∶1 线，这可能是因为 GPP、ET 及 VPD 的日内过程线偏离正弦曲线，例如，在阴天条件下，仅通过消除滞后关系并不能获得最佳的线性相关关系。

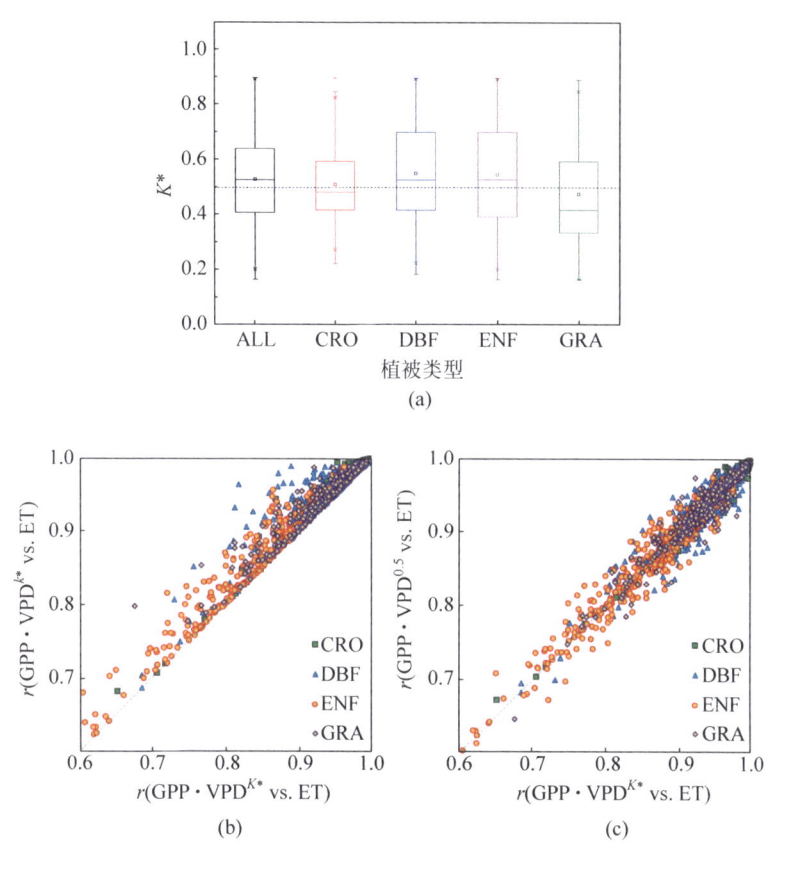

图 2.4　4 种植被类型参数 K^* 的分布特征(a)，以及对比 $GPP \cdot VPD^{k^*}$、$GPP \cdot VPD^{K^*}$ 及 $GPP \cdot VPD^{0.5}$ 分别与 ET 的线性相关系数 r(b)与(c)

2.4 本章小结

本章从日内半小时尺度碳水耦合关系的角度出发,分析了 VPD 对 GPP 与 ET 之间线性相关关系的影响机理;介绍了陆地生态系统 uWUE 模型,在一般化水分利用效率模型和日内滞后模型的框架下,通过多模型对比和数据分析,验证了 uWUE 模型的稳定性。主要结论如下。

(1) 将气孔调节的最优化理论应用于水分利用效率模型,可以消除 VPD 对于叶片内外 CO_2 分压比的影响。理论分析表明,uWUE 模型相比于 WUE 模型和 IWUE 模型更加稳定。对于大气 CO_2 浓度稳定、植被覆盖类型均一、土壤蒸发可忽略不计的生态系统,uWUE 保持稳定。

(2) 利用一般化水分利用效率模型,采用参数 k 表示 VPD 对碳水耦合关系的影响。基于 7 种植被类型 42 个站点的半小时碳水通量及气象数据,从线性相关关系的角度出发,uWUE 模型相比于 WUE 模型及 IWUE 模型更稳定,并且可以替代统计学意义上最稳定的水分利用效率模型。

(3) GPP、ET 与 VPD 的日内变化过程呈现"倒钟形曲线"特征,且存在滞后关系,由此可以建立三者的日内滞后模型。WUE 的日内变异性主要是由 GPP 与 ET 之间的滞后关系所导致的,而引入 VPD 可以改进 GPP 与 ET 之间的线性相关关系。在 uWUE 模型中,GPP·$VPD^{0.5}$ 与 ET 之间的滞后期基本消除,从而得到了近似最稳定的水分利用效率模型。

第3章 日尺度潜在水分利用效率模型

3.1 本章概述

WUE 是权衡植物光合固碳和蒸腾耗水的重要指标,也是影响陆地生态系统碳循环、水循环及植被生长的重要因素。作为陆地生态系统碳水耦合的纽带,WUE 是实现 GPP 与 ET 之间相互模拟的重要桥梁。基于 WUE 的 GPP 或 ET 模拟,一般假定生态系统 WUE 保持稳定,即 GPP 与 ET 具有一致的时间变化特征。采用最大叶面积指数、土壤田间持水量等环境因子,建立经验模型模拟生态系统 WUE 的空间分布特征,与已获取的 GPP(或 ET)时空序列数据相结合,可以直接模拟 ET(或 GPP)的空间分布[37,344]。生态系统 WUE 的稳定性是影响 GPP 或 ET 模拟效果的关键。

第 2 章考虑了 VPD 对水分利用效率模型的影响,得到日内半小时尺度 3 种水分利用效率模型的稳定性排序为:uWUE 模型>IWUE 模型>WUE 模型。本章主要介绍日尺度 uWUE 模型的稳定性,并探究采用 uWUE 模型模拟生态系统日尺度 GPP 的可行性。首先,本章采用一般化水分利用效率模型(γ),研究水分利用效率模型升尺度的稳定性:

$$\gamma = \frac{\text{GPP} \cdot \text{VPD}^k}{\text{ET}} \tag{3-1}$$

其中,参数 k 表征不同的水分利用效率模型,即 WUE 模型($k=0$)、uWUE 模型($k=0.5$)和 IWUE 模型($k=1$)。本章采用 k^* 表示统计学意义上最稳定的水分利用效率模型,对比日内半小时尺度和日尺度 k^* 的分布范围,以确定 k^* 是否具有尺度不变性。其次,本章在日尺度上,将 uWUE 模型与 IWUE 模型进行对比,以验证日尺度 uWUE 模型的稳定性。最后,本章分别采用 uWUE 模型和 IWUE 模型模拟日尺度 GPP 的季节变化过程,并对比这两个模型的模拟效果。

3.2 理论方法

3.2.1 有效 VPD

由于 VPD 的日内变异性较大,采用日平均 VPD 进行计算可能会影响日尺度水分利用效率模型的稳定性[99]。为了保持模型从日内半小时尺度到日尺度的稳定性,本节引入日有效 VPD(effective VPD)的概念。基于一般化水分利用效率模型(见式(3-1)),采用半小时 GPP、ET 和 VPD,以及日尺度 GPP、ET 和日有效 VPD,分别计算日尺度 γ。令半小时数据与日尺度数据计算得到的 γ 相等:

$$\frac{\sum \mathrm{GPP}_i (\mathrm{VDP}_i)^k}{\mathrm{ET}_d} = \frac{\mathrm{GPP}_d (\mathrm{VPD}_e)^k}{\mathrm{ET}_d} \tag{3-2}$$

其中,下标 i 表示半小时尺度;下标 d 表示日尺度;VPD_e 为日有效 VPD。式(3-2)经过简单变形,可得到 VPD_e 如下:

$$\mathrm{VPD}_e = \left[\frac{\sum \mathrm{GPP}_i (\mathrm{VDP}_i)^k}{\sum \mathrm{GPP}_i}\right]^{\frac{1}{k}} \tag{3-3}$$

因此,基于半小时 GPP 和半小时 VPD 数据,可以计算得到日有效 VPD。

根据第 2 章提出的日内滞后模型,本节采用正弦曲线模拟 GPP、ET 和 VPD 的日内变化过程,分析采用日平均 VPD 替代日有效 VPD 的可行性。

$$\mathrm{ET} = \mathrm{ET}_0 \sin(\omega t) \tag{3-4}$$

$$\mathrm{GPP} = \mathrm{GPP}_0 \sin(\omega t + \alpha) \tag{3-5}$$

$$\mathrm{VPD} = \mathrm{VPD}_0 \sin(\omega t - \beta) \tag{3-6}$$

其中,下标 0 表示变量的日内过程峰值;ω 表示正弦曲线频率;$t \in \left[\frac{\beta}{\omega}, \frac{\beta+\pi}{\omega}\right]$;$\alpha, \beta \in \left[0, \frac{\pi}{2}\right]$,$\frac{\alpha}{\omega}$ 和 $\frac{\beta}{\omega}$ 分别表示 GPP 与 ET 及 ET 与 VPD 之间的滞后期。在日内,VPD 一般为非负值,由此确定时间 t 的取值范围。根据式(3-5)和式(3-6),日平均 VPD($\overline{\mathrm{VPD}_d}$)和日有效 VPD($\mathrm{VPD}_e$)分别为

$$\overline{\mathrm{VPD}_d} = \frac{\int_{\frac{\beta}{\omega}}^{\frac{\beta+\pi}{\omega}} \mathrm{VPD}_0 \sin(\omega t - \beta) \mathrm{d}t}{\frac{\pi}{\omega}} = \mathrm{VPD}_0 \frac{2}{\pi} \tag{3-7}$$

$$\mathrm{VPD}_e = \left\{ \frac{\int_{\frac{\beta}{\omega}}^{\frac{\beta+\pi}{\omega}} \mathrm{GPP}_0 \sin(\omega t + \alpha) \cdot [\mathrm{VPD}_0 \sin(\omega t - \beta)]^k \mathrm{d}t}{\int_{\frac{\beta}{\omega}}^{\frac{\beta+\pi}{\omega}} \mathrm{GPP}_0 \sin(\omega t + \alpha) \mathrm{d}t} \right\}^{\frac{1}{k}} \tag{3-8}$$

为了求解VPD_e,引入代换变量x:

$$x = [\sin(\omega t - \beta)]^k, \quad k > 0 \tag{3-9}$$

式(3-8)中,大括号内分子(I_1)和分母(I_2)分别化简得到

$$I_1 = \frac{2\cos(\alpha + \beta) \mathrm{GPP}_0 (\mathrm{VPD}_0)^k}{\omega} \int_0^1 \sqrt{1 - x^{\frac{2}{k}}} \, \mathrm{d}x \tag{3-10}$$

$$I_2 = \mathrm{GPP}_0 \frac{2\cos(\alpha + \beta)}{\omega} \tag{3-11}$$

由此得到VPD_e,以及VPD_e与$\overline{\mathrm{VPD}_d}$的比值如下:

$$\mathrm{VPD}_e = \mathrm{VPD}_0 \left(\int_0^1 \sqrt{1 - x^{\frac{2}{k}}} \, \mathrm{d}x \right)^{\frac{1}{k}} \tag{3-12}$$

$$\frac{\mathrm{VPD}_e}{\overline{\mathrm{VPD}_d}} = \frac{\pi}{2} \left(\int_0^1 \sqrt{1 - x^{\frac{2}{k}}} \, \mathrm{d}x \right)^{\frac{1}{k}} \tag{3-13}$$

式(3-13)表明,VPD_e与$\overline{\mathrm{VPD}_d}$的比值用$\lambda$表示,由一般化水分利用效率模型的参数$k$决定。当$k=1.0$(IWUE模型)时,$\lambda=\frac{\pi^2}{8}$,约等于1.23;当$k=0.5$(uWUE模型)时,$\lambda=1.20$;当$k$取值为0.001~1时,$\lambda$的变化范围仅从1.15变化到1.23。采用正弦曲线模拟GPP、ET和VPD的日内变化过程,推导得到IWUE模型和uWUE模型的日有效VPD与日平均VPD的比值为常数,这说明采用日平均VPD代替日有效VPD,并不会影响模型的稳定性。本节基于半小时GPP和半小时VPD数据,分别计算日有效VPD(式(3-3))与日平均VPD,并进行线性回归分析,用拟合优度(R^2)表征两者的线性相关关系,用回归系数计算两者的比值λ,进而从数据层面验证日平均VPD的有效性。

3.2.2 日尺度uWUE模型

本节采用日平均VPD代替日有效VPD,计算日尺度uWUE(uWUE_d)如下:

$$\mathrm{uWUE}_d = \frac{\mathrm{GPP}_d \cdot (\overline{\mathrm{VPD}_d})^{0.5}}{\mathrm{ET}_d} \tag{3-14}$$

为了验证日尺度uWUE模型的稳定性,本章从3个层面进行分析。首先,本章基于一般化水分利用效率模型,分别计算半小时尺度统计学意义和日尺度统计学意义上最稳定模型的参数k^*,采用配对t检验及方差齐性检验,验证不同尺度k^*均

值及方差的一致性。其次，本章将 uWUE 模型与 IWUE 模型进行对比，验证日尺度 uWUE 模型的稳定性，主要包括 3 个方面：①对比日尺度 GPP·VPD$^{0.5}$ 与 ET，以及 GPP·VPD 与 ET 的线性相关系数；②对比日尺度 uWUE 及 IWUE 的变差系数，即标准差与均值的比值；③分析日尺度 uWUE(IWUE)相比于年尺度 uWUE(IWUE)的偏差。最后，本章分别采用年尺度 uWUE 及 IWUE 模拟日尺度 GPP，对比两种模型的模拟效果。为了保证从日尺度 uWUE(IWUE)到年尺度 uWUE(IWUE)的稳定性，年尺度 uWUE(uWUE$_y$)及 IWUE(IWUE$_y$)的计算方法如下：

$$\text{uWUE}_y = \frac{\sum [\text{GPP}_d \cdot (\overline{\text{VPD}_d})^{0.5}]}{\sum \text{ET}_d} \tag{3-15}$$

$$\text{IWUE}_y = \frac{\sum (\text{GPP}_d \cdot \overline{\text{VPD}_d})}{\sum \text{ET}_d} \tag{3-16}$$

日尺度 GPP 模拟分别采用 uWUE 模型(GPP$_{u,d}$)和 IWUE 模型(GPP$_{i,d}$)进行计算：

$$\text{GPP}_{u,d} = \frac{\text{uWUE}_y \cdot \text{ET}_d}{(\overline{\text{VPD}_d})^{0.5}} \tag{3-17}$$

$$\text{GPP}_{i,d} = \frac{\text{IWUE}_y \cdot \text{ET}_d}{\overline{\text{VPD}_d}} \tag{3-18}$$

为了对比 uWUE 模型及 IWUE 模型的模拟效果，本节采用以下 4 个指标：①偏差比例(B,%)；②均方根误差(RMSE)；③相关系数(r)；④纳什效率系数(Ec)。

$$B = 100 \left(\frac{\sum \hat{y}}{\sum y} - 1 \right) \tag{3-19}$$

$$\text{RMSE} = \sqrt{\frac{\sum (y - \hat{y})^2}{n}} \tag{3-20}$$

$$r = \frac{\sum (y - \bar{y})(\hat{y} - \bar{\hat{y}})}{\sqrt{\sum (y - \bar{y})^2} \sqrt{\sum (\hat{y} - \bar{\hat{y}})^2}} \tag{3-21}$$

$$\text{Ec} = 1 - \frac{\sum (y - \hat{y})^2}{\sum (y - \bar{y})^2} \tag{3-22}$$

其中，y 表示日尺度 GPP 的观测值；$\hat{y}$ 表示日尺度 GPP 的模拟值；n 表示观测天数；$\bar{y}$ 和 $\bar{\hat{y}}$ 分别表示观测值和模拟值的均值。

3.2.3 站点数据及处理

本章从美洲通量观测网络(AmeriFlux network)四级数据产品中选取了 34 个

通量站点(共123年)的观测数据。这34个站点包括7种植被类型:农田(CRO)、落叶阔叶林(DBF)、常绿针叶林(ENF)、草地(GRA)、多树草原(WSA)、郁闭灌丛(CSH)和混交林(MF)。站点观测时间长度为1~13年。从四级数据产品中可以直接获取半小时数据,包括潜热(W/m^2)、气温(℃)、净辐射(W/m^2)、GPP(g C/(m^2·d))和VPD(hPa)数据。半小时ET数据可以通过潜热和气温计算,方法见Donatelli等[343]的研究。站点数据经过了质量控制和插补处理,并标记为4种类型:原始数据、最可信数据、中度可信数据和最不可信数据[46]。

基于站点半小时数据,可以升尺度得到日尺度数据。首先,剔除降雨期间及随后几天的数据,以减少冠层截留及土壤蒸发的影响。如果日降雨大于两倍日潜在蒸发,则剔除随后两天的数据,否则剔除随后一天的数据;如果日降雨小于日潜在蒸发,则仅剔除降雨当天的数据。潜在蒸发根据Priestley-Taylor公式进行计算[55]。其次,根据数据质量标志,仅保留原始数据和最可信数据。再次,选择日间数据(5:00—21:00),并剔除净辐射、GPP、ET、VPD为负值的数据。最后,剔除日有效记录小于24条或日平均GPP小于年最大GPP的10%的天数。数据筛选后,可以升尺度得到日尺度GPP、ET和VPD数据。基于半小时尺度及日尺度GPP、ET和VPD数据,根据3.2.2节的方法,可以验证日尺度uWUE模型的有效性。

3.3 模型验证

3.3.1 日平均VPD的有效性

本节采用7种植被类型34个站点的数据,分别计算日有效VPD和日平均VPD,并分析两者的线性相关关系及比值λ的分布情况。当$k=0.5$(uWUE)和$k=1.0$(IWUE)时,两者呈现强线性相关关系(见表3.1)。当$k=0.5$时,7种植被类型的R^2分布为0.95~0.98,均值为0.96;当$k=1.0$时,7种植被类型的R^2分布为0.94~0.97,均值为0.95。日有效VPD和日平均VPD之间的强线性关系与理论推导的结论一致,即在给定k值条件下,比值λ是固定值(见式(3-13))。

表3.1 日有效与日平均VPD的线性相关系数、比例系数及偏差比例

植被类型	年数	$k=0.5$			$k=1.0$		
		R^2	λ	偏差/%	R^2	λ	偏差/%
CRO	26	0.97	1.04	4.8	0.95	1.09	9.7
DBF	31	0.96	0.99	0.2	0.94	1.05	5.5
GRA	23	0.97	1.00	1.0	0.96	1.05	5.7
ENF	23	0.97	0.99	0.6	0.95	1.04	5.1

续表

植被类型	年数	$k=0.5$			$k=1.0$		
		R^2	λ	偏差/%	R^2	λ	偏差/%
WSA	8	0.97	0.95	−4.7	0.97	0.98	−1.4
MF	7	0.98	1.01	1.1	0.97	1.05	5.3
CSH	5	0.95	1.08	8.8	0.94	1.11	11.3
平均	123	0.96	1.01	1.5	0.95	1.05	6.1

图 3.1 显示了 7 种植被类型日有效 VPD 与日平均 VPD 的比值 λ 的分布。当 $k=0.5$ 时，7 种植被类型的 λ 分布为 0.99~1.08，均值为 1.01；当 $k=1.0$ 时，7 种植被类型的 λ 分布为 0.98~1.11，均值为 1.05。根据式(3-13)，当 $k=0.5$ 和 $k=1.0$ 时，λ 的理论值分别为 1.20 和 1.23。通过数据分析，λ 的统计值分布在 1.0 附近，变化范围较小，与理论值相差较大(见图 3.1)。图 3.2 显示了 2006 年草地站点 US-Goo 日有效 VPD 与日平均 VPD 的对比，可以看出，两者基本分布在 1∶1 线附近，偏离理论值 1.20($k=0.5$) 和 1.23($k=1.0$)。日有效 VPD 与日平均 VPD 偏差较小，当 $k=0.5$ 时，7 种植被类型的偏差为 −4.7%~8.8%；当 $k=1.0$ 时，7 种植被类型的偏差为 −1.4%~11.3%(见表 3.2)。λ 的统计值与理论值之间的误差，可能是由假定 GPP、ET 与 VPD 的日内变化过程严格服从正弦曲线造成的。由于日有效 VPD 与日平均 VPD 具有强线性相关关系，且两者比值稳定，偏差较小，因此，可以采用日平均 VPD 代替日有效 VPD，这不会影响到水分利用效率模型升尺度的稳定性。

(a)

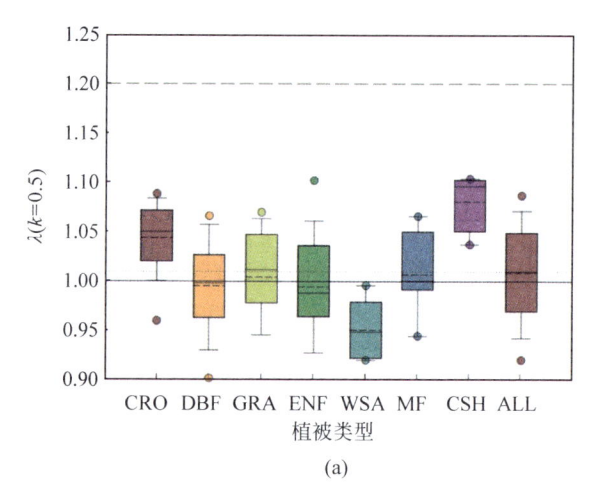

图 3.1 7 种植被类型日有效 VPD 与日平均 VPD 的比值 λ 的分布特征

(a) uWUE 模型($k=0.5$); (b) IWUE 模型($k=1.0$)

(b)

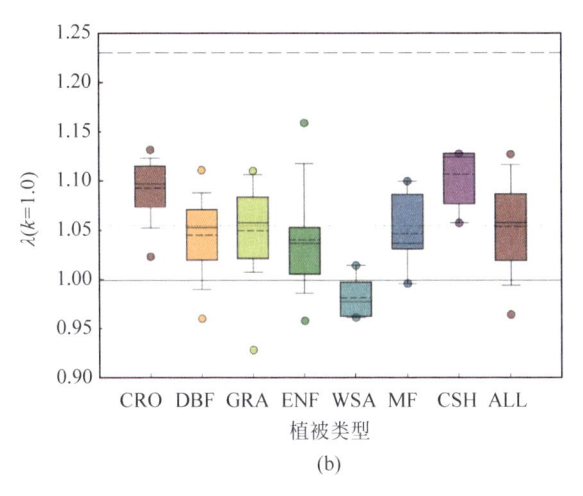

图 3.1（续）

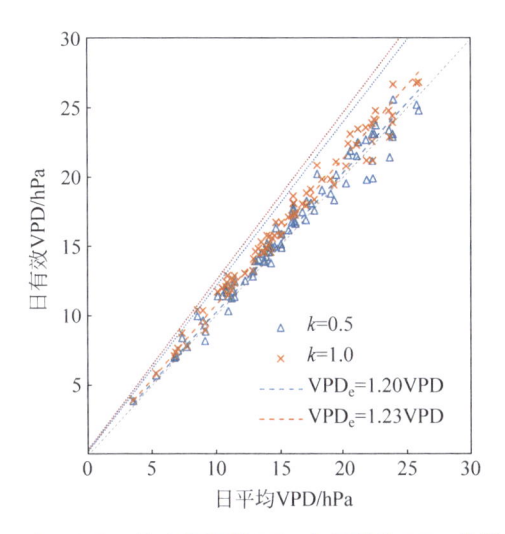

图 3.2　2006 年 US-Goo 站点日有效 VPD 与日平均 VPD 的线性相关关系

3.3.2　模型升尺度对比

图 3.3 对比了 7 种植被类型半小时尺度和日尺度最稳定的水分利用效率模型的参数 k^*。半小时尺度 k^* 和日尺度 k^* 均分布在 0.5 附近，7 种植被类型的均值均为 0.55，平均差距小于 0.01，但日尺度 k^* 的标准差（0.18）大于半小时尺度（0.12）。由配对 t 检验可知，半小时尺度和日尺度 k^* 均值没有显著差异（$p=0.728$），因此，k^* 具有统计学意义上的尺度不变性。由方差齐性检验可知，半小时尺度和日尺度

的 k^* 方差存在显著差异（$p<0.001$）。除混交林（MF）外，其余 6 种植被类型的日尺度标准差均相比于半小时尺度更大。对于观测年数超过 20 年的 4 种植被类型（CRO、DBF、GRA、ENF），k^* 在两个尺度间的平均差距较小（见图 3.3）。其中，常绿针叶林的 k^* 在两个尺度间的平均差距最小（0.01），农田平均差距最大（0.06）。对于其他 3 种植被类型（WSA、CSH、MF），观测年数较短（5～8 年），平均 k^* 在两个尺度间差距较大。

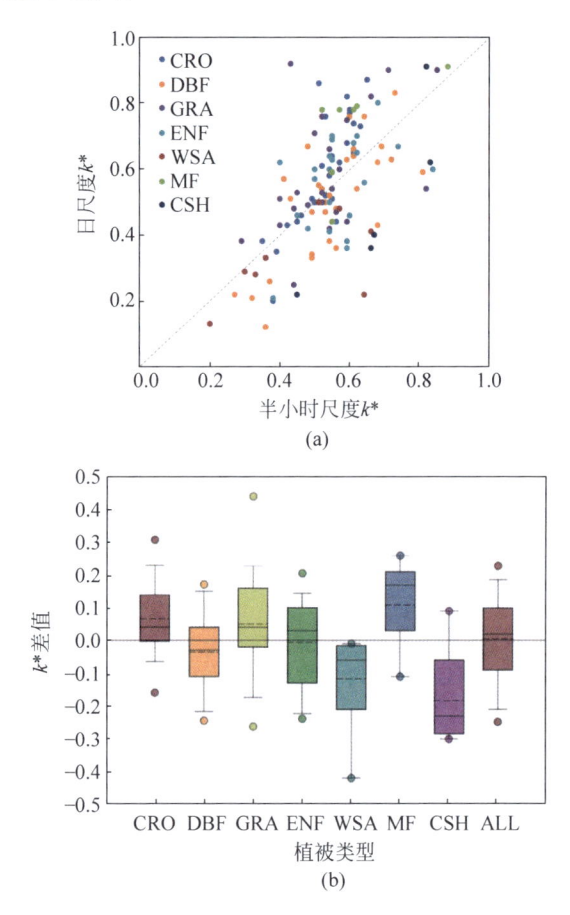

图 3.3 日尺度与半小时尺度参数 k^* 对比（a），以及日尺度与半小时尺度参数 k^* 差值的分布特征（b）

7 种植被类型 GPP·VPD$^{k^*}$ 与 ET 的线性相关系数（r^{k^*}）如表 3.2 所示。从半小时尺度到日尺度，农田（CRO）的 r^{k^*} 略有减少，从 0.92 降为 0.85，多树草原（WSA）的 r^{k^*} 从 0.78 增加到 0.87，其他 5 种植被类型的 r^{k^*} 变化小于 0.02。在 7 种植被类型中，农田半小时尺度 r^{k^*} 最高，但日尺度 r^{k^*} 最低，且两个尺度间 k^*

的差距高达 0.06。此外，农田日尺度 r^{k^*} 的标准差高达 0.1，表明不同农田站点日尺度 r^{k^*} 具有较大的变异性。由于日尺度 ET 受土壤蒸发影响较大，因此，可能导致 k^* 的估算误差较大。基于 k^* 在统计学意义上的尺度不变性，以及日尺度 GPP · VPD^{k^*} 与 ET 之间的强线性相关关系，uWUE 模型不仅在日内半小时尺度上，而且在日尺度上，均能替代统计意义上最稳定的水分利用效率模型。

表 3.2　半小时尺度与日尺度参数 k^* 及 GPP · VPD^{k^*} 与 ET 的线性相关系数 r

植被类型	时间/年	半小时尺度 k^*	半小时尺度 r	日尺度 k^*	日尺度 r
CRO	26	0.53±0.08	0.92±0.05	0.59±0.17	0.85±0.10
DBF	31	0.55±0.12	0.86±0.06	0.51±0.17	0.85±0.08
GRA	23	0.54±0.13	0.87±0.08	0.59±0.18	0.86±0.12
ENF	23	0.57±0.10	0.87±0.04	0.56±0.14	0.88±0.05
WSA	8	0.45±0.16	0.78±0.06	0.33±0.12	0.87±0.04
MF	7	0.61±0.11	0.85±0.02	0.72±0.14	0.86±0.03
CSH	5	0.69±0.14	0.88±0.04	0.50±0.24	0.86±0.04
平均	123	0.55±0.12	0.87±0.06	0.55±0.18	0.86±0.09

3.3.3　模型稳定性对比

将 7 种植被类型的 GPP · $VPD^{0.5}$ 及 GPP · VPD 分别与 ET 的线性相关关系进行对比，两者线性相关系数的差值分布在 -0.15～0.35（见图 3.4，表 3.3）。除

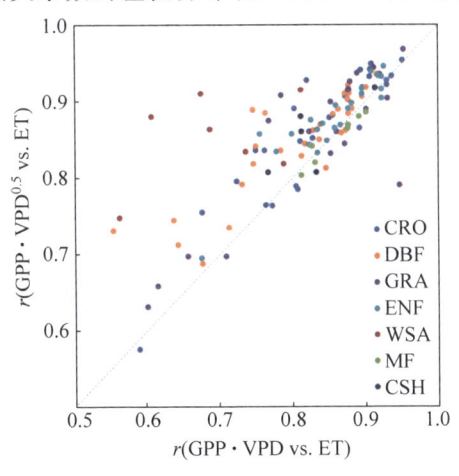

图 3.4　日尺度 GPP · $VPD^{0.5}$ vs. ET 与 GPP · VPD vs. ET 的线性相关系数 r 对比

混交林(MF)外,其余 6 种植被类型 GPP·VPD$^{0.5}$ 与 ET 具有更好的线性相关关系。7 种植被类型的 GPP·VPD$^{0.5}$ 与 ET 的平均相关系数为 0.85,仅比 GPP·VPD$^{k^*}$ 与 ET 的平均相关系数低 0.01,而 GPP·VPD 与 ET 的平均相关系数只有 0.81。7 种植被类型的日尺度 uWUE 的平均变差系数均低于 IWUE,所有站点的 uWUE 平均变差系数为 0.23,而 IWUE 为 0.31,说明在日尺度,uWUE 模型相比于 IWUE 模型更稳定,变异性更小。

表 3.3　uWUE 与 IWUE 年内变异性对比

植被类型	时间/年	uWUE r	uWUE 变差系数	日平均 uWUE	年尺度 uWUE	IWUE r	IWUE 变差系数	日平均 IWUE	年尺度 IWUE
CRO	26	0.85	0.22	11.24±2.90	11.42±3.03	0.81	0.27	40.57±11.66	41.78±12.42
DBF	31	0.84	0.22	9.55±1.60	9.36±1.57	0.79	0.32	28.54±6.32	28.92±6.26
GRA	23	0.84	0.24	7.88±1.78	8.05±1.84	0.82	0.32	29.78±7.55	31.15±8.10
ENF	23	0.88	0.21	9.96±2.81	9.90±2.73	0.85	0.31	34.49±9.49	35.81±9.57
WSA	8	0.84	0.28	9.39±1.35	8.66±1.14	0.66	0.36	39.32±3.25	36.59±2.58
MF	7	0.85	0.28	9.07±2.00	8.99±1.86	0.86	0.35	29.49±6.45	30.93±5.97
CSH	5	0.86	0.21	6.84±1.44	6.55±1.32	0.83	0.23	20.84±8.28	20.64±8.19
平均	123	0.85	0.23	9.52±2.53	9.47±2.56	0.81	0.31	32.87±10.05	33.62±10.32

注:uWUE 的单位为 g C·hPa$^{0.5}$/kg H$_2$O,IWUE 的单位为 g C·hPa/kg H$_2$O。

GPP·VPD$^{0.5}$ 与 ET 之间良好的线性相关关系保证了 uWUE 模型的稳定性,即年内日尺度与年尺度 uWUE 具有较好的一致性关系。对比年内日尺度与年尺度 uWUE,两者差异的分布范围为 −0.61~1.56 g C·hPa$^{0.5}$/kg H$_2$O,而 IWUE 在两个尺度上的差异为 −3.80~4.95 g C·hPa/kg H$_2$O。从图 3.5 可以看出,日尺度 uWUE 的均值与年尺度 uWUE 一致,年内变异性相比于 IWUE 更小,即 uWUE 在年内更稳定。因此,采用 uWUE 模型能更好地模拟日尺度 GPP 的年内季节变化过程。

3.3.4　日尺度 GPP 模拟对比

基于年尺度 uWUE 与 IWUE,本节模拟了 7 种植被类型日尺度 GPP 的年内季节变化过程,并与实测 GPP 进行对比,分析了两种模型模拟日尺度 GPP 的效果。年尺度 uWUE 的分布范围为 3.50~15.83 g C·hPa$^{0.5}$/kg H$_2$O,均值为 9.47 g C·hPa$^{0.5}$/kg H$_2$O,而年尺度 IWUE 的分布范围为 5.32~62.31 g C·hPa/kg H$_2$O,

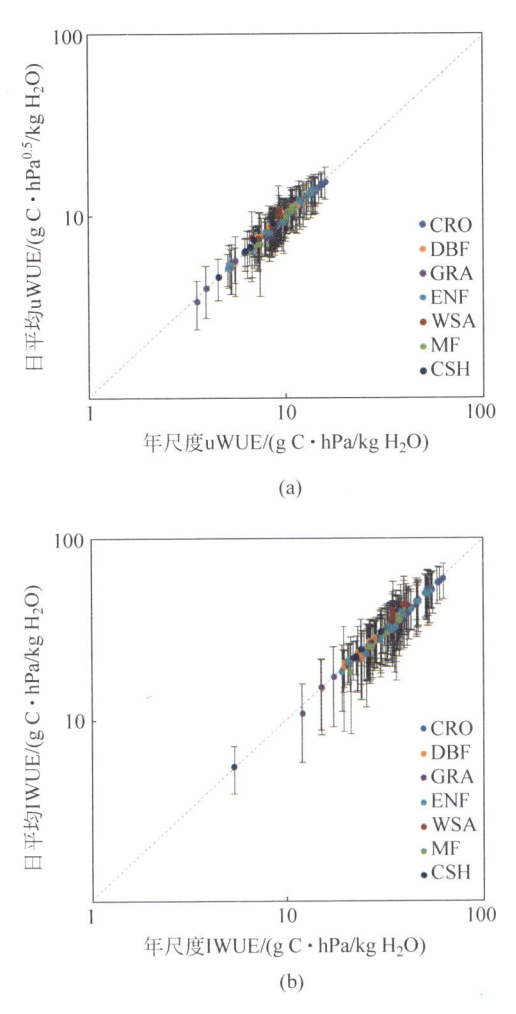

图 3.5 日平均 uWUE 与年尺度 uWUE 的相关关系(a),以及日平均 IWUE 与年尺度 IWUE 的关系(b)

图中误差线表示日尺度 uWUE 及 IWUE 的标准差

均值为 33.62 g C·hPa/kg H_2O。在 7 种植被类型中,农田(CRO)的年尺度 uWUE 最高,为(11.42±3.03) g C·hPa$^{0.5}$/kg H_2O,其次为混交林(MF)、常绿针叶林(ENF)、落叶阔叶林(DBF)等,郁闭灌丛(CSH)的年尺度 uWUE 最低,仅为 (6.55±1.32) g C·hPa$^{0.5}$/kg H_2O。农田站点年尺度 uWUE 的标准差远高于其他植被类型,这是因为,农田站点玉米(C4 植物)和大豆(C3 植物)uWUE 的差异较大。例如,US-Ne3 是一个玉米和大豆轮作的站点,其中,玉米年平均 uWUE 为 15.38 g C·hPa$^{0.5}$/kg H_2O,大豆年平均 uWUE 为 8.68 g C·hPa$^{0.5}$/kg H_2O。

本节分别采用年尺度 uWUE 与年尺度 IWUE 模拟日尺度 GPP,模拟效果见表 3.4。采用年尺度 IWUE 模型,7 种植被类型日尺度 GPP 模拟值的平均偏差为 3.2%~12.5%,均方根误差为 2.86~7.52 g C/(m^2·d),表明采用年尺度 IWUE 会高估 GPP。采用年尺度 uWUE 模型,7 种植被类型日尺度 GPP 的模拟值平均偏差仅为 -0.2%~1.9%,平均均方根误差为 1.80~4.04 g C/(m^2·d),表明采用年尺度 uWUE 估算日尺度 GPP 的准确度更高,相比于年尺度 IWUE 模型能大大减小 GPP 模拟值的误差。在 uWUE 模型中,日尺度 GPP 的模拟值与实测值的平均线性相关系数为 0.81,平均纳什效率系数为 0.59;而在 IWUE 模型中,日尺度 GPP 的模拟值与实测值的平均线性相关系数仅为 0.59,平均纳什效率系数为 -0.83(见图 3.6)。虽然 IWUE 模型可以用来模拟年尺度 GPP[63],但模拟日尺度 GPP 的季节变化过程基本失效。采用 IWUE 模型模拟落叶阔叶林日尺度 GPP 的效果最差,平均纳升效率系数为 -2.52。其中,部分站点 GPP 的模拟值与实测值的相关系数为负值,而采用 uWUE 模型,线性相关系数可以提高到 0.6 以上,这说明 uWUE 模型能大大提高 IWUE 模型模拟日尺度 GPP 的准确度。

表 3.4　采用 uWUE 与 IWUE 模型模拟日尺度 GPP 的效果对比

植被类型	时间/年	uWUE B/%	uWUE RMSE /(g C/(m^2·d))	uWUE r	uWUE Ec	IWUE B/%	IWUE RMSE /(g C/(m^2·d))	IWUE r	IWUE Ec
CRO	26	0.3	4.04	0.84	0.70	6.1	6.28	0.68	0.26
DBF	31	0.5	3.28	0.79	0.54	11.5	7.52	0.53	-2.52
GRA	23	0.4	2.38	0.81	0.64	8.7	3.83	0.60	0.09
ENF	23	0.8	2.08	0.80	0.57	11.4	4.02	0.51	-1.09
WSA	8	1.9	1.80	0.88	0.60	12.5	3.63	0.80	-0.55
MF	7	0.7	2.67	0.72	0.47	10.3	4.42	0.41	-0.47
CSH	5	-0.2	2.28	0.79	0.41	3.2	2.86	0.68	0.08
平均	123	0.6	2.88	0.81	0.59	9.5	5.30	0.59	-0.83

注:B 为偏差比例;RMSE 为均方根误差;r 为相关系数;Ec 为纳什效率系数。

以草地站点 US-Goo 为例,图 3.7 对比了采用 uWUE 模型和 IWUE 模型模拟该站点 2006 年日尺度 GPP 的季节变化过程。当采用 uWUE 模型时,模拟 GPP 与实测 GPP 的年内变化过程能较好地吻合。当采用 IWUE 模型时,日尺度与年尺度 IWUE 的一致性较差,导致在两者相差较大的天数内,GPP 的模拟值与实测值的差别较大。IWUE 模型模拟日尺度 GPP 的误差主要源于日尺度和年尺度 IWUE 的差异,即日尺度 IWUE 的年内变异性。由于日尺度 GPP·VPD 与 ET 的线性相关关系较弱,导致日尺度 IWUE 的稳定性较差,因此,IWUE 并不能很好地反映 GPP、VPD 和 ET 之间的线性相关关系。通过揭示 GPP、ET 和 VPD 之间最佳的线性

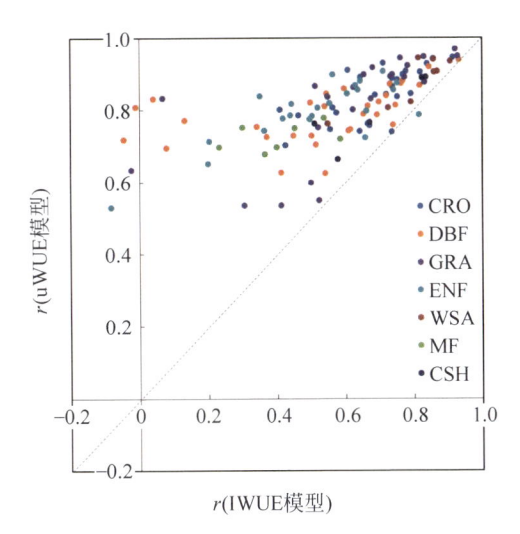

图 3.6　采用 uWUE 模型与 IWUE 模型模拟日尺度 GPP 与实测 GPP 的线性相关系数 r（模拟 GPP vs. 实测 GPP）对比

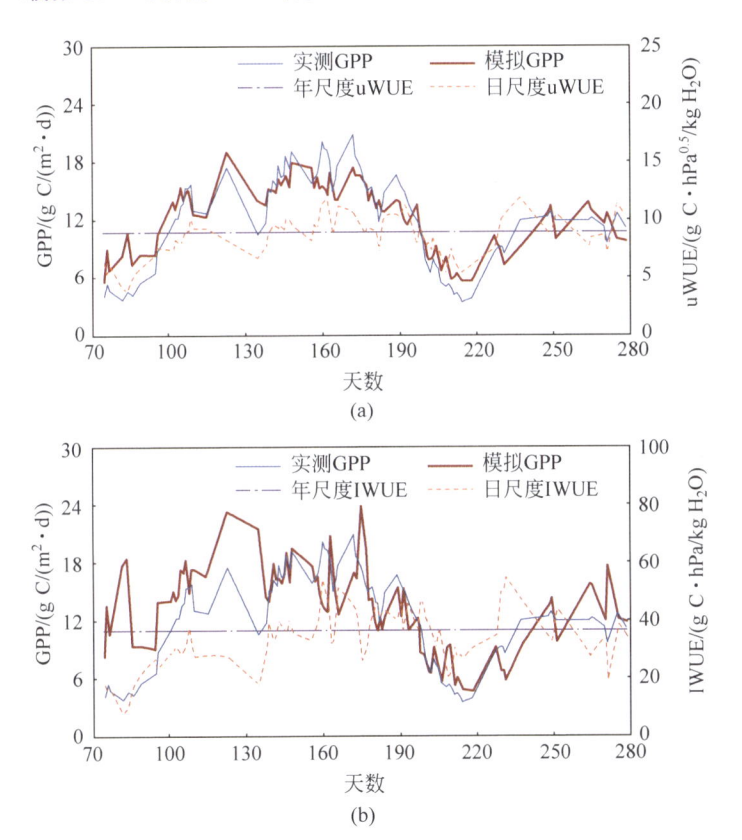

图 3.7　采用 uWUE 模型(a)、IWUE 模型(b)模拟日尺度 GPP，以及实测 GPP 的季节变化过程

数据源于 US-Goo 站点(草地，2006 年)

相关关系,uWUE 模型在日尺度上具有较好的稳定性,且与年尺度 uWUE 一致,因此采用年尺度 uWUE 能有效地模拟日尺度 GPP 的季节变化过程。综合以上分析,可以证明,uWUE 模型在日尺度上依然有效,且相比于 IWUE 模型更稳定,能更好地应用于日尺度 GPP 模拟。

3.4 本章小结

本章在第 2 章日内半小时尺度 uWUE 模型的基础上,进一步探讨了日尺度 uWUE 模型的稳定性,通过分析最稳定水分利用效率模型参数 k^* 的升尺度稳定性、对比日尺度 uWUE 模型及 IWUE 模型的稳定性,以及对比采用 uWUE 模型与 IWUE 模型模拟日尺度 GPP 的效果,验证了日尺度 uWUE 模型的有效性。主要结论如下。

(1) 从日内半小时尺度到日尺度,通过提出日有效 VPD 的概念,保证 uWUE 模型升尺度的稳定性。通过理论推导和数据统计分析发现,日有效 VPD 与日平均 VPD 具有很好的一致性,两者呈现强线性相关关系,且比值 λ 非常接近 1。因此,可以采用日平均 VPD 替代日有效 VPD,计算日尺度 uWUE。

(2) 分别计算日内半小时尺度和日尺度最稳定水分利用效率模型的参数 k^*,对比发现,k^* 具有统计学意义上的尺度不变性。因此,uWUE 模型在日内半小时尺度和日尺度均能代替最稳定水分利用效率模型。

(3) 对比日尺度 uWUE 模型与 IWUE 模型,日尺度 uWUE 的季节变异性更小,且与年尺度 uWUE 具有更好的一致性。分别采用 uWUE 模型与 IWUE 模型模拟生态系统日尺度 GPP 的年内季节变化过程,发现 IWUE 模型的模拟误差较大,而 uWUE 模型能显著提高日尺度 GPP 的模拟效果。uWUE 模型具有跨尺度的稳定性,为陆地生态系统多尺度 GPP(或 ET)模拟提供了一种新的重要手段。

第4章

基于潜在水分利用效率模型的蒸散发分离方法

4.1 本章概述

陆地生态系统蒸散发(ET)主要由植被蒸腾(T)、土壤和冠层截留蒸发(以下简称土壤蒸发,用 E 表示)两部分组成。通过气孔的调节作用,植被蒸腾耗水与光合固碳的过程相互耦合,而土壤蒸发过程则相对独立,可以看作一个物理过程。陆地生态系统与大气之间的碳水交换过程在全球碳循环和水循环中发挥了重要作用。分离植被蒸腾与土壤蒸发过程,并研究这两个过程的控制因素,能增强对大气-地表交互过程的认识,进而改进全球碳水循环模型。MODIS 模型全球蒸散发产品测算,蒸腾占总蒸散发的比例为$(61\pm15)\%$。大多数陆地生态系统的蒸腾比例(T/ET)超过 50%,如热带雨林$((70\pm14)\%)$、落叶林$((67\pm14)\%)$、草地$((57\pm19)\%)$、针叶林$((55\pm15)\%)$等[345]。由于蒸腾主要由植被控制,因此植被覆盖度对 T/ET 具有显著影响,两者呈现正相关关系。稳定同位素实验研究表明,当植被覆盖度从 25% 升高到 100% 时,T/ET 从 0.61 升高到 0.83[288]。由于生态系统植被蒸腾和土壤蒸发难以直接观测,以上蒸散发分离研究主要依靠模型模拟和实验分析的手段。在生态系统尺度上,实现植被蒸腾和土壤蒸发的直接观测,或建立基于观测数据的植被蒸腾和土壤蒸发分离方法,依然是蒸散发研究中的难点。

目前,基于观测数据分离蒸散发的方法主要包括稳定同位素、蒸渗仪、液流计及涡动协方差技术等。稳定同位素技术可以用于估算 T/ET,但主要应用于植被稀疏的干旱地区,在农田和森林等生态系统的适用性较差[259]。涡动协方差系统被广泛应用于观测地表与大气之间的碳水通量,形成了全球碳水通量观测网络(FLUXNET)[346-347]。将涡动协方差观测系统与蒸渗仪或液流计相结合可以进行蒸散发分离,但是,由于蒸渗仪或液流计观测仅在点上开展,其观测样本与涡动协方差观测系统的空间尺度不匹配,可能导致水量不闭合问题[278]。基于生态系统碳水耦合关系,Scanlon 和 Sahu[291]提出了碳-水相关方法进行蒸散发分离。但该方法中的参数——WUE 具有较大的不确定性,且该方法需要高频(10 Hz)碳水交换数据[292],这些因素限制了碳-水相关方法的广泛应用。

基于理论推导和数据分析,第 2 章和第 3 章分别验证了日内半小时尺度和日尺度 uWUE 模型的稳定性。uWUE 模型的稳定性主要存在 3 个假设条件,即大气 CO_2 浓度稳定、植被覆盖类型均一、土壤蒸发可忽略不计。短期内,大气 CO_2 浓度保持稳定,对于植被覆盖类型均一的生态系统,uWUE 的变异性主要源于土壤蒸发的影响,这为生态系统蒸散发分离提供了新的思路。通过将生态系统 uWUE 的变异性归因于 T/ET 的变化,本章介绍了生态系统蒸散发分离的新方法——uWUE 方法。基于半小时尺度碳水通量观测数据,uWUE 方法可以实现植被蒸腾和土壤蒸发的有效分离。通过将 uWUE 方法估算得到的 T/ET 与植被指数进行线性相关分析,本章将进一步展示植被覆盖度的季节变化对 T/ET 的控制作用。

4.2 理论方法

4.2.1 潜在和表观 uWUE 模型

第 2 章和第 3 章为了验证日内半小时尺度和日尺度 uWUE 模型,采用生长期数据以满足蒸腾近似等于蒸散发的假设条件。为了将 uWUE 模型更广泛地应用于年内生长期和非生长期,本章区分潜在 uWUE(potential uWUE,$uWUE_p$)和表观 uWUE(apparent uWUE,$uWUE_a$),分别对应生态系统蒸腾和蒸散发。

$$uWUE_p = \frac{GPP\sqrt{VPD}}{T} \tag{4-1}$$

$$uWUE_a = \frac{GPP\sqrt{VPD}}{ET} \tag{4-2}$$

根据式(4-1)和式(4-2),$uWUE_a$ 和 $uWUE_p$ 的比值等于 T/ET。

$$\frac{T}{ET} = \frac{uWUE_a}{uWUE_p} \tag{4-3}$$

生态系统 $uWUE_p$ 不受土壤蒸发影响,与叶片尺度 $uWUE_i$(式(2-8))一致,保持相对稳定;$uWUE_a$ 因受到土壤蒸发的影响,在日内和年内均随 T/ET 的变化而变化。当土壤蒸发比例较小,植被蒸腾近似等于蒸散发($T/ET \approx 1$)时,$uWUE_a$ 达到最大值,即为 $uWUE_p$。采用半小时 GPP、ET 和 VPD 观测数据,可以估算生态系统 $uWUE_a$ 和 $uWUE_p$(具体方法见 4.2.2 节),进而得到 T/ET,以及植被蒸腾和土壤蒸发。基于通量站点观测数据,采用 uWUE 方法分离蒸散发,主要存在两个假设条件:一是站点 $uWUE_p$ 保持稳定,即站点下垫面植被覆盖类型均一;二是生长期植被覆盖度较高或表层土壤含水量较低,部分时段能满足植被蒸腾近似等于蒸散发的条件,此时 $uWUE_a \approx uWUE_p$,可以采用 $uWUE_a$ 的最大值代表 $uWUE_p$。

4.2.2 蒸腾比估算

本节基于半小时尺度 GPP、ET 和 VPD 数据,估算了生态系统 uWUE$_p$ 和 uWUE$_a$,进而得到生态系统 T/ET,其中,采用分位数回归方法估算站点 uWUE$_p$,采用线性回归方法计算不同时间尺度的 uWUE$_a$。分位数回归方法能准确描述自变量对因变量的变化范围及条件分布形状的影响,在生态学领域应用广泛[348]。其中,5%和95%分位数常用来捕捉线性回归系数的上界和下界[349-351]。本节采用站点所有年份的半小时数据,获取 GPP·VPD$^{0.5}$ 与 ET 相关关系的95%分位数回归系数,代表该站点 GPP·VPD$^{0.5}$ 与 ET 比值的上界,即 uWUE$_p$。对于4个玉米和大豆轮作的站点,本节分别采用玉米年和大豆年的数据,估算玉米和大豆的 uWUE$_p$。假定每个站点(单一植被类型下垫面)的 uWUE$_p$ 为固定值,轮作站点玉米年和大豆年的 uWUE$_p$ 分别为固定值。采用线性回归方法,本节分别在3个不同的时间尺度上,即日尺度、8天尺度和年尺度,计算 uWUE$_a$。每一时段内,计算 GPP·VPD$^{0.5}$ 与 ET 的线性回归系数,代表两者在该时段内的平均比值,即为该时段的 uWUE$_a$。在线性回归和分位数回归中,均设置回归曲线过原点(0,0),代表气孔完全关闭的情况。

本节以 US-Arc 站点为例,说明 uWUE$_p$ 及 uWUE$_a$ 的估算方法。如图4.1所示,选择 US-Arc 站点 2005 年所有半小时数据,得到 GPP·VPD$^{0.5}$ 与 ET 的 95%分位数回归系数为 11.57 g C·hPa$^{0.5}$/kg H$_2$O(uWUE$_p$)。选择 2005 年第 161~168 天的半小时数据,得到这 8 天的线性回归系数为 6.57 g C·hPa$^{0.5}$/kg H$_2$O(uWUE$_a$)。uWUE$_a$ 与 uWUE$_p$ 的比值为 0.57(=6.57/11.57),即为这 8 天的平均 T/ET。

假定生态系统 uWUE$_p$ 与叶片尺度 uWUE$_i$ 一致,并保持稳定,这主要从两个方面进行验证。第一,采用式(2-9)计算叶片尺度 uWUE$_i$,并与站点 uWUE$_p$ 对比,以验证95%分位数回归方法的有效性。根据式(2-9),可以采用参数 λ_{cf} 和 $(C_a - \Gamma)$ 计算 uWUE$_i$;根据文献[191]的数据,可以获取 C3 植物 3 种植被类型(如农田、草地和森林)的 λ_{cf} 分布范围;根据美国夏威夷岛冒纳罗亚火山观测站(Mauna Loa Observatory)的数据(https://www.esrl.noaa.gov/gmd/obop/mlo/),21世纪前10年大气 CO$_2$ 浓度的平均值为 $38×10^{-4}$;根据 Vogan 和 Sage[352],C3 植物 CO$_2$ 补偿点设置为 $0.5×10^{-4}$。第二,采用站点半小时尺度 GPP、ET 和 VPD 数据,分别计算站点 uWUE$_p$ 及每年 uWUE$_p$,通过分析年尺度 uWUE$_p$ 相对于站点 uWUE$_p$ 的变异性,验证站点 uWUE$_p$ 的稳定性。

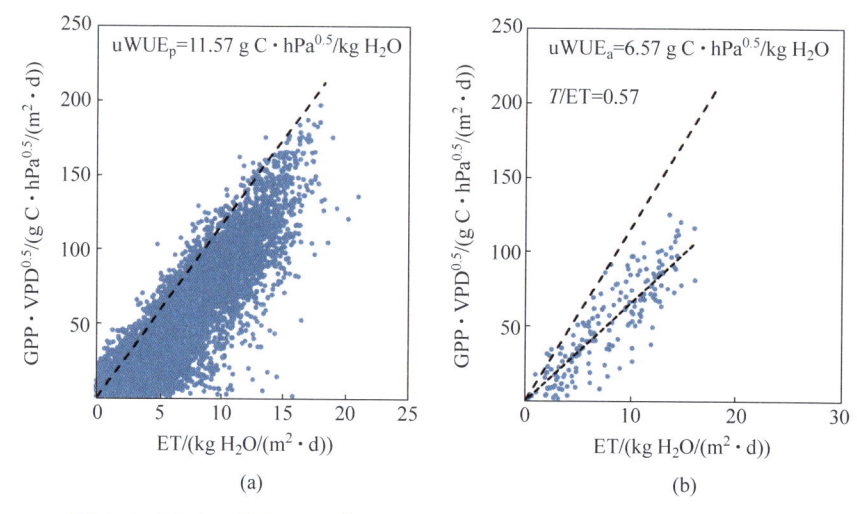

图 4.1 US-Arc 站点 2005 年 uWUE$_p$(a)、161～168 天 uWUE$_a$(b)的估算

4.2.3 站点数据及处理

本章从美洲通量观测网络(AmeriFlux network)四级数据产品中选取了 17 个通量站点(共 71 年)的观测数据。这 17 个站点的生长期植被覆盖度较高,包括 4 种植被类型:农田(CRO)、落叶阔叶林(DBF)、常绿针叶林(ENF)、草地(GRA)。在 5 个农田站点中,4 个站点进行玉米(C4 植物)和大豆(C3 植物)轮作。在四级数据产品中可以直接获取半小时数据,包括潜热(W/m^2)、气温(℃)、净辐射(W/m^2)、GPP(g C/($m^2 \cdot d$))和 VPD(hPa)数据,且基于半小时潜热和气温数据,可以计算 ET(kg H$_2$O/($m^2 \cdot d$))[343]。站点数据经过了质量控制和插补处理,并标记为 4 种类型:原始数据,最可信数据,中度可信数据和最不可信数据[46]。

基于站点半小时数据,本节进一步进行数据处理和质量控制:首先,剔除降雨期间及随后 1～2 天的数据,以减少冠层截留及土壤蒸发的影响,具体方法见第 3 章的数据处理部分;其次,根据数据质量标志,仅保留原始数据和最可信数据;再次,选择日间数据(7:00—19:00),并剔除净辐射、GPP、ET、VPD 为负值的数据;最后,选择日平均 GPP 不低于年最大 GPP 的 10% 的天数,基于半小时尺度的 GPP、ET 和 VPD 数据,在 3 个不同的时间尺度(即日尺度、8 天尺度和年尺度)上,估算蒸腾比。在日尺度上,计算蒸腾比要求日有效记录不少于 10 条;在 8 天尺度上,要求 8 天有效记录不少于 80 条。

4.2.4 植被指数

为了分析植被覆盖度对 T/ET 的影响，本章采用增强型植被指数（enhanced vegetation index，EVI）代表植被覆盖度。搭载在 Terra 卫星上的中分辨率成像光谱仪（moderate resolution imaging spectroradiometer，MODIS）记录了自 2000 年 3 月以来的地表植被遥感信息。其中，8 天尺度 500 m 分辨率的 EVI 数据可以从 MODIS 地表反照率数据（MOD09A1）中获取。本章采用的 17 个站点地表反照率数据是从美国俄克拉荷马大学地球观测及模拟实验室网站下载的。EVI 的计算方法[353]如下：

$$\text{EVI} = 2.5 \times \frac{\rho_{\text{nir}} - \rho_{\text{red}}}{\rho_{\text{nir}} + (6\rho_{\text{red}} - 7.5\rho_{\text{blue}}) + 1} \tag{4-4}$$

其中，ρ_{nir}、ρ_{red} 及 ρ_{blue} 分别表示地表对近红外、红光和蓝光波段的反照率。根据 MODIS09A1 中的质量标记，剔除低质量观测数据，如有云和气溶胶干扰的情况，并进行插值处理，具体方法见 Jin 等[354]的研究。数据处理后，对站点 8 天尺度 T/ET 与 EVI 进行线性相关分析，以探讨植被覆盖度变化对 T/ET 季节变化的影响。

4.3 蒸腾比估算结果

4.3.1 潜在 uWUE 估算与验证

在 5 个农田（CRO）站点中，玉米 uWUE_p（(20.12 ± 1.26) g C · hPa$^{0.5}$/kg H$_2$O）远高于大豆 uWUE_p（(12.97 ± 1.28) g C · hPa$^{0.5}$/kg H$_2$O），这是因为，C4 植物的光合能力和水分利用效率比 C3 植物更高[355-356]。在自然植被站点中，落叶阔叶林（DBF）uWUE_p 最高，为 (16.05 ± 3.04) g C · hPa$^{0.5}$/kg H$_2$O，其次是草地（GRA，(12.93 ± 1.07) g C · hPa$^{0.5}$/kg H$_2$O）和常绿针叶林（ENF，(12.48 ± 0.87) g C · hPa$^{0.5}$/kg H$_2$O）。图 4.2 对比了年尺度 uWUE_p 与对应站点 uWUE_p 的偏差。在 71 年的数据中，48 年的 uWUE_p 偏离站点 uWUE_p 的比例小于 10%。在 17 个站点中，9 个站点年尺度 uWUE_p 的标准差小于 1.0 g C · hPa$^{0.5}$/kg H$_2$O，13 个站点年尺度 uWUE_p 的变差系数小于 0.1。这说明，大部分站点 uWUE_p 的年际变异性较小，站点 uWUE_p 的稳定性较好。

在 3 个站点，即 US-Ha1（DBF）、US-Bo1（CRO）和 US-WCr（DBF），年尺度 uWUE_p 的标准差超过 2.0 g C · hPa$^{0.5}$/kg H$_2$O，且这 3 个站点中共有 7 年的 uWUE_p 偏离站点 uWUE_p 的比例超过 20%。2000 年，距离 US-Ha1 站 300 m（方

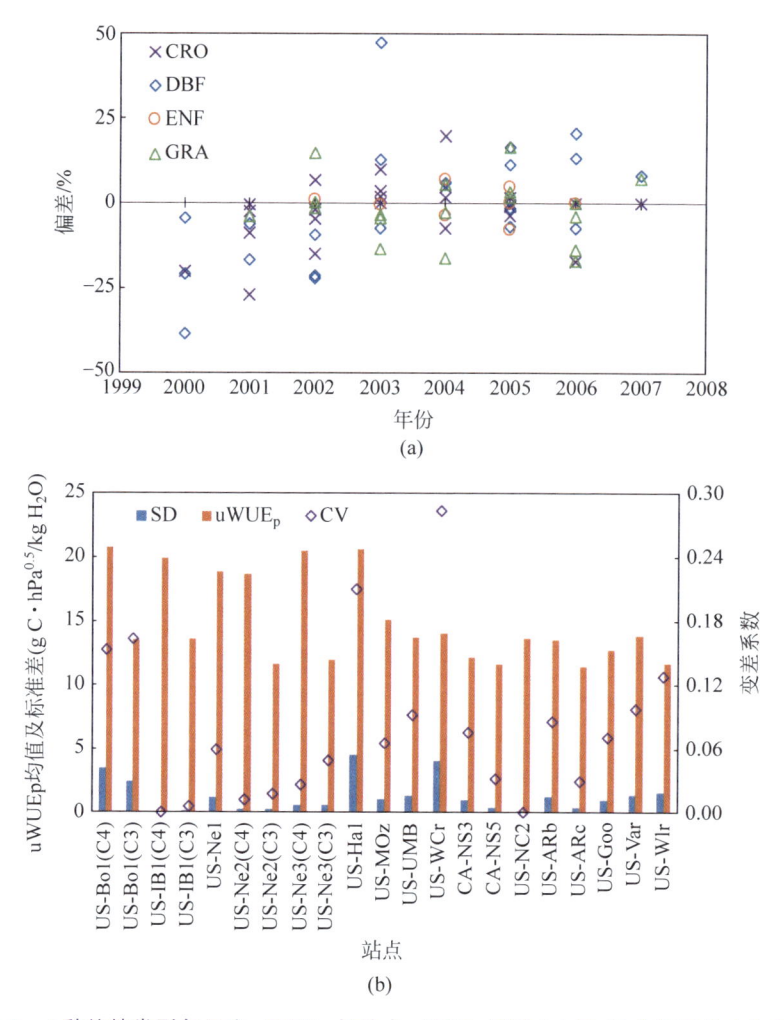

图 4.2 4 种植被类型年尺度 uWUE$_p$ 与站点 uWUE$_p$ 对比(a)与 17 个通量站点年尺度 uWUE$_p$ 均值、标准差及变差系数(b)

向正南及东南)的地区进行了商业性砍伐,面积达 43 ha[①],砍伐密度为 42.8 m^3/ha,地表植物量减少 22.5 Mg C/ha[357]。2000 年后,US-Ha1 站的植被逐渐恢复。2000—2003 年,年尺度 uWUE$_p$ 的变异性较大,标准差达 4.46 g C·hPa$^{0.5}$/kg H$_2$O;2003—2006 年,年尺度 uWUE$_p$ 较为稳定,标准差为 1.1 g C·hPa$^{0.5}$/kg H$_2$O。在 US-Bo1 站点 50 m 的范围内,玉米和大豆轮作,在站点 50～500 m 的范围内,玉米和大豆各占 50%[358]。由于玉米 uWUE$_p$ 远大于大豆 uWUE$_p$,且通量塔源区随风速风

---

① 1 ha=10^4 m^2。

向变化,因此在通量塔一定范围内进行玉米和大豆混种,会导致 uWUE$_p$ 的变异性显著增加。在 US-WCr 站点,2003 年的 uWUE$_p$ 为 20.81 g C · hPa$^{0.5}$/kg H$_2$O,而其他年份仅有(11.77±0.99) g C · hPa$^{0.5}$/kg H$_2$O。相比于 2002 年,2003 年的 US-WCr 站点蒸散发从 995 mm 降至 625 mm,而 GPP 在两年间没有明显差异,由此导致 2003 年的 uWUE$_p$ 显著增加[359]。

图 4.3 对比了 C3 植物站点的 uWUE$_p$ 与叶片尺度 uWUE$_i$ 的分布范围。由 Lloyd 和 Farquhar[191] 的研究可知,农田 λ_{cf} 的范围为 400～900 mol/mol,草地 λ_{cf} 为 500～700 mol/mol,森林 λ_{cf}(非热带)为 250～1250 mol/mol。由此计算得到 uWUE$_i$ 的范围,农田为 10.01～15.14 g C · hPa$^{0.5}$/kg H$_2$O,草地为 11.44～13.54 g C · hPa$^{0.5}$/kg H$_2$O,森林为 8.56～19.15 g C · hPa$^{0.5}$/kg H$_2$O。对比各植被类型站点 uWUE$_p$ 与叶片尺度 uWUE$_i$,发现两者的分布范围基本一致(见图 4.3)。4 种植被类型 uWUE$_p$ 均值与 uWUE$_i$ 中值的差异为 0.35～1.38 g C · hPa$^{0.5}$/kg H$_2$O。常绿针叶林 uWUE$_p$ 均值与 uWUE$_i$ 中值的相对差异为 10.5%,其余 3 种植被类型的相对差异小于 4%(见表 4.1)。从站点 uWUE$_p$ 的年际稳定性及其与叶片尺度 uWUE$_i$ 的一致性可知,在植被覆盖类型均一的站点,假设 uWUE$_p$ 为固定值是合理的,且采用 95% 分位数回归方法得到站点 uWUE$_p$ 是可靠的,可以进一步用于生态系统 T/ET 的估算。

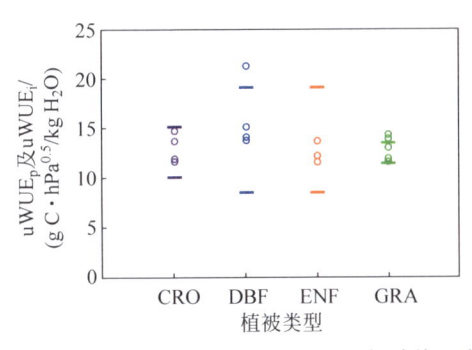

图 4.3 4 种植被类型(C3 植物)站点 uWUE$_p$(空心圆圈)与叶片尺度 uWUE$_i$ 的分布范围(短横线)对比

表 4.1 4 种植被类型(C3 植物)站点 uWUE$_p$ 均值与叶片尺度 uWUE$_i$ 中值对比

植被类型	uWUE$_p$	uWUE$_i$	偏差/%
CRO	12.97	12.62	2.7
DBF	13.40	13.86	3.4
ENF	12.48	13.86	10.5
GRA	12.93	12.49	3.5

4.3.2 表观 uWUE 与蒸腾比估算

图 4.4 显示了 4 种植被类型年尺度 uWUE$_a$ 及 T/ET 的分布特征。农田站点（玉米和大豆）的 T/ET 相比其他植被类型更高。其中,玉米的 uWUE$_a$ 及 T/ET 最高。由于 US-Bo1 站点中玉米和大豆混合种植,因此 uWUE$_a$ 及 T/ET 的年际变异性较大。不考虑 US-Bo1 站点,其他农田站点玉米 uWUE$_a$ 的分布范围为 11.83~14.61 g C·hPa$^{0.5}$/kg H$_2$O,T/ET 的分布范围为 0.62~0.75,均值为 0.69,远高于其他 3 种植被类型。大豆 uWUE$_a$ 的分布范围为 7.18~8.41 g C·hPa$^{0.5}$/kg H$_2$O,T/ET 的分布范围为 0.53~0.69,均值为 0.62。尽管落叶阔叶林的 uWUE$_a$ 相对较高,均值为 8.50 g C·hPa$^{0.5}$/kg H$_2$O,但 T/ET 在 4 种植被类型中最低,均值仅为 0.52。尤其是 US-Ha1 站点在 2000—2006 年的 T/ET 分布范围仅为 0.34~0.52。在常绿针叶林中,US-NC2 站点的 uWUE$_a$ 和 T/ET 分别为 8.68 g C·hPa$^{0.5}$/kg H$_2$O 和 0.64,高于其他两个站点的 uWUE$_a$ (6.91 g C·hPa$^{0.5}$/kg H$_2$O) 和 T/ET (0.56)。草地站点 uWUE$_a$ 的变异性较小,T/ET 分布在 0.46~0.71,均值为 0.59。

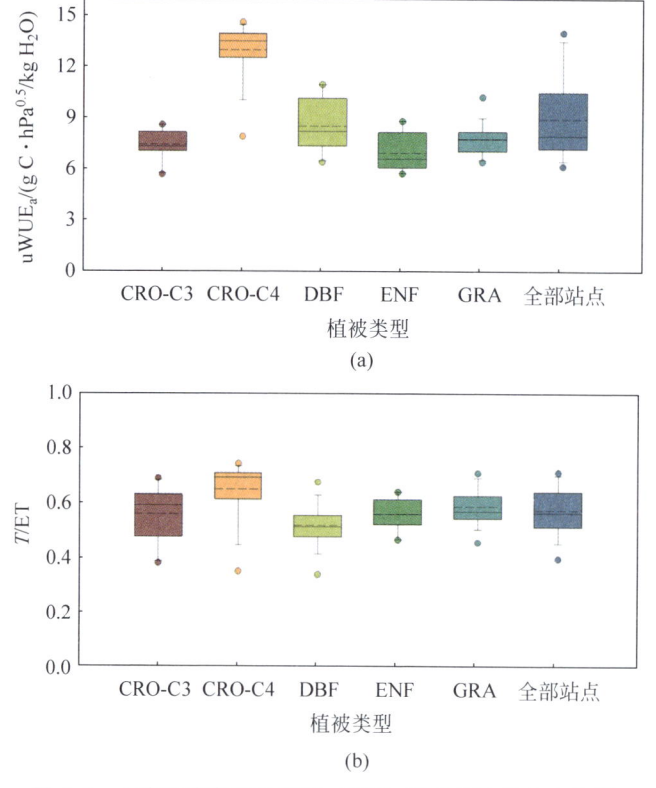

图 4.4 4 种植被类型年尺度 uWUE$_a$ 及 T/ET 的分布特征

日尺度 T/ET 可以反映年内季节变化特征，US-Ne3 站点的日尺度 T/ET 如图 4.5 所示。US-Ne3 站点为玉米和大豆轮作，其年内季节变化呈现单峰特征。在生长初期，日尺度 T/ET 仅为 0.05~0.2，随着植被的生长，T/ET 逐渐增加到 0.9 以上，达到峰值后逐渐下降。玉米和大豆在生长前期的变化过程有所差异。与大豆相比，玉米生长初期的 T/ET 波动更小，峰值前增长速度更快。在美国杜克森林站，Oishi 等[360]采用液流计和涡动协方差系统分别观测蒸腾和蒸散发，进而计算 T/ET，发现日尺度 T/ET 也呈现较大的波动性。本章选择的 17 个站点中，生长高峰期植被覆盖度较大，站点峰值 T/ET 超过 0.9，甚至接近 1，这与方法中蒸腾近似等于蒸散发的假定是一致的。

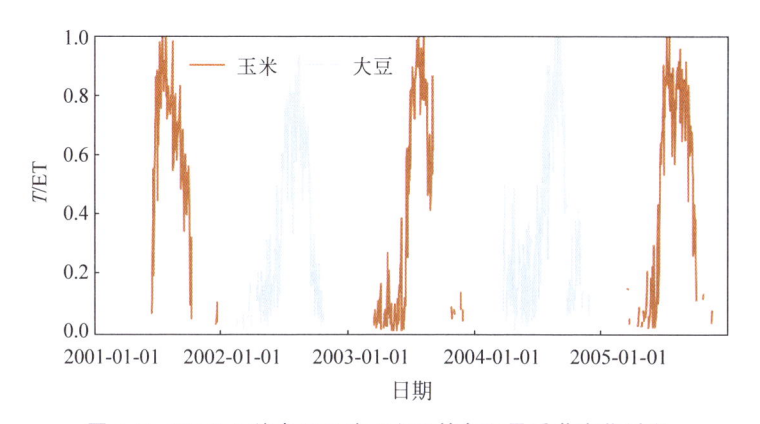

图 4.5　US-Ne3 站点日尺度 T/ET 的年际及季节变化过程

4.3.3　植被覆盖度对蒸腾比的影响

基于 uWUE 方法，本节估算了站点 8 天尺度 T/ET，并与 8 天尺度 EVI 进行对比分析，研究 EVI 对 T/ET 季节变化的影响。EVI 和 T/ET 均分布在 0~1，在大多数站点，两者呈现较强的线性相关关系。例如，2005 年在 US-Ne3 站点，EVI 与 T/ET 之间的 R^2 高达 0.85（见图 4.6）。通过 EVI 与 T/ET 之间的强线性相关关系可知，植被覆盖度对 T/ET 的季节变化起主导作用。

图 4.7 显示，在 17 个站点共 71 年的数据中，EVI 与 T/ET 之间的平均 R^2 为 0.75，并且在 37 年的数据中，$R^2>0.8$。在农田站点中，EVI 与 T/ET 的线性相关关系最好，平均 R^2 达 0.83，其中玉米和大豆的平均 R^2 分别为 0.82 和 0.84。落叶阔叶林和草地的 EVI 与 T/ET 的平均 R^2 均为 0.77，而常绿针叶林仅为 0.37。这表明，对于农田、草地、落叶阔叶林等落叶植被，植被覆盖度年内季节变化明显，对 T/ET 的季节变化起主导作用，使得 EVI 与 T/ET 呈现较为一致的季节变化过程。对于常绿针叶林，植被覆盖度的季节变化幅度较小，T/ET 受气象因子、土壤

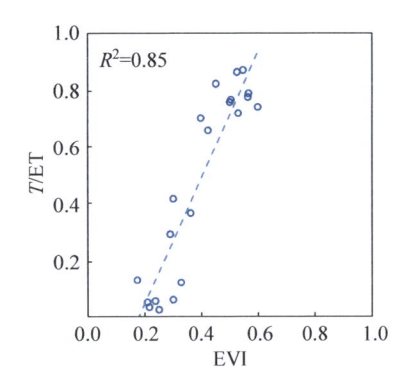

图 4.6　US-Ne3 站点 2005 年 8 天尺度 T/ET 与 EVI 的线性相关关系

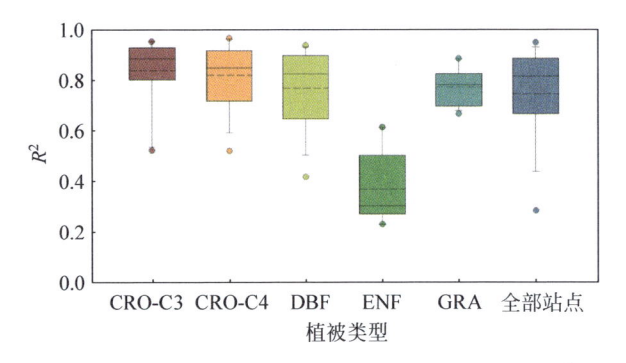

图 4.7　4 种植被类型 8 天尺度 T/ET 与 EVI 的线性相关关系（R^2）的分布特征

水等因素的影响较大。在人为管理条件下，灌溉农田能更有效地利用水分，相比于雨养农田呈现出更高的 T/ET 及更强的 EVI-T/ET 线性相关关系。例如，灌溉农田 US-Ne2 站点的平均 T/ET 为 0.70，平均 R^2 为 0.81；雨养农田 US-Ne3 站点的平均 T/ET 为 0.67，平均 R^2 为 0.73。

图 4.8 显示了 4 种植被类型、4 个站点 EVI 与 T/ET 的季节变化特征，分别是 US-Ne3(CRO)、US-Ha1(DBF)、US-Arc(GRA) 和 CA-NS3(ENF)。US-Ne3 是玉米和大豆轮作的站点，5 年间，EVI 与 T/ET 的 R^2 为 0.52～0.87，均值为 0.74。在 2001 年、2003 年及 2005 年（玉米），EVI 与 T/ET 的峰值变异性较小，分别约为 0.64 和 0.89。在 2002 年和 2004 年（大豆），EVI 和 T/ET 的峰值变化较大。由于 2002 年发生干旱，而 US-Ne3 站点不进行灌溉，因此缺水导致植被覆盖度下降，T/ET 减小[361]。2000—2006 年在 US-Ha1 站点，EVI 峰值与季节变化过程较为一致，但 T/ET 峰值逐渐增加，2000 年的峰值仅为 0.4，2005 年和 2006 年高达 0.8。US-Ha1 站点在 2000 年进行了商业性砍伐[357]，T/ET 显著下降，2000 年后的 T/ET

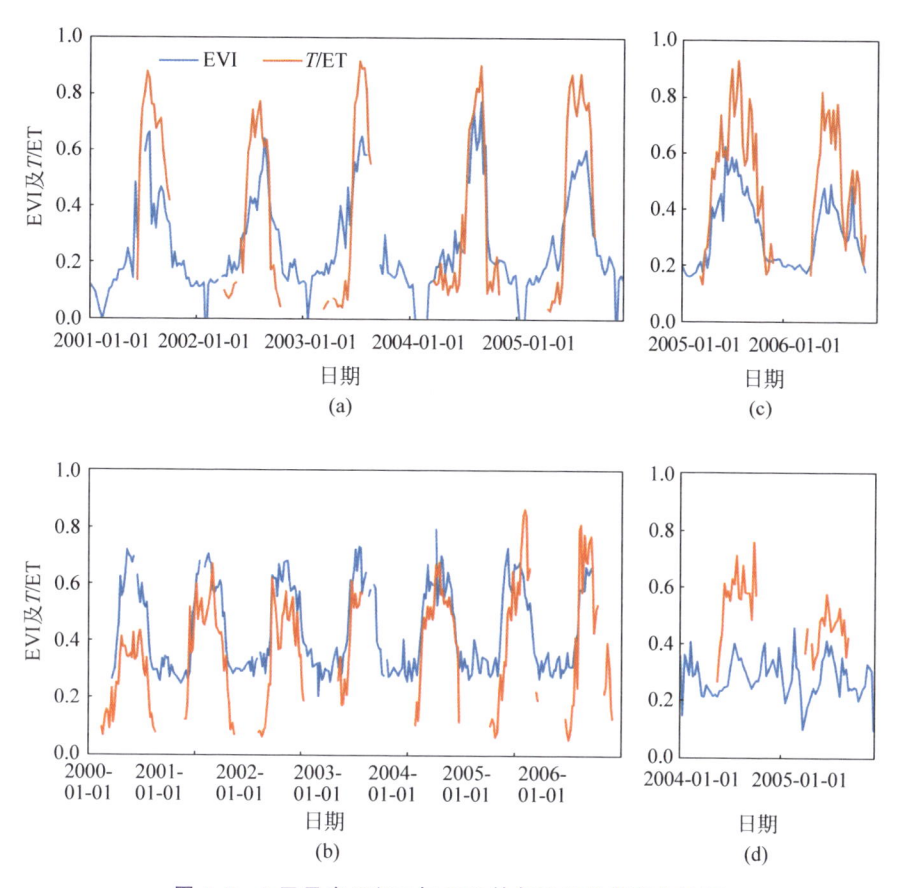

图 4.8　8 天尺度 T/ET 与 EVI 的年际及季节变化特征

(a) US-Ne3(CRO)；(b) US-Ha1(DBF)；(c) US-ARc(GRA)；(d) CA-NS3(ENF)

逐渐增大。由于砍伐区域发生在距离通量站点 300 m 处，而 EVI 能分辨的距离是 500 m，网格边缘距离通量塔约 250 m，因此，站点 EVI 数据没有揭示出砍伐区域的植被变化过程。在森林站点，通量塔架高 30～50 m，通量源区的范围一般为几百米至 1 km，因此，砍伐对 T/ET 的影响较大。在 US-ARc 站点，EVI 与 T/ET 的年际和季节变化比较一致。在 2006 年，该站点区域发生干旱，EVI 与 T/ET 的峰值相比 2005 年均大幅减少。夏末降雨尤其稀少[362]，导致 EVI 与 T/ET 显著下降，到了秋初又会逐渐回升，两者的季节变化呈现明显的双峰特征。在这 3 个落叶植被站点，T/ET 与 EVI 之间具有强线性相关关系，T/ET 的季节变化主要由植被覆盖度控制。然而，在 CA-NS3 站点，T/ET 与 EVI 之间的线性关系较弱。常绿植被覆盖度的季节变化较小，导致 T/ET 受其他环境因子的影响较大，如气温、辐射及土壤水含量等。因此，我们还需要进一步分析常绿植被 T/ET 变化的影响因素。

4.4 本章小结

基于 uWUE 模型的稳定性,本章介绍了一个简单有效的生态系统蒸散发分离方法,即 uWUE 方法。将 uWUE 方法应用于 4 种植被类型的蒸散发分离研究,并分析植被覆盖度变化对 T/ET 季节变化的控制作用。具体结论如下。

(1) 根据潜在 uWUE($uWUE_p$)和表观 uWUE($uWUE_a$)的概念与估算方法,采用 $uWUE_a$ 和 $uWUE_p$ 的比值计算 T/ET。uWUE 方法的原理清晰可靠,计算简单方便,可以充分利用全球通量站点的观测数据进行蒸散发分离研究。

(2) 在植被覆盖均一的站点,$uWUE_p$ 的年际变异性小,且站点 $uWUE_p$ 与叶片尺度 $uWUE_l$ 具有较好的一致性,由此验证了采用 95% 分位数回归方法估算站点 $uWUE_p$ 的可靠性。分析站点 $uWUE_p$,由于 C4 植物的光合能力强、水分利用效率高,因此 C4 植物的 $uWUE_p$ 远大于 C3 植物。在 4 种植被类型中,C3 植物的 $uWUE_p$ 差异较小。

(3) 在 4 种植被类型中,农田年尺度 T/ET 最高,其中,玉米(C4 植物)为 0.69,大豆为 0.62,其次是草地(0.60)和常绿针叶林(0.56),落叶阔叶林最低,仅为 0.52。在 US-Ne3 站点,日尺度 T/ET 的季节变化明显,且生长峰值期间的 T/ET 高达 0.9 以上,甚至接近 1。

(4) 8 天尺度 T/ET 与 EVI 存在线性相关关系,EVI 对 T/ET 的季节变化具有显著影响($R^2=0.75$)。对于玉米和大豆,EVI 可以分别解释 T/ET 季节变化特征的 82% 和 84%,落叶阔叶林和草地可以解释 77%,常绿针叶林仅解释 37%。基于落叶植被 T/ET 与 EVI 的强线性相关关系,可以采用 EVI 建立各站点 T/ET 的经验模型,并结合其他环境因子的影响,模拟 T/ET 的季节变化特征。

第5章

黑河流域典型生态系统潜在水分利用效率及蒸腾比

5.1 本章概述

黑河流域位于河西走廊中部,是我国西北地区第二大内陆河流域。流域内景观类型多样,上游位于祁连山区,主要景观类型为冰川、冻土、高寒草地和森林等,中游为人类活动区,分布着大量灌溉农田;下游以戈壁荒漠为主,植被稀疏,其中,额济纳绿洲分布着少量乔灌木林地[363]。黑河流域是典型的干旱区流域,中下游地区的灌溉农业与自然植被用水的矛盾突出[40,364]。从20世纪80年代到21世纪初,黑河流域的中下游灌溉农业快速发展,灌溉用水大量挤占生态用水,导致下游河岸植被严重退化,土地荒漠化和盐碱化等生态环境问题突出[364-367]。面对干旱地区水资源短缺的问题,流域水资源管理的关键在于提高农作物和自然植被的水分利用效率(WUE)和蒸腾比(T/ET),减少无效蒸发。为了进一步缓解黑河流域用水矛盾,深入研究黑河流域上、中、下游典型生态系统 WUE 和 T/ET 的时空分布特征及影响因素,探索提高 WUE 和 T/ET 的有效方法,具有重要意义。

水分利用效率在农业上通常定义为作物消耗单位水量所获得的农作物产量,其中,农业耗水量一般用蒸散发来衡量[368-369]。在黑河流域,蒸散发的主要获取方法包括波文比能量平衡法、参考蒸发法和遥感蒸散发模型等[370-373]。在实际应用中,蒸散发不仅是农作物需水量的重要指标,也是流域水资源分配的主要依据[374]。然而,基于蒸散发的流域水资源管理及分配方法,往往会高估农作物的真实需水量,导致水资源大量浪费。Yang 等[375]采用稳定同位素示踪技术,发现黑河流域中游玉米农田存在过度灌溉现象。中游农田过度灌溉,直接导致下游自然植被需水量无法满足,植被因缺水而严重退化;同时,大水漫灌导致地下水位升高,在强烈蒸发条件下,盐分在表层富集,导致表层土壤盐碱化[366,376]。干旱区流域水资源管理必须充分考虑自然植被需水量,实现农业经济发展与生态环境保护之间的平衡可持续发展[40,377-378]。为了避免农田过度灌溉,应该根据农作物的真实需水量,即植被蒸腾,确定合适的灌溉水量并进行水资源分配。此外,农业水分利用效率只关注农作物在整个生长期的耗水量和产量,却无法获取各生长阶段的水分利用情况,因此无法有效指导农业灌溉的具体实施。深入研究黑河流域的农作物和自然植被生长各阶段 WUE 和 T/ET 的变化情况,了解农作物和自然植被的真实需水信息,可以为合理分配农业灌溉用水和生态环境用水奠定基础。

基于碳水耦合关系的水分利用效率模型可以从植物生理的角度揭示植物生长过程中光合固碳和蒸腾耗水的关系。在第 2 章和第 3 章的基础上,本章选择潜在水分利用效率(uWUE)作为指标,研究植被各生长阶段水分利用效率的变化。在第 4 章的基础上,本章采用 uWUE 方法估算生态系统的 T/ET,以揭示植被各生长阶段的真实需水量及水资源有效利用的比例。2010 年,黑河流域生态-水文过程综合遥感观测联合试验(HeiHe watershed allied telemetry experimental research,HiWATER)开始实施[379],流域内建立了多个通量观测站点,部分站点进行了多年碳水通量观测,这为黑河流域 uWUE 及 T/ET 的研究提供了重要的数据基础。此外,部分站点还开展了稳定同位素实验,微型蒸渗仪及液流计观测,这为 uWUE 方法在黑河流域的验证提供了相对独立的观测数据。

本章选择黑河流域 3 个典型的生态系统,即上游高寒草地、中游灌溉农田和下游胡杨林,展示各生态系统 uWUE 及 T/ET 的年际及季节变化特征;通过将 uWUE 方法与稳定同位素、微型蒸渗仪及液流计等传统蒸散发分离方法进行对比,验证 uWUE 方法的有效性;基于黑河流域水资源短缺的问题,分析黑河流域典型生态系统水资源利用现状,探索黑河流域实施灌溉节水的有效方式及水资源管理的创新策略。

5.2 数据及方法

5.2.1 站点数据

黑河流域是我国西北干旱半干旱地区第二大内陆河流域,位于河西走廊中部(东经 97.5°~102°,北纬 37.5°~42.5°)。本章选取黑河流域的 3 个站点:上游阿柔站,中游大满站,下游胡杨林站(见表 5.1)。这 3 个站点分别代表了黑河流域上、中、下游 3 种典型的气候和植被覆盖类型。黑河流域上游祁连山区的气温较低,降水丰富,山区冰川融水和降水是径流的主要来源。阿柔站位于青海省祁连县阿柔乡草达坂村,下垫面为高寒草地。黑河流域中游绿洲是主要的人类活动区,降雨较少,不足以满足作物耗水需求,灌溉需水量大。大满站位于甘肃省张掖市大满灌区农田,下垫面为玉米,生长季为 5—9 月。灌区农田采用大水漫灌方式,每年灌溉 5 次(每次深度约 140 mm),其中,生长期前 1 次,生长期 4 次。大满站 60% 的土壤表层覆盖塑料薄膜,以减少土壤蒸发。黑河流域下游以荒漠为主,额济纳绿洲有少量胡杨林、怪柳、沙枣等乔灌木林地。胡杨林站位于内蒙古额济纳旗四道桥,下垫面主要为胡杨林。下游气温较高,降雨极其稀少,胡杨林生长主要依靠地下水和灌溉水。

3个站点均安装涡动协方差观测系统和自动气象观测仪。涡动协方差观测系统的架高分别为3.5 m(阿柔站)、4.5 m(大满站)、22 m(胡杨林站)。涡动协方差观测系统的原始观测数据频率为10 Hz,经处理后输出周期为30 min。本章主要采用净生态系统交换(net ecosystem exchange,NEE)及潜热数据。自动气象观测数据每10 min输出一次,观测项目包括气温、相对湿度、风速风向、降水、净辐射、土壤温度、土壤湿度、土壤热通量等。3个站点的叶面积指数(leaf area index,LAI)数据源于中分辨率成像光谱仪(moderate resolution imaging spectroradiometer,MODIS),时间分辨率为8天。

大满站在2012年5月27日—9月21日进行了稳定同位素原位连续观测,包括大气中水汽氢氧稳定同位素比值、土壤水和玉米茎秆水中氢氧稳定同位素比值。该稳定同位素观测数据可用于估算T/ET(具体方法见5.2.3节)。在大满站稳定同位素观测期间,本研究同时采用微型蒸渗仪观测土壤蒸发。一共9个自制微型蒸渗仪(直径为10 cm,深度为15 cm)随机分布在非塑料薄膜覆盖的土壤中。蒸渗仪每日取出称重,用以监测逐日土壤蒸发量,且将蒸渗仪观测与涡动协方差观测数据结合也可进行蒸散发分离。

胡杨林站附近安装了热扩散液流计(thermal dissipation sap flow velocity probe,TDP),并用于观测了2014—2015年的胡杨树液流量。根据胡杨林高度及胸径,选取3棵样树安装TDP,采用国产插针式热扩散植物液流计,型号为TDP30。每棵样树安装两组探针,高度为1.3 m,方位分别为样树正东和正西方向。TDP的原始数据频率为10 s,数据处理后每10 min输出一次。3棵样树的高度从低到高依次为12.5 m、13 m、14 m,胸径从小到大依次为33.8 cm、38.5 cm、42.3 cm。站点胡杨林的分布密度约为0.0116棵/m^2。

表5.1 站点信息

站 点	阿柔站	大满站	胡杨林站
时间	2013—2015年	2012年5月—2015年	2014—2015年
经度/(°E)	100.4643	100.3722	101.1236
纬度/(°N)	38.0473	38.8555	41.9928
海拔/m	3033	1556	876
植被覆盖类型	高寒草地	灌溉农田	胡杨林
年均温度*/℃	−0.4	6.9	10.4
年均降水*/mm	438	147	26
年均净辐射*/(MJ/m^2)	1995	2111	2553
年均土壤含水量*(4 cm深)/%	24.9	18.9	3.79

续表

站　　点	阿柔站	大满站	胡杨林站
年均 GPP*/(g C/(m² · a))	912.9	1350.5	816.5
年均 ET*/(mm/a)	556.6	760.5	710.0
年均 VPD*/hPa	3.3	6.9	13.4

* 基于各站点研究期内的气象和通量观测数据。

5.2.2　uWUE 方法

本节在 uWUE 方法中分别定义了潜在 uWUE（uWUE$_p$）和表观 uWUE（uWUE$_a$），见式(4-1)和式(4-2)。在植被覆盖类型均一的站点，uWUE$_p$ 保持稳定，uWUE$_a$ 相对于 uWUE$_p$ 的变化归因于 T/ET 的变化。因此，uWUE$_a$ 与 uWUE$_p$ 的比值即为 T/ET（见式(4-3)）。uWUE 方法的具体描述见 4.2.1 节。

本研究在黑河流域的 3 个站点中采用碳水通量和气象观测数据，处理得到半小时尺度 GPP、ET 和 VPD 数据。首先，本研究将 10 min 的气温和相对湿度升尺度到半小时，并计算得到半小时 VPD 数据，计算公式见 Romero-Aranda 等[380]的研究；其次，采用边际分布取样方法（marginal distribution sampling，MDS）对 NEE 缺失的数据进行插补，然后采用碳通量分离方法，将 NEE 分离为 GPP 和生态系统呼吸（Re），即 NEE＝Re－GPP；数据插补和 NEE 分离的原理见 Reichstein 等[46]的研究，具体操作采用 R 包"REddyProc"；最后，采用潜热和气温计算 ET，计算公式见 Donatelli 等[343]的研究。本节基于半小时尺度 GPP、ET 和 VPD 数据，采用 GPP·VPD$^{0.5}$ 与 ET 相关关系的 95% 分位数回归系数，估算 3 个站点的 uWUE$_p$。在不同的时间尺度上，如半小时尺度、日尺度、8 天尺度、年尺度等，采用 GPP·VPD$^{0.5}$ 与 ET 的线性回归系数，计算各时段的 uWUE$_a$，由此计算得到 3 个站点的 T/ET。uWUE$_p$ 及 uWUE$_a$ 估算的具体方法见 4.2.2 节。

5.2.3　稳定同位素方法

稳定同位素方法被广泛应用于生态系统蒸散发分离研究。在土壤蒸发过程中，氢氧稳定同位素存在明显的分馏现象，导致土壤蒸发水汽中的稳定同位素含量远低于土壤水[286]。植物根系吸水的过程几乎不产生同位素分馏。植物通过气孔蒸腾水汽的过程中也会出现同位素分馏现象，但是在快速蒸腾的过程中，如午后，蒸腾水汽会达到同位素稳定状态，此时蒸腾水汽与土壤水中稳定同位素含量基本一致[287]。根据大气、植物蒸腾及土壤蒸发水汽中氢氧稳定同位素含量的差异，植被蒸腾与土壤蒸发可以被分离。根据水量平衡和同位素守恒原理，得到 T/ET 的估算公式如下：

$$\frac{T}{ET} = \frac{\delta_{ET} - \delta_E}{\delta_T - \delta_E} \tag{5-1}$$

基于稳定同位素观测数据,可以确定大气总蒸散发(δ_{ET})、土壤蒸发(δ_E)和植物蒸腾(δ_T)中的稳定同位素含量。δ_{ET}采用通量梯度法确定[381],δ_E采用Craig-Gordon模型确定[286]。δ_T则由植物木质部水分中稳定同位素含量(δ_X)近似确定。根据同位素稳态假定(isotope steady state assumption),在午后(13:00—15:00),植物叶片蒸腾水汽中的δ_T形成稳定状态,与植被木质部水分中的δ_X一致。在2012年5月27日—9月21日,本研究采用稳定同位素方法估算了大满站每日午后(13:00—15:00)的T/ET,具体方法及数据结果见Wen等[290]的研究。

5.2.4 蒸渗仪/涡动协方差方法

蒸渗仪和涡动协方差系统可以分别用来观测土壤蒸发和生态系统蒸散发,进而估算T/ET。涡动协方差系统可以观测潜热通量,结合气温数据,计算得到蒸散发,这与5.2.2节中计算蒸散发的方法一致。蒸渗仪是观测土壤蒸发的常用仪器,分为称重式和非称重式两种[382],且根据水量平衡的原理,可以用于测定仪器中给定时段内水量的变化,并结合降水、灌溉和渗漏等水量变化信息,推算得到土壤蒸发量。蒸渗仪内也可以种植植物,以观测总蒸散发量。在2012年5月27日—9月21日,本研究采用9个自制微型蒸渗仪随机分布在裸露的土壤中,每日取出称重,取平均得到每日土壤蒸发量。由于微型蒸渗仪的直径小,深度浅,因此在降雨和灌溉期间无法使用。

5.2.5 液流计方法

液流计方法被广泛应用于观测植物枝干液流速率,进而估算生态系统蒸腾量。根据工作原理,液流计方法主要包括4种类型:热平衡法、热脉动法、热扩散法和激光热脉冲法[383]。胡杨林站点采用的是插针式热扩散植物液流计,适用于测量树干液流速率。热源探针和参考探针分别插入树干边材,可以用于观测探针之间的温度差,进而计算树干液流速率[384]。根据站点的胡杨林面积和树木间距,可以采用式(5-2)计算生态系统蒸腾量:

$$T = J_S \frac{A_S}{A_G} \tag{5-2}$$

其中,J_S(g H$_2$O/(m$^2 \cdot$ s))是单位面积植物木质部液流速率,由液流计观测数据计算得到;A_S和A_G分别为木质部总面积和站点总面积,其比值$\frac{A_S}{A_G}$可将样树液流速率转化为单位面积蒸腾量。在胡杨林站,本研究采用3棵样树的平均蒸腾量代表生态系统蒸腾量,并分别计算半小时尺度和日尺度的蒸腾量。

5.2.6 4种方法对比分析

本章将uWUE方法与其他3种常用的蒸散发分离方法进行对比,以验证uWUE方法在实际应用中的有效性。在大满站,本研究采用uWUE方法计算2012年5月27日—9月21日每日午后(13:00—15:00)及日尺度T/ET,分别与稳定同位素方法和微型蒸渗仪/涡动协方差方法进行对比。在胡杨林站,本研究采用uWUE方法计算2014—2015年半小时尺度和日尺度的蒸腾量,并与液流计方法估算的蒸腾量进行对比。由于阿柔站未进行其他蒸腾或蒸发观测,因此不进行对比分析。

5.3 潜在水分利用效率及蒸腾比

5.3.1 季节变异性分析

黑河流域上、中、下游的气候差异较大(见表5.1)。上游祁连山区阿柔站低温多雨,年均气温仅—0.4℃,年均降水量为438 mm。下游额济纳绿洲胡杨林站的温度较高,年均气温达10℃,降雨极其稀少,研究期内年均降水量仅为26 mm,因此,胡杨林站的VPD较高,而土壤含水量较低。祁连山区降水和融雪产生的径流一部分满足上游植被的用水需求,但大部分供给中游灌区和下游绿洲耗水。对比发现,中游大满站(760.5 mm)和下游胡杨林站(710.0 mm)的年尺度ET(耗水量)均高于上游阿柔站(556.6 mm)。大满站的年尺度GPP高达1350.5 g C/m^2,比阿柔站和胡杨林站分别多48%和65%。

3个站点的GPP、ET和VPD的季节变化与气温一致,呈现单峰特征,在7月或8月达到峰值(见图5.1和图5.2)。3个站点中,大满站农田的峰值GPP与ET最高,胡杨林站的峰值VPD最高。在非生长期,阿柔站和大满站的GPP极低,而ET相对较高,尤其是在三四月。在3月,当平均气温升高到0℃以上时,高山积雪开始融化,土壤含水量升高,阿柔站的土壤蒸发增加。大满站一般在3月底或4月初进行第一次灌溉,灌溉水大量转化为土壤蒸发。在2014年4月初,大满站日最高ET超过生长期峰值ET,这是典型的"绿洲效应"。在沙漠-绿洲的水热交换过程中,对于绿洲农田,大部分净辐射转化为潜热,少部分用于显热。在午后,当有干热大风从沙漠吹向绿洲时,显热显著下降甚至变为负值,而潜热大量散失甚至高于净辐射[385]。农田灌溉之后,这种"绿洲效应"会更加明显。在胡杨林站,土壤表层含水量低,但胡杨树可以利用深层土壤水,故ET较高。胡杨林站的植被覆盖较为稀疏(最高LAI仅为0.8/(m^2/m^2)),生长期GPP相比于阿柔站和大满站均较低,但由于胡杨树是常绿植物,故非生长期GPP相对较高。

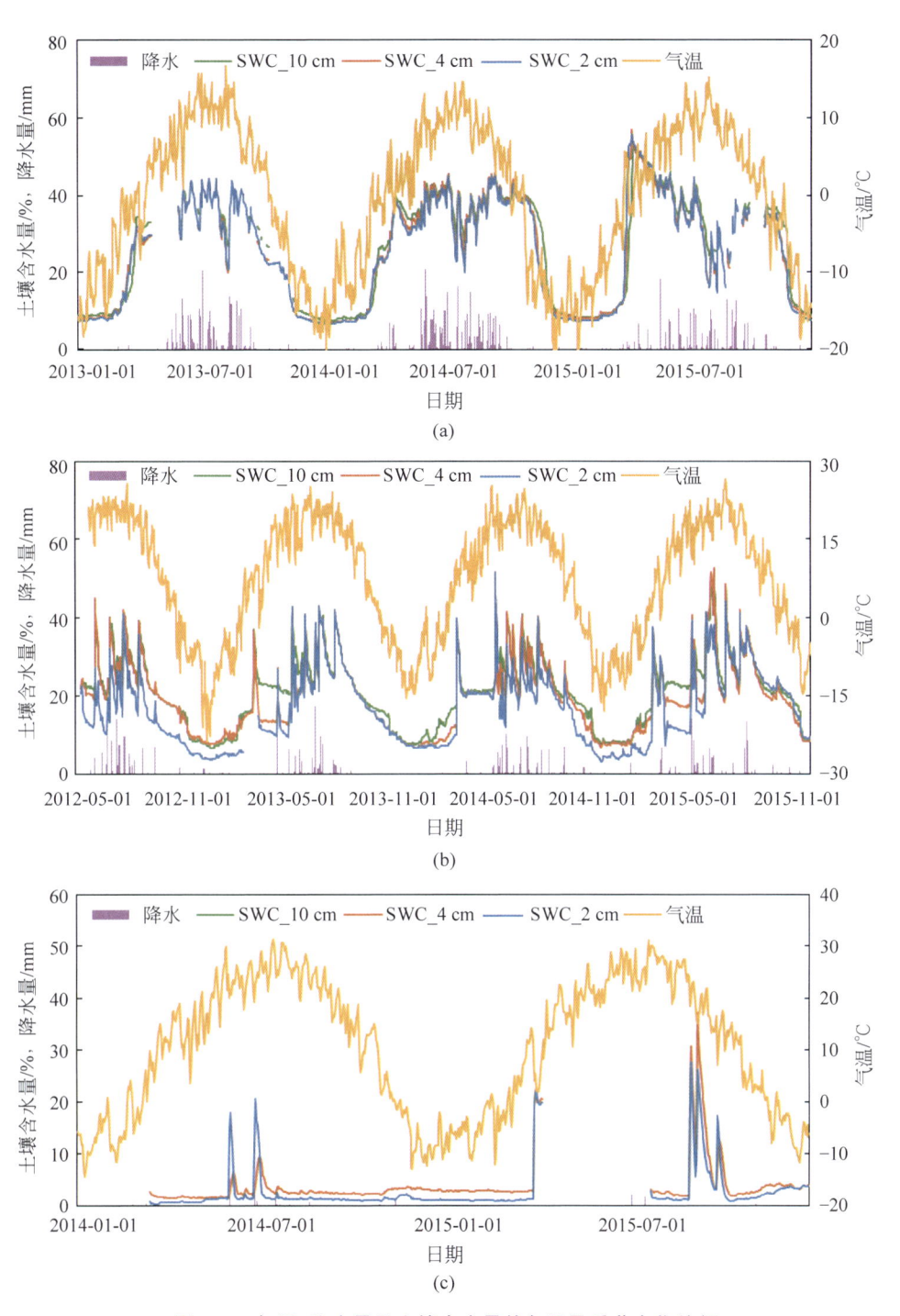

图 5.1 气温、降水量及土壤含水量的年际及季节变化特征

(a) 阿柔站；(b) 大满站；(c) 胡杨林站

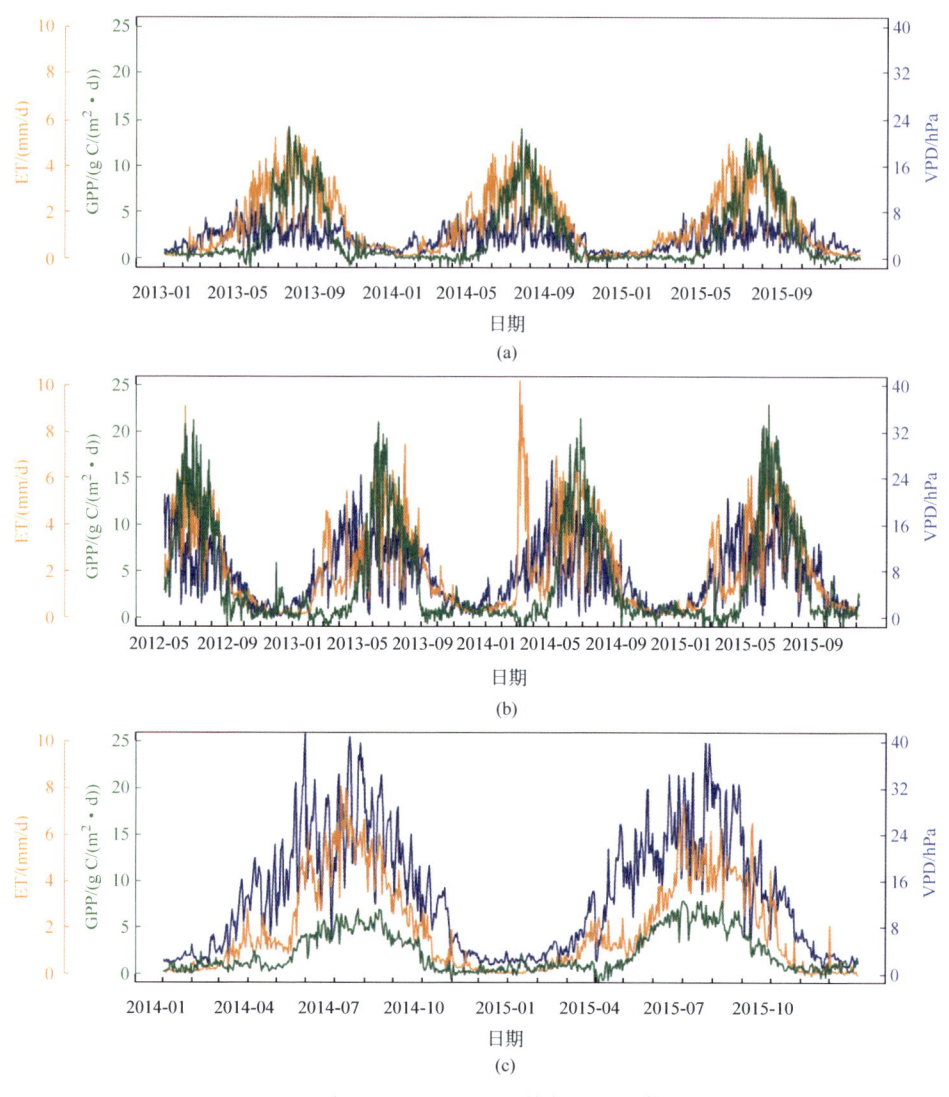

图 5.2　日尺度 GPP、ET 及 VPD 的年际及季节变化特征
(a) 阿柔站；(b) 大满站；(c) 胡杨林站

5.3.2　站点结果对比

对比这 3 个站点，大满站的 uWUE$_p$ 和 uWUE$_a$ 最高（分别为 15.60 g C·hPa$^{0.5}$/kg H$_2$O 和 8.15 g C·hPa$^{0.5}$/kg H$_2$O），其次是胡杨林站（10.20 g C·hPa$^{0.5}$/kg H$_2$O 和 5.40 g C·hPa$^{0.5}$/kg H$_2$O）和阿柔站（9.59 g C·hPa$^{0.5}$/kg H$_2$O 和 4.85 g C·hPa$^{0.5}$/kg H$_2$O），如表 5.2 所示。在阿柔站，2013 年的 uWUE$_a$ 为

4.43 g C·hPa$^{0.5}$/kg H$_2$O，2015年升高到5.33 g C·hPa$^{0.5}$/kg H$_2$O，T/ET则相应从0.46升高到0.56。在胡杨林站，2015年的uWUE$_a$（6.00 g C·hPa$^{0.5}$/kg H$_2$O）与T/ET（0.59）相比于2014年提高了22%。在大满站，2014年的uWUE$_a$与T/ET最低，相比于其他年份低27%~37%，而生长期的uWUE$_a$和T/ET与其他年份相近。这很可能是因为2014年生长期之前土壤蒸发较高，导致非生长期的uWUE$_a$和T/ET出现低值。

尽管3个站点的多年平均T/ET非常相近（0.51~0.53），但大满站的生长期多年平均T/ET（0.63）高于阿柔站和胡杨林站（0.55），如表5.2所示。大满站60%的土壤表层由塑料薄膜覆盖，能减少土壤蒸发，提高生长期T/ET。阿柔站和胡杨林站的生长期及全年T/ET相差较小（0.02~0.05），而大满站相差较大（2013—2015年为0.09~0.2），这表明，大满站的非生长期灌溉用水效率较低。在胡杨林站，虽然植被覆盖度很低（MODIS LAI<1），但由于表层土壤含水量低（见图5.1）、含盐度高、土壤蒸发较小，并且胡杨树的根系较深，可以吸收深层土壤水供给蒸腾，因此，胡杨林站年尺度及生长期的T/ET相对较高。

表5.2 站点uWUE$_p$、年尺度及生长期uWUE$_a$和T/ET

站点	uWUE$_p$	年份	年尺度 uWUE$_a$	年尺度 T/ET	生长期（5—9月）uWUE$_a$	生长期（5—9月）T/ET
阿柔站	9.59	2013	4.43	0.46	4.83	0.50
		2014	4.86	0.51	5.35	0.56
		2015	5.33	0.56	5.77	0.60
		2013—2015	4.85	0.51	5.29	0.55
大满站	15.60	2012（5月26日始）	10.50	0.67	10.60	0.68
		2013	8.01	0.51	9.49	0.61
		2014	6.28	0.40	9.40	0.60
		2015	8.61	0.52	9.95	0.64
		2012—2015	8.15	0.52	9.87	0.63
胡杨林站	10.20	2014	4.91	0.48	5.08	0.50
		2015	6.00	0.59	6.41	0.63
		2014—2015	5.40	0.53	5.66	0.55

注：uWUE$_p$和uWUE$_a$的单位为g C·hPa$^{0.5}$/kg H$_2$O。

uWUE$_a$、T/ET及MODIS LAI的季节变化特征（8天尺度）如图5.3所示。T/ET由uWUE$_a$与uWUE$_p$的比值计算得到，因此，其季节变化特征与uWUE$_a$一致。在阿柔站与大满站，T/ET与MODIS LAI呈现明显的季节变化特征，且两者之间呈现强线性相关关系，R^2分别为0.74（阿柔站）和0.77（大满站）。在生长

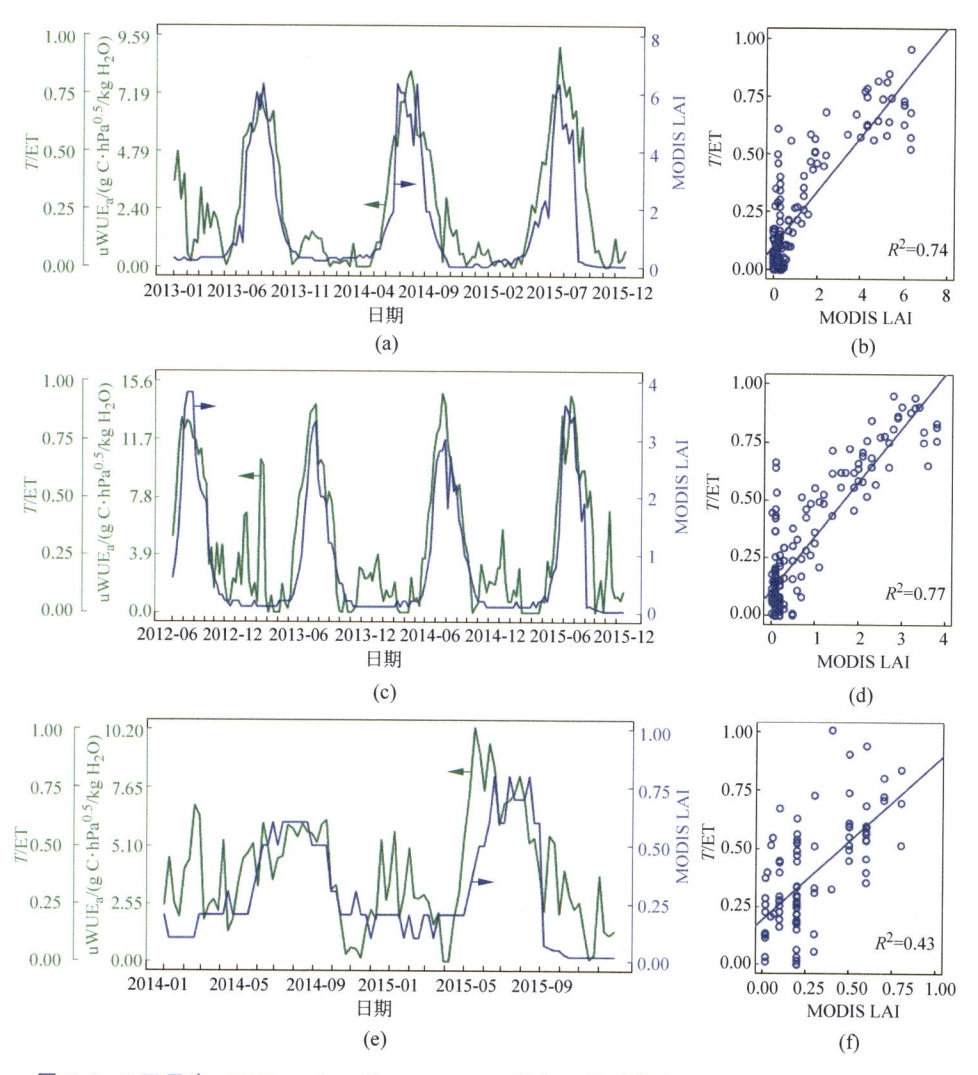

图 5.3 8 天尺度 uWUE$_a$、T/ET 及 MODIS LAI 的年际及季节变化特征,以及 MODIS LAI 与 T/ET 的线性相关关系

(a)(b) 阿柔站;(c)(d) 大满站;(e)(f) 胡杨林站

高峰期,LAI 较高,uWUE$_a$ 在某些时段达到峰值(即 uWUE$_p$),T/ET 接近 1。在生长期开始前,如三四月,uWUE$_a$ 与 T/ET 降至最低值。此时,阿柔站积雪已经融化,但 LAI 仍然很低,融雪主要由土壤蒸发消耗。同样,大满站第一次灌溉之后,土壤蒸发迅速增加,而农作物还未生长,导致 T/ET 较低。在胡杨林站,uWUE$_a$、T/ET 及 MODIS LAI 的季节变化幅度较小,T/ET 与 MODIS LAI 之间呈现弱线性相关关系($R^2=0.43$)。由于胡杨树是常绿植物,因此胡杨林站的

uWUE$_a$ 在非生长期(如 11 月至次年 4 月)相比于其他两个站点更高。在黑河流域的 3 个站点,落叶植被(草地和农田)覆盖度对 T/ET 的季节变化影响显著,而常绿植被(胡杨树)覆盖度对 T/ET 的季节变化影响较小,这与 4.3.3 节中的结论一致。需要注意的是,在这 3 个站点,MODIS LAI 数据并没有通过田间观测进行校正,因此,MODIS LAI 相比于实际 LAI 可能有所偏差。其中,阿柔站位于山间盆地的谷底,阴影导致 MODIS LAI 整体偏高(其他植被指数均存在类似问题)。本节主要分析植被覆盖度的季节变异性对 T/ET 的影响,因此采用阿柔站 MODIS LAI 来反映植被覆盖度的季节变化特征。

5.4 蒸散发分离方法对比

5.4.1 大满站蒸腾比估算

图 5.4 显示了分别采用大满站 uWUE 方法、稳定同位素方法和蒸渗仪/涡动协方差方法估算 2012 年生长期 T/ET 的结果,以及 T/ET 与 LAI 的线性相关关系。其中,图 5.4(a)是采用 uWUE 方法与稳定同位素方法估算每日午后(13:00—15:00) T/ET 的对比,图 5.4(c)采用是 uWUE 方法与蒸渗仪/涡动协方差方法估算日尺度 T/ET 的对比。这里的 LAI 由田间观测得到,不同于 MODIS LAI。5 月 27 日—7 月 9 日,LAI 从仅 0.13(m²/m²)迅速增长到最大值 4.4(m²/m²)。随后,LAI 经历了两次突然下降。第一次是 8 月 5 日,由于玉米部分收割,LAI 从 4.2(m²/m²)降到 3.4(m²/m²)。第二次是 9 月 13 日,由于发生强霜冻,LAI 从 2.9(m²/m²)降到 0.7(m²/m²)。研究发现,uWUE 方法估算的 T/ET 与 LAI 的季节变化特征一致,两者具有较强的线性相关关系(午后 $R^2=0.75$;日尺度 $R^2=0.79$)。植被覆盖度是落叶植被 T/ET 季节变化的主要影响因素。基于 uWUE 方法估算的 T/ET 与 LAI 之间的强线性相关关系在一定程度上反映出 uWUE 方法的有效性。然而,稳定同位素方法估算的 T/ET 相比于 uWUE 方法更高,季节变化不明显,没有反映出 LAI 两次突然下降所产生的影响,与 LAI 的线性相关关系很弱($R^2=0.13$)。uWUE 方法与其他两种方法估算 T/ET 的差异主要在于生长期前后。在生长高峰期,如 7 月 9 日—8 月 5 日,uWUE 方法与其他两种方法估算的 T/ET 非常接近,午后平均差异为 0.07,日尺度平均差异为 0.08。

图 5.4(a)和(c)显示了 2012 年生长期 4 次灌溉的时间。灌溉后,上层土壤的含水量迅速增加(见图 5.1),极大地增加了土壤蒸发,进而减小了 T/ET,尤其是生长前期 LAI 很低的情况。例如,2012 年 6 月 6 日进行生长期第一次灌溉,当时的 LAI 仅为 0.37 m²/m²,灌溉用水主要通过土壤蒸发消耗,uWUE 方法估算的当日 T/ET 仅为 0.25,远低于灌溉前几天的 T/ET。灌溉之后,随着 LAI 增长,土壤含

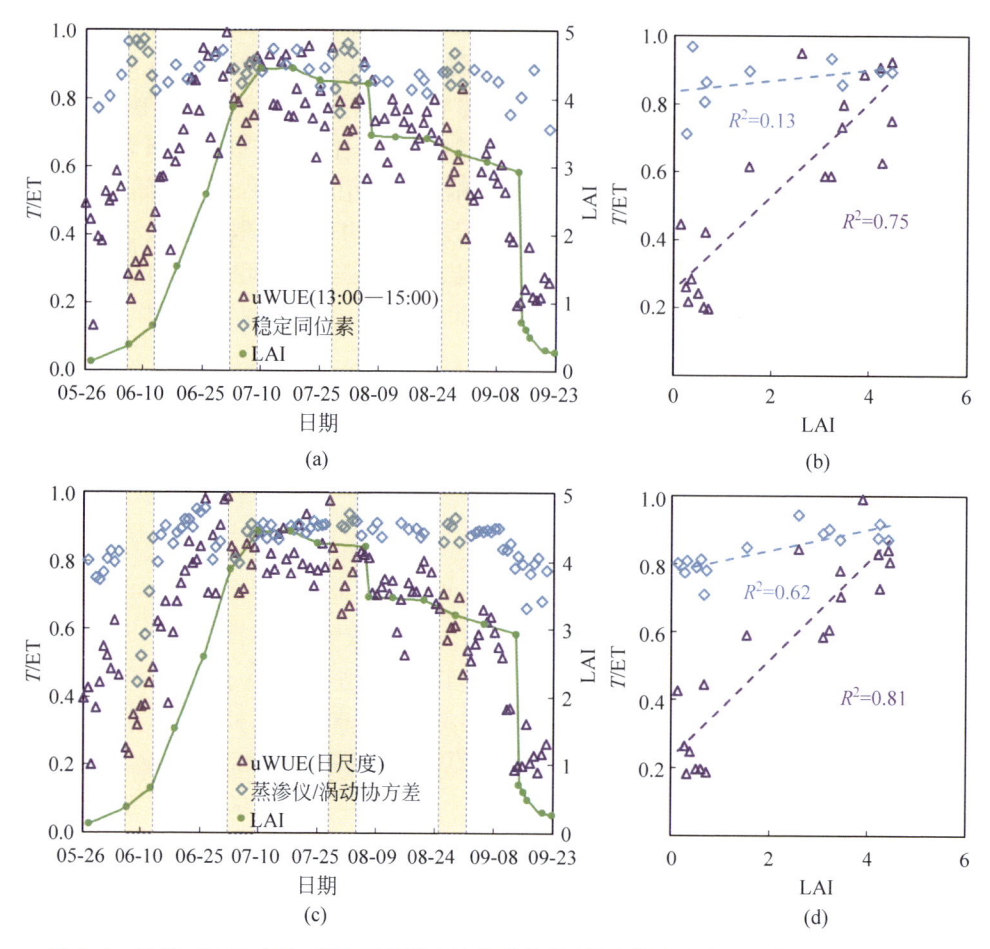

图 5.4 采用 uWUE 方法、稳定同位素方法及蒸渗仪/涡动协方差方法估算 2012 年生长期 T/ET 的对比，以及 T/ET 与 LAI 的线性相关关系

(a)(b) 午后(13:00—15:00)；(c)(d) 日尺度

黄色条带表示生长期 4 次灌溉及随后一周

水量下降，T/ET 逐渐增加。生长期其他 3 次灌溉中，LAI 较高，T/ET 经历了小幅下降然后上升的过程。然而，稳定同位素方法估算的 T/ET 没有显示出这样的下降-上升过程，这是由土壤蒸发中稳定同位素含量估计的误差造成的。灌溉之后，土壤蒸发迅速增加，尤其是在高温烈日情况下，表层土壤水(0~5 cm)中稳定同位素含量迅速变化，因此，稳定同位素方法中认为土壤蒸发面与表层土壤水中同位素含量一致的假定不成立[290]。蒸渗仪/涡动协方差方法揭示出灌溉 3 天后 T/ET 上升的过程，但是由于微型蒸渗仪的容量小、深度浅，在灌溉期间无法观测土壤蒸发，因此在灌溉后 3 天 T/ET 下降时段的数据是缺测的。综上所述，相比于稳定同

第 5 章　黑河流域典型生态系统潜在水分利用效率及蒸腾比

位素和蒸渗仪/涡动协方差方法，uWUE 方法能在灌溉期间更有效地估算 T/ET，且能更好地揭示出 LAI 季节变化特征对 T/ET 的影响。

5.4.2　胡杨林站蒸腾估算

图 5.5 对比了胡杨林站 2014—2015 年基于 uWUE 方法和液流计方法估算日尺度蒸腾的结果。两种方法估算蒸腾的季节变化特征和幅度一致。5 月初，日蒸腾不足 0.5 mm，到 7 月底，日蒸腾达到峰值，为 3~4 mm，随后开始下降。两种方法估算的日蒸腾呈现强线性相关关系（2014 年 $R^2=0.82$；2015 年 $R^2=0.76$，见图 5.5(b) 和 (c)）。从 1 月到 8 月中旬，两种方法估算的日蒸腾高度一致，平均差距在 2014 年仅为 0.01 mm（$R^2=0.86$），2015 年为 0.11 mm（$R^2=0.87$）。然而，生长期峰值之后，液流计方法估算的日蒸腾相比于 uWUE 方法更大，平均差距在 2014 年为 0.47 mm，在 2015 年为 0.57 mm。在 9 月，部分天数液流计观测的蒸腾非常接近甚至超过通量塔观测的总蒸散发，这很可能是由于液流计观测的 3 棵样

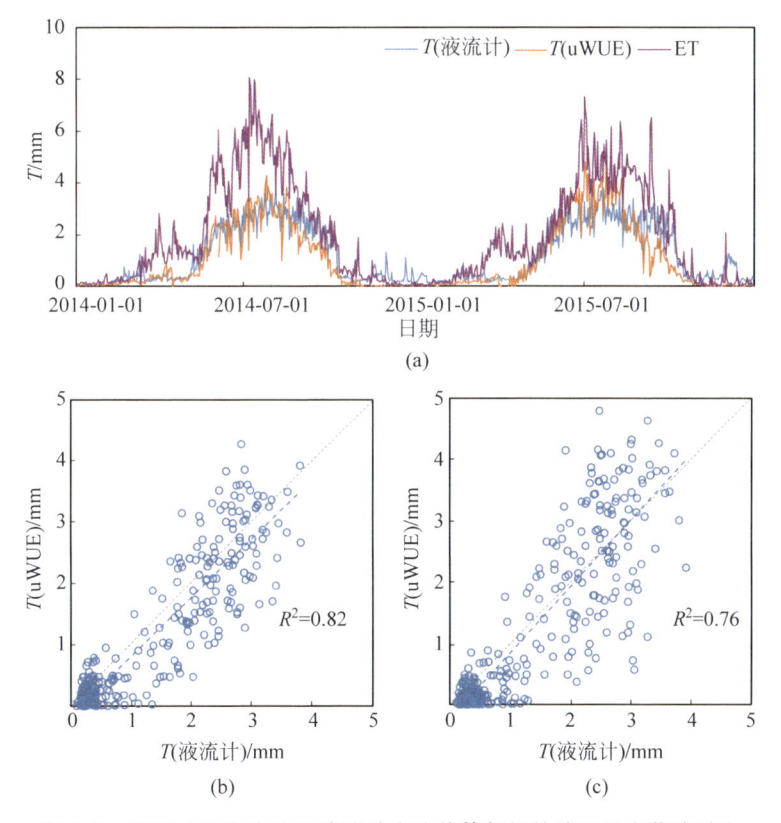

图 5.5　采用 uWUE 方法及液流计方法估算胡杨林站日尺度蒸腾对比

(a) 年际及季节变化过程；(b) 2014 年对比；(c) 2015 年对比

树位于通量塔源区以外(3 棵样树位于河道附近,距离通量塔约 1 km)。在液流计方法中,3 棵样树估算的日蒸腾存在较大差异,表明采用样树平均蒸腾估算生态系统蒸腾量存在较大的不确定性(见图 5.6)。两种方法在生长期峰值后估算蒸腾的差异主要源于第 3 棵样树观测的蒸腾相对较高,导致 3 棵样树的平均蒸腾相比于生态系统蒸腾偏高。

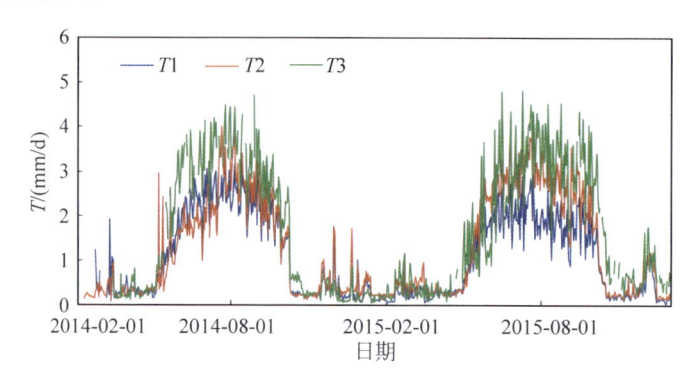

图 5.6 采用液流计方法估算 3 棵样树日尺度蒸腾对比

为了更好地揭示两种方法在估算蒸腾方面的差异,本节进一步对比了蒸腾的日内变化特征。图 5.7 显示了生长期峰值前(如 6 月 27 日—7 月 3 日)和峰值后(如 8 月 12—18 日)蒸腾的日内变化过程。可以看出,两种方法估算蒸腾的日内变化过程基本一致,但两者在正午前后(10:00—15:00)的差异较大。采用液流计方法估算蒸腾,其日内波动相比于 uWUE 方法更大。这是因为植物木质部液流速率会受到水分胁迫的影响[386],因此,采用液流速率估算蒸腾的日内波动较大。在

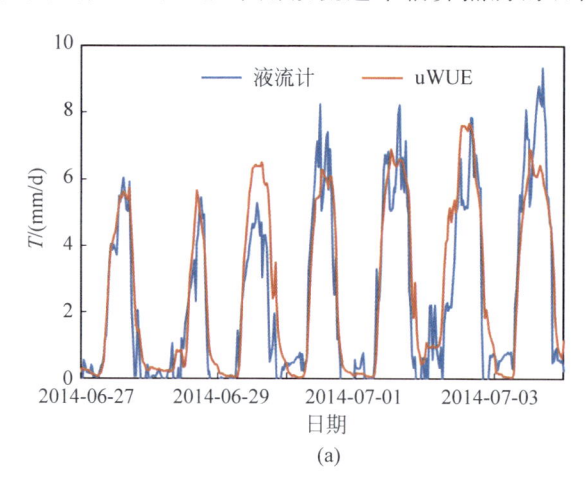

图 5.7 采用 uWUE 方法及液流计方法估算胡杨林站日内半小时尺度蒸腾对比
(a) 2014 年 6 月 27 日—7 月 3 日;(b) 2014 年 8 月 12—18 日

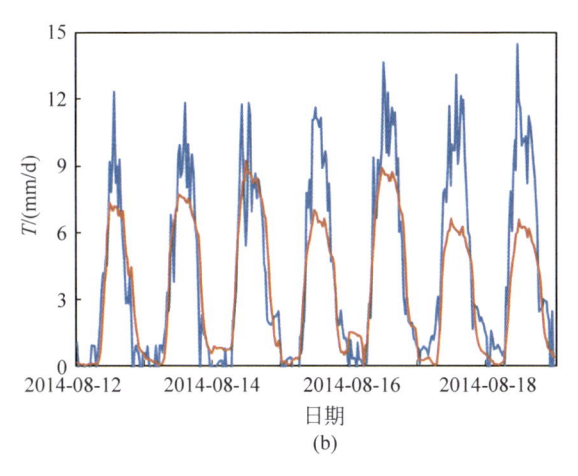

（图）

(b)

图 5.7（续）

6月27日—7月3日，两种方法估算的蒸腾差异较小，液流计方法和 uWUE 方法估算的日平均蒸腾分别为 2.37 mm 和 2.71 mm。8月12—18日，液流计方法估算的日平均蒸腾相比于 uWUE 方法高 0.71 mm。在正午前后（10:00—15:00），液流计方法估算的平均蒸腾相比于 uWUE 方法高 2.4 mm，而其他时段的平均差距仅为 0.08 mm。需要注意的是，通量塔距离附近河道超过 1 km，而这 3 棵样树位于河道附近（河岸林），地下水位相对更高。在正午前后水分胁迫较大的时候，通量塔源区内胡杨树的蒸腾受到严重限制，而所选择的 3 棵样树，尤其是第 3 棵，能更有效地利用深层土壤水以满足蒸腾需求，导致两种方法估算蒸腾的差异较大。

5.4.3　4 种方法优缺点分析

本研究将 uWUE 方法与其他 3 种分离蒸散发的常用方法进行对比。在估算大满站 T/ET 及胡杨林站蒸腾方面，uWUE 方法与稳定同位素方法、蒸渗仪/涡动协方差方法及液流计方法基本一致。由于各方法观测的对象及尺度不同，以及方法本身的局限性，导致 uWUE 方法与其他 3 种方法也存在一定的差异。采用对比分析可以帮助我们更清楚地了解 4 种方法的优缺点，以及各自的局限性（见表 5.3）。与其他 3 种方法相比，uWUE 方法的主要优势包括：①uWUE 方法简单易用，数据观测过程不需要大量人力劳动；②uWUE 方法能在不同时间尺度上连续分离蒸散发，可以揭示 T/ET 的年际、季节及日内变化特征；③uWUE 方法能有效揭示出灌溉后 T/ET 的变化过程，相比于其他方法更适用于灌区农田；④uWUE 方法估算的土壤蒸发和植被蒸腾源区一致，不存在尺度匹配问题。这些优势使 uWUE 方法可以广泛应用于生态系统蒸散发研究。

表 5.3 4 种蒸散发分离方法优缺点对比

	uWUE 方法	同位素方法	蒸渗仪方法	液流计方法
时间尺度	半小时	日尺度 (13:00—15:00)	日尺度	10 min
空间尺度	通量塔源区 ($10\sim10^3$ m^2)	区域 ($10\sim10^2$ m^2)	仪器范围 ($1\sim10$ m^2)	植株 (<10 m^2)
劳力需求	较低	较高	较低	较低
连续观测	可以	较难	可以	可以
尺度问题	无	有	有	有
灌溉影响	无	有	有	无

稳定同位素方法的主要挑战在于准确估算土壤蒸发和植被蒸腾中的稳定同位素含量[289]。本章采用植物木质部水分中稳定同位素含量近似估算植被蒸腾中的稳定同位素含量,这一同位素稳态假定一般在午后成立,在其他时段都是同位素非稳定状态,这极大地限制了稳定同位素方法在日内的应用。目前,采用激光光谱仪和气室法结合的方法,可以估算非稳定情况下植被蒸腾中的稳定同位素含量[288,387]。但这一方法需要大量资金和劳力,难以实现长期连续观测。土壤蒸发中稳定同位素含量通过 Craig-Gordon 模型估算,由于灌溉后表层土壤水分中稳定同位素含量急剧变化,这一方法在灌溉后也不适用[290]。由于蒸渗仪观测土壤蒸发和液流计观测植被蒸腾仅在点尺度进行观测,因此,样本选择对于估算结果的影响较大[278]。虽然可以将蒸渗仪、液流计与涡动协方差方法相结合分离蒸散发,但由于尺度不匹配,可能导致生态系统蒸散发不闭合问题。此外,微型蒸渗仪由于容量小、深度浅,在灌溉和降雨期间也无法使用。

uWUE 方法在实际应用中也存在两方面的局限性,即 uWUE 方法的两个假设条件。首先,在具有多种植被覆盖类型的生态系统中,如果不同植被类型 uWUE$_p$ 的差异较大,会导致站点 uWUE$_p$ 保持稳定这一假定不成立。根据第 4 章的研究结果,C3 植物和 C4 植物的 uWUE$_p$ 差异较大,但 C3 植物之间的 uWUE$_p$ 差异较小。因此,对于下垫面植被覆盖类型均一,或不同植被类型 uWUE$_p$ 差异较小的情况,uWUE 方法可以得到应用。同时,采用 95% 分位数回归估算 uWUE$_p$,要求在生长高峰期某些时段,植被蒸腾近似等于蒸散发。对于植被覆盖度较低及表层土壤含水量较高的生态系统,土壤蒸发不能忽略,采用 95% 分位数回归得到的 uWUE$_p$ 可能被低估。在这种情况下,可以同时采用其他蒸散发分离方法,如稳定同位素方法对 uWUE$_p$ 进行修正,以保证 uWUE 方法在实际应用中的有效性。此外,基于涡动协方差系统的净生态系统交换及潜热通量观测来估算生态系统 GPP 及 ET 存在一定的误差,这也会增加 uWUE 方法的不确定性。

5.4.4 蒸腾估算对流域灌溉节水的意义

对于干旱半干旱地区的生态系统,如大满站和胡杨林站,降雨不足以满足用水需求,农作物和自然植被生长主要依赖地下水和灌溉用水。随着农业用水需求大量增加,提高灌溉用水效率是流域水资源管理者面临的主要挑战。传统水资源管理将蒸散发作为植物需水量的指标,并将整个生长期的农作物产出和蒸散发比值作为水分利用效率。由于无法确定农作物各个不同生长阶段的需水量,这一管理方法不能有针对性地指导农业灌溉,达不到灌溉节水的目标。植物蒸腾才是反映植物真实需水量的指标。通过估算植物蒸腾及 T/ET 的季节变化特征,可以有效确定植物在生长期不同阶段的真实需水量,从而有针对性地设计灌溉策略,节约灌溉用水[388]。例如,2012 年生长期第一次灌溉水量远远超过了农作物当时的用水需求,使得大量灌溉用水蒸发或下渗入深层土壤,无法被农作物利用,从而造成了水资源浪费[375]。

uWUE 方法相比于其他 3 种方法能更有效地估算生态系统蒸腾量,因此可以应用于估算生态系统的真实需水量,从而指导灌溉节水。为了寻求农作物产量最大化,传统农业以大水漫灌为主,如大满站,造成了水资源大量浪费。目前,亏缺灌溉的方式逐渐应用于干旱半干旱地区的农业灌溉,以寻求水资源利用效率的最大化和农作物产量的稳定[389-390]。蒸腾作为植被真实需水量的指标,可以作为亏缺灌溉的参考值,进而设计农田和自然生态系统的灌溉节水策略。基于 uWUE 方法分析灌溉方案实施过程中 T/ET 的季节变化特征,可以进一步优化调整灌溉节水方案,以确定最佳的灌溉时间和灌溉量。在有限的水资源条件下,采用有效节约农田和自然生态系统灌溉用水的方法,可以有效缓解干旱半干旱地区水资源短缺问题,从而在保护流域生态环境的同时,促进社会经济的可持续发展。

5.5 本章小结

为了验证 uWUE 方法在实际应用中的有效性,本章选择黑河流域上、中、下游 3 个典型的生态系统,研究各生态系统 T/ET 的年际、季节及日内变化特征,并将 uWUE 方法与其他 3 种传统的蒸散发分离方法进行对比,分析 3 种方法在实际应用中的优势及不足,以及对于指导黑河流域水资源管理的可行性。具体结论如下。

(1) 黑河中游大满站的 $uWUE_p$(15.6 g C • $hPa^{0.5}$/kg H_2O)最高,上游阿柔站(9.59 g C • $hPa^{0.5}$/kg H_2O)和下游胡杨林站(10.20 g C • $hPa^{0.5}$/kg H_2O)的 $uWUE_p$ 相差较小。由于采用塑料薄膜减少土壤蒸发,大满站的生长期 T/ET(0.63)相比于阿柔站和胡杨林站(均为 0.55)更高。

（2）在阿柔站和大满站，LAI 对 T/ET 的季节变化影响显著，两者呈现强线性相关关系，R^2 分别为 0.74 和 0.76。由于胡杨树 LAI 的季节变化不明显，胡杨林站的 LAI 与 T/ET 的线性相关关系较弱（$R^2=0.44$）。

（3）在大满站，将 uWUE 方法分别与稳定同位素方法及蒸渗仪/涡动协方差方法进行对比，发现在生长高峰期，3 种方法的差异较小，这证明了 uWUE 方法的有效性。uWUE 方法估算的 T/ET 与 LAI 的季节变化过程一致，且能有效捕捉到 LAI 突然下降后对 T/ET 的影响。稳定同位素方法及蒸渗仪/涡动协方差方法并没有反映出 LAI 变化对 T/ET 的影响。此外，uWUE 方法估算的 T/ET 能有效捕捉到灌溉之后 T/ET 经历的下降-上升过程，而稳定同位素方法及蒸渗仪/涡动协方差方法在灌溉期间不能被有效使用。

（4）在胡杨林站，将 uWUE 方法与液流计方法进行对比，两种方法估算的植被蒸腾呈现一致的季节及日内变化特征，这进一步验证了 uWUE 方法的有效性。由于液流计方法只能应用于单棵胡杨树的蒸腾估算，采用 3 棵样树平均估算生态系统蒸腾存在样本代表性问题，这也导致了两种方法在生长后期估算蒸腾表现出差异。

（5）综上所述，uWUE 方法相比于其他 3 种传统方法能更有效地应用于生态系统蒸散发分离，尤其是干旱半干旱地区生态系统，并为流域水资源高效管理提供了理论指导和数据支撑。采用 uWUE 方法估算生态系统生长期各阶段的蒸腾量，反映出植被生长过程中的真实需水量，能有效指导农田及自然植被灌溉策略的设计实施。生长期各阶段 T/ET 的变化则服务于流域灌溉节水方案在实际应用中的进一步优化，从而保证了农田和自然生态系统水资源的合理分配与高效利用，实现了流域社会经济与生态环境的可持续发展。

第6章

潜在水分利用效率对全球变化的响应

6.1 本章概述

全球变化对陆地生态系统碳水循环具有广泛而深远的影响[143,391]。根据联合国政府间气候变化专门委员会第五次评估报告[392],在不同的碳排放情景下,2100年大气CO_2浓度将达到$(4.21\sim9.36)\times10^{-4}$,全球平均气温将升高$1.0\sim3.7℃$(2081—2100年)。此外,全球降水格局变化[393]、土地利用变化[394]、氮沉降[395]等还会进一步加剧,这些因素都将对未来陆地生态系统碳水循环过程产生显著影响。作为陆地生态系统碳水循环的关键纽带,水分利用效率成为评估生态系统对全球变化响应的重要指标。研究水分利用效率对全球变化的响应,对于预测未来全球变化情景下陆地生态系统碳水循环的变化具有重要意义。

控制实验是研究气温升高、降水变化、大气CO_2富集、氮沉降等因素对水分利用效率影响的重要方法[38]。然而,在不同的气候、植被、土壤等环境条件下,各因素对生态系统碳水循环的影响不尽相同[396]。因此,控制实验的结果具有一定的局限性,难以广泛推广。树木年轮稳定同位素方法可以分析在过去环境变化条件下,树木内在水分利用效率(iWUE)的历史变化特征[174,397-398]。但是,这一方法并不能揭示出各环境因子对水分利用效率的影响机理,因此,其研究结果并不能直接应用于预测未来变化环境下水分利用效率的响应。生态系统模型是研究过去、现在、未来全球变化背景下,各环境因素对陆地生态系统碳水循环影响的唯一手段[399]。生态系统模型是建立在当前我们对于全球碳水循环过程的认识基础上的,其结果具有较大不确定性。因此,一般采用多模型结果进行综合分析,以减少模型结果的误差。

前人的研究一般采用水分利用效率(WUE)或固有水分利用效率(IWUE或iWUE)作为指标,分析各环境因子对生态系统水分利用效率的影响[40,400]。第2~

4 章的分析表明，潜在水分利用效率（$uWUE_p$ 及 $uWUE_a$）能更好地揭示出植物对于 CO_2 及水汽交换过程的生理调节机制。根据理论分析，叶片尺度 $uWUE_i$ 对大气 CO_2 浓度的响应可以采用式（2-9）表示，即大气 CO_2 浓度升高 1%，$uWUE_i$ 相应升高 0.5%。然而，大气 CO_2 浓度不仅会影响植物生理，还会改变生态系统冠层结构，如各植被类型覆盖度发生变化[401-402]。由于不同植被类型的 $uWUE_p$ 存在差异，冠层结构变化也会导致生态系统 $uWUE_p$ 发生变化。因此，大气 CO_2 浓度升高对生态系统 $uWUE_p$ 的影响可以分为生理效应和结构效应两部分。根据第 4 章的内容，生态系统 $uWUE_a$ 表示为 $uWUE_p$ 和蒸腾比（T/ET）的乘积。大气 CO_2 浓度升高对植物生理和冠层结构的影响也会改变植被蒸腾：一方面，冠层导度减小，蒸腾减小；另一方面，植被覆盖度增加，蒸腾增加[178]。因此，深入分析大气 CO_2 浓度升高对生态系统 $uWUE_p$ 和植被蒸腾变化的生理效应和结构效应，能帮助我们更好地认识 CO_2 施肥效应对生态系统水分利用效率的影响机理。

除大气 CO_2 浓度升高外，气候变化、土地利用变化、氮沉降等环境因素也会影响生态系统碳水循环过程，进而导致生态系统 $uWUE_a$ 发生变化。气温升高和降雨格局变化对水分利用效率的影响相对复杂，这与生态系统气候、水分条件及植被类型等有关[335-336]。土地利用变化（如城市化、植被退化、植树造林、退耕还林等）会直接改变生态系统碳水循环过程[403]，进而导致 $uWUE_a$ 发生变化。近几十年来，人类活动导致大量活性氮沉降进入陆地生态系统。1980—2010 年，中国境内氮沉降以每年 0.41 kg/ha 的速度快速增长；相比于 20 世纪 80 年代，所有植物类型的叶片含氮量平均增加了 32.8%[395]。植物叶片含氮量增加，将会改变光合固碳和蒸腾过程，进而改变生态系统 $uWUE_a$，尤其是对于氮缺乏的生态系统[404-405]。由于 $uWUE_a$ 会受到多种环境因素的综合影响，因此，在区域乃至全球尺度上，区分各环境因子对于 $uWUE_a$ 变异性的贡献具有重要意义。

本章采用多尺度综合分析及陆地模型对比项目（multi-scale synthesis and terrestrial model intercomparison project，MsTMIP）中的 4 个陆地生态系统模型[406]，分析 1901—2010 年全球陆地生态系统 $uWUE_a$ 对气候变化、大气 CO_2 浓度升高、土地利用变化和氮沉降等因素的响应。主要研究目标包括：①区分这 4 种环境因素的多年变化趋势和年际变异性对 $uWUE_a$ 变异性的贡献；②分析 $uWUE_p$ 和 T/ET 对 $uWUE_a$ 变异性的贡献，以及 $uWUE_p$ 和 T/ET 对这 4 种因素的响应；③分析 $uWUE_a$ 多年变化趋势的空间分布特征，以及 4 种因素各自的贡献；④从生理效应和结构效应的角度探究大气 CO_2 浓度升高对 $uWUE_p$ 和 T/ET 的影响机理。

6.2 数据及方法

6.2.1 模型数据

本章选取了 MsTMIP 中的 4 个陆地生态系统模型：CLM4(community land model version 4)[407]、CLM4VIC(CLM4-variable infiltration capacity model)[363]、DLEM(dynamic land ecosystem model)[408] 及 ISAM(integrated science assessment model)[409]。选择这 4 个模型的原因是它们都可以用于碳氮水循环模拟，并且它们在土壤、植被、能量传递、碳循环和氮循环等方面的设置有所不同，使得它们在模拟生态系统对环境因子的响应方面存在一定差异[406]。在 MsTMIP 中，模型输出数据的空间尺度为 $0.5°×0.5°$，时间尺度为月尺度，模拟时间跨度为 1901—2010 年。在 MsTMIP 中，这 4 个模型都输出了 5 种情景下的模拟结果，可以系统分析陆地生态系统对 4 种环境因子的敏感性，包括气候变化、土地利用变化、大气 CO_2 浓度升高及氮沉降。参考情景 RG1 对应稳定状态，即 4 种环境驱动因子均保持稳定（接近工业革命之前的环境条件）。在 RG1 的基础上，依次增加气候变化(SG1)、土地利用变化(SG2)、大气 CO_2 浓度升高(SG3)、氮沉降(BG1)的影响，本研究得到 3 种敏感性分析情景 SG1～SG3 及基准情景 BG1 如表 6.1 所示。

表 6.1 MsTMIP 中 5 种情景的设置条件

情景	气候变化	土地利用变化	大气 CO_2 浓度升高	氮沉降
RG1	稳定状态	稳定状态	稳定状态	稳定状态
SG1	变化状态	稳定状态	稳定状态	稳定状态
SG2	变化状态	变化状态	稳定状态	稳定状态
SG3	变化状态	变化状态	变化状态	稳定状态
BG1	变化状态	变化状态	变化状态	变化状态

6.2.2 综合归因方法

基于 MsTMIP 中 5 种情景模式下的模型输出结果，可以分析每种环境因子对 $uWUE_a$ 随时间变化的贡献。BG1 和 RG1 两种情景下 $uWUE_a$ 的差值用 $\Delta\varphi$ 表示，表示 4 种环境因子对 $uWUE_a$ 变化的总贡献。忽略 4 种环境因子之间的交互作用，$\Delta\varphi$ 可以表示为 4 种环境因子对 $uWUE_a$ 单独贡献的总和：

$$\Delta\varphi = \Delta\varphi_{CC} + \Delta\varphi_{LU} + \Delta\varphi_{CO_2} + \Delta\varphi_{ND} \tag{6-1}$$

其中，$\Delta\varphi_{CC}$、$\Delta\varphi_{LU}$、$\Delta\varphi_{CO_2}$、$\Delta\varphi_{ND}$ 分别代表气候变化、土地利用变化、大气 CO_2 浓

度升高及氮沉降对 uWUE$_a$ 变化的贡献。这 4 种贡献依次计算为两种情景下 uWUE$_a$ 的差值，即 SG1－BG1（气候变化）、SG2－SG1（土地利用变化）、SG3－SG2（大气 CO$_2$ 浓度升高）及 BG1－SG3（氮沉降）。

  归因分析的研究往往会分别开展多年变化趋势和年际变异性的归因分析，而缺少综合性的归因分析方法[40,132-133]。为了综合分析 4 种环境因子的多年变化趋势和年际变异性（去趋势化）对 uWUE$_a$ 变化的相对贡献，本章采用方差分解与一元线性回归相结合的方法，将年尺度 uWUE$_a$ 的总方差分解为 8 个协方差组分，分别代表 4 种环境因子的多年变化趋势和年际变异性对 uWUE$_a$ 方差的贡献（见图 6.1）。该综合归因方法基于投资组合管理中风险分配的原理——协方差分配原理[410]。根据协方差分配原理，一个组合变量的方差可以分解为组合变量与各组分变量协方差的总和。因此，$\Delta\varphi$ 的方差可以分解为 $\Delta\varphi$ 与 $\Delta\varphi_{CC}$、$\Delta\varphi_{LU}$、$\Delta\varphi_{CO_2}$、$\Delta\varphi_{ND}$ 协方差的总和。根据一元线性回归方法，时间序列 $\Delta\varphi$ 可以分解为趋势组分（α）和年际变异组分（β）之和：

$$\Delta\varphi = \alpha + \beta \tag{6-2}$$

其中，α 表示线性回归系数与时间的乘积；β 表示截距与误差项之和。同理，$\Delta\varphi_{XX}$（XX 表示 CC、LU、CO$_2$、ND 等）也可以写成分解趋势组分（α_{XX}）和年际变异组分（β_{XX}）。在一元线性回归中，误差项与时间项独立（协方差为 0），因此，$\Delta\varphi$ 与 $\Delta\varphi_{XX}$ 的协方差（Cov($\Delta\varphi$, $\Delta\varphi_{XX}$)）可以转化为

$$\begin{aligned}\text{Cov}(\Delta\varphi, \Delta\varphi_{XX}) &= \text{Cov}[(\alpha+\beta),(\alpha_{XX}+\beta_{XX})] \\ &= \text{Cov}(\alpha,\alpha_{XX}) + \text{Cov}(\beta,\alpha_{XX}) + \text{Cov}(\alpha,\beta_{XX}) + \text{Cov}(\beta,\beta_{XX}) \\ &= \text{Cov}(\alpha,\alpha_{XX}) + \text{Cov}(\beta,\beta_{XX})\end{aligned} \tag{6-3}$$

基于上述分析，$\Delta\varphi$ 的方差（Var($\Delta\varphi$)）可以分解为以下 8 项：

$$\begin{aligned}\text{Var}(\Delta\varphi) = &\text{Cov}(\alpha,\alpha_{CC}) + \text{Cov}(\alpha,\alpha_{LU}) + \text{Cov}(\alpha,\alpha_{CO_2}) + \text{Cov}(\alpha,\alpha_{ND}) + \\ &\text{Cov}(\beta,\beta_{CC}) + \text{Cov}(\beta,\beta_{LU}) + \text{Cov}(\beta,\beta_{CO_2}) + \text{Cov}(\beta,\beta_{ND})\end{aligned} \tag{6-4}$$

其中，前 4 项代表 4 种环境因子的多年变化趋势对 uWUE$_a$ 变化的贡献，后 4 项代表年际变异性（去趋势化）对 uWUE$_a$ 变化的贡献。根据式(6-4)中右边 8 项协方差与 Var($\Delta\varphi$)的比值，可以计算它们对 uWUE$_a$ 变化的相对贡献。Var($\Delta\varphi$)也可以分成 4 项趋势总协方差（Var(α)）与 4 项年际变异性总协方差（Var(β)）之和。其中，趋势项协方差与 Var(α)的比值代表各环境因子对 uWUE$_a$ 多年变化趋势的相对贡献；变异项协方差与 Var(β)的比值代表各环境因子对 uWUE$_a$ 变异性的相对贡献。

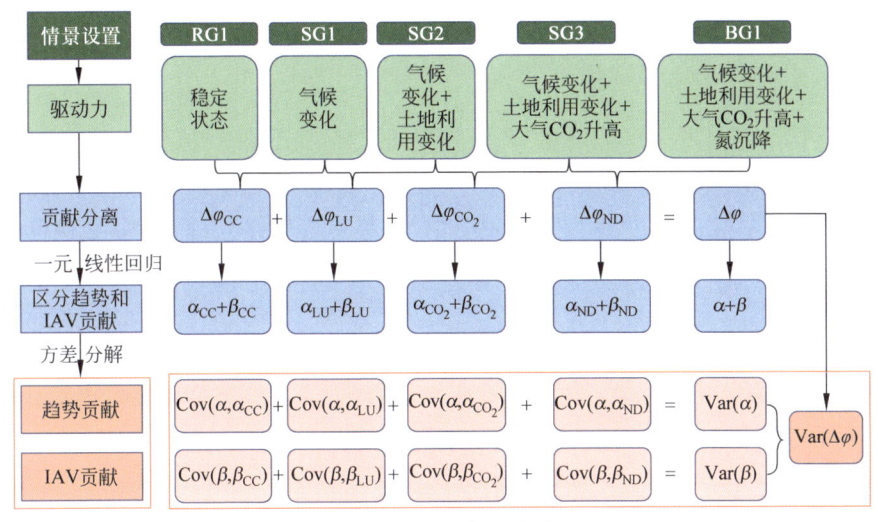

图 6.1　综合归因方法

6.2.3　表观 uWUE 分解

根据第 4 章的内容可知，$uWUE_a(\varphi)$ 可以分解为 $uWUE_p(\varphi_p)$ 与 T/ET 的乘积，即

$$\varphi = \varphi_p \frac{T}{ET} \tag{6-5}$$

因此，BG1 与 RG1 两种情景下 φ 的变化（$\Delta\varphi$）可以表示为 $\Delta\varphi_p$ 与 $\Delta\left(\dfrac{T}{ET}\right)$ 的函数。对式（6-5）取全微分，简单变形后可以得到

$$\frac{\Delta\varphi}{\varphi} \approx \frac{\Delta\varphi_p}{\varphi_p} + \frac{\Delta\left(\dfrac{T}{ET}\right)}{\dfrac{T}{ET}} \tag{6-6}$$

这样，两种情景下 φ 的相对变化量 $\left(\dfrac{\Delta\varphi}{\varphi}\right)$ 可以分为两部分，即 φ_p 的相对变化量 $\dfrac{\Delta\varphi_p}{\varphi_p}$ 与 $\dfrac{T}{ET}$ 的相对变化量 $\dfrac{\Delta\left(\dfrac{T}{ET}\right)}{\dfrac{T}{ET}}$ 之和。根据 6.2.2 节中的综合归因方法，$\dfrac{\Delta\varphi_p}{\varphi_p}$ 和 $\dfrac{\Delta\left(\dfrac{T}{ET}\right)}{\dfrac{T}{ET}}$ 也可以分解为 8 部分，分别代表各环境因子多年变化趋势和年际变异性的贡献。

6.2.4 CO_2 施肥效应

在 4 种环境因子中,本章重点研究 $uWUE_a(\varphi)$ 对大气 CO_2 浓度升高的响应,包括 $uWUE_p(\varphi_p)$ 和 T/ET 分别对 CO_2 的响应(见式(6-5))。根据第 2 章和第 4 章的内容,$uWUE_p$ 与叶片尺度 $uWUE_i(\varphi_i)$ 一致,可以表示为大气 CO_2 浓度(Ca)的函数,即

$$\varphi_p = \varphi_i = \sqrt{\frac{Ca - \Gamma}{1.6\lambda_{cf}}} \tag{6-7}$$

其中,Γ 是 CO_2 补偿点;λ_{cf} 表示边际水分利用效率,主要由植被类型决定。根据式(6-7),λ_{cf} 可以通过 φ_p 和 Ca 计算得到。根据 Vogan 和 Sage[352] 的研究,Γ 可设置为 0.5×10^{-4}。大气 CO_2 浓度升高会直接影响植物生理过程,包括光合固碳和蒸腾耗水,进而影响 $uWUE_p$。长期来看,大气 CO_2 浓度升高还会改变生态系统下垫面植被覆盖及不同植被类型组成。根据气孔调节最优化理论,对于给定植物,在水分较为充足的情况下,λ_{cf} 一般保持不变,但 λ_{cf} 会随植被类型的变化而变化[4,191,224]。因此,对于混合覆盖下垫面,生态系统结构的变化(如各植被类型叶面积指数(LAI)的变化)可以通过参数 λ_{cf} 反映出来。

大气 CO_2 浓度在 SG2 中被设置为工业革命以前的水平,即 2.847×10^{-4},SG3 中则加入了大气 CO_2 浓度升高的影响。对比 SG3 和 SG2,我们可以分析大气 CO_2 浓度升高对 $uWUE_p$ 的影响。类似于式(6-5)和式(6-6),对式(6-7)取全微分,两种情景条件下 $uWUE_p$ 的相对变化可以表示为

$$\frac{\Delta\varphi_{p_{SG2}}}{\varphi_{p_{SG2}}} \approx \frac{\Delta(Ca-\Gamma)}{2(Ca-\Gamma)} - \frac{\Delta\lambda_{cf}}{2\lambda_{cf}} \tag{6-8}$$

其中,Δ 表示各变量在 SG3 和 SG2 情景中的差值。根据式(6-8),大气 CO_2 浓度升高对 $uWUE_p$ 的影响可以分成生理效应和结构效应两部分。其中,$\frac{\Delta(Ca-\Gamma)}{2(Ca-\Gamma)}$ 表示大气 CO_2 浓度升高对 $uWUE_p$ 的直接影响,即生理效应;$\frac{\Delta\lambda_{cf}}{2\lambda_{cf}}$ 表示大气 CO_2 浓度升高条件下,各植被类型 LAI 变化所引起的 $uWUE_p$ 变化,即结构效应。

大气 CO_2 浓度升高对 T/ET 的影响主要是通过影响植被蒸腾实现的。如图 6.2 所示,1901—2010 年,大气 CO_2 浓度升高导致全球植被蒸腾每年减少 $0.4\sim5.8$ mm,而土壤蒸发变化仅为 $0\sim0.3$ mm。因此,本书直接分析大气 CO_2 浓度升高对植被蒸腾的影响,也可以分为生理效应和结构效应两部分。一方面,大气 CO_2 浓度升高会引起叶片气孔部分关闭,导致气孔导度及冠层导度下降,单位 LAI 的

蒸腾减少，即生理效应[217]。同时，大气 CO_2 浓度升高所引起的生态系统 LAI 增加会增加生态系统总蒸腾，即结构效应[411]。这里，结构效应与生理效应作用相反，彼此部分抵消。为了区分生理效应和结构效应对蒸腾变化的贡献，本研究将植被蒸腾分为两部分，即单位 LAI 的蒸腾量（T/LAI）和生态系统 LAI。类似于式(6-8)，取全微分可以得到

$$\frac{\Delta T}{T} \approx \frac{\Delta\left(\frac{T}{\text{LAI}}\right)}{\frac{T}{\text{LAI}}} + \frac{\Delta \text{LAI}}{\text{LAI}} \tag{6-9}$$

在生态系统尺度上，$\frac{T}{\text{LAI}}$ 可以表示为冠层导度（Gs）与 VPD 的乘积，即 $\frac{T}{\text{LAI}} =$ Gs·VPD。SG2 和 SG3 中采用相同的气候驱动，因此，VPD 的值是一致的。这样，$\Delta\left(\frac{T}{\text{LAI}}\right)$ 就等于 $\frac{\Delta \text{Gs}}{\text{Gs}}$，代表生理效应，而 $\frac{\Delta \text{LAI}}{\text{LAI}}$ 代表结构效应。为了进一步分析 T、Gs 和 LAI 对大气 CO_2 浓度升高的响应，式(6-9)转化为

$$\frac{\frac{\Delta T}{T}}{\frac{\Delta C_a}{C_a}} \approx \frac{\frac{\Delta \text{Gs}}{\text{Gs}}}{\frac{\Delta C_a}{C_a}} + \frac{\frac{\Delta \text{LAI}}{\text{LAI}}}{\frac{\Delta C_a}{C_a}} \tag{6-10}$$

式中三项分别表示 T、Gs 和 LAI 对大气 CO_2 浓度升高的敏感系数。基于以上理论分析，本书将大气 CO_2 浓度升高对 $uWUE_p$ 和蒸腾的影响分为生理效应和结构效应，这样能更好地认识 $uWUE_a$ 对大气 CO_2 浓度升高的影响机理。

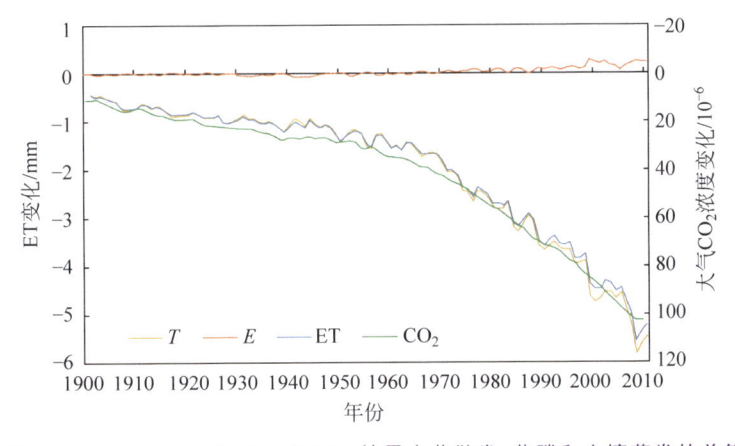

图 6.2　1901—2010 年 SG3 和 SG2 情景中蒸散发、蒸腾和土壤蒸发的差值（4 个模型平均值），以及大气 CO_2 浓度

6.2.5 数据分析

从 MsTMIP 模型输出中，我们可以直接获取 4 个模型在 5 种情景条件下，1901—2010 年全球月尺度 GPP、ET 和 T 的模拟数据。VPD 可以通过月尺度气温、气压和比湿数据计算得到[380]。在 SG2 和 SG3 中，月尺度 CO_2 数据可以从模型输入数据中获取。由于仅 CLM4 和 CLM4VIC 模型中提供 LAI 数据，因此，本节采用这两个模型的输出结果分别分析大气 CO_2 浓度升高的结构效应和生理效应对蒸腾的影响。

在 5 种情景下，基于 $0.5°×0.5°$ 格点月尺度 GPP、ET、T 和 VPD 数据，可以计算全球年平均 $uWUE_a$、$uWUE_p$ 和 T/ET。在 SG2 和 SG3 中，基于 $0.5°×0.5°$ 格点月尺度 LAI 和 CO_2 数据，可以计算得到全球年平均 LAI 和 CO_2。在综合归因方法中，多年平均趋势采用一元线性回归系数表示。为了分析 $uWUE_a$ 多年变化趋势的空间分布格局，本节采用泰尔-森线性回归方法计算各格点 $uWUE_a$ 的多年变化趋势[412]。在 $uWUE_a$ 和年份的二维空间中，该方法采用任意两点间所有斜率的中值表示线性回归斜率，从而能提高线性回归斜率的鲁棒性。

1901—2010 年，各环境因子在各阶段的变化趋势并不一致，这会导致 $uWUE_a$ 在不同阶段呈现不同的变化趋势。本章采用分段线性回归方法检测 $uWUE_a$ 多年变化趋势的断点[413-414]，从而分析不同阶段各环境因子对 $uWUE_a$ 变化的贡献。R 语言中提供了进行分段线性回归分析的软件包"segmented"（https://cran.r-project.org/web/packages/segmented/）。该软件包被用来判断 BG1 情景下全球年尺度 $uWUE_a$ 趋势的断点，并计算各段趋势值。

6.3 $uWUE_a$ 对环境因子的响应

6.3.1 $uWUE_a$ 的变异性

图 6.3(a) 显示了 4 种环境因子对全球年尺度 $uWUE_a$ 变化的贡献及它们的总效应。在 RG1 情景下，不考虑各环境因子的变化，$uWUE_a$ 的变化趋势不明显，年际变异性较小。1901—2010 年，$uWUE_a$(RG1) 为 $(3.49±0.01)$ g C·$hPa^{0.5}$/kg H_2O。从 20 世纪前 10 年到 21 世纪前 10 年，BG1 中 $uWUE_a$ 平均值增加了 0.50 g C·$hPa^{0.5}$/kg H_2O，其中，大气 CO_2 浓度升高、氮沉降、气候变化及土地利用变化分别贡献了 0.38 g C·$hPa^{0.5}$/kg H_2O、0.12 g C·$hPa^{0.5}$/kg H_2O、0.06 g C·$hPa^{0.5}$/kg H_2O 和 −0.06 g C·$hPa^{0.5}$/kg H_2O。根据分段线性回归分

析,BG1 中全球年尺度 uWUE$_a$ 趋势的断点为 1975 年。1901—1975 年,全球 uWUE$_a$ 增加了 0.17 g C·hPa$^{0.5}$/kg H$_2$O,平均趋势仅为每年 0.002 g C·hPa$^{0.5}$/kg H$_2$O($p<0.001$)。1976—2010 年,全球 uWUE$_a$ 平均趋势达每年 0.012 g C·hPa$^{0.5}$/kg H$_2$O($p<0.001$),这主要归因于大气 CO$_2$ 浓度的快速增长。

4 种环境因子的趋势及年际变异性对 uWUE$_a$ 变化的贡献如图 6.3(b)和(c)所示。4 个模型的结果一致表明,大气 CO$_2$ 浓度的增长趋势对 uWUE$_a$ 的趋势起决定性作用,它对 uWUE$_a$ 变化的贡献高达(66±32)%。ISAM 模型中大气 CO$_2$ 浓度趋势的贡献最高(119%),CLM4 和 CLM4VIC 模型中最低(42%),这表明不同模型的模拟结果存在较大差异。在两个阶段中,大气 CO$_2$ 浓度趋势的贡献分别为(46±6)%和(64±32)%。在 CLM4、CLM4VIC 和 DLEM 模型中,氮沉降和气

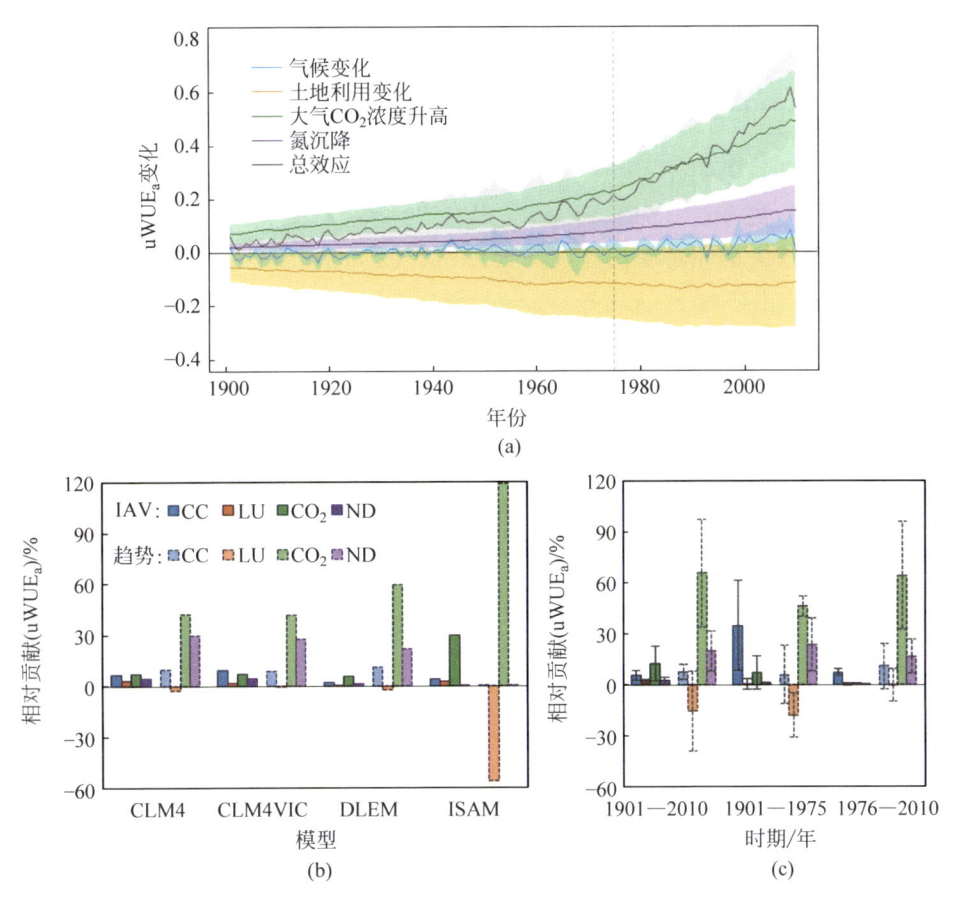

图 6.3 4 种环境因子多年变化趋势及年际变异性(IAV)对 uWUE$_a$ 变化的贡献

(a) 1901—2010 年 uWUE$_a$ 变化及各环境因子的贡献(单位为 g C·hPa$^{0.5}$/kg H$_2$O);(b) 1901—2010 年 4 个模型的相对贡献;(c) 不同时期 4 个模型相对贡献的平均值及标准差

4 种环境因子分别为气候变化(CC)、土地利用变化(LU)、大气 CO$_2$ 浓度升高(CO$_2$)及氮沉降(ND)

候变化的趋势对 uWUE$_a$ 变化呈现正贡献,分别为 $(26\pm3)\%$ 和 $(10\pm1)\%$,土地利用变化的趋势呈现较小的负贡献,为 $-2.8\%\sim0$。在 ISAM 模型中,氮沉降和气候变化的趋势贡献小于 1%,土地利用变化的趋势则呈现较大负贡献,达 -56%。

4 种环境因子的年际变异性对 uWUE$_a$ 变化的总贡献仅为 $10\%\sim37\%$,小于其趋势的贡献。在两个阶段中,气候的年际变异性对 uWUE$_a$ 变化的贡献分别为 $(35\pm27)\%$ 和 $(7\pm2)\%$,均远大于其他 3 种环境因子年际变异性的贡献。这表明,气候的年际变异性是决定 uWUE$_a$ 年际变异性的主要因素。需要注意的是,在 1901—2010 年整个时期,大气 CO_2 浓度年际变异性的贡献高于气候变异性的贡献。这是因为,大气 CO_2 浓度的趋势在两个阶段发生了较大变化,在整个研究期综合归因分析的过程中,这一趋势变化所引起的 uWUE$_a$ 的变化被归因于大气 CO_2 浓度年际变异性的贡献,因此导致高估。

6.3.2 uWUE$_p$ 和蒸腾比的变异性

根据式(6-6),BG1 和 RG1 中 uWUE$_a$ 的相对变化可以分解为 uWUE$_p$ 和 T/ET 的相对变化之和。1901—2010 年,uWUE$_a$ 的相对变化为 $(5.3\pm4.3)\%$,而 uWUE$_p$ 和 T/ET 的相对变化分别为 $(5.9\pm4.8)\%$ 和 $(-0.6\pm0.6)\%$,这说明,uWUE$_a$ 的变化主要源于 uWUE$_p$ 对 4 种环境因子的响应。大气 CO_2 浓度升高对 uWUE$_p$ 的增长起主导作用。在两个阶段中,大气 CO_2 浓度升高引起 uWUE$_p$ 增加分别达 $(4.2\pm1.3)\%$ 和 $(11.3\pm2.4)\%$(见图 6.4(a))。然而,大气 CO_2 浓度升高导致 T/ET 略有下降。气候变化对 uWUE$_p$ 和 T/ET 的影响较小,氮沉降促进了 uWUE$_p$ 和 T/ET 的增加,而土地利用变化导致了 uWUE$_p$ 和 T/ET 的降低。

图 6.4(b)和(c)区分了 4 种环境因子的多年变化趋势和年际变异性对 uWUE$_p$ 和 T/ET 变化的贡献。大气 CO_2 浓度的增长趋势对 uWUE$_p$ 变化的贡献最大(为 $(63.8\pm25.3)\%$),其次是氮沉降的趋势(为 $(13.4\pm8.2)\%$)。在 4 种环境因子的年际变异性中,气候变异性对 uWUE$_p$ 变化的贡献最大,在两个阶段分别为 $(36\pm25)\%$ 和 $(7\pm2)\%$。T/ET 的变化主要源于气候变异性,两个阶段的贡献分别高达 $(90.0\pm13.5)\%$ 和 $(80.9\pm14.6)\%$。大气 CO_2 浓度和土地利用变化的趋势对 T/ET 的变化分别贡献了 $(9.1\pm6.6)\%$ 和 $(28.2\pm30.9)\%$,而氮沉降的趋势贡献了 $(-7.2\pm6.7)\%$。综合以上分析,uWUE$_a$ 的变化主要归因于大气 CO_2 浓度升高的趋势对 uWUE$_p$ 的影响。

6.3.3 uWUE$_a$ 对大气 CO_2 升高的响应机理

由于大气 CO_2 浓度升高对 uWUE$_a$ 的变化起主导作用,本章进一步深入分析

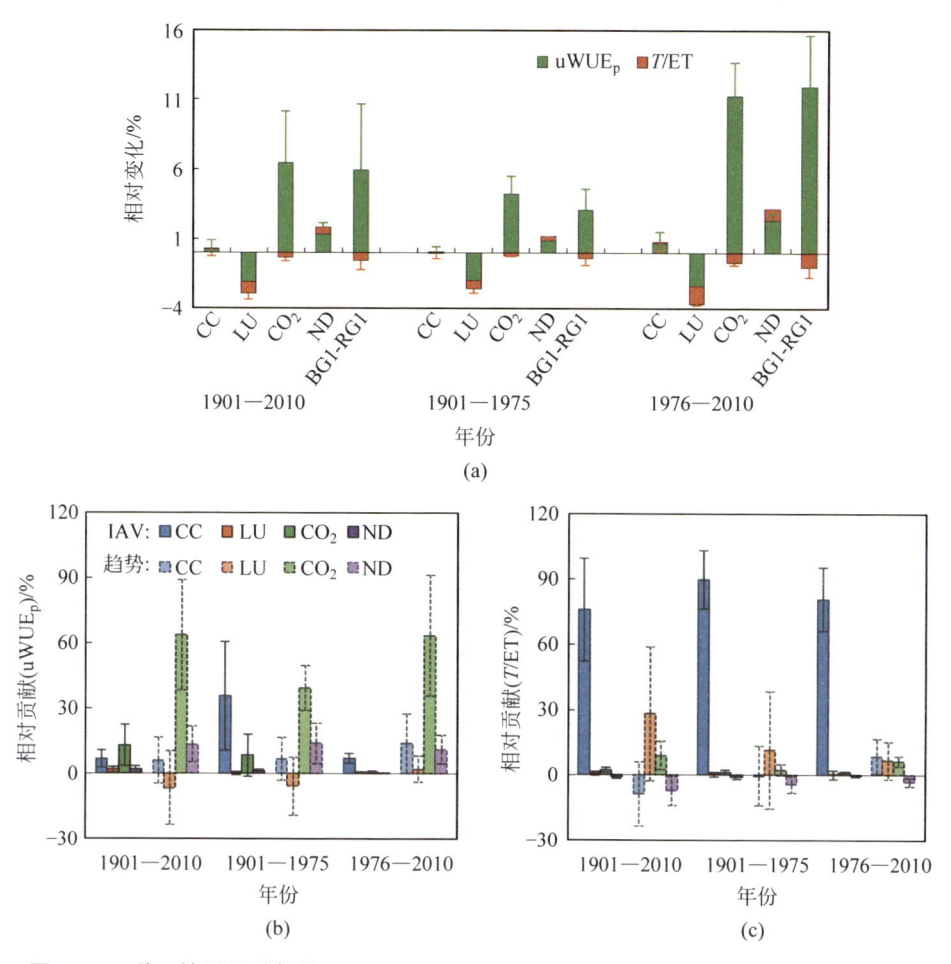

图 6.4 4 种环境因子引起的 uWUE$_p$ 及 T/ET 相对变化(a)、4 种环境因子多年变化趋势及年际变异性(IAV)对 4 个模型 uWUE$_p$ 变化(b)、T/ET 变化的相对贡献的平均值及标准差(c)

4 种环境因子为气候变化(CC)、土地利用变化(LU)、大气 CO_2 浓度升高(CO_2)及氮沉降(ND)

大气 CO_2 浓度升高的生理效应和结构效应对 uWUE$_p$ 和蒸腾的影响。在全球尺度上,SG3 中大气 CO_2 浓度的上升趋势为 $0.76×10^{-6}$/a。对比 SG3 和 SG2,uWUE$_p$ 的变化以每年 0.007 g C·hPa$^{0.5}$/kg H_2O 的速度上升。20 世纪前 10 年,SG3 和 SG2 中,uWUE$_p$ 的平均变化为 0.16 g C·hPa$^{0.5}$/kg H_2O,而 21 世纪前 10 年上升为 0.96 g C·hPa$^{0.5}$/kg H_2O。图 6.5(a)显示了 CO_2 生理效应和结构效应对 uWUE$_p$ 的影响。1901—2010 年,CO_2 生理效应引起 uWUE$_p$ 的相对

变化从 2.3% 上升到 17.9%。然而，CO_2 结构效应，即参数 λ_{cf} 增加，导致 $uWUE_p$ 减小了 0.2%～3.8%。这部分抵消了 CO_2 生理效应的影响，比例为 4%～24%（见图 6.5(b)）。前人的研究表明，叶片尺度 WUE 对大气 CO_2 浓度升高的响应相比于生态系统尺度更加敏感[173]。本书首次量化了大气 CO_2 浓度升高的结构效应和生理效应对 $uWUE_p$ 的影响程度，从而有效解释了生态系统尺度敏感性降低的原因。此外，参数 λ_{cf} 的增加也意味着随着大气 CO_2 浓度升高，生态系统植被类型的变化在向着水分利用效率更低的方向转变。

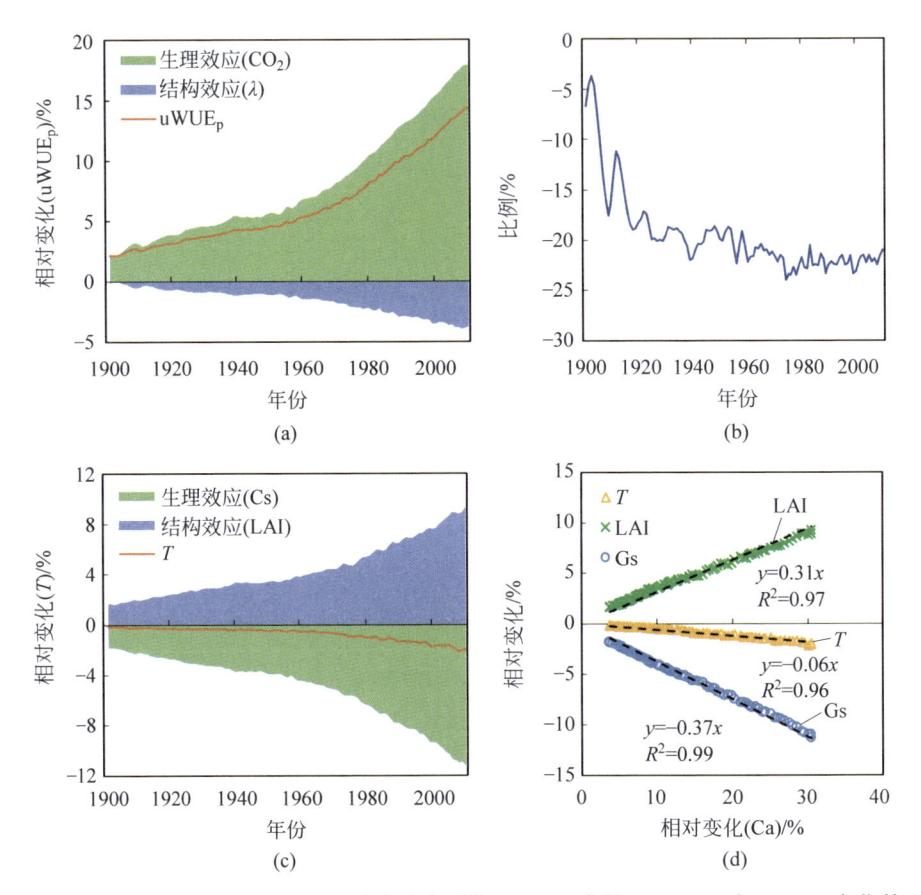

图 6.5　1901—2010 年大气 CO_2 浓度升高引起 $uWUE_p$ 变化(a)，CO_2 对 $uWUE_p$ 变化的结构效应与生理效应的比例(b)；蒸腾变化的生理效应和结构效应(c)；蒸腾、LAI 及冠层导度与大气 CO_2 浓度(Ca)的相关关系(d)

图 6.5(c)显示了 CO_2 生理效应(冠层导度降低)和结构效应(LAI 增加)对蒸腾的影响。1901—2010 年，冠层导度降低引起蒸腾的下降比例为 1.8%～11.3%，

而 LAI 增加引起的蒸腾上升比例为 1.7%～9.3%，两者综合影响的结果为，蒸腾仅下降 0.2%～2.2%。冠层导度（$R^2 = 0.99$）、LAI（$R^2 = 0.97$）和蒸腾（$R^2 = 0.96$）均与大气 CO_2 浓度呈现强线性相关关系（见图 6.5(d)）。蒸腾与大气 CO_2 浓度的敏感系数为 -0.06，也就是说，大气 CO_2 浓度每升高 1%，蒸腾下降 0.06%。冠层导度和 LAI 与大气 CO_2 浓度的敏感系数分别为 -0.37 和 0.31。同理，当大气 CO_2 浓度升高 1% 时，冠层导度下降 0.37%，而 LAI 增加 0.31%。从敏感系数可以看出，LAI 的增加较大程度地抵消了冠层导度下降的影响，比例达 84%（为 0.31/0.37）。在大气 CO_2 浓度升高对蒸腾的影响中，84% 的 CO_2 生理效应被 CO_2 结构效应所抵消，这解释了在 1901—2010 年 CO_2 浓度升高对 T/ET 的贡献小，对 uWUE$_p$ 贡献大的现象。根据大气 CO_2 富集实验（FACE）的结果，当大气 CO_2 浓度升高（为自然条件下大气 CO_2 浓度的 155%）时，所有植被类型的气孔导度平均降低 22%[163]，这表明气孔导度对大气 CO_2 浓度的敏感系数为 -0.4（22%/55%），这与本研究的结果相近（-0.37），说明 FACE 实验研究与模型模拟的结果具有较好的一致性。

6.3.4　uWUE$_a$ 对其他环境因子的响应

基于综合归因方法，3 个模型（除 ISAM 模型外）一致表明，氮沉降对于 uWUE$_a$ 的变化具有重要影响，其贡献仅次于大气 CO_2 浓度升高（见图 6.3(b)）。氮施肥效应会同时影响生态系统光合固碳和蒸腾耗水，尤其是对于氮缺乏的生态系统[405,416]。基于北美洲 11 个通量站点的观测数据，研究表明，随着植被冠层含氮量增加，GPP 增加的幅度大于 ET，导致生态系统 WUE 升高[417]。对比 BG1 和 SG3 也发现了一致的研究结果。1901—2010 年，全球年尺度 GPP 增加了 (2.1±1.1)%，而 ET 仅增加 (0.3±0.1)%，从而导致 uWUE$_a$ 增加 (1.8±1.0)%（见图 6.6）。在 CLM4、CLM4VIC 和 DLEM 模型中，氮沉降对 uWUE$_a$ 变异性的贡献远大于 ISAM 模型，这是由于在这 3 个模型中，CO_2 施肥效应受到植物氮含量的限制较大。考虑氮沉降的影响，这能极大地促进生态系统的植被生长和光合固碳量，尤其是对于氮缺乏的生态系统。

4 个模型的模拟结果表明，气候变化对 uWUE$_a$ 的变异性具有正面影响（见图 6.3(b) 和 (c)）。uWUE$_a$ 的年际变异性主要源于气候因子（包括气温、降雨、辐射等）的年际变化。采用 SG1 中的 uWUE$_a$ 与气候因子进行偏相关分析，可以发现，大部分地区 uWUE$_a$ 与气温呈现正相关关系，而在部分非洲地区呈现负相关关系（见图 6.5(a)）。尽管前人的研究表明气候变化可能导致 WUE 降低[38]，但本书表明，气温升高能增加 uWUE$_a$，这可能是由 VPD 升高导致的。研究表明，1982—

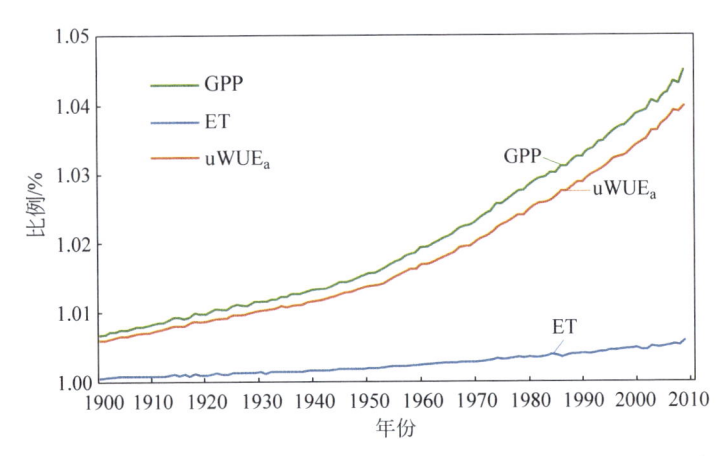

图 6.6 1901—2010 年 BG1 和 SG3 中 GPP、ET 及 uWUE$_a$ 的平均比例

2008 年在北半球及南半球部分地区，IWUE 与气温也呈现正相关关系[40]。在高纬度地区，植被生长受气温和太阳辐射的限制，因此，uWUE$_a$ 与辐射也呈现正相关关系（见图 6.5(c)）。在不同地区，降水变化对 uWUE$_a$ 的影响具有明显差异，这可能与区域气候条件及植被覆盖类型等有关（见图 6.5(b)）[418]。考虑到大部分地区降雨年际变异性较大的特性，及其对生态系统水分利用效率的影响，uWUE$_a$ 在 SG1 中的年际变异性很可能源于全球尺度降雨的年际变异性。

根据 3 个模型（除 ISAM 模型外）的模拟结果，在全球尺度上，土地利用变化的趋势和年际变异性对 uWUE$_a$ 的影响相对较弱。对比发现，模型模拟结果的差异源于 GPP 模拟值的显著差异，本节以 ISAM 模型和 CLM4 模型的模拟结果为例进行说明（见图 6.7）。在 ISAM 模型中，SG2 中的 GPP 模拟值显著低于 SG1 中的水平，这主要是因为土地利用变化使土壤及地上植物部分的含氮量减少了，导致植物生长和光合固碳受到限制，尤其是氮缺乏的非热带地区[419-421]。土地利用变化对 uWUE$_a$ 趋势的影响也表明，在部分非热带地区，土地利用变化对 uWUE$_a$ 表现出负面影响，并且，这些地区的农田和草地面积在 20 世纪确实发生过显著变化[415]。然而，在 CLM4 模型中，SG2 和 SG1 中 GPP 的模拟值差异较小。一方面，在 CLM4 模型中，农田和草地（非放牧和收割地区）生态系统与森林生态系统的生产力几乎在同一水平，使得土地利用变化对生态系统 GPP 的影响较小。另一方面，CLM4 模型没有考虑农业生产过程（如耕作和收割）对土壤碳和氮含量的影响，导致退耕还林等土地利用变化过程中的氮限制因素被低估。因此，在 CLM4 模型中，土地利用变化对 GPP 的影响相对较小。

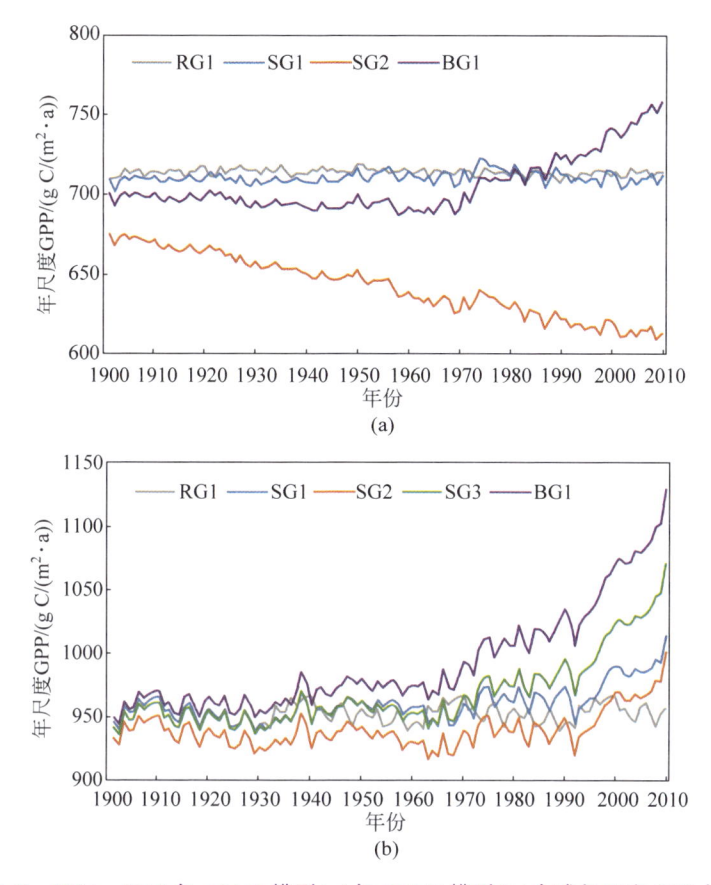

图 6.7　1901—2010 年，ISAM 模型(a)与 CLM4 模型(b)全球年尺度 GPP 模拟

6.4　本章小结

本章采用 MsTMIP 中 4 个陆地生态系统模型在 1901—2010 年的模拟结果，分析了气候变化、大气 CO_2 浓度升高、土地利用变化和氮沉降等环境变化因素对全球陆地生态系统 $uWUE_a$ 多年变化趋势及年际变异性的贡献。主要研究结论如下。

(1) 基于 MsTMIP 中 4 个模型的模拟结果，全球年平均 $uWUE_a$ 在 1901—1975 年的增长趋势较缓，平均趋势仅为每年 0.002 g C·$hPa^{0.5}$/kg H_2O；而在 1976—2010 年，随着大气 CO_2 浓度快速增长，$uWUE_a$ 的年平均趋势达 0.012 g C·$hPa^{0.5}$/kg H_2O。

(2) 根据综合归因方法可以区分各环境因子的多年变化趋势及年际变异性对

uWUE$_a$变化的贡献。大气 CO_2 浓度的增长趋势对 uWUE$_a$ 的多年变化趋势起决定性作用,在两个阶段的贡献分别为(46 ± 6)%和(64 ± 32)%。气候的年际变异性是决定 uWUE$_a$ 年际变异性的主要因素,在两个阶段的贡献分别为(35 ± 27)%和(7 ± 2)%,均远大于其他3种环境因子年际变异性的贡献。

(3) 本节将 uWUE$_a$ 区分为 uWUE$_p$ 和 T/ET,量化分析了大气 CO_2 浓度升高对 uWUE$_p$ 和蒸腾影响的生理效应和结构效应。随着大气 CO_2 浓度升高,生态系统各植被类型覆盖度变化所引起的结构效应(参数 λ_{cf} 增加),抵消了(20 ± 4)%的生理效应(对 CO_2 的敏感系数为 0.5)对 uWUE$_p$ 的影响。然而,大气 CO_2 浓度升高的结构效应(LAI 增加,对 CO_2 的敏感系数为 0.31)抵消了高达 84% 的生理效应(冠层导度降低,对 CO_2 的敏感系数为 0.37)对蒸腾的影响。

第二部分
基于植被导度的碳水通量研究

第7章

植被导度对水分条件的响应机制

7.1 本章概述

植物气孔是 CO_2 及水分进出叶片的通路,控制着植物与外界的物质与能量交换过程,是连通土壤-植物-大气连续体的重要通道[208,422]。气孔导度(g_s)被用来描述微观尺度上 CO_2 及水分进出植物气孔的速率,定量反映了植物行为特征及植物与环境的联系过程[210,423]。区域尺度上,植被导度(G_s)是对区域所有植被平均气孔导度效果的整体表述,反映了区域植被的冠层行为,包含冠层导度和土壤导度两部分[54,90]。定量建立气孔与环境条件因子之间的相互作用关系,以此分析植被冠层行为及植被对气候环境条件变化的响应关系一直是国内外的热点课题,对耦合气孔导度模型的陆面过程模型研究及全球碳水循环模拟与预测具有重要意义[190,424-425]。

水分条件(包括环境水汽条件及土壤水分含量)是影响植物气孔调节的重要环境因子,也是区域植被尺度上影响植被导度变化的主要约束条件。当环境对植物的水分胁迫加强时,反映为 VPD_a 与 VPD_l 增加及土壤含水量减少,会引起植物气孔开度减小,植被导度也相应减小。因此,分析植被导度对环境水汽条件和土壤水分的响应特征和响应关系,能帮助我们更好地理解环境水分变化对植物的约束作用,以及全球碳水循环的耦合关系特征[128,236,426]。植被尺度研究受数据来源的限制,通常采用地区内某一参考高度实测的 VPD_a 来表征区域植被感知的水汽条件,代替 VPD_l 分析对植被导度的约束与影响[39,63,427]。但 VPD_a 不等同于机理层面上植被气孔所感知的 VPD_l,因此在植被尺度上计算植被平均 VPD_l 作为表征气孔外水汽条件的因子,可以更加准确地分析 G_s 对于外部水汽条件(VPD_l)的响应关系。

建立气孔导度模型是分析气孔对环境因子响应关系的重要方式。目前常用的气孔导度模型多关注气孔导度(g_s)与 VPD_l 的响应关系,包括属于典型经验模型的 Leuning 模型[204]和基于机理过程的 Medlyn 模型[217],其中 Leuning 模型假设

g_s 与碳同化量及 VPD_l^{-1} 成正比，Medlyn 模型假设 g_s 与碳同化量及 $VPD_l^{-0.5}$ 成正比。比较不同的植物气孔导度模型可以发现，不同模型中 g_s 对于 VPD_l 的响应关系（模型中 VPD_l 的指数）存在差异。植被导度是 g_s 在冠层尺度上的宏观表现，对植被导度与环境因子相互作用联系的研究通常基于叶片尺度模型与理论，因此对如何在区域植被尺度上准确刻画 G_s 对 VPD_l 的响应关系及二者相互作用联系，需要开展进一步的分析。考虑到土壤水分含量同样是影响植物气孔导度的重要水分条件[428-430]，而土壤水不直接接触植被气孔，往往在机理层面的气孔导度模型中没有直接体现，因此其主要通过改变植被输水条件间接对气孔产生约束。

通量塔是常用的监测区域植被季节变化和物候变化过程的重要方式[431]，能够在每半小时尺度上连续测量同一地区的碳水通量，以及辐射、气温、湿度及风速等一系列气象数据，具有站点尺度上突出的测量优势[347]。通量塔观测数据是研究区域植被行为特征及植被对环境响应方式的重要数据来源。目前在国际上，通量网络（FLUXNET）会定期处理、整合不同地区已加入网络的通量塔数据并发布数据集，为生态水文、陆面过程等研究提供数据支持[432]。

为了从区域尺度上揭示植被气孔导度对水分条件的响应关系和规律，本章采用通量数据，以日内每（半）小时为时间尺度，以植被导度（植被平均气孔导度）为研究对象，首先介绍植被平均 VPD_l 的概念以期表征植被所处的外部水汽条件，验证不同植被导度模型的适用性，通过建立一般性植被导度模型，分析植被导度对 VPD_l 的响应关系，以及土壤水变化对该响应关系的影响，研究植被导度对水分条件（VPD_l 和土壤水）的响应行为特征和响应机制。

7.2 数据来源与预处理

本章采用 FLUXNET2015 通量数据集（http://fluxnet.fluxdata.org/）中 77 个通量站点每（半）小时数据，主要集中于欧洲、北美洲及澳洲地区，少数分布在非洲、南美及亚洲地区。各站点植被类型依照 IGBP（international geosphere-biosphere programme）方式进行划分[433]，共包含 9 种：常绿针叶林（evergreen needleleaf forests，ENF）、常绿阔叶林（evergreen broadleaf forests，EBF）、落叶阔叶林（evergreen broadleaf forests，DBF）、农田（croplands，CRO）、草地（grasslands，GRA）、热带草原（savanna，SAV）、多树草原（woody savanna，WSA）、郁闭灌丛（closed shrublands，CSH）和混交林（mixed forests，MF）。所选通量塔数据具有 4 年及以上的数据记录，并且包含辐射、降水、气温、湿度等研究需要的气象数据，以及植被碳水通量和土壤含水量数据。FLUXNET2015 通量数据集对缺失的观测数据进行了间隙填充操作[46]，共包含 4 种数据质量等级，分别是实际观测数据和数据填充质量标识为"优""中等"和"差"的数据。为了提高数据可靠性,本章中仅使用实际观测数据和质量标识为"优"的填充数据。所采用的数据包括气象、辐射、土壤含水量和植被碳水通量数据,其中 GPP 采用数据集中"GPP_NT_VUT_REF"的变量($\mu mol/(m^2 \cdot s)$)。该 GPP 数据由站点净生态系统碳交换(net ecosystem exchange,NEE)进行基于夜间呼吸划分的方法得到[46]。

本章对所选取的实测和填充质量为"优"的数据进行了如下预处理:①剔除含有降雨的数据,去除包含降雨数据条目当天及降雨事件后一天的数据[90];②白昼数据筛选,选取对应于显热通量大于 5 W/m^2 及入射短波辐射大于 50 W/m^2 的数据,并且去除当 GPP、ET 和 VPD_a 为负值的数据;③确定植物生长季节,对某一通量站点数据,当日平均 GPP 大于该站点所有 GPP 数据第 95 百分位数的 10%时即认为是生长季节,减少非生长季土壤蒸发及低温条件产生的干扰[99,296]。在本章中,每半小时通量数据均平均为每小时数据进行分析计算。

7.3 植被导度对水分条件响应的分析方法

7.3.1 植被导度与叶片表面 VPD 的计算

植被导度是植物气孔开度在区域上的宏观表现,表征区域植被气孔行为。本章采用 Penman-Monteith 公式(文献中简称 PM 公式)反演计算植被导度(G_s)[53-54]。PM 公式是结合能量平衡和空气动力学估算区域蒸散发且被广泛应用的方法,其同时考虑植被气孔阻抗(与 G_s 互为倒数)和空气动力学阻抗对植被蒸发的影响,表达式为式(7-1)。公式中除 G_s 外的各项气象参数和通量参数均可由通量塔观测或观测数据进一步计算得到,因此,通过通量塔实测每(半)小时数据,可反推得到 G_s。但需要注意的是,PM 公式假设区域蒸散发均由植被蒸腾引起,虽然对生长季节而言,植物蒸腾占据了主要地位[193,296],但由 PM 公式直接计算得到的植被导度实际是包含了植被蒸腾作用、冠层截留产生的蒸发和土壤蒸发的总表面导度[434],考虑到研究中剔除了含有降雨的相应数据,因此计算得到的植被导度主要包含植被蒸腾和土壤蒸发两部分。基于 PM 公式的植被导度反演如下所示[53-54]:

$$LE = \frac{\Delta(R_n - G) + \rho c_p G_a VPD_a}{\Delta + \gamma(1 + G_a/G_s)} \tag{7-1}$$

$$G_s = \frac{\gamma G_a LE}{\Delta(R_n - G - LE) + \rho c_p G_a VPD_a - \gamma LE} \tag{7-2}$$

其中,LE 是潜热通量(W/m^2);R_n 是冠层表面净辐射(W/m^2);G 是土壤热通量(W/m^2);Δ 是饱和水汽压与温度曲线的斜率(kPa/K),是空气温度的函数;ρ 是空气密度(kg/m^3);c_p是空气比定压热容(取 1012 J/(kg·K));γ是干湿表常数(kPa/K);G_a是空气动力导度(m/s)。采用通量塔观测数据,G_s可以通过式(7-2)推算得到。本章中通过 PM 公式计算得到的G_s是对应于水汽通过气孔的导度,受分子扩散作用影响,该植被导度是描述CO_2通过气孔时的导度的 1.6 倍[6]。

空气动力导度G_a由式(7-3)计算[435]:

$$G_a = \frac{\kappa^2 u}{\left[\ln\left(\frac{z-d}{z_{0h}}\right) - \Psi_H\right]\left[\ln\left(\frac{z-d}{z_{0m}}\right) - \Psi_M\right]} \tag{7-3}$$

其中,z是风速与空气湿度的测量高度(m),计算中近似认为站点二者的测量高度一致;d是零平面位移高度(m);z_{0h}和z_{0m}分别是能量和动量粗糙长度(m);Ψ_H和Ψ_M分别是能量和动量修正函数;κ是冯·卡门常数(0.41);u是测量高度z的平均风速(m/s)。零平面位移高度(d)近似取$2/3h_c$,h_c是植被冠层平均高度(m),以及$z_{0m} = 0.1h_c$,$z_{0h} = 0.1z_{0m}$[283]。采用无量纲的奥布霍夫稳定度参数z^*/L评判局部大气稳定性,$z^* = (z-d)$,L为奥布霍夫长度[436],计算公式为

$$L = \frac{-u_*^3 c_p \rho T_a}{\kappa g H} \tag{7-4}$$

其中,u_*是摩阻风速(m/s);H是显热通量(W/m^2);T_a是空气温度(K)。对于非稳定的大气条件($z^*/L < 0$),Ψ_H和Ψ_M采用 Paulson[436]提出的形式进行计算,对于稳定的大气条件($z^*/L > 0$),Ψ_H和Ψ_M则采用 Beljaars 和 Holtslag[437]提出的形式计算。

由 PM 公式反演得到的植被导度具有与空气动力导度一样的单位,为与 GPP 具有相同的量纲并与已有研究进行比较,本节采用理想气体方程将G_s的单位由 m/s 转化为$mol/(m^2 \cdot s)$[438]:

$$G_s = [G_s] \frac{P_a}{RT_a} \tag{7-5}$$

其中,G_s是基于水汽的植被导度,单位为$mol/(m^2 \cdot s)$;$[G_s]$是由 PM 公式计算得到的植被导度,单位为 m/s;P_a是大气压强(kPa);R是干燥空气的气体常数(计算中取 0.008 314 m^3 kPa/(K·mol))。考虑到由 PM 公式反演得到的G_s存在异常值,因此本章只采用各站点第 5 百分位数和第 95 百分位数间的G_s数据,以研究典型的植被行为。

PM 公式及G_s计算公式的推导过程考虑了植物蒸腾时水汽输送扩散的两个阶段:①水汽首先克服植被气孔阻抗(植被导度G_s的倒数)从具有饱和水汽压的气孔腔内蒸腾至叶片表面,由于饱和水汽压是温度的函数,此时气孔内外的水汽压差,即$VPD_l = e_{sat}(T_{leaf}) - e_s$,其中$T_{leaf}$是叶片温度,$e_{sat}(T_{leaf})$是对应于$T_{leaf}$的

饱和水汽压，e_s 是叶片表面的水汽压，VPD_l 是植物蒸腾的水汽驱动因子；②植物蒸腾的水汽从叶片表面再克服空气动学阻抗（空气动力导度 G_a 的倒数）扩散到空气中，此时该扩散过程的水汽压差为 e_s-e_a，其中 e_s 是叶片表面的水汽压，e_a 是空气中的水汽压。因此，VPD_l 是实际驱动并影响植被蒸腾的水汽因子，叶片尺度上气孔导度模型的提出与建立，也主要研究叶片温度和 VPD_l 对 g_s 的影响[204,439]。在区域植被尺度上，由于难以直接观测 VPD_l，因此通常采用空气实测 VPD_a 近似代替 VPD_l，用以研究植被导度与气孔外部水汽条件的模型响应关系。VPD_a 由 $e_{sat}(T_a)-e_a$ 计算得到，其中 $e_{sat}(T_a)$ 是对应于空气温度 T_a 的饱和水汽压，此时假设空气温度与叶片温度一致，并且空气水汽压 e_a 与叶表水汽压 e_s 需要一致。但实际中由于叶片温度与空气温度存在差异，以及叶片水汽压与空气水汽压存在差别，因此 VPD_l 往往不同于实测 VPD_a，在研究中会引起分析误差。

考虑到 VPD_l 是植物直接感知的水分胁迫条件，本章结合 PM 公式和大叶模型（假定植被冠层是单一叶面蒸散发源且不考虑土壤蒸发影响），采用式（7-6）计算植被平均 VPD_l，而非使用实测 VPD_a，从而更好地分析 G_s 对水汽条件的响应关系。

$$VPD_l = \frac{\gamma LE}{\rho c_p G_s} \tag{7-6}$$

计算得到的 VPD_l 表示区域尺度植被的平均叶片表面 VPD，表征实际作用于植被气孔的水汽条件。

7.3.2 叶片表面 VPD 结果的合理性分析

受植物叶片表面边界层作用和植物对辐射的吸收及蒸腾作用的影响，植物叶片温度及表面水汽压与空气有所差异，导致叶片表面 VPD 不同于空气 VPD。相比于 VPD_a，VPD_l 是植物直接感知的气孔外水分条件，在 VPD_l 的影响下，植物通过调节气孔开度从而适应环境变化。为了更好地在区域冠层尺度上研究水汽条件对植被的影响，研究中使用计算得到的植被平均 VPD_l，而非实测的 VPD_a。考虑通量站难以实际观测 VPD_l，研究首先对 VPD_l 的计算结果和使用进行合理性分析，并验证不同模型中 VPD_l 的适用性。图 7.1 所示为 AU-Stp、CA-TP4、US-ARM 和 US-SRM 4 个站点每小时绘制的典型 VPD_l 与 VPD_a 的相关性关系，4 个站点的植被类型分别为草地（GRA）、常绿针叶林（ENF）、农田（CRO）和多树草原（WSA）。通过 VPD_l 与 VPD_a 的关系图可以发现，VPD_l 与 VPD_a 存在较大的不同，尤其是在 VPD_a 较高的情况下，VPD_l 与 VPD_a 的差异较大，表明在空气相对干燥时，通常伴随着更强的阳光辐射，引起叶片温度与空气温度表现出较大差别，进而引起 VPD_l 与 VPD_a 的差别。我们同时可以发现 4 个站点，以及大多数站点（未画出）的 VPD_l 与 VPD_a 存在较为良好的线性回归关系，并且整体上，VPD_l 倾向高

于 VPD_a。图 7.1 所示 4 个站点的线性回归模型修正拟合优度(R^2)分别达到 0.72、0.90、0.89 和 0.84。从数据密度来看,站点在生长季节的空气更多处于靠近饱和的状态(VPD_a 较小),VPD_a 越小,VPD_l 与 VPD_a 的差异也相应较小。各站点及植被类型 VPD_l 与 VPD_a 的相关关系存在较大的差异性和不确定性,二者的关系还受到辐射、湿度、风速等因素影响。总体来看,采用 VPD_l 而非 VPD_a 是可行和合理的,其是否能够更准确地表征外部水汽条件还需要进一步分析。

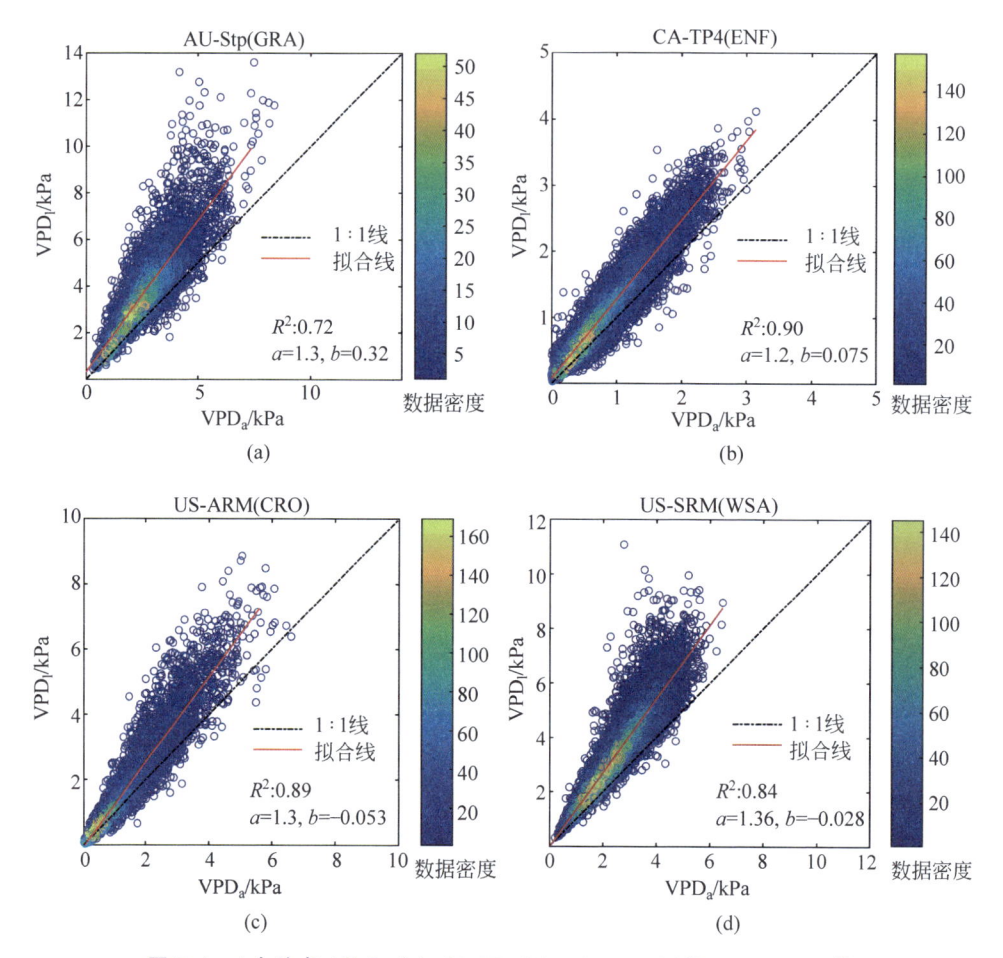

图 7.1 4 个站点 AU-Stp(a)、CA-TP4(b)、US-ARM(c)和 US-SRM(d)的 VPD_l 与 VPD_a 的相关关系

为进一步分析比较 VPD_l 与 VPD_a 的相关关系,本节构建了二者的一元线性回归模型:

$$VPD_l = a\,VPD_a + b \tag{7-7}$$

其中，斜率项 a 表示 VPD_l 随 VPD_a 改变的变化率；截距项 b 表示在空气水汽趋近饱和时的 VPD_l。图 7.2 中，共 60 个站点具有大于 1 的斜率项，17 个站点的斜率值小于 1，其中落叶阔叶林（DBF）类型植被的斜率值相对较低，具有更为接近的 VPD_l 和 VPD_a 的关系，而草地（GRA）类型的斜率值变动幅度较大。说明总体上植被由于受辐射作用，白天的叶片温度高于环境温度[298,440]，从而引起 VPD_l 的增大。同时，68 个站点具有大于 0 的截距项，其中 63 个站点显著（$p<0.05$），表明在空气趋近饱和（VPD_a 接近 0）时，植物叶片所感知的 VPD_l 并不为 0，此时叶片表面未达到饱和，植物蒸腾仍会发生。PM 公式考虑了受辐射作用引起的 VPD_l 与 VPD_a 的差别，公式推导中对叶片表面的水汽状况进行了转化，在公式中最终保留 VPD_a 项，但 VPD_l 应是影响植物的直接水分胁迫条件，而计算结果也表明 VPD_l 与 VPD_a 存在明显的不同，后续分析中将采用 VPD_l 来描述气孔所感知的水汽条件。

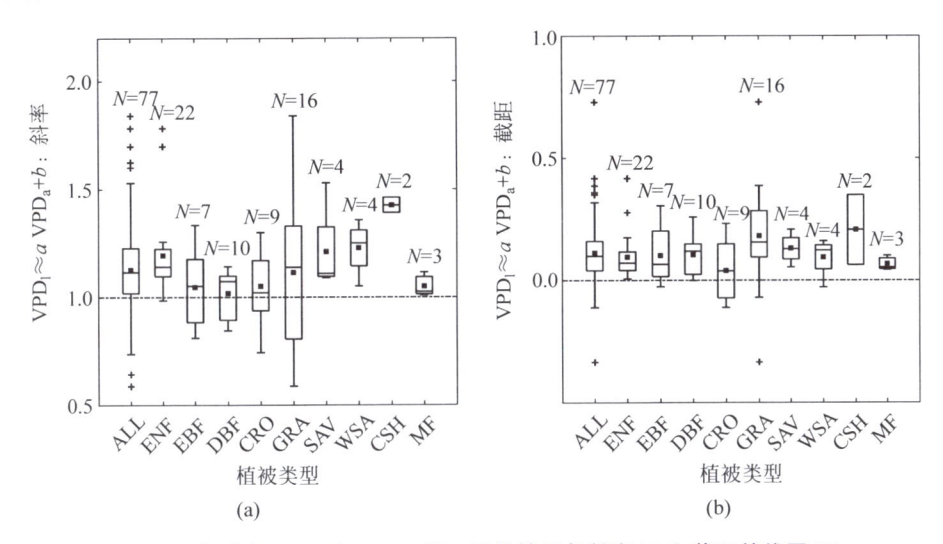

图 7.2　各站点 VPD_l 与 VPD_a 的一元线性回归斜率（a）和截距箱线图（b）

N 表示各植被类型所对应的站点数量；其中每个箱图的 3 条横线从下到上分别表示第 25、50 和 75 百分位数，箱图外的上下边缘分别延伸出 1.5 倍的第 75 百分位数和第 25 百分位数之差，上下边缘外的数据点为异常值，文献中其他箱线图具有相同的图形特征

为进一步分析影响 VPD_l 与 VPD_a 关系的有关环境因子，以及验证二者的关系，可以比较二者的比值（VPD_l/VPD_a）与风速、ET 及净辐射 R_n 的关系，当 VPD_l 与 VPD_a 相近时，VPD_l/VPD_a 值趋近 1。同样选取上述 4 个代表性站点的数据绘制关系图（AU-Stp、CA-TP4、US-ARM 和 US-SRM）。如图 7.3 所示，VPD_l/VPD_a 与风速具有明显的趋近关系，即当风速增大时，VPD_l/VPD_a 值逐渐趋近 1，第 5 百分位数和第 95 百分位数线性回归线表明，VPD_l/VPD_a 随风速的变化下限

约为1,上限是斜率为负的直线,并在高风速条件下趋近1,该关系同样存在于多数站点(未在文中绘出)。高风速为植被冠层提供了良好的散热及水汽扩散条件,使得叶片温度接近空气温度,以及叶片表面水汽压与空气水汽压相近,VPD_l接近VPD_a。低风速条件下,植被冠层的散热条件较差,VPD_l与VPD_a存在显著的差异性。此外,从图7.3也可以看出,在相同的风速条件下,辐射强度越大(此处以净辐射R_n表示辐射强度),叶片受辐射作用表面温度越高,VPD_l(相比于VPD_a)也越高,尤其是对于非森林植被类型,如多树草原(WSA)对应的US-SRM站,表明该站点辐射作用的影响较为显著。因此,风速与辐射是影响VPD_l与VPD_a关系的重要气象因子。

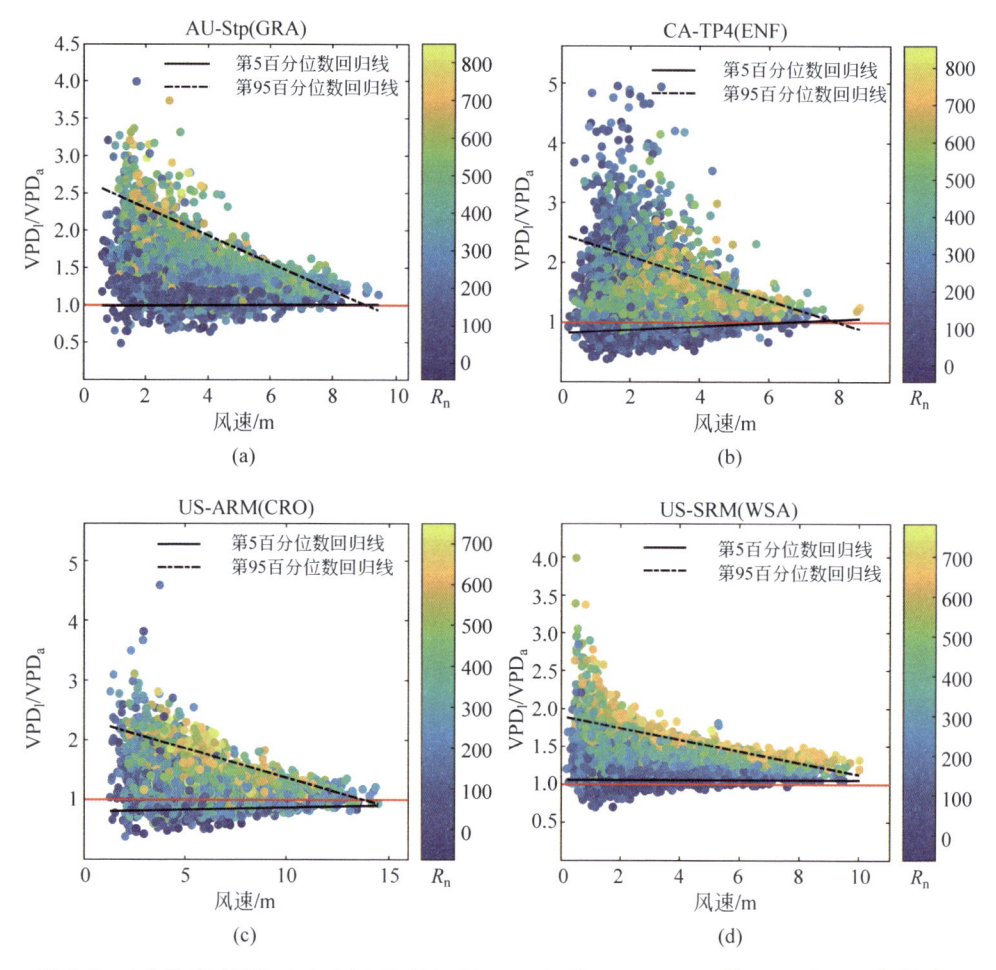

图 7.3 4个站点 AU-Stp(a)、CA-TP4(b)、US-ARM(c)和 US-SRM(d)的 VPD_l/VPD_a 与风速,以及净辐射的相关关系

考虑到植被蒸腾会影响叶片表面的水汽状态,还可以比较 VPD_l/VPD_a 与 ET、辐射变化的关系。AU-Stp、CA-TP4、US-ARM 和 US-SRM 这 4 个站点的 VPD_l/VPD_a 与 ET、辐射相关的关系如图 7.4 所示,4 个站点的 VPD_l/VPD_a 与 ET 都具有相对明显的趋近关系。随着 ET 的增加,叶片表面水汽局部增大,并且叶片温度降低,VPD_l/VPD_a 值逐渐减小,趋近 1。尤其是对于图中常绿针叶林(ENF,CA-TP4)和农田(CRO,US-ARM)两个站点,趋近关系明显。同样,在相同的 ET 下,净辐射较高会使得 VPD_l 和叶片温度更高,对于农田和森林两个站点,即使在低辐射条件(R_n 较低)下,且 ET 较低时,VPD_l/VPD_a 也存在较大值,说明此时叶片表面的水汽状况还会受到其他因素的影响和控制,导致 VPD_l 升高。

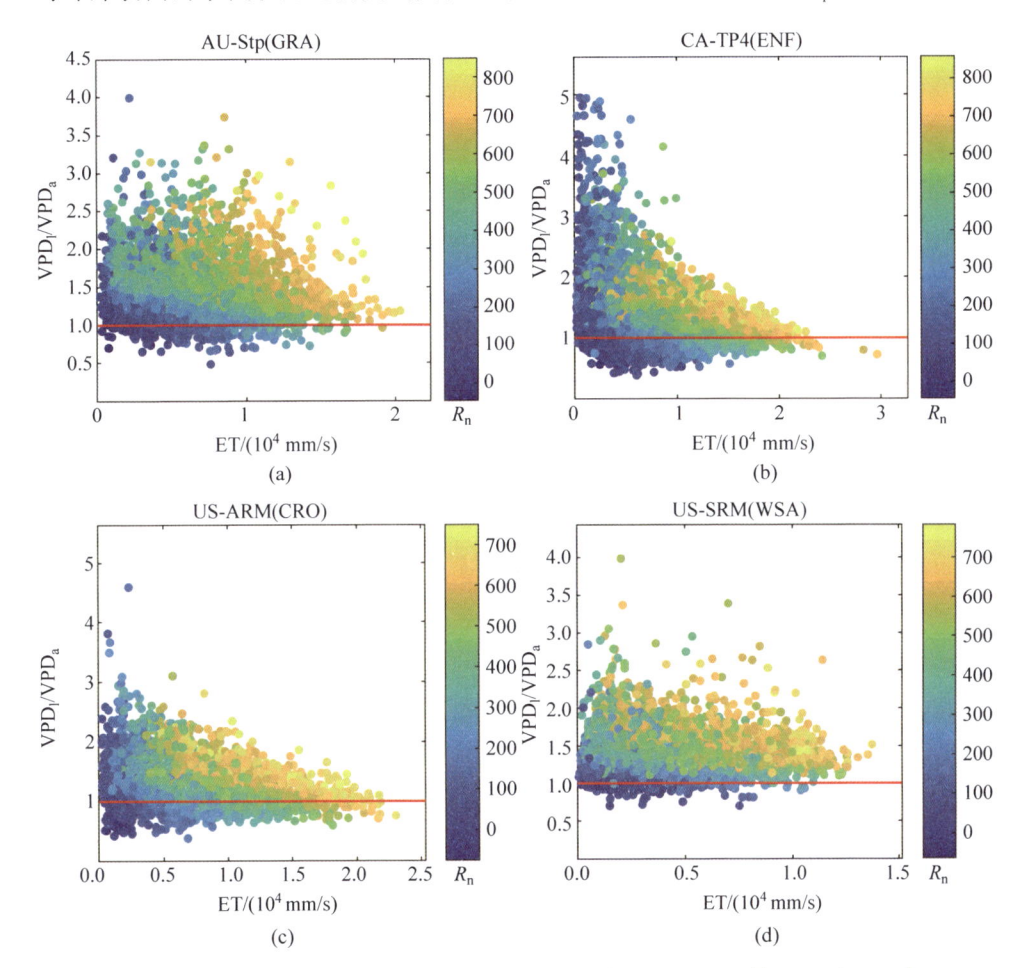

图 7.4 4 个站点 AU-Stp(a)、CA-TP4(b)、US-ARM(c)和 US-SRM(d)的 VPD_l/VPD_a 与 ET、以及净辐射的相关关系

结果说明,受到风速、辐射等气象因素和植物蒸腾产生水汽作用的共同耦合和影响,叶片表面的水汽条件改变,导致总体上 VPD_l 与实测 VPD_a 不同,而 VPD_l 能够更准确地反映植被气孔所感知的外部水汽条件。

7.3.3 基于叶片表面 VPD 的一般性植被导度模型

1. 基于叶片表面 VPD 的一般性植被导度模型

研究中应用广泛的植被气孔导度模型主要包括经验模型和物理模型两类。Ball 等[202]基于气孔导度与碳同化量(A)正相关的线性关系,提出了碳同化量与相对湿度组合因子的气孔导度模型。随后 Leuning[204]对该模型进行改进,采用叶片表面 VPD 替代叶表相对湿度,得到 Leuning 模型:

$$g_s = g_0 + g_1 \frac{A}{(C_a - \Gamma)(1 + VPD_l/D_0)} \quad (7\text{-}8)$$

其中,g_s (mol/(m^2·s)) 是气孔导度;g_0 (mol/(m^2·s))、g_1 (无量纲)和 D_0 (kPa)是经验回归系数;C_a 是 CO_2 浓度(μmol/mol);Γ (μmol/mol) 是 CO_2 补偿点。Leuning 模型假定气孔导度 g_s 与 VPD_l 存在 VPD_l^{-1} 的响应关系。除经验模型外,最优气孔理论是最常应用的气孔行为理论[4]。最优气孔导度理论认为,植物气孔在外部水分条件胁迫下会寻求最优的气孔平衡,最大化植物叶片碳同化速率(A)的同时,最小化植物叶片蒸腾(T),并提出植物碳同化的边际用水成本$\left(\lambda = \frac{\partial T}{\partial A}\right)$概念,即边际情况下植被再同化一单位碳所消耗的水量。Medlyn 等[6]从最优气孔导度理论出发,推导得到具有与经验模型相似表达式的机理模型(称为 Medlyn 模型),模型表达式如下:

$$g_s = g_0 + 1.6\left(1 + \frac{g_1}{\sqrt{VPD_l}}\right)\frac{A}{C_a} \quad (7\text{-}9)$$

其中,g_0 (mol/(m^2·s)) 和 g_1 (kPa$^{0.5}$) 是经验系数。Medlyn 模型在表达式上同样是气孔导度与组合环境因子的关系,但与 Leuning 模型不同,Medlyn 模型在 VPD_l 的指数关系上为 0.5($VPD_l^{-0.5}$),而在 Leuning 模型中该指数关系为 1(VPD_l^{-1})。Medlyn 模型随后被广泛应用于不同时间和空间尺度上植物气孔行为的研究[232,441]。

为刻画植被对环境水分条件变化的响应关系,本章依据已有常用的 Leuning(经验)模型和 Medlyn(机理)模型两类气孔导度模型,建立区域一般性植被导度模型,量化研究 G_s 与 VPD_l 的相互作用。通过对模型进行简化,保留影响植被导度的主要条件因子(GPP 和 VPD_l),引入最适 VPD_l 指数(m),采用统一的表达式整合不同的气孔导度模型,并验证在植被尺度上的模型适用性,分析 G_s 对 VPD_l 的响应关系。基于 VPD_l 的一般性植被导度(G_s)模型如下所示:

$$G_s = G_0 + G_1 \frac{GPP}{VPD_l^m} \tag{7-10}$$

其中,G_0 和 G_1 是回归得到的经验参数;m 是最适 VPD_l 指数,各站点的 m 值由实测和计算数据拟合计算得到。研究过程中先后采用了不同的植被导度模型,如对 GPP 同样采用变化指数,即 $G_s = G_0 + G_1 GPP^n / VPD_l^m$,结果显示,$G_s$ 对不同的 GPP 指数不具有区分性,多数站点的 G_s 对 GPP 存在 GPP^1 的依存关系,并且增加指数项反而容易引起参数拟合困难。此外,研究也采用增加回归项数的模型,如 $G_s = G_0 + G_1 GPP/VPD_l^m + G_2 GPP$,结果表明,增加线性的 GPP 回归项对提升模型的拟合结果改变有限,并且容易引起过拟合。因此,本节最终采用式(7-10)研究植被导度对 GPP 和 VPD_l 的响应关系。式(7-10)中,G_0 表示当 GPP=0 相当于气孔关闭时的导度,即反映土壤蒸发影响的最小植被导度,G_1 表征植被气孔的调节作用,即 VPD_l 和 GPP 相互作用和影响下的气孔约束,m 表征植被导度对于 VPD_l 的响应特征。随着参数 m 取值的不同,建立的一般性植被导度模型将分别对应不同的已有植被导度模型。如当 $m=0.5$ 时,式(7-10)与 Medlyn 模型相对应(基于最优气孔导度理论),表达式为

$$G_s = G_0 + G_1 \frac{GPP}{VPD_l^{0.5}} \tag{7-11}$$

当 $m=1$ 时,式(7-10)对应于 Leuning 模型,表达式为

$$G_s = G_0 + G_1 \frac{GPP}{VPD_l} \tag{7-12}$$

式(7-11)和式(7-12)具有与 Medlyn 模型和 Leuning 模型相一致的 VPD_l 指数,但模型的具体表达式与 Medlyn 模型和 Leuning 模型并不完全相同。模型在建立过程中主要保留了起主要影响作用的 GPP 和 VPD_l 两项,作为两类模型的代表模型。当 $m=0.5$ 时(Medlyn 模型),经验系数 G_1 可表示植物的边际用水效率,与边际用水成本的根号成正比[217],考虑到一般性植被导度模型与 Medlyn 模型的表达形式相近,式(7-10)中回归系数 G_1 应具有如下关系:

$$G_1 \propto \sqrt{\Gamma \lambda} \tag{7-13}$$

其中,λ 表示碳同化的边际用水成本,即 $\lambda = \frac{\partial T}{\partial A}$。

除上述3个植被导度模型外,为了同时与只考虑水汽条件的气孔导度模型进行比较,本章还同时分析了文献中提出的对数型模型[180,207],称为 Oren 模型,表达式为

$$G_s = G_0 + G_1 \ln(VPD_l) \tag{7-14}$$

其中，G_0和G_1是回归系数。因此，本章共比较了4个植被导度模型的模拟结果：①一般性植被导度模型，即式(7-10)；②固定式(7-10)中VPD_l指数为0.5，对应于Medlyn模型，即式(7-11)；③固定式(7-10)中VPD_l指数为1，对应于Leuning模型，即式(7-12)；④Oren模型，即式(7-14)（见表7.1）。并通过计算VPD_l指数及模型参数，分析植被对环境条件变量的响应关系和特征。

表7.1 分析比较的4种植被导度模型

模型名称	模型公式	模型描述	参考文献
一般性植被导度模型	$G_s = G_0 + G_1 \dfrac{GPP}{VPD_l^m}$	具有最适VPD_l指数	本研究
Medlyn模型	$G_s = G_0 + G_1 \dfrac{GPP}{VPD_l^{0.5}}$	植被对VPD_l响应关系为$VPD_l^{-0.5}$	Medlyn等[217]
Leuning模型	$G_s = G_0 + G_1 \dfrac{GPP}{VPD_l}$	植被对VPD_l响应关系为VPD_l^{-1}	Leuning[204]（1995）
Oren模型	$G_s = G_0 + G_1 \ln(VPD_l)$	对数VPD_l响应关系	Oren等[207]

2. 模型模拟结果评价参数的选取

为比较各植被导度模型的模拟结果，研究中首先采用模型修正拟合优度（R^2，本书中R^2均表示修正拟合优度）对模型拟合结果进行初步评判，比较模型对植被导度的拟合程度，随后结合均方根误差（root mean squared error，RMSE）对模型的评价结果及平均绝对误差（mean absolute error，MAE）的评价结果，综合评估各模型的拟合结果[442]，有关计算公式如表7.2所示。对于模拟结果较好的植被导度模型，应具有更高的R^2及更低的RMSE和MAE。

表7.2 模型模拟结果的评价参数

模型评价参数	计算公式*	评价参数的最优值
修正拟合优度（R^2）	$R^2 = 1 - \left(\dfrac{n-1}{n-p}\right)\dfrac{\sum\limits_{i=1}^{n}(Y_{mi}-\overline{Y})^2}{\sum\limits_{i=1}^{n}(Y_i-\overline{Y})^2}$	1
均方根误差（RMSE）	$\text{RMSE} = \sqrt{\dfrac{1}{n-p}\sum\limits_{i=1}^{n}(Y_{mi}-Y_i)^2}$	0
平均绝对误差（MAE）	$\text{MAE} = \dfrac{\sum\limits_{i=1}^{n}|Y_{mi}-Y_i|}{n}$	0

* n为样本数，p是模型参数数量（含截距项），Y_{mi}是模拟的植被导度，Y_i是PM公式计算得到的植被导度，$\overline{Y}$是Y_i的平均值。

3. 数据误差的影响分析方法

由于 FLUXNET2015 通量数据存在 10%～20% 的误差，例如，存在能量不闭合问题，以及 GPP 估算存在误差，因此本研究采用随机生成多组数据序列的方式进行误差分析，检验计算结果对误差传播的敏感性。具体操作过程中假设每个站点的 LE 和 GPP 满足均值为观测值、标准差为 10% 的观测值的正态分布，进而各自随机生成 1000 组满足该正态分布的 LE 和 GPP 数据序列。由每组数据序列分别计算对应的 G_s 和 VPD_l，进而可以获取每组序列下的模型结果和模型参数，分析存在误差的情况下，G_s 对环境变量的响应关系。该误差分析方法主要用于建立的一般性植被导度模型的检验。

7.4 植被导度模型的适用性评价结果

7.4.1 叶片表面 VPD 用于植被导度模型的效果分析

基于上述计算结果与分析，应用表 7.1 中的 4 种植被导度模型拟合，以及分析植被对水分条件的响应规律时，采用计算得到的每个站点每小时表征叶片表面水分胁迫的 VPD_l，并与采用 VPD_a 的结果进行对比分析，验证 VPD_l 和 VPD_a 的使用对模型模拟植被导度结果的影响。具体结果如图 7.5 所示，每个散点表示每个站点计算得到两种模型的 R^2。对比发现，采用 VPD_l 的 4 种模型的 R^2 普遍高于采用 VPD_a 的模拟结果，表明 VPD_l 能更好地反映叶片表面的水分条件，与 G_s 具

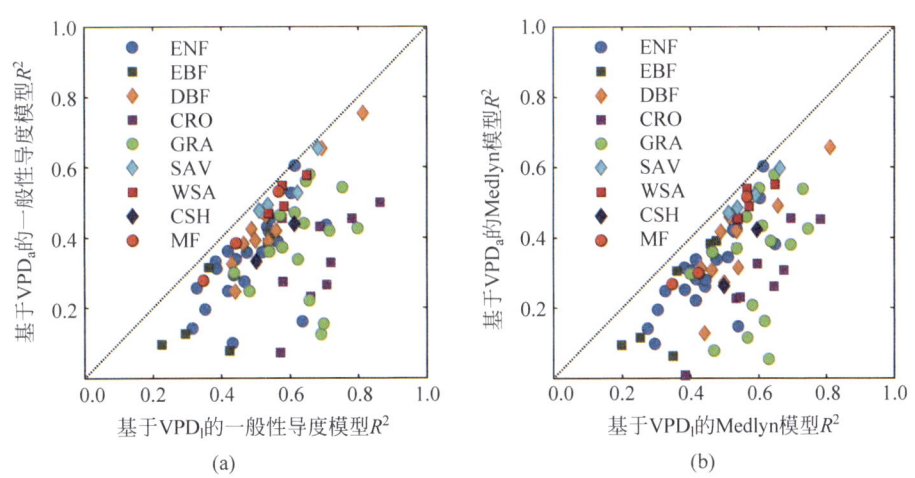

图 7.5 各站点基于 VPD_l 与基于 VPD_a 的一般性植被导度模型（a）、Medlyn 模型（b）、Leuning 模型（c）和 Oren 模型（d）的修正拟合优度（R^2）的比较结果

图 7.5（续）

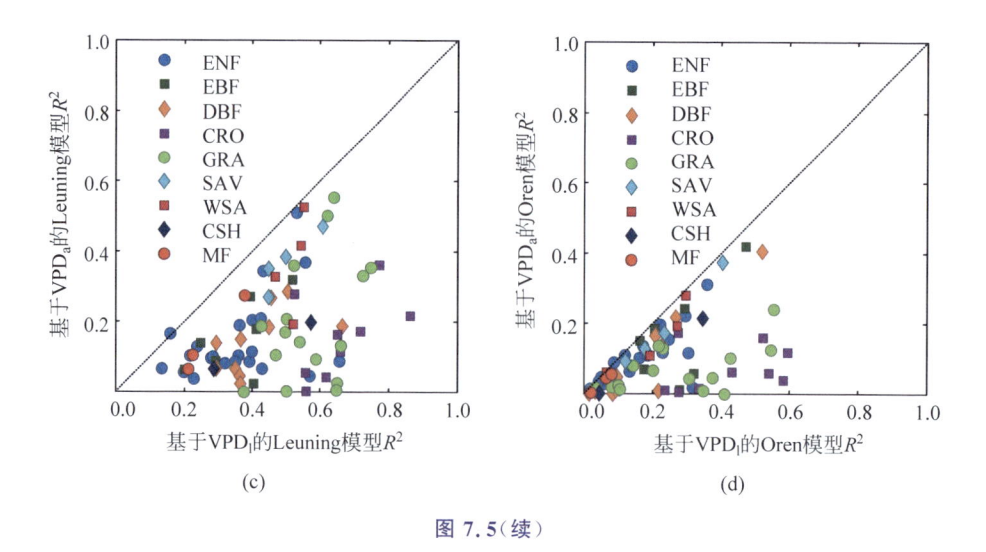

有更好的相关关系。对 4 种模型来说，采用 VPD_l 计算能更好地提高草地（GAR）和农田（CRO）两种植被类型的植被导度模拟结果，说明两种植被类型的 VPD_l 和 VPD_a 具有更高的解耦程度[443]。表 7.3 所示为各个站点分别在 4 种模型中采用 VPD_l 和 VPD_a 模拟结果的 RMSE 和 MAE 平均值及标准差，从中能看出从 RMSE 和 MAE 两个参数角度进行评价时，基于 VPD_l 的模型拟合结果也要优于基于 VPD_a 的模型拟合结果。

表 7.3 分别采用 VPD_l 和 VPD_a 并应用于 4 种植被导度模型的各站点拟合结果平均 RMSE 和 MAE

模型名称	RMSE/(mol/(m²·s)) 基于 VPD_l	RMSE/(mol/(m²·s)) 基于 VPD_a	MAE(mol/(m²·s)) 基于 VPD_l	MAE(mol/(m²·s)) 基于 VPD_a
一般性植被导度模型	**0.155(0.112)**	0.197(0.169)	**0.110(0.079)**	0.143(0.119)
Medlyn 模型	**0.164(0.125)**	0.203(0.172)	**0.118(0.089)**	0.147(0.123)
Leuning 模型	**0.168(0.118)**	0.223(0.182)	**0.121(0.083)**	0.167(0.132)
Oren 模型	**0.203(0.146)**	0.231(0.183)	**0.153(0.105)**	0.176(0.135)

注：括号内为各站点 RMSE 和 MAE 值的标准差。

因此，基于对 VPD_l 的合理性与在 4 种模型中的应用效果的分析，后续模型分析将采用 VPD_l 进行计算。模型结果表明，VPD_l 的提出在冠层尺度上能更好地描述外部水汽条件对植被冠层整体的影响，相比于以往冠层尺度研究中采用的实测 VPD_a 能更准确地表征水分胁迫条件，对于区域尺度下生态系统研究和模型模拟具有重要的参考意义。

7.4.2 不同植被导度模型结果比较

为比较不同植被导度的模型拟合效果,本研究首先选取 CH-Cha 作为代表性站点,比较不同植被导度模型对应的 G_s 与 GPP、VPD_l 的关系(见图7.6)。总体上,植被导度 G_s 与 GPP、VPD_l 组合项呈正相关关系,与 VPD_l 对数项呈负相关关系。对该站点而言,一般性植被导度模型的模拟结果最优(GPP/VPD_l^m, $m=0.80$, $R^2=0.69$, RMSE$=0.448$ mol/(m^2·s), MAE$=0.308$ mol/(m^2·s)),其次为 Leuning 模型(GPP/VPD_l, $R^2=0.65$, RMSE$=0.474$ mol/(m^2·s), MAE$=0.324$ mol/(m^2·s)),Medlyn 模型($GPP/VPD_l^{0.5}$, $R^2=0.57$, RMSE$=0.530$ mol/(m^2·s), MAE$=0.368$ mol/(m^2·s))和 Oren 模型($R^2=0.38$, RMSE$=0.635$ mol/(m^2·s), MAE$=0.442$ mol/(m^2·s))。Oren 模型仅考虑 G_s 与 VPD_l 的响应关系,未考虑 G_s 与 GPP 的正相关关系[211],模型拟合结果相比于其他模型存在更大误差(见图7.6(d))。

本研究进一步采用 VPD_l 作为反映冠层尺度实际叶片感知的水分条件,比较 77 个站点应用 4 种植被导度模型的拟合效果,采用 R^2、RMSE 和 MAE 3 个指标评判模型的准确性和适用性。首先分别比较各站点 3 种植被导度模型 R^2 与建立的一般性植被导度模型 R^2,如图 7.7 所示。比较结果显示,各数据点均在 45°线附近及下方,说明横轴所表示的一般性植被导度模型的计算结果 R^2 整体上大于另外 3 种植被导度模型的计算结果 R^2,具有更好的模拟结果。一般性植被导度模型相比于 Medlyn 模型能够提升约 10% 的拟合度(如图 7.7(a)中虚线所示),相比于 Leuning 模型则能够提升约 20% 的拟合度(如图 7.7(b)中虚线所示),与 Oren 模型相比,一般性植被导度模型的 R^2 则有更大的提升。结果表明,各站点采用不同的植被导度模型对 G_s 的拟合效果具有明显的不同,固定的 VPD_l 指数(Leuning 模型的 VPD_l^{-1} 和 Medlyn 模型的 $VPD_l^{-0.5}$)并不能完全刻画 G_s 对外部水汽条件(VPD_l)的响应关系,该响应关系随着不同站点和不同植被类型会发生相应的改变,许多草地(GRA)、农田(CRO)和常绿针叶林(ENF)类型的站点均偏离了 45°线,说明这些站点的最适 VPD_l 指数偏离 0.5 和 1,应该根据数据进行拟合验证。以 CH-Cha 站点为例,如图 7.6 所示,该站点对应的最适 VPD_l 指数为 0.80,介于 Leuning 模型与 Medlyn 模型之间,说明两种模型未能对该站点 G_s 变化进行更准确的刻画。

结合表 7.3 中各个站点基于 VPD_l 的 4 种植被导度模型对 G_s 拟合的平均 RMSE 和 MAE 值,并结合图 7.7(d)中 4 种模型的 R^2 值比较,可以看出,整体而言,一般性植被导度模型的拟合效果更好,具有更优的模型评价参数(模型评价参

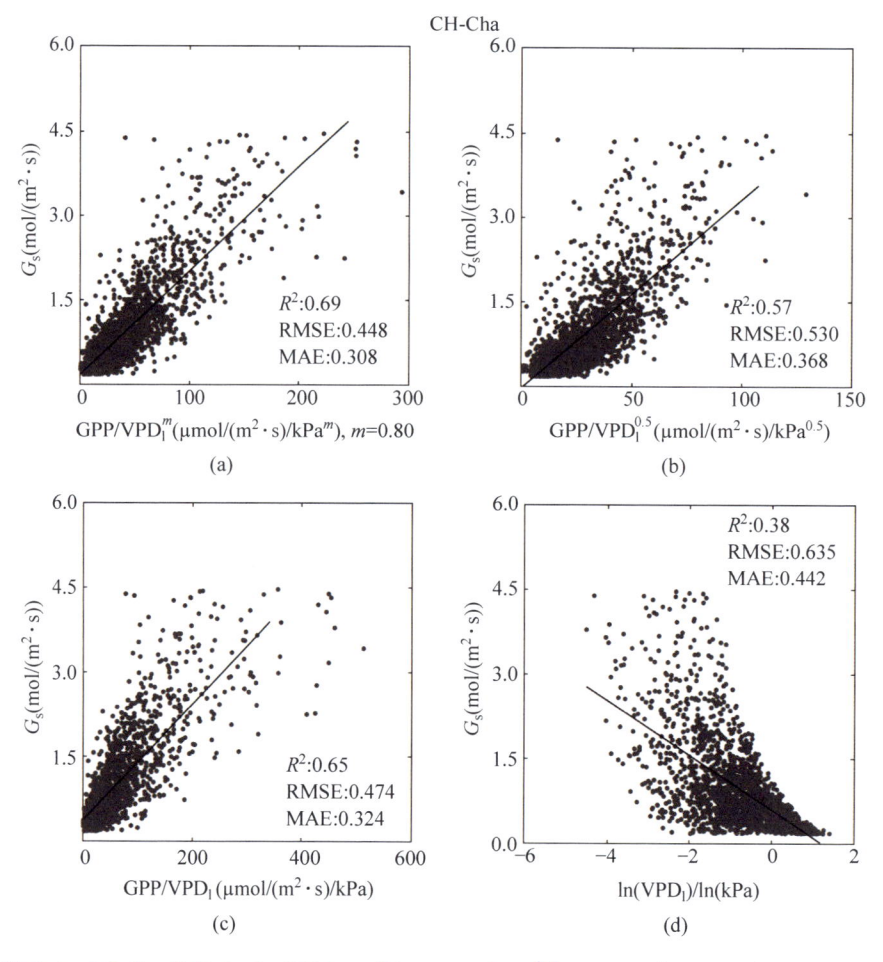

图 7.6　CH-Cha 站点 G_s 与 GPP/VPD$_l^m$（a）、GPP/VPD$_l^{0.5}$（b）、GPP/VPD$_l$（c）和 ln(VPD$_l$)（d）相关关系，包括拟合线、R^2、RMSE(mol/(m^2·s))和 MAE(mol/(m^2·s))

数均值 $R^2=0.55$，RMSE$=0.155$ mol/(m^2·s)，MAE$=0.110$ mol/(m^2·s))，各站点的计算结果也表明，Medlyn 模型（模型评价参数均值 $R^2=0.52$，RMSE$=0.164$ mol/(m^2·s)，MAE$=0.118$ mol/(m^2·s))相比于 Leuning 模型（模型评价参数均值 $R^2=0.46$，RMSE$=0.168$ mol/(m^2·s)，MAE$=0.121$ mol/(m^2·s))的拟合结果更优。相比之下，Oren 模型具有最低的 R^2 及最高的 RMSE 和 MAE，Oren 模型是对研究中气孔导度与 VPD$_l$ 双曲线关系（G_s 与 VPD$_l^{-1}$）的修正，能避免当 VPD$_l$ 趋近 0 时 G_s 快速增长[207,212-214]，但不能反映 G_s 和 GPP、VPD$_l$ 的协同作用关系，对 G_s 的描述能力弱于其他复合型参数模型。而 Medlyn 模型能够比 Leuning 模型更好地刻画 G_s 与 GPP 和 VPD$_l$ 的定量关系，说明 G_s 对 VPD$_l$ 的响

应程度应更接近 $\text{VPD}_l^{-0.5}$。但模型拟合结果也表明,G_s 对 VPD_l 的响应程度并不是固定为 $\text{VPD}_l^{-0.5}$ 或 VPD_l^{-1},而是随不同植被类型和站点而发生改变。对于一些站点而言,Medlyn 模型和 Leuning 模型均不能反映最真实的植被导度对环境条件的响应关系。因此本章采用一般性植被导度模型来分析植被导度对环境条件的响应关系,其中最适 VPD_l 指数(m)的分布反映了不同植被对外部水汽条件的响应特征。

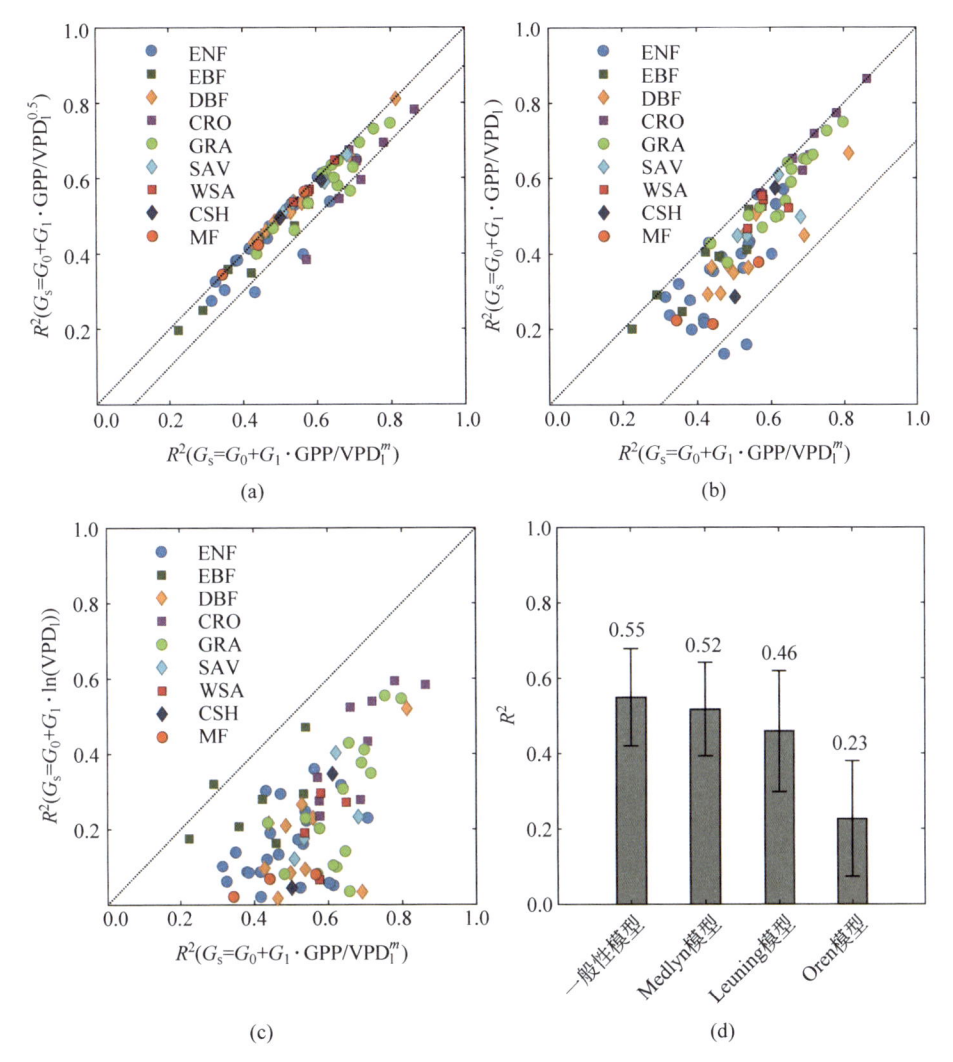

图 7.7 一般性植被导度模型与 Medlyn 模型(a)、Leuning 模型(b)和 Oren 模型(c)的 R^2 比较,以及 4 种模型不同站点的平均 R^2(d)

误差线表示其标准差

7.5 植被导度对水分条件的响应关系

7.5.1 植被导度对叶片表面 VPD 的响应关系与规律

一般性植被导度模型中最适 VPD_l 指数 m 值反映了不同植被类型的植被导度对 VPD_l 的响应特征,研究进一步分析了 77 个通量站点数据计算所得 m 值的分布情况及随不同植被类型的变化规律(见图 7.8(a)、图 7.9(a))。为了探讨不同土壤含水量对 m 值分布的影响,本节将各站点数据依据土壤体积含水量(θ_s,m^3/m^3)划分为 6 个相对区间,分别得到第 0~第 15、第 15~第 30、第 30~第 50、第 50~第 70、第 70~第 90、第 90~第 100 百分位数[180],表征不同的土壤水分条件。采用百分位数划分土壤水相对区间,可以针对每个站点(土壤类型及气候条件不同)确定不同的土壤水分胁迫状态,并且保证各区间有效数据的数量,但该划分方式在对不同站点数据进行比较时容易存在不同区间的土壤体积含水量绝对值不相等的问题。本研究在此基础上计算每个站点每个区间内的 m 值,并分析各站点在不同土壤含水量区间下的 m 值分布(见图 7.8(b)、图 7.9(b))。如图 7.8(a)所示,m 值分布基本集中于 0.4~0.8,共有 63 个站点的 m 值分布在 0.4~0.8,57 个站点的 m 值在 0.5~1,所有站点的 m 值平均为 0.642,表明最适 VPD_l 指数 m 略大于 Medlyn 模型对应的 0.5,并且为 0.5~1。同时,图 7.8(b)所示结果表明,根据不同土壤水分水平计算得到的各站点不同土壤水区间的 m 值分布(此时每个站点对应

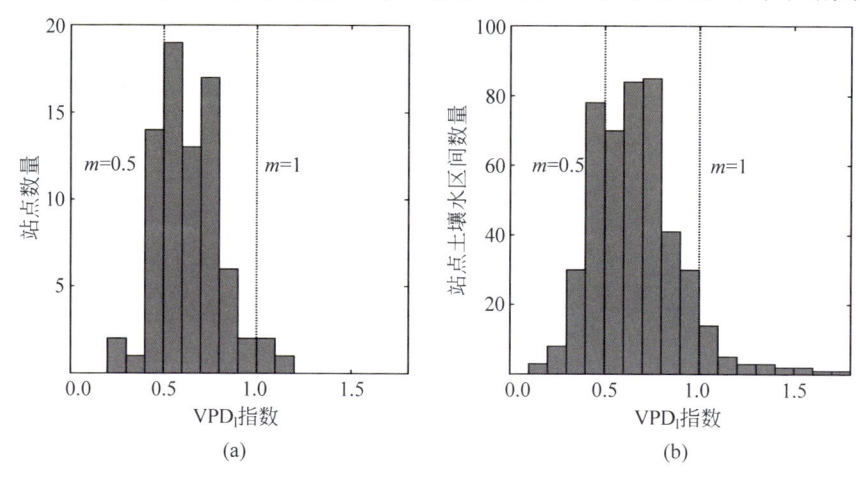

图 7.8 最适 VPD_l 指数 m 柱状分布图

(a) 不区分土壤水分水平(各站点对应一个最适 VPD_l 指数);(b) 依据各站点第 0~第 15、第 15~第 30、第 30~第 50、第 50~第 70、第 70~第 90、第 90~第 100 土壤水区间计算

6 个土壤含水量区间计算所得 m 值)与不区分土壤含水量时相一致,说明在日内每小时尺度下,土壤含水量短时间的变化未显著影响植被导度对 VPD_l 的响应程度和响应规律。基于计算结果,可以发现,植被导度对外部水汽条件的响应关系随不同站点而发生改变,略高于 0.5 并且主要介于 0.5(Medlyn 模型)和 1(Leuning 模型)之间。

进一步分析不同植被类型的 m 值分布规律,如图 7.9 所示,农田类型(CRO)具有最高的 m 值分布(平均值为 0.876,中位数为 0.884),并且草地类型(GRA)的 m 值也相对较高,表明这两种植被类型具有对外部水汽条件(VPD_l)变化更强的响应关系,与此前研究中农田[444]和草地[236]类型植被在干旱期间(通常伴随较高的 VPD_a 和 VPD_l)对 VPD_a 变化更敏感的结果相一致。相反,落叶阔叶林(DBF)具有较低的 m 值(平均值为 0.495,中位数为 0.499),表明落叶阔叶林类型的植被对外部的水分胁迫相对不敏感,与此前关于(欧洲)地区落叶阔叶林在干旱条件下仍保持原有的植物蒸腾量的研究结论相一致,表明在相对干旱时落叶阔叶林植被导度变化较小[445]。混合林(MF)类型也具有较低的 m 值,但考虑到该类型植被对应的站点相对较少,其结果存在不确定性,此外,其他植被类型具有更相近的 m 值。依据不同土壤含水量区间计算所得的不同植被类型 m 值的分布(见图 7.9(b))显示了同样的结果,说明土壤含水量的变化未显著改变 m 值的分布,并且说明不同植被类型植被导度对 VPD_l 具有不同的响应程度。

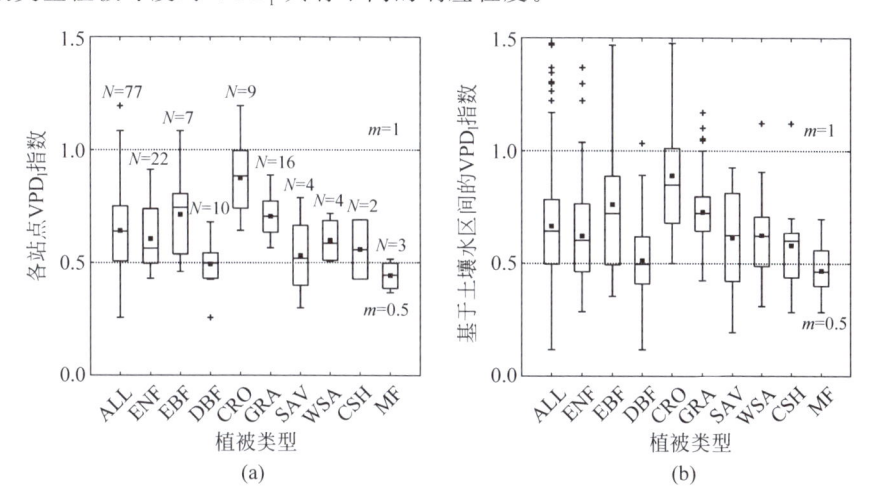

图 7.9 不同植被类型最适 VPD_l 指数 m 箱线分布

(a) 不区分土壤水分水平(各站点对应一个最适 VPD_l 指数,N 是各植被类型对应站点数量);(b) 依据第 0~第 15、第 15~第 30、第 30~第 50、第 50~第 70、第 70~第 90、第 90~第 100 土壤水区间计算

考虑到 FLUXNET2015 数据集存在的 10%~20% 的数据不确定性误差,本研究对每个站点随机生成 1000 组正态分布下的 G_s、GPP 和 VPD_l 序列,计算了各站

点每个数据序列的 m 值，计算结果如图 7.10 和图 7.11 所示，从图中可看出，在存在观测误差的情况下，计算所得的最适 VPD_l 指数 m 值的分布与未采用误差分析的结果（见图 7.8 和图 7.9）保持一致，进一步验证了 m 值的取值范围略大于 0.5 及分布在 0.5~1。以上对植被导度的计算和 m 值的分析未区分植物叶片的向阳面和阴面，对于向阳面的叶面，受阳光辐射影响，其 VPD_l 要高于阴面的 VPD_l，容易引起植物气孔对 VPD_l 响应关系的变化，因此对于叶片向阳面和阴面的区分研究，可以得到更加准确具体的植被导度对 VPD_l 的响应关系，但受数据来源所限，本节对此不进行分析。

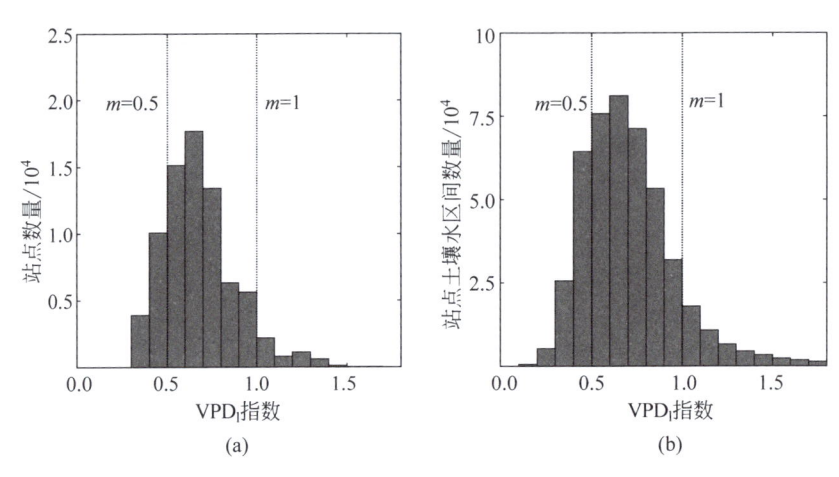

图 7.10 观测误差下最适 VPD_l 指数 m 的柱状分布
（a）不区分土壤水分胁迫水平；（b）依据第 0~第 15、第 15~第 30、第 30~第 50、第 50~第 70、第 70~第 90 和第 90~第 100 土壤水区间计算

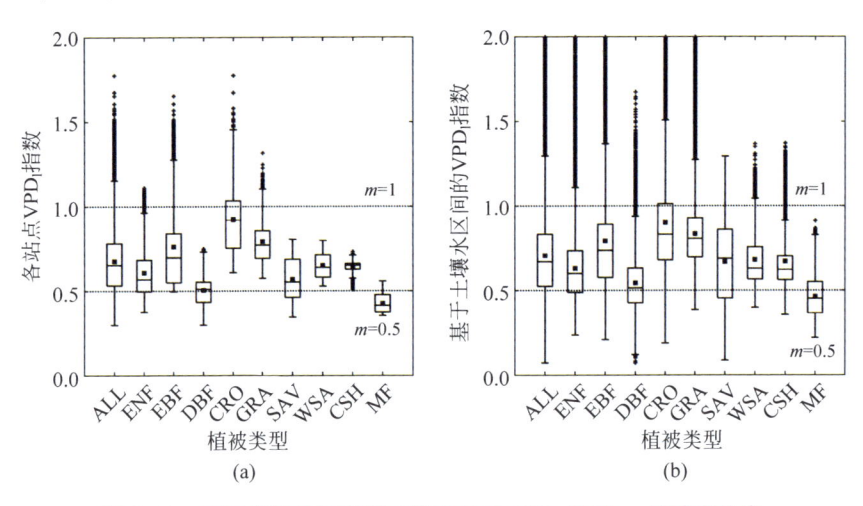

图 7.11 不同植被类型观测误差下最适 VPD_l 指数 m 的箱线分布
（a）不区分土壤水分胁迫水平；（b）依据第 0~第 15、第 15~第 30、第 30~第 50、第 50~第 70、第 70~第 90 和第 90~第 100 土壤水区间计算

第7章 植被导度对水分条件的响应机制

本节将通过分析不同植被类型对植被导度模型中 m 值变化特征的影响，进一步比较 m 值与叶面积指数（leaf area index，LAI）的关系。叶面积指数定义为单位面积土地上的叶片总面积与对应的土地面积之比，是对植被覆盖度及冠层结构特征的表述。本研究中的 LAI 数据来自中分辨率成像光谱仪（moderate resolution imaging spectroradiometer，MODIS）的 MCD15A3H 遥感产品，该数据是由搭载在 Terra 和 Aqua 两颗卫星上的传感器组合得到的数据产品，时间跨度为 2002—2019 年，时间分辨为 4 天，空间分辨率为 500 m×500 m。通过在线数据提取工具，本研究截取了每个通量站点对应网格的数据（https://modis.ornl.gov/cgi-bin/MODIS/global/subset.pl），选取其中对应于站点观测年限的年份数据（仅 2002 年之后），以各站点第 95 百分位数的 LAI 值作为该站点的 LAI 代表值，表征站点在生长季节的植被结构特征。

如图 7.12(a) 所示，对于低 LAI 的站点，其 m 值倾向更高，如部分草地（GRA）和农田（CRO）类型的站点，说明此时植被导度对 VPD_l 的响应程度较高。在高 LAI 时，有若干站点的 m 值较高，其他站点则更趋近 $m=0.6$。整体上 LAI 的改变使 m 值略有减小趋势（$p=0.026$）。当 LAI 较低时，计算结果容易受到土壤蒸发的影响，土壤表面蒸发会与深层土壤水解耦且对干燥空气的响应程度较高[446]。因此，低 LAI 时 m 值更接近 1，而高 LAI 对植被导度的反演与模型计算受土壤蒸发影响较小，更能反映出植被导度对于 VPD_l 的响应关系。图 7.12(b) 所示为误差分析的结果，可以注意到对于一些农田（COR）和草地（GRA）站点，m 值相对较高且数据误差分析情况下的 m 值波动性较大，表明此时站点数据计算结果受更多因素干扰（如土壤蒸发、数据观测质量等），但总体上在数据存在误差的情况下，其分析结果与上述未考虑误差时相一致。

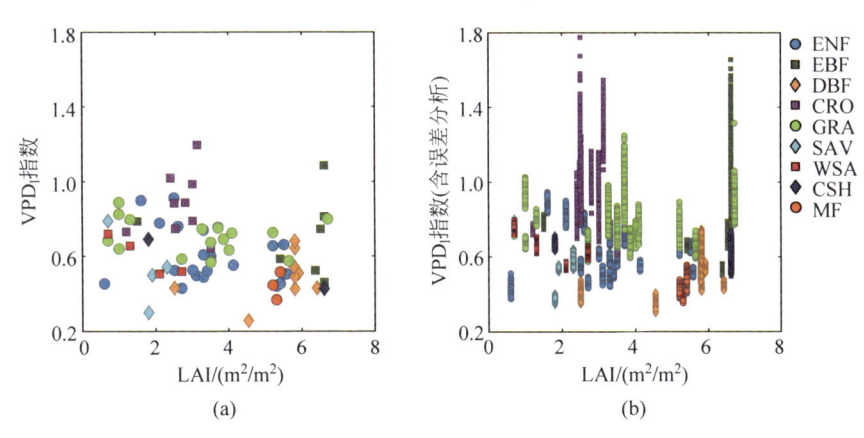

图 7.12　最适 VPD_l 指数 m 与各站点第 95 百分位数 LAI 的关系

(a) 未包含观测误差分析；(b) 包含各站点数据误差分析

7.5.2 土壤水含量变化对植被导度的影响

通过 PM 公式反演得到的植被导度实际上包含了土壤导度和冠层导度两部分（本章中合称为植被导度），为探究土壤水分条件（及土壤蒸发）对植被导度的影响，本节将分别分析土壤含水量变化对一般性植被导度模型参数 G_1 和 G_0 的影响。基于土壤含水量的百分位数区间划分，计算不同区间下一般性植被导度模型的拟合结果。为减小各区间内数据量减少而引起的拟合不确定性，本研究对每个站点首先通过全部每小时数据确定其 VPD_l 指数（m 值），并将该 m 值应用于该站点不同土壤含水量区间内的拟合计算，从而确定同一站点不同土壤含水量区间内的 G_1 和 G_0 值（同一站点具有相同的 m 值，但具有不同土壤含水量区间计算得到的 G_1 和 G_0 值）。图 7.13 所示为 4 个代表性站点（AU-ASM、AU-Gin、US-ARM 和 US-

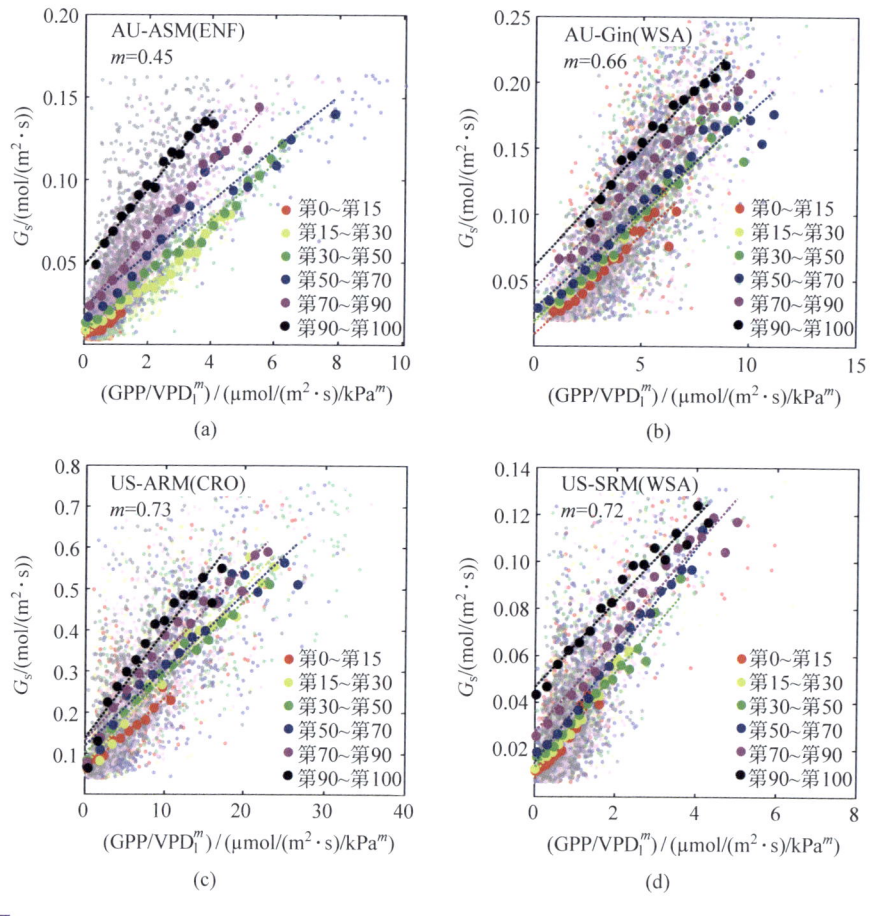

图 7.13　AU-ASM（a）、AU-Gin（b）、US-ARM（c）、US-SRM（d）站点不同土壤含水量百分位数区间 G_s 与 GPP/VPD_l^m 的关系

SRM)的植被导度 G_s 与 GPP/VPD_l^m 的相关关系,每个站点 6 个土壤含水量区间内的 GPP/VPD_l^m 计算采用相同的 m 值(标于图中左上角)。为了在图 7.13 中更好地表示不同土壤水区间内 G_s 与 GPP/VPD_l^m 的相关关系,在作图时对相同土壤水区间内的 GPP/VPD_l^m,依据其原始数据(图中标记较小的浅色数据点)取值范围划分 20 个小区间,当每个小区间内的有效 G_s 值大于 5 个时计算该区间内的 G_s 平均值,从而可以得到图 7.13 中标记较大的散点图并绘制其趋势线。从站点的关系图中(见图 7.13)可以发现,6 个土壤含水量区间内对应的 G_s 与 GPP/VPD_l^m 趋势线具有相互平行的趋势,说明其回归直线斜率(G_1)相差较小,即 G_1 在不同土壤水分水平下接近,而不同回归直线具有不同的截距项(G_0),说明 G_0 随不同土壤水条件而发生改变。但在后续不同站点的比较研究和分析中,为考虑数据的综合影响,本节采用站点同一土壤含水量区间内所有原始数据(图 7.13 中浅色数据点)回归计算该土壤含水量区间对应的 G_1 和 G_0 值。

在此基础上,本研究进一步计算了 77 个站点在 6 个土壤含水量百分位数区间内的 G_0 和 G_1 值。图 7.14 所示为各植被类型的 G_0 随土壤水百分位数区间的变化情况,可以发现,不同植被类型在土壤含水量相对较高的区间(第 90～第 100 百分位数)时 G_0 值较高,其中落叶阔叶林(DBF)、草地(GRA)、热带草原(SAV)及多数草原(WSA)类型的 G_0 增长明显,常绿阔叶林(EBF)具有较高的 G_0 但方差较大,表明对应的站点 G_0 值及变化差异较大。本节选取站点 6 个土壤含水量百分位数区间内的土壤含水量均值,对站点计算所得的 6 个 G_0 与该土壤含水量区间均值进行线性回归,如图 7.16(a)所示为各个站点线性回归得到的斜率值,正的斜率值表示 G_0 随土壤含水量增大而具有增大趋势,负的斜率值则表示相反。计算结果

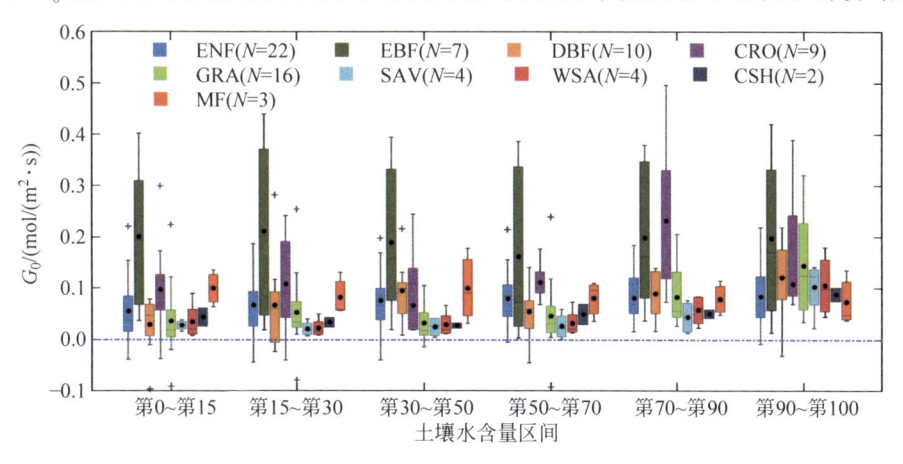

图 7.14　各站点不同植被类型在不同土壤含水量区间对应的 G_0 值箱线图

N 表示植被类型对应的站点数量

显示,共有 61 个站点具有正的斜率值,且其中 29 个站点的结果显著($p<0.05$),相反,共有 16 个站点的斜率为负,其中 2 个站点的结果显著($p<0.05$)。可以看出,整体上多数站点在土壤含水量相对较高时的 G_0 值较高,其中 1/3 站点的结果显著,说明 G_0 的变化容易受到土壤水变化的影响,并随之增大。

类似地,本节对 G_1 与土壤含水量之间的相关关系也进行了分析,结果如图 7.15 所示,其中草地(GRA)类型具有更高的 G_1 值,但各类型植被对应的 G_1 随土壤水变化的趋势并不明显。图 7.16(b)中,G_1 与土壤水进行线性回归得到的斜率显示分别有 33 个站点的斜率为正,44 个站点的斜率为负,并且各有 10 个站点的结果显著($p<0.05$)。但相比于 G_0,G_1 随土壤水的变化趋势相对较弱,受土壤水含水量的影响规律不明显。

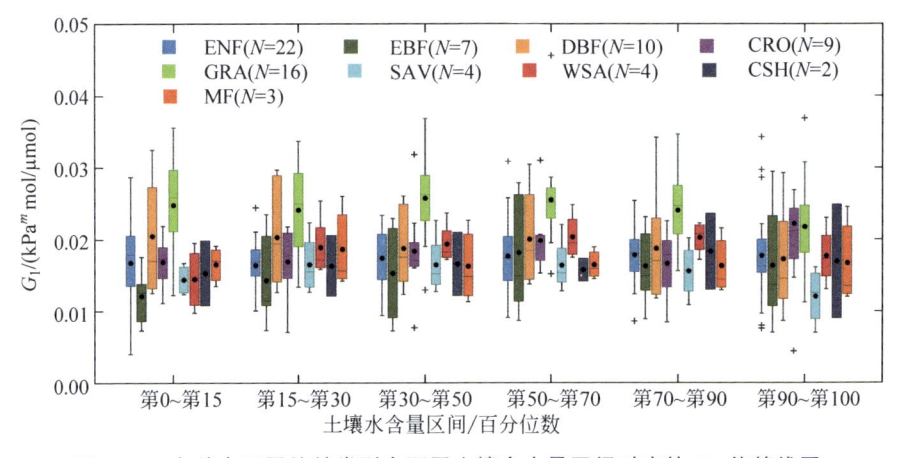

图 7.15　各站点不同植被类型在不同土壤含水量区间对应的 G_1 值箱线图

N 表示植被类型对应的站点数量

对土壤含水量根据百分位数划分区间,可以反映同一站点不同的土壤水分胁迫水平,但不同站点和植被类型所对应的土壤水百分位数区间的具体体积含水量值存在差异,难以直接进行不同站点的比较。为更好地对所有站点分析 G_1 与 G_0 受土壤水影响的规律,本研究进一步将各站点数据根据不同的体积土壤含水量(θ_s)绝对值划分为 8 个区间(0~0.05 m³/m³,0.05~0.1 m³/m³,0.1~0.15 m³/m³,0.15~0.2 m³/m³,0.2~0.25 m³/m³,0.25~0.3 m³/m³,0.3~0.35 m³/m³ 和 0.35~0.4 m³/m³)。同样,本研究首先采用一般性植被导度模型,即式(7-10),对各站点所有数据进行拟合,可以计算得到各个站点最适 VPD_1 指数 m,随后对每个站点固定取该 m 值,分别在站点的不同土壤水区间内再进行回归拟合,计算得到该土壤水区间对应的 G_1 和 G_0 值。考虑到按照实测的 θ_s 值划分区间会存在各区间数据量不同的问题,例如,干旱站点的 θ_s 整体较低而湿润站点的 θ_s 整体较

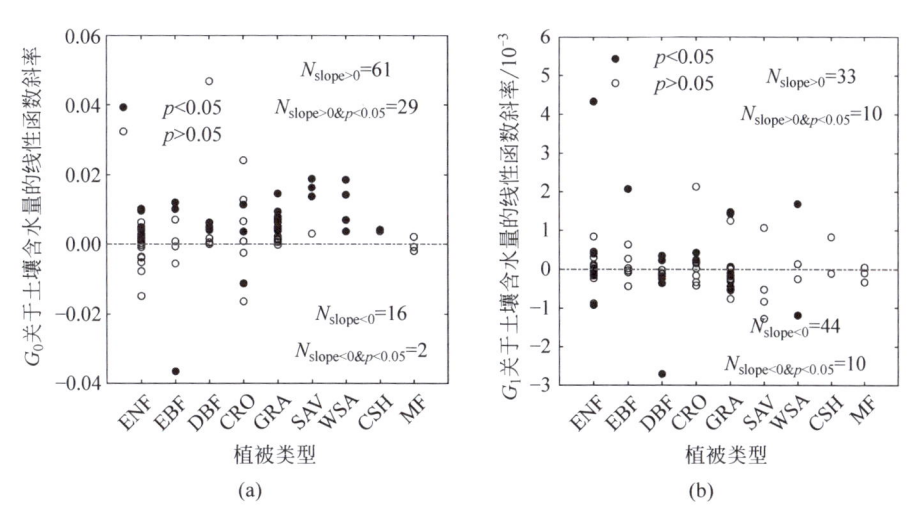

图 7.16　各站点不同土壤含水量区间对应的 G_0 值(a)、G_1 值(b)与土壤含水量线性回归获得的斜率值

N 表示不同斜率值对应的站点数据

高,本研究只选取当某一土壤水区间内存在大于 50 个有效数据点的情况进行回归分析。由于在计算站点 G_1 和 G_0 时,该站点的最适 VPD_l 指数 m 已提前计算得到,在已知 m 值的情况下,式(7-10)相当于线性回归公式,在计算 G_1 和 G_0 时采用 MATLAB 的"robustfit"函数进行稳健拟合,以减小当不同土壤含水量区间数据量不同时由个别异常点引起的误差。随后,小于 0 及对应的 p 值大于 0.05 的 G_1 和 G_0 值被去除。由于草原和灌丛植被类型对应的站点较少(SAV、WSA 和 CSH),分析此类站点归为一类植被类型,标注为 SAV/SHR,结果如图 7.17 所示。

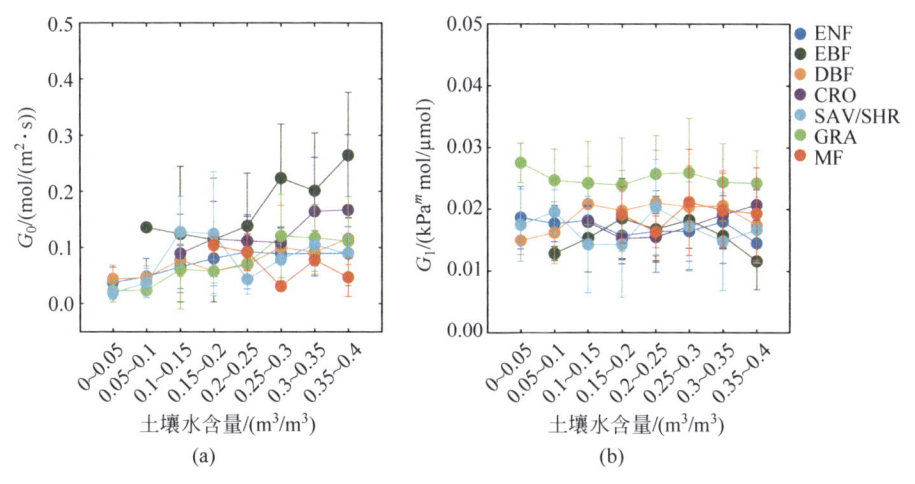

图 7.17　各站点不同植被类型的 G_0 和 G_1 随不同土壤含水量区间的变化关系

与百分位数区间计算结果相似，随土壤含水量变化，不同植被类型对应的 G_1 变化幅度较小(见图 7.17(b))。其中草地的 G_1 值在不同土壤水分条件下最高，并且随土壤水增加有略微减小的趋势。G_1 主要表征植被气孔约束及气孔与外界环境的相互作用。而土壤水并不直接接触并影响植物气孔，土壤水下降首先引起木质部空穴和栓塞及植物导水率下降，进而引起植被气孔关闭[197,448]，因此各植被类型对应的 G_1 随土壤水变化的响应特征变化程度较弱，说明在日内小时尺度上由土壤水分减少而引起的气孔约束变化相对较小，即土壤水日内变化引起的植被缺水与土壤水升高对植物的补水过程要慢于空气水分变化对植被气孔的影响。与此相反，根据土壤体积含水量区间计算所得 G_0 值整体上随土壤体积含水量升高呈增加的趋势，在干燥的情况下(土壤含水量较低)，G_0 值较小，接近 0，并且不同植被类型的 G_0 随土壤体积含水量增大会产生不同幅度的增量。其中常绿阔叶林(EBF)类型具有最大的 G_0 增量，农田(CRO)类型次之。因此，G_0 表征植被导度中的土壤导度和最小冠层导度，受土壤水分条件影响较大，而 G_1 表征日内植被气孔的约束，受土壤水分条件影响较小。

通过不同土壤水条件下对一般性植被导度模型中 G_0 和 G_1 两个参数的变化特征进行分析，可以将植被导度定量拆分为包含土壤导度并主要受土壤含水量影响的 G_0 项，和对应冠层导度并独立于日内土壤含水量变化影响的 $G_1 \text{GPP}/\text{VPD}_l^m$ 项。研究结果也表明，在利用生态系统模型开展模拟研究时，由于土壤水的日内变化对于植被气孔的约束影响相对较弱，模型中土壤水影响的引入只需要考虑日尺度土壤含水量变化。并且，植被导度对于 VPD_l 的响应关系(即最适 VPD_l 指数(m))，针对不同的植被类型需要进行拟合计算，以获取更为准确的植被气孔对水分条件的响应行为。

7.6　本章小结

本章采用 FLUXNET2015 通量数据集 77 个通量站每半小时/小时数据，利用 PM 公式反演植被导度和植被平均叶片表面 VPD(VPD_l)，基于已有的各类气孔导度模型，建立基于 VPD_l 的一般性植被导度模型，验证并比较了不同植被导度模型在冠层尺度上的适用性，以此分析植被导度对外部水汽条件(VPD_l)变化的响应关系和响应特征，结合不同土壤含水量条件的模型计算结果，探究了土壤水对植被导度及植被气孔约束调节的影响。主要结论如下。

(1) 相比于 VPD_a，VPD_l 能够更准确地描述植被所受的外部水汽约束条件。由于受辐射作用和植物蒸腾的共同影响，植物叶片温度在白天高于环境气温，引起 VPD_l 与 VPD_a 存在差别，VPD_l 与 VPD_a 存在良好的线性关系，VPD_l 普遍高于

VPD$_a$，且受风速、辐射及植物蒸腾作用的影响。研究结果表明，基于 PM 公式理论反演得到的 VPD$_l$ 相比于 VPD$_a$ 能更准确地表征植被气孔所感知的真实水汽条件，能更好地用于分析植被对水分约束的响应关系与响应特征。

（2）基于 VPD$_l$ 的一般性植被导度模型具有更好的模拟效果。本章考虑与植被导度（G_s）分别呈正相关的 GPP 和负相关的 VPD$_l$ 这两个主要因子，基于已有的气孔导度模型建立基于 VPD$_l$ 的一般性植被导度模型。该模型相比于 Medlyn 模型和 Leuning 模型具有更好的模型拟合结果，能更好地刻画冠层尺度下 G_s 与 GPP、VPD$_l$ 的响应关系。通过分析计算得到的最适 VPD$_l$ 指数（m）的变化，可以发现 G_s 对 VPD$_l$ 的响应关系介于 Medlyn 模型（$m=0.5$）和 Leuning 模型（$m=1$），表明 m 值随不同植被类型和环境条件而变化，其中落叶阔叶林（DBF）具有较低指数 m 值，农田和草地等类型植被具有较高的 m 值，此时植被对 VPD$_l$ 的响应更加敏感。

（3）在日内尺度上，土壤水分对植被导度的影响要显著弱于外部水汽条件（VPD$_l$）。不同土壤含水量水平具有不同的水分补给条件和不同程度的水分胁迫。不同土壤水区间内拟合的一般性植被导度模型结果显示，土壤水分水平变化不影响 VPD$_l$ 指数 m 值分布，模型斜率参数 G_1 受土壤含水量影响也较小，不同植被类型的截距参数 G_0 随土壤含水量增加而有不同程度的增大。分析结果表明，在日内每小时尺度上，土壤水对气孔导度的影响远小于 VPD$_l$ 对气孔导度的约束。土壤水对日内尺度植被导度变化的影响主要反映在对描述土壤导度的参数 G_0 的影响上。因此，可以将植被导度拆分为包含土壤导度且受土壤水影响的 G_0 项和对应冠层导度并独立于日内土壤含水量变化的 $G_1 \cdot \text{GPP}/\text{VPD}_l^m$ 项。

第8章
植被碳水通量耦合变化的日内迟滞特征及驱动机制

8.1 本章概述

环境变量和植被碳水通量在不同时间尺度上均表现出周期性变化规律,并且受土壤-植物-大气连续体中不同组分间的相互作用影响,不同变量的周期性变化存在相对滞后性,表现出环境变量之间及与植被碳水通量之间存在季节、日际和日内等时间尺度上的迟滞变化关系[87,449]。由于日内环境条件波动明显,并且受日内环境条件与植被碳水通量之间显著的相互作用影响,植被碳水通量(ET、GPP)在日内表现出了与不同环境条件变量明显的迟滞变化关系[450-451]。环境水分条件与辐射对植被蒸腾和光合作用具有重要影响,因此许多研究在区域冠层尺度上着重分析了植被 ET 与 VPD_a、ET 与辐射、GPP 与辐射之间的迟滞特征关系,并探究其迟滞变化规律和驱动机理[94,369]。其中水分条件变化时引起的植被气孔变化,以及其对环境的调节适应机制[95,451]和植物内部导水率的日内变化[100,103]都是引起植被碳水通量与环境条件变量日内迟滞变化的重要因素。

太阳辐射是驱动日内环境条件改变和植物响应迟滞关系的重要因子[98,369,452]。伴随地球自转,白天到达地球某一地区大气顶部的太阳辐射会经历先增大后减小的变化过程,在当地的正午(一天中最大太阳高度角)达到最大值并相对其最大值时间两侧近似呈现上下午对称分布。各地区的太阳正午通常不发生在正午 12:00,这可以通过当地的最大太阳辐射确定[453]。通过大气层顶太阳辐射可以定义某一地区的当地太阳正午,以此划分地区内实际的上午和下午时段,并且能够减少太阳辐射对迟滞变化的潜在影响,更好地分析比较由辐射和各环境条件因子驱动而引起的迟滞变化关系。基于对日内时段的划分,具有日内迟滞变化特征的变量在上午和下午会显现出不同的变化趋势,例如,GPP 通常在上午达到白天变化的峰值随后逐渐减小,而 ET 通常在正午及午后达到白天变化的最大值[112,300,454],此时会表现出二者上午和下午时段平均值的差别(上午平均 GPP 高于下午,以及下午平均 ET 高于上午),并且上午和下午的差值越大,变量的迟滞变化特征越明显。上午 GPP 越高表明 GPP 达到峰值的时间越早，下午的 ET 越高表明 ET 在较晚时间达到日内峰值。通过太阳辐射划分日内时段，分析各变量在日内上午和下午的变化，可以帮助我们系统地分析和比较多个变量之间的日内迟滞特征及内在相互作用关系。

植物气孔控制植物与外界的物质与能量交换，而气孔导度的变化是对植物行为特征的定量描述[455]，因此，气孔导度的日内变化能够反映各环境变量迟滞变化引起的植被响应特征，并且进一步会影响植被碳水通量的迟滞变化。第 7 章建立的一般性植被导度模型能够有效描述植被导度与环境条件之间的响应关系，并且模型参数可以反映植被导度相应的分项对环境条件的响应机制，包括：最适 VPD_l 指数 m 表示植被导度对外部水汽条件（VPD_l）的响应程度；G_1 表示植被气孔与环境因子的相互作用，并且与植被边际用水成本（λ）具有正相关关系；G_0 反映了包含土壤蒸发影响的土壤导度。通过比较日内上午和下午数据计算得到的模型参数并分析其变化，可以有效探讨影响各变量日内迟滞变化的内在机理。

本章采用通量站点测量的每（半）小时通量数据，以区域植被冠层为研究尺度，通过大气层顶太阳辐射区分各站点日内的上午和下午时段，系统性地分析不同环境条件变量和植被碳水通量在上午和下午的变化差异，以此分析多变量的迟滞特征。针对植被 GPP，本章采用基于光合有效辐射和植被光利用效率的分解模型，分析 GPP 日内上午和下午变化差异的内在驱动机理。通过对冠层植被平均叶片水势进行估算，探究植被平均叶片水势对植被光利用效率变化的影响，进一步分析对植被 GPP 日内变化的影响。考虑到一般性植被导度模型参数能够反映植被导度对空气水汽条件的响应程度及植被边际用水成本，本章针对上午数据和下午数据，分别利用植被导度模型计算得到上午和下午对应的模型参数并分析其变化特征，探究植被气孔日内调节规律及对环境条件迟滞特征的响应机制。

8.2 数据来源与预处理

本章选用 82 个来自 FLUXNET2015 Tier 1 通量数据集的通量站点每（半）小时数据（http://fluxnet.fluxdata.org/），分析不同植被类型的植被碳水通量和环境条件变量日内变化关系，以及不同变量间的迟滞特征与规律。82 个通量站点所在地区土地覆盖同样包含 9 种植被类型，即常绿针叶林（ENF）、常绿阔叶林（EBF）、落叶阔叶林（DBF）、农田（CRO）、草地（GRA）、热带草原（SAV）、多树草原（WSA）、郁闭灌丛（CSH）和混交林（MF）。

本章对各站点每（半）小时数据进行如下预处理：①选取实测数据和数据填充质量标识为"优"的数据以控制研究所用的数据质量；②去除包含降雨事件对应的

数据及降雨后一天内的数据,减少降水蒸发带来的影响;③白昼数据选取,采用入射短波辐射大于 50 W/m² 和显热通量大于 5 W/m² 对应的数据;④生长季节数据选取,本章研究中采用 GPP 滑动平均方法选取植物生长季节,即当站点某一天的 15 天滑动窗格平均 GPP 值大于当年所有日平均 GPP 第 95 百分位数的 50% 时,认为该天为生长季节[44]。本章研究采用 FLUXNET2015 Tier 1 数据集中的"GPP_NT_VUT_REF"变量作为植被 GPP 值,同时,剔除 GPP、ET 和 VPD_a 为负值时对应的数据。

8.3 植被碳水通量日内迟滞特征的分析方法

8.3.1 基于太阳辐射的日内时段划分与迟滞特征分析方法

在日内尺度下,环境条件变量和植被碳水通量会在一天内不同时间经历相同的先增大后减小的变化趋势,例如,气温(T_a)和 VPD_a 通常在下午达到一天内的峰值,而 GPP 和 ET 则分别在正午前后达到峰值,不同变量之间因此存在日内变化的滞后关系,并具有不同的迟滞特征规律[39,369]。为了系统性地分析环境条件和植被通量的日内迟滞特征规律,本研究基于太阳辐射定义各站点的当地太阳正午,区分"上午"和"下午"时段,其中"上午"指一个白天内当地太阳正午之前的时段(本书中直接称之为上午),"下午"指一个白天内当地太阳正午之后的时段(本书中直接称之为下午)。通过对所有站点各变量上午和下午各自的平均值差异进行分析,可以探究不同植被类型植被碳水通量与环境条件变量的日内迟滞特征及其中的内在驱动机理。FLUXNET2015 Tier 1 数据集提供各站点的潜在入射短波辐射数据(大气层顶太阳短波辐射,SW_{pot}),并且每小时 SW_{pot} 数据在日内相对其最大值均匀对称分布,日内 SW_{pot} 最大值即代表站点的太阳正午。研究中采用如下方法定义站点某一天的上午和下午时段:首先选取 SW_{pot} 大于 50 W/m² 的数据(白天数据),当站点白天的 SW_{pot} 数据的个数为偶数时,定义前 50% SW_{pot} 数据对应的时间为上午,后 50% SW_{pot} 数据对应的时间为下午;当白天的 SW_{pot} 数据的个数为奇数时,此时定义当天的 SW_{pot} 最大值代表正午,在 SW_{pot} 最大值前的时间为上午,SW_{pot} 最大值后的时间为下午。

为保证日内有效数据量,本章只选取各站点每天具有 6 h 以上各变量有效观测条目的数据,确定上午和下午时段后,将站点每(半)小时各变量数据先进行每日上午平均和下午平均,随后再计算该站点所有天数的上午均值和下午均值,作为表示所有站点各个变量的上午和下午的代表值,本章分别采用下标"mor"和"aft"标记对应的变量。SW_{pot} 在一天内关于太阳正午呈对称分布,当其他环境变量或植

被通量与 SW_{pot} 的变化趋势不一致时,一方面表现为该变量上午均值和下午均值存在差异,并且差值的大小反映了变量到达峰值的时间及变化趋势,另一方面也表现了变量与 SW_{pot} 之间的迟滞变化关系,可以更加系统地对多个变量进行迟滞特征规律分析与研究。

本章选取 US-AR1 站点作为代表性站点,绘制某一个典型日内(2010 年 7 月 19 日)各环境条件变量和植被碳水通量及 SW_{pot} 的变化关系,其中数据点颜色由浅到深表示从日出到日落的变化过程(见图 8.1),该站点植被类型为草地(GRA)。如图 8.1(a)所示,一天内 GPP、ET 及 VPD_a、T_a 等气象因子均经历了先增大后减小的变化过程,空气 CO_2 浓度(C_a)则从上午开始具有下降的趋势并在下午的时间

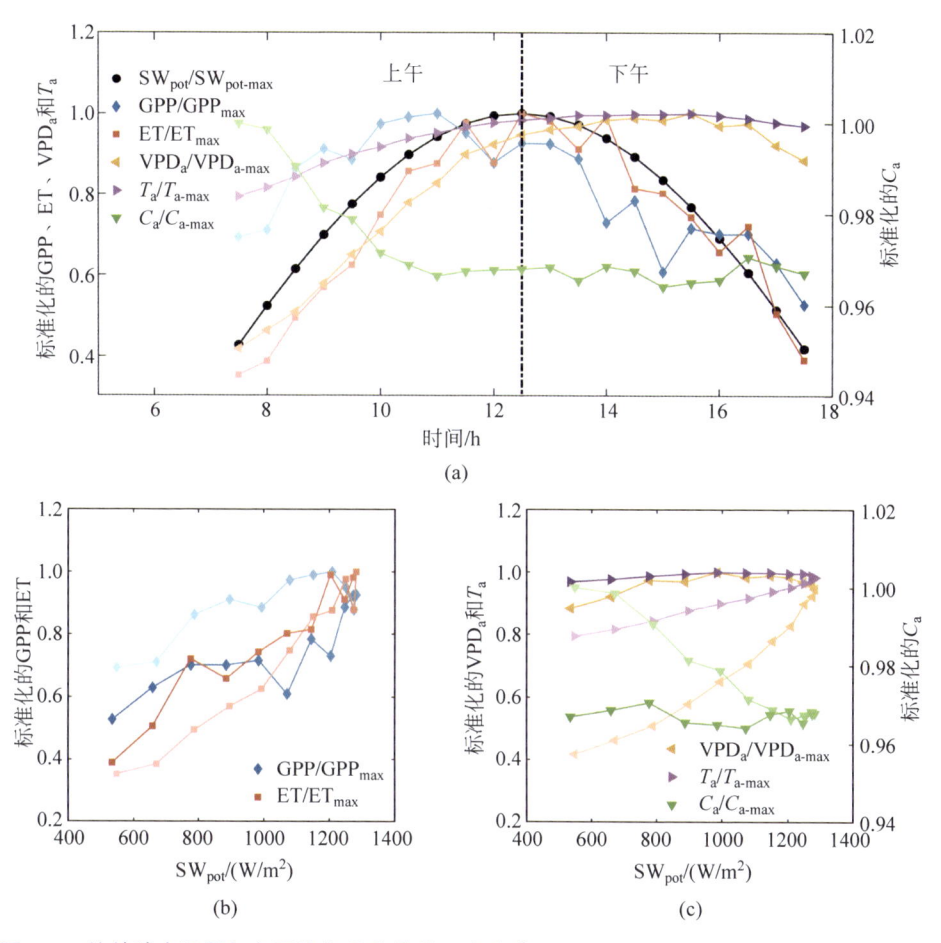

图 8.1 植被碳水通量与各环境条件变量的日内变化(a)、GPP、ET(b)和 VPD_a、T_a、C_a 相对于潜在入射短波辐射(SW_{pot})的日内变化关系(c)

US-AR1 站点 2010 年 7 月 19 日数据,草地植被类型,各变量由当天的最大值进行标准化,数据点颜色由浅到深表示从日出到日落的变化过程

内保持相对稳定。不同变量的变化幅度略有不同,其中 GPP、ET 和 VPD_a 的相对变化幅度较大,T_a 和 C_a 的相对变化幅度较小。同时,从图 8.1 中可以看到,SW_{pot} 在一日内关于其最大值基本对称分布,因此各变量与 SW_{pot} 存在明显的日内迟滞关系。如图 8.1(a) 和 (b) 所示,GPP 和 C_a 具有与 SW_{pot} 顺时针的日内迟滞关系,表明上午时段(浅色)内 GPP 和 C_a 相对较高,而 ET、VPD_a、T_a 具有与 SW_{pot} 逆时针的迟滞关系,表明此时三者在这一天内的下午时段(深色)相对较高。

图 8.1 只展示了单一站点某一天的日内变化。但由于每一天的环境变化与植被响应均存在波动,引起了日际的差异,因此本章进一步通过计算所有站点不同的变量及对应不同植被类型的上午均值和下午均值,分析环境条件、植被碳水通量的日内迟滞特征规律,以及产生迟滞变化的内在驱动机理。

8.3.2 植被导度与叶片表面 VPD 计算

植被导度 (G_s) 和植被平均叶片表面 VPD (VPD_l) 同样采用第 7 章的方法。首先基于 PM 公式,G_s 通过式 (8-1) 和式 (8-2) 进行计算获得[53-54]:

$$\text{LE} = \frac{\Delta(R_n - G - S_c) + \rho c_p G_a \text{VPD}_a}{\Delta + \gamma(1 + G_a/G_s)} \quad (8\text{-}1)$$

$$G_s = \frac{\gamma G_a \text{LE}}{\Delta(R_n - G - S_c - \text{LE}) + \rho c_p G_a \text{VPD}_a - \gamma \text{LE}} \quad (8\text{-}2)$$

其中,Δ 是饱和水汽压与温度曲线的斜率 (kPa/K),是空气温度的函数;LE 是潜热通量 (W/m²);R_n 是冠层表面净辐射 (W/m²);G 是土壤热通量 (W/m²);S_c 是冠层储能项 (W/m²);ρ 是空气密度 (kg/m³);c_p 是空气比定压热容 (J/(kg·K));γ 是干湿表常数 (kPa/K);G_a 是空气动力导度 (m/s);VPD_a 是实测空气 VPD (kPa)。本章中,G_s 的计算考虑冠层储能对能量平衡的影响,式 (8-2) 中的 S_c 由式 (8-3) 计算:

$$S_c = c_p h_c \left(\frac{dT_a}{dt}\right) \quad (8\text{-}3)$$

其中,$\dfrac{dT_a}{dt}$ 是气温随时间的变化率,由每(半)小时 T_a 序列平均计算得到。由于冠层储能在多数植被类型站点中远小于净辐射,其对 G_s 计算结果的影响有限,仅对于植被高度较高的森林类型具有一定影响,但对于 G_s 变化趋势的贡献仍远小于净辐射的影响。空气动力导度 G_a 等气象参数的计算方法与第 7 章中采用的方法相同。基于 PM 与大叶理论,VPD_l 由式 (8-4) 计算得到:

$$\text{VPD}_l = \frac{\gamma \text{LE}}{\rho c_p G_s} \quad (8\text{-}4)$$

为去除 G_s 序列中的异常值,本研究中采用基于绝对中位数差(median absolute deviation,MAD)的检测方法剔除序列中的异常值[456-457]。该方法首先采用每 15 个半小时或每 15 个小时的滑动平均窗格计算窗格内的中位数,如下所示:

$$M = \text{median}(x_1, x_2, \cdots, x_{15}) \tag{8-5}$$

其中,M 是该滑动窗格的中位数;x_i 是窗格内的数据值($i=1,2,\cdots,15$),则滑动窗格的 MAD 定义为窗格内数据点与窗格中位数的绝对差值的中位数:

$$\text{MAD} = b \cdot \text{median}(|x_1 - M|, |x_2 - M|, \cdots, |x_{15} - M|) \tag{8-6}$$

其中,$b = 1.4826$,是比例因子常数[457]。随后剔除落在滑动平均窗格内 $M \pm 3\text{MAD}$ 范围外的 G_s。该异常点检测方法也用在后续其他变量计算的处理中。

8.3.3 基于方差分解的 GPP 迟滞特征分析方法

本节采用基于植被光利用效率(light use efficiency,LUE,μmol C/J)和光合有效辐射(photosynthetically active radiation,PAR,W/m^2)的 GPP 分解模型分析 GPP 及其不同组分的日内变化,以及各组分间的迟滞关系特征和 GPP 日内迟滞变化内在驱动机理。GPP 可以进一步拆分为[458]

$$\text{GPP} = \text{LUE} \cdot \text{PAR}_{\text{in}} \cdot \text{FPAR} \tag{8-7}$$

其中,PAR_{in} 是入射光合有效辐射(W/m^2);FPAR 是光合有效辐射分量(fraction of absorbed PAR)。FLUXNET2015 Tier 1 数据集中提供入射光合有效辐射(PAR_{in})和出射光合有效辐射(PAR_{out}),对于所采用站点中的 35 个同时具有 PAR_{in} 和 PAR_{out} 观测数据的通量站点,FPAR 可以通过式(8-8)进行估计[255,458]:

$$\text{FPAR} = \frac{\text{PAR}_{\text{in}} - \text{PAR}_{\text{out}}}{\text{PAR}_{\text{in}}} \tag{8-8}$$

由于通量塔未直接观测透射 PAR 数据,在 FPAR 的计算过程中忽略了透射 PAR 项,考虑到植被 LAI 在短时间(日内小时)尺度上没有明显变化,并且植被冠层透射 PAR 和吸收 PAR 所占总入射 PAR 的比例分别与植被 LAI 具有良好的指数型关系,因此忽略植被透射 PAR 虽然使计算所得 FPAR 偏高,但对 FPAR 的日内迟滞变化特征分析的影响较小[459-460]。同时,FPAR 也与植被 LAI 具有可量化的指数关系[460],因此,日内尺度变化幅度应较小。根据对上述 35 个站点基于式(8-8)的 FPAR 计算和分析结果,可以发现,FPAR 在日内变化差异较小。为了采用更多的站点对 GPP 日内迟滞驱动机理做进一步分析,对于只提供 PAR_{in}(未观测 PAR_{out})的其余 30 个站点,本节将在计算中假设 FPAR 的值固定为 0.95。此外还有 17 个站点的 PAR_{in} 和 PAR_{out} 均未观测,因此本节在对 LUE、FPAR 和 PAR_{in} 的分析中只采用共 65 个站点数据。根据式(8-7),可以计算各站点每(半)小时的 LUE,并采用基于 MAD 的异常值检测方法剔除 LUE 序列中的异常值,同时剔除 FPAR 中大于 1 和小于 0 的值(FPAR 的合理取值范围为 0~1)。

本节采用方差分解的方法分析各组分对GPP变化的贡献程度[410,461],根据协方差分配原理,对于求和变量Y,即

$$Y = \sum_{i=1}^{n} X_i \tag{8-9}$$

变量Y的方差与各组分变量的协方差关系为

$$\mathrm{Var}(Y) = \sum_{i=1}^{n}\sum_{j=1}^{n} \mathrm{Cov}(X_i, X_j) \tag{8-10}$$

考虑各组分对变量Y的贡献程度,结合协方差的计算性质,可以得到

$$\mathrm{Var}(Y) = \sum_{i=1}^{n} \mathrm{Cov}\left(X_i, \sum_{j=1}^{n} X_j\right) = \sum_{i=1}^{n} \mathrm{Cov}(X_i, Y) \tag{8-11}$$

即变量Y的方差可以拆解为各分量与Y的协方差之和,并且各分量对Y的贡献度可以由该分量与Y协方差占Y的方差比值得到[461]。

基于方差分解原理,为了分析LUE、PAR_{in}和FPAR的变化对GPP变化的影响,本节进一步对式(8-7)取对数,可以得到

$$\ln(GPP) = \ln(LUE) + \ln(PAR_{in}) + \ln(FPAR) \tag{8-12}$$

计算各站点每天上午和下午的$\ln(X)$差值(X表示GPP、LUE、PAR_{in}和FPAR),即$\Delta\ln(X) = \ln(X)_{mor} - \ln(X)_{aft}$,可以得到

$$\Delta\ln(GPP) = \Delta\ln(LUE) + \Delta\ln(PAR_{in}) + \Delta\ln(FPAR) \tag{8-13}$$

结合式(8-11)可以得到

$$\begin{aligned}\mathrm{Var}[\Delta\ln(GPP)] =\ & \mathrm{Cov}[\Delta\ln(LUE), \Delta\ln(GPP)] + \\ & \mathrm{Cov}[\Delta\ln(PAR_{in}), \Delta\ln(GPP)] + \\ & \mathrm{Cov}[\Delta\ln(FPAR), \Delta\ln(GPP)]\end{aligned} \tag{8-14}$$

基于方差分解原理,各分量的变化对求和变量变化的贡献度等于各分量与求和变量的协方差与该求和变量的方差的比值,因此可以计算得到$\ln(LUE)$、$\ln(PAR_{in})$和$\ln(FPAR)$对$\ln(GPP)$变化的贡献度,例如,$\ln(LUE)$在上午和下午的变化对$\ln(GPP)$在上午和下午变化的贡献度等于$\mathrm{Cov}[\Delta\ln(LUE), \Delta\ln(GPP)]$和$\mathrm{Var}[\Delta\ln(GPP)]$的比值。此外,本研究对各站点上午和下午平均GPP的对数差,即$[\ln(GPP_{mor}) - \ln(GPP_{aft})]$,与上午和下午LUE、$PAR_{in}$、FPAR平均对数差的和,即$[\ln(LUE_{mor}) - \ln(LUE_{aft})] + [\ln(FPAR_{mor}) - \ln(FPAR_{aft})] + [\ln(PAR_{in-mor}) - \ln(PAR_{in-aft})]$,进行了比较,以验证各站点GPP与各分量变化的和的吻合度。

8.3.4 基于植被导度模型的植被特征参数日内变化分析

考虑日内尺度白天CO_2浓度会发生一定变化,本节在建立的一般性植被导度模型基础上,结合Medlyn模型形式[217],考虑空气CO_2浓度(C_a)对植被导度的影

响，形成植被导度模型如下：

$$G_s = G_0 + G_1 \frac{\text{GPP}}{C_a \cdot \text{VPD}_l^m} \tag{8-15}$$

其中，G_0 是包含土壤蒸发影响的土壤导度，是植被导度中主要受土壤水分条件影响的部分；G_1 反映了植被气孔约束的影响，表征植被气孔与外界环境的相互作用，并且与反映植物内在水分利用效率的边际用水成本 ($\lambda = \partial T/\partial A$) 正相关；$m$ 是最适 VPD_l 指数，反映了植被导度对 VPD_l 的响应关系。

8.4 环境条件变量与植被碳水通量的日内迟滞变化特征

8.4.1 环境条件变量的日内迟滞特征

图 8.2 分别给出了各植被类型对应站点气温 (T_a)、空气 CO_2 浓度 (C_a)、VPD_a 和植被平均 VPD_l 的日内迟滞变化特征（箱线图）。图中横坐标表示不同植被类型，N 表示各植被类型所对应的站点数量，其中"ALL"表示所有站点的计算结果。纵坐标表示同一植被类型对应的各站点环境变量的上午平均值与下午平均值之差，当数据点位于纵轴为 0 对应横线的上方时，说明该环境变量的上午平均值高于下午（如图中标注 $T_{\text{a-mor}} > T_{\text{a-aft}}$ 的区域），反之当数据点位于 0 对应横线的下方时（如图中标注 $T_{\text{a-aft}} > T_{\text{a-mor}}$ 的区域），说明该环境变量的下午平均值高于上午。

从图 8.2 中可以看出，不同植被类型所对应区域的气温 (T_a) 在上午和下午都具有明显的差别，各植被类型所对应站点的箱线图均位于 0 对应的横线下方，表明各站点下午的平均气温高于上午，平均高出 3~4℃，尤其是对于热带草原类型 (SAV)，其日内气温变化显著。日内气温变化直接反映了地表显热的日内变化情况[93,464]，是重要的驱动植被碳水通量变化的环境条件因子。此外，二氧化碳浓度 (C_a) 在不同植被类型地区也表现出了日内上午和下午的变化差别（见图 8.2(b)），表明受植被日间光合作用和夜间呼吸作用影响，上午 C_a 略高于下午 ($p < 0.05$)。表征环境水汽条件的 VPD_a 和 VPD_l 在上午和下午也有明显的变化，二者在下午时段均有较大的增加，原因主要是下午空气温度增加，对应的饱和水汽压增大，并且在下午时段相对湿度下降，从而引起水汽压差增大[369]。此外，VPD_l 相比于 VPD_a 的下午增量较小，可能是由于叶片温度上午和下午的差异与空气温度上午和下午的差异不同，以及叶片表面水汽压与空气中水汽压上午和下午的差异同样存在差别，进而引起 VPD_l 与 VPD_a 的增量差异。

本节将各个站点各变量的上午和下午代表值之差采用对应的上午和下午平均值进行标准化以减小绝对基数的影响，重新绘制各环境变量的日内迟滞变化特征

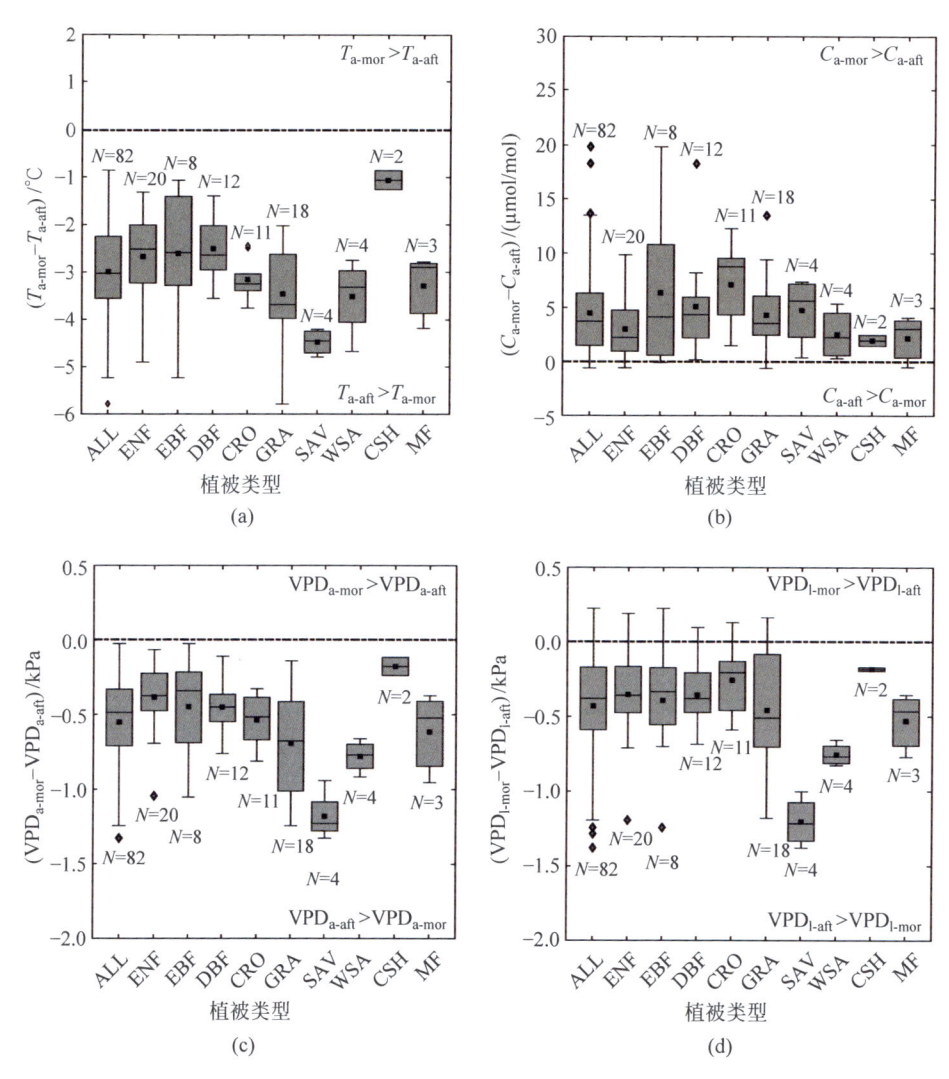

图 8.2 不同植被类型各站点 T_a(a)、C_a(b)、VPD_a(c) 和 VPD_l(d) 上午平均值和下午平均值的差值箱线图

正方形实心点表示各植被类型对应差值的平均值；N 表示对应各植被类型的站点数量

图,如图 8.3 所示。以气温为例,图 8.3 中纵坐标所示 $T_{a\text{-mean}}$ 定义为 $(T_{a\text{-mor}} + T_{a\text{-aft}})/2$,并且对其他变化也采用相同的定义。结果显示,不同植被类型 T_a 和 VPD_a 在下午的增加比例相近(见图 8.3(a)和(c)),说明 T_a 和 VPD_a 的日内迟滞变化特征相似。总体上所示的植被类型 VPD_l 相比于 VPD_a 在下午的增加比例低,而且农田(CRO)和草地(GRA)类型的增加比例相比于其他植被类型偏低更多(见图 8.3(c)和图 8.3(d))。T_a、VPD_a 和 VPD_l 在日内均有明显的变化,是重要

的影响植被碳水通量日内迟滞关系的环境驱动因子[39,99,369]。C_a 在日内也存在迟滞变化(见图 8.3(b))。由于 C_a 影响植物的光合作用,因此本节在一般性植被导度模型中考虑了 C_a 的影响。但相比于 T_a、VPD_a 和 VPD_l,C_a 的上下午差值占平均值的 0.5%~3%,表明 C_a 迟滞变化程度相比于其他环境条件变量程度明显较低。

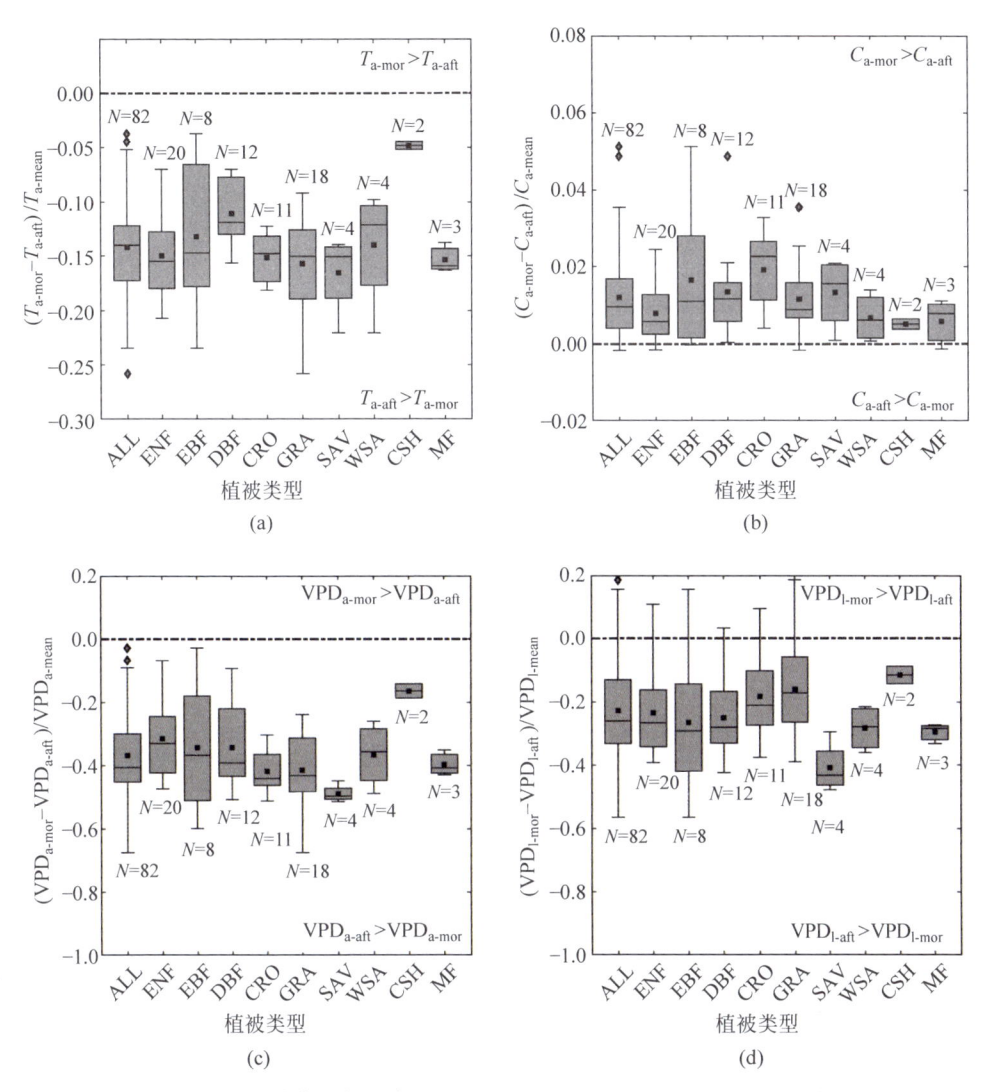

图 8.3 不同植被类型各站点 T_a(a)、C_a(b)、VPD_a(c)和 VPD_l(d)上下午差值由上下午均值标准化后的箱线图

正方形实心点表示各植被类型对应的平均值;N 表示对应各植被类型的站点数量

8.4.2 植被 ET 的日内迟滞特征与驱动机制

与对环境条件变量的分析一致,对各植被类型所对应站点 ET 和植被导度(G_s)上下午平均值的差值,以及标准化后的上下午差值绘制箱线图,结果如图 8.4 和图 8.5 所示。从图 8.4(a)中可以看出,除常绿针叶林(ENF)、多数草原(WSA)类型对应的部分站点上午的 ET 高于下午外,其他多数植被类型下午的 ET 值均高于上午,并且总体上所有站点("ALL"所对应的箱线图)下午的 ET 值均高于上午且具有显著性($p<0.05$)。其中农田(CRO)、草地(GRA)和热带草原(SAV)类型植被下午的 ET 值增量较大。采用各站点上下午平均 ET 的平均值对 ET 上下午差值进行标准化,消除基数影响后其分布规律是一致的(见图 8.5(a))。同时,G_s 的计算结果表明,大多数植被在上午具有更高的植被导度(见图 8.4(b)和图 8.5(b))。由于下午的 T_a、VPD_a 和 VPD_l 升高,空气相对干燥,因此引起 ET 增大,植物气孔也随之适应性调节下降以减缓 ET 的进一步增加,从而避免植物过分缺水[465-466]。对于上下午 ET 差值较小的常绿针叶林(ENF)、常绿阔叶林(EBF)、落叶阔叶林(DBF)和混交林(MF)等类型,相应的上午 G_s 也要明显高于下午,说明这些植被类型的气孔调节能力更强,有效地降低了 ET 的增加幅度。对于农田(CRO)和草地(GRA)两种植被类型,下午的 ET 增量较高,且对应的 G_s 上下午的差别较小,表明农田和草地类型植被的气孔调节能力相对较弱,对于 VPD_a 和 VPD_l 的变化更加敏感[236]。尽管热带草原类型(SAV)的 G_s 有所减小,但由于 T_a 和 VPD_a 增大明显,空气水分缺损程度较高(见图 8.2),使得植被在下午的 ET 仍增加明显。

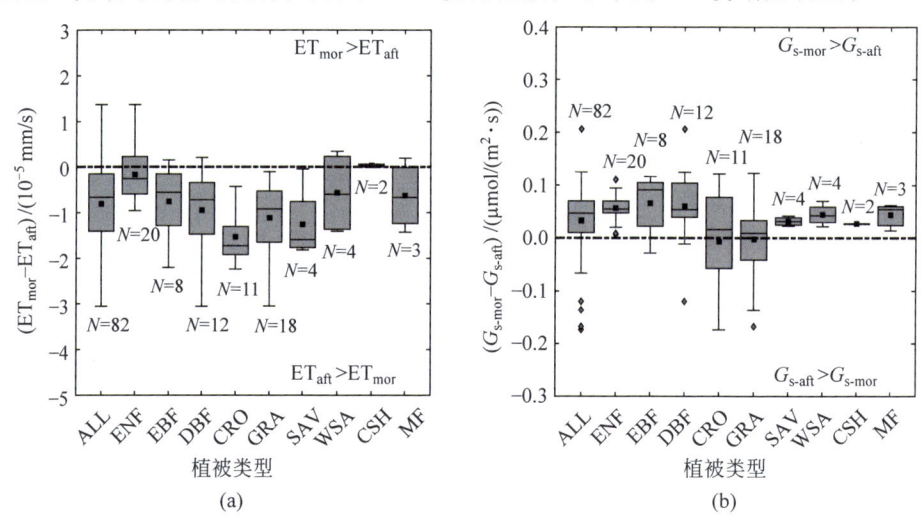

图 8.4 不同植被类型各站点 ET(a)和 G_s(b)上午平均值和下午平均值的差值箱线图

N 表示对应各植被类型的站点数量

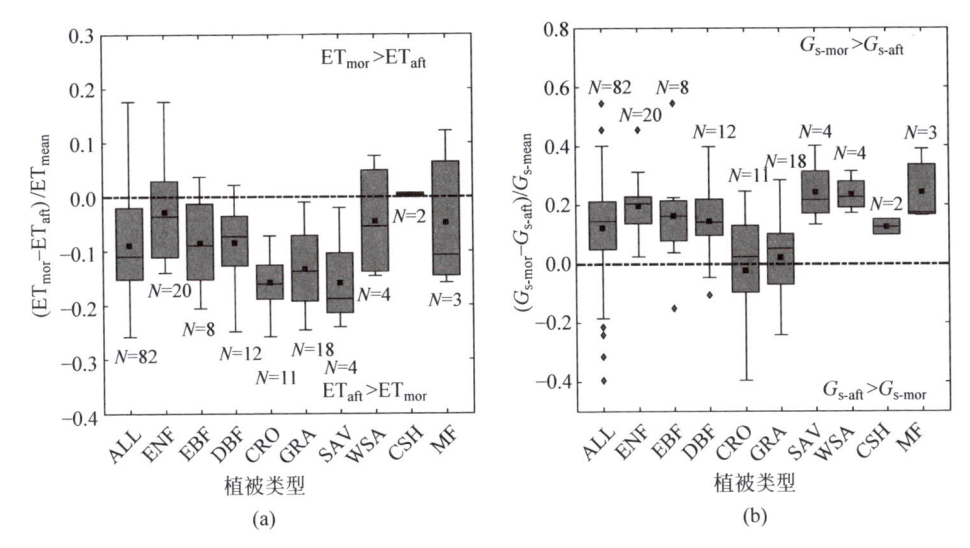

图 8.5 不同植被类型各站点 ET(a)和 G_s(b)上下午差值由上下午均值标准化后的箱线图

正方形实心点表示各植被类型对应差值的平均值

由第 7 章的结果可知，白天时的 VPD_l 普遍大于 VPD_a，说明叶片温度倾向高于空气温度。下午时段的 T_a、VPD_a 和 VPD_l 增大，引起区域 ET 增加，ET 的增大表明植被蒸腾作用增加，能减缓空气进一步干燥的趋势[467]。图 8.6(a)所示结果为 VPD_l 和 VPD_a 上下午差值的比较关系，可以发现，VPD_l 在下午比上午的增加量小于 VPD_a，表明 ET 在下午增加能有效降低叶片温度并润湿叶片表面，从而减缓下午 VPD_l 的增加。本节进一步比较 VPD_l 和 VPD_a 在下午增量的差别与植被 ET 下午增量的关系，结果如图 8.6(b)所示，其中横坐标为下午平均 ET 与上午平均 ET 的差值，纵坐标为下午平均 VPD_a 与上午平均 VPD_a 差值减去下午平均 VPD_l 与上午平均 VPD_l 的差值，纵坐标值越大，表明站点下午 VPD_a 的增量比下午 VPD_l 的增量大得越多，即 VPD_l 与 VPD_a 的迟滞特征差异也越大。从图 8.6 中的结果也能看出，纵轴坐标与横轴坐标具有显著的正相关关系（$p<0.01$），并且各站点的数据点基本分布在第一象限和第三象限，说明下午 ET 增量越大，下午 VPD_a 的增量比下午 VPD_l 的增量高得越多，进一步验证了植被的下午 ET 升高，一方面能润湿叶片表面水汽，另一方面也能有效降低叶片温度，从而使 VPD_l 的下午增量相对较小。

VPD_l 更好地描述了叶片所感知的水汽条件，同时反映了植被蒸腾与空气相互作用的结果，迟滞特征明显。VPD_l 相比于 VPD_a 在下午的增量相对较低，也表明在生长季节，植被蒸腾是降低地表（植被）温度的重要方式[468]。图 8.6(a)中，农田（CRO）和草地（GRA）类型植被的 VPD_l 和 VPD_a 上下午变化量的差异相比于其他

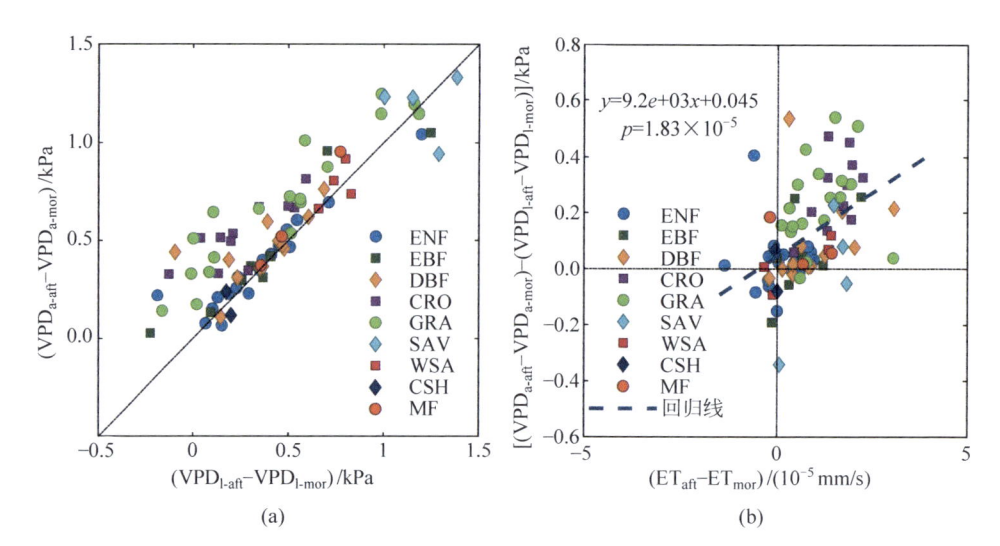

图 8.6 不同植被类型各站点下午和上午 VPD_l 差值与 VPD_a 差值比较(a)，以及 VPD_a 上下午差值与 VPD_l 上下午差值之间的差别和 ET 上下午差值的关系(b)

类型植被更为明显，与二者 ET 增量较大相一致，ET 的日内变化改变影响了 VPD_l 的日内迟滞特征。

8.4.3 植被 GPP 的日内迟滞特征与驱动机制

与区域 ET 的日内迟滞变化不同，各站点植被 GPP 倾向在上午达到峰值，上午平均 GPP 比下午高且统计显著($p < 0.05$)，尤其是常绿阔叶林(EBF)类型植被(见图 8.7(a))的下午 GPP 增量较大，而草地(GRA)、郁闭灌丛(CSH)和混交林(MF)类型植被的下午 GPP 增量较小。当植被具有更高的上午 GPP，并且上午 ET 相对较低时，也意味着植物上午的水分利用效率系数(WUE = GPP/ET)更高(见图 8.8)，其中农田(CRO)、常绿阔叶林(EBF)、落叶阔叶林(DBF)及混交林(MF)在上午都具有明显高的 WUE 值。由平均值标准化后的 GPP 分析结果表明，各植被类型的 GPP 在上午和下午相差的比例相近，说明多数植被类型 GPP 的日内迟滞特征相似，其中农田(CRO)、草地(GRA)、郁闭灌丛(CSH)和混交林(MF)相差的比例相对较低(见图 8.9(a))，说明 GPP 上下午的差异偏小。相比于森林类型植被，草地类型的植被表现出较低的上下午 GPP 差别，说明草地类型对低水分条件(下午高 VPD_l)具有更高的光合作用适应性[469-470]。

为了分析 GPP 迟滞变化特征的来源，本节进一步将 GPP 分解为 LUE、PAR_{in} 和 FPAR 3 个部分，并分析各分量的变化及各自对 GPP 的贡献。本研究采用的通量站点中只有 35 个站点同时观测 PAR_{in} 和 PAR_{out} 两个变量。因此，本节首先估

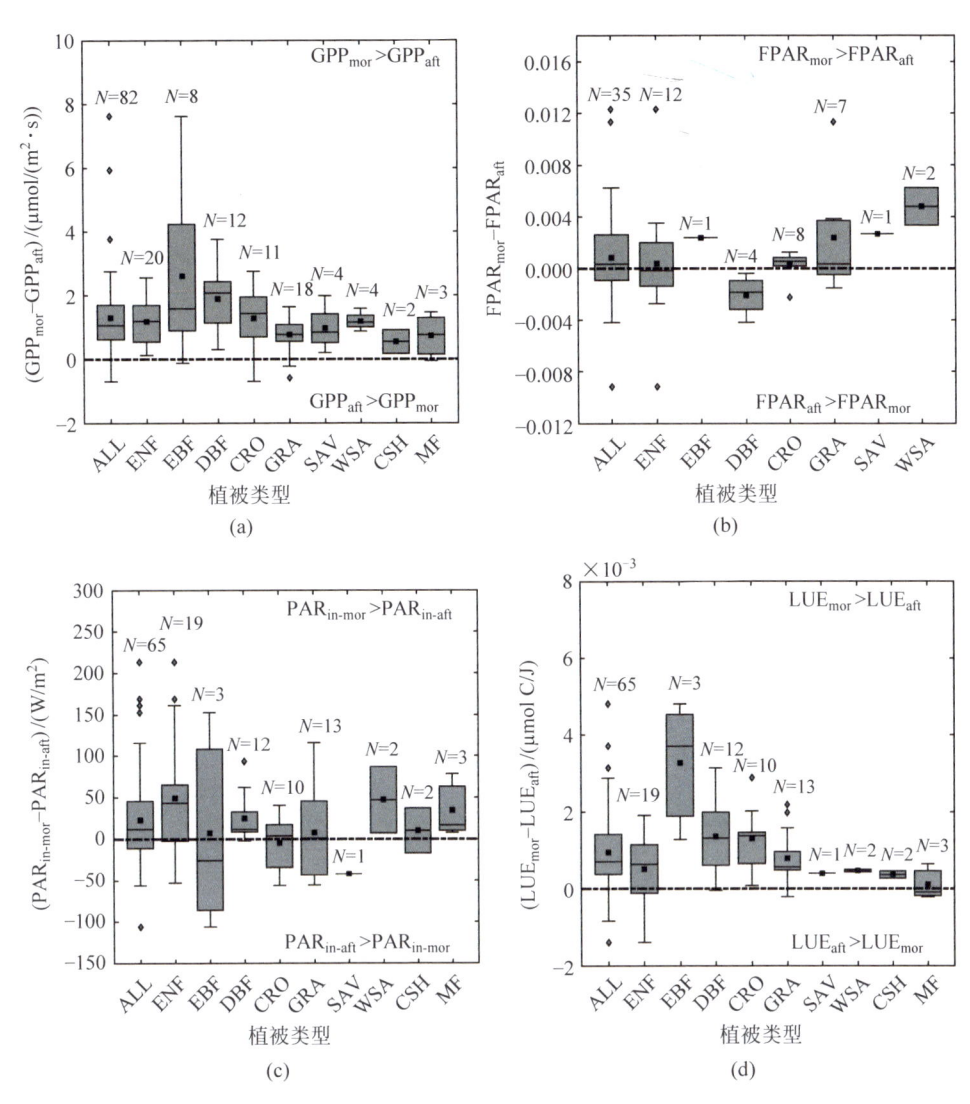

图 8.7　不同植被类型各站点 GPP、FPAR、PAR$_{in}$ 和 LUE 上午平均值和下午平均值的差值箱线图

矩形实心点表示各植被类型对应差值的平均值

算该 35 个站点的 FPAR 并做图分析其上午和下午的变化情况。如图 8.7(b)所示,35 个站点的上下午 FPAR 没有明显的日内迟滞特征,虽然落叶阔叶林(DBF)、多数草原(WSA)等具有不同的 FPAR 上下午变化,但考虑到其对应的站点数量较少,因此存在分布上的误差,而采用 MATLAB 软件进行 35 个站点 FPAR 的 t 检验,结果表明,所采用的站点 FPAR 在上午和下午没有显著差值变化($p>0.05$)。

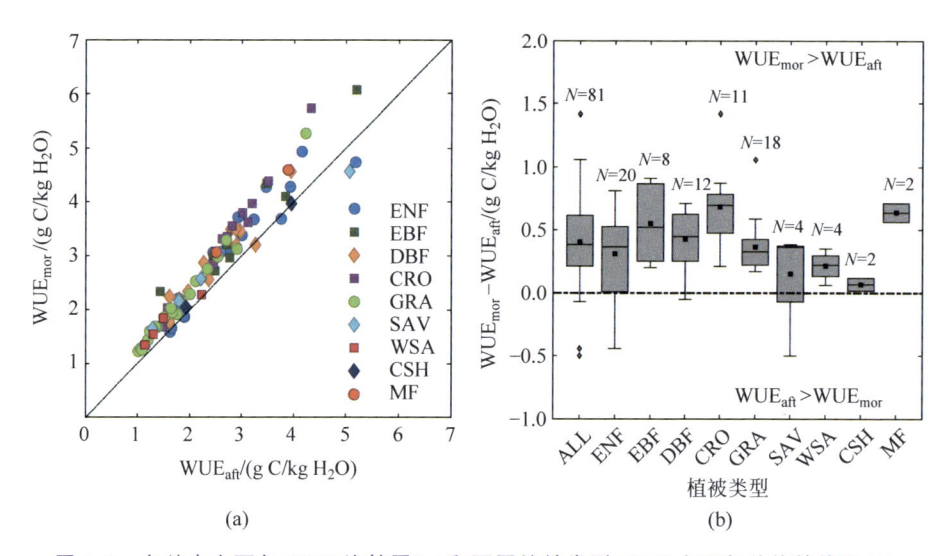

图 8.8　各站点上下午 WUE 比较图(a)和不同植被类型 WUE 上下午差值箱线图(b)

矩形实心点表示各植被类型对应差值的平均值

上午和下午平均值标准化后的结果显示，站点 FPAR 在上午和下午的差值比例小于 1.5%（见图 8.9(b)），远小于其他变量的日内变化量。因此，可以认为，FPAR 在一天内的变化不显著且可以忽略。另外，FPAR 与植物叶面积指数（LAI）具有良好的指数型对应关系[471-472]，而 LAI 在生长季节时的日内尺度基本没有变化，也表征了相对恒定的 FPAR。但应注意，本研究中仅采用 PAR_{in} 和 PAR_{out} 对 FPAR 进行估算，忽略了透射 PAR 分量，这会导致 FPAR 的高估。为了更好地与其余站点进行 GPP 变化比较，研究假定另外 30 个只观测 PAR_{in} 的站点具有恒定的 FPAR 值（假设的数值对于变化趋势的分析没有影响）。因此，后续对 GPP、PAR_{in} 和 LUE 的比较分析中一共采用 65 个站点进行分析，其中 30 个只具有 PAR_{in} 变量观测的站点的 FPAR 假设恒为 0.95。

针对 GPP 另外两个组分的分析结果显示，整体上 65 个站点的上午 PAR_{in} 高于下午（见图 8.7(c)和图 8.9(c)）且具有显著性（$p<0.05$），但不同植被类型的 PAR_{in} 变化具有差异性，对于大多数常绿针叶林（ENF）和落叶阔叶林（DBF）类型，PAR_{in} 在上午更高，而农田（CRO）、草地（GRA）及常绿阔叶林（EBF）具有相对平均分布的上下午 PAR_{in}。PAR_{in} 的分布与各站点所处的位置、气候、地理等条件有关，并且与大气云的形成和循环有关，通常由于边界层的循环作用和积云的形成，下午时间会形成更多的云[93,473-476]，进而影响 PAR_{in} 的日内变化，导致下午 PAR_{in} 略微减小。相比之下，植物光利用效率则表现出与 GPP 一致的上下午变化关系，即大多数站点和植被类型在上午具有更高的 LUE 值（见图 8.7(d)和图 8.9(d)）。

第8章 植被碳水通量耦合变化的日内迟滞特征及驱动机制

由于 FPAR 无日内迟滞特征表现,因此 PAR_{in} 和 LUE 的上下午变化是引起植被 GPP 上下午差别的主要原因,其中 PAR_{in} 反映了辐射对植物光合作用的控制,LUE 则反映植物内在的调节机理。

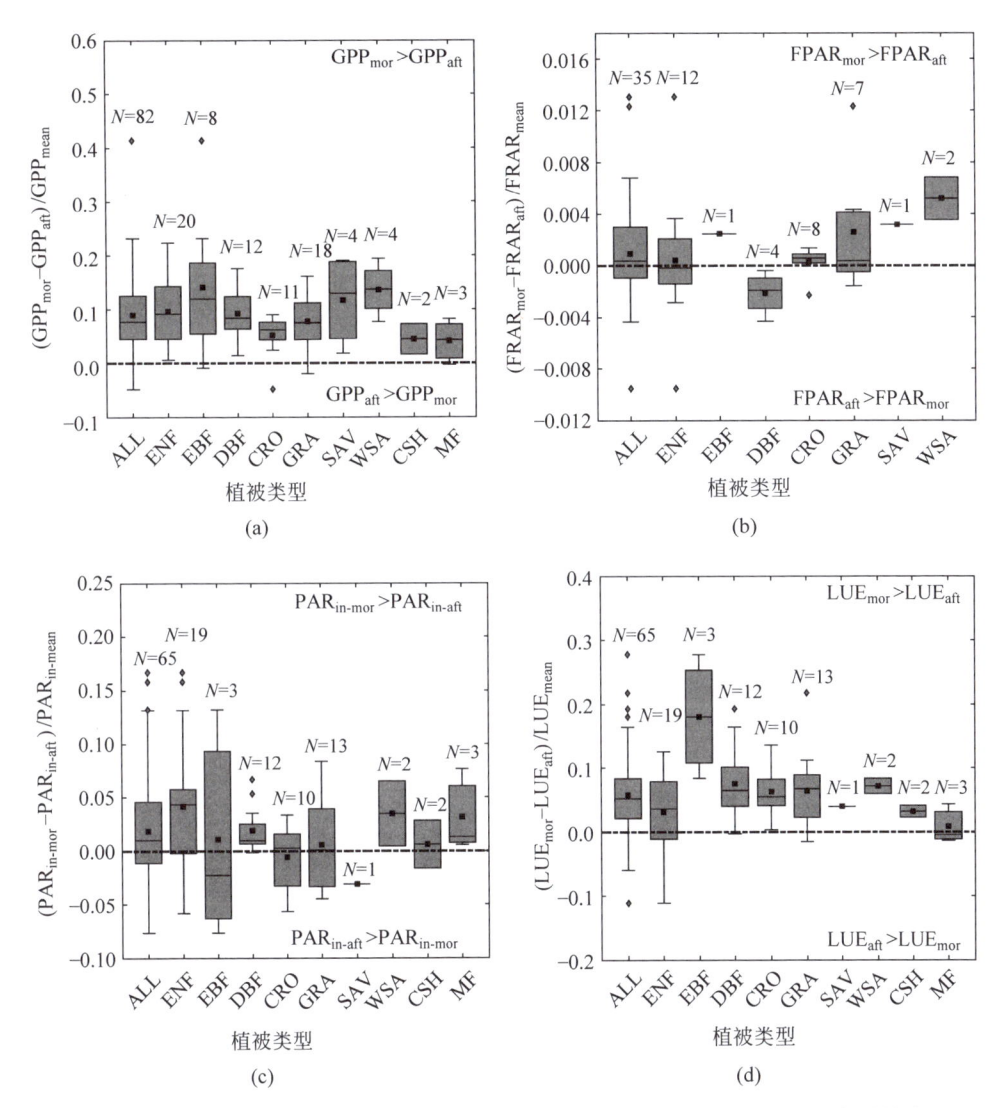

图 8.9 不同植被类型各站点 GPP(a)、FPAR(b)、PAR_{in}(c)和 LUE(d)上下午差值由上下午均值标准化后的箱线图

矩形实心点表示各植被类型对应差值的平均值

LUE 是反映植物光合利用效率的重要参数,受土壤水分及植物导水条件影响[255]。下午时间内 LUE 的下降反映了下午时段的叶片水势降低和植物内木质

部张力增大,以及较高的 $VPD_l^{[105,113]}$。对 GPP 的分解是对 GPP 变化影响因子的初步分析,为了进一步分析各影响因子对 GPP 变化的影响程度,本节采用方差分解方法分析 PAR_{in} 和 LUE 对 GPP 变化的贡献度。

基于方差分解的贡献度分析结果显示,ln(LUE) 和 ln(PAR_{in}) 都对日内 ln(GPP) 的上下午变化产生贡献(见图 8.10(a)),总体上,ln(LUE) 和 ln(PAR_{in}) 对日内 ln(GPP) 上下午变化的平均相对贡献度分别为 43.3% 和 56.6%,ln(FPAR) 对 ln(GPP) 的上下午变化几乎没有贡献度,与上述 FPAR 无明显迟滞特征的规律相一致。同时,可以发现,ln(LUE) 和 ln(PAR_{in}) 的相对贡献度在不同站点及不同的植被类型上具有较大的变异性。其中常绿阔叶林(EBF)、热带草原(SAV)和多树草原(WSA)由 ln(LUE) 引起的 ln(GPP) 要远大于由 ln(PAR_{in}) 引起的变化,说明这些植被类型的光利用效率是影响 GPP 变化的主导因素,而农田(CRO)、草地(GRA)及混交林(MF)等类型植被,其 GPP 上下午的变化更多受辐射控制,对于常绿针叶林(ENF)和落叶阔叶林(DBF)两种类型植被,ln(LUE) 和 ln(PAR_{in}) 的相对贡献度基本相近。因此,LUE 是影响 GPP 日内迟滞变化的重要因子,反映了植物自身对辐射的利用效率和调节机制,且具有与 GPP 相一致的上下午迟滞特征,即上午 LUE 较高,PAR_{in} 是影响 GPP 的重要外部因子,但 PAR_{in} 受外界大气、辐射等物理条件影响,对 GPP 的影响具有不确定性。

为了验证对数型 GPP 分解方式的准确性,本节进一步比较了上下午平均 GPP 的对数差与基于 LUE 的其他分解各项上下午平均对数差的和(见图 8.10(b)),结果显示,二者线性回归的 $R^2=0.93$,并且拟合斜率为 1.028,说明对数型 GPP 分解的各分量能较好地解释 GPP 的变化并分析 GPP 变化与各分解项变化之间的关系。

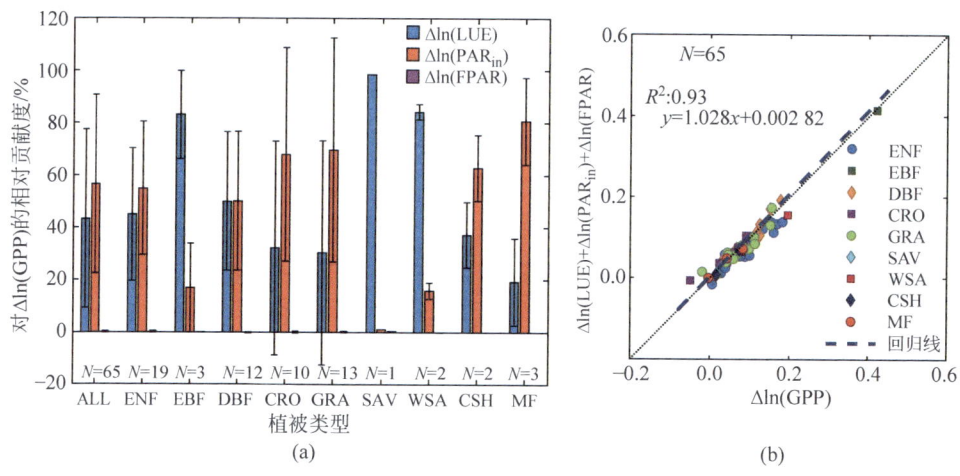

图 8.10 不同植被类型各对数分解项对 ln(GPP) 上下午差值的相对贡献度(a),GPP 上下午平均对数差与各分解项上下午平均对数差的和的相关关系(b)

8.5 植被导度及边际用水成本的日内变化特征

本章采用一般性植被导度模型中的参数值变化以进一步分析植被上午和下午的行为差异,3 个模型参数(G_0、G_1 和 m)分别表示植被导度与环境条件的相互作用关系及植物边际用水成本。其中 G_0 包含土壤导度和最小植被导度,主要受土壤水分的影响[477],不同植被类型 G_0 随土壤水分的增加有不同程度的增大;G_1 表示植被气孔与外界环境的相互作用关系;m 表示植被导度对 VPD_l 的响应程度。另外,G_1 能够反映植物碳同化边际用水成本的大小(G_1 越大,λ 越大)。因此,本节利用各个站点上午和下午的数据分别采用一般性植被导度模型进行拟合计算,得到对应的上午和下午的模型参数值,以进一步分析植物上下午的行为差异。

图 8.11 所示结果为各站点 G_0 值的上下午变化情况。其中图 8.11(a)的横、纵坐标为分别采用站点下午和上午数据用一般性植被导度模型拟合得到的 G_0 值,图 8.11(b)所示为各植被类型对应站点的上午和下午 G_0 值差值的箱线图,若箱线图位于 0 横线上方时表明 $G_{0\text{-mor}} > G_{0\text{-aft}}$,若位于 0 横线下方时则表明 $G_{0\text{-aft}} > G_{0\text{-mor}}$。从图 8.11 中可以发现,植被日内上下午的 G_0 变化规律随不同的站点、不同植被类型有所差别,没有明显的上午或下午较高的趋势。其中常绿阔叶林(EBF)、热带草原(SAV)和多树草原(WSA)倾向拥有更高的上午 G_0 值,而落叶阔叶林(DBF)、农田(CRO)和草地(GRA)的下午 G_0 值则倾向高于上午 G_0 值。G_0

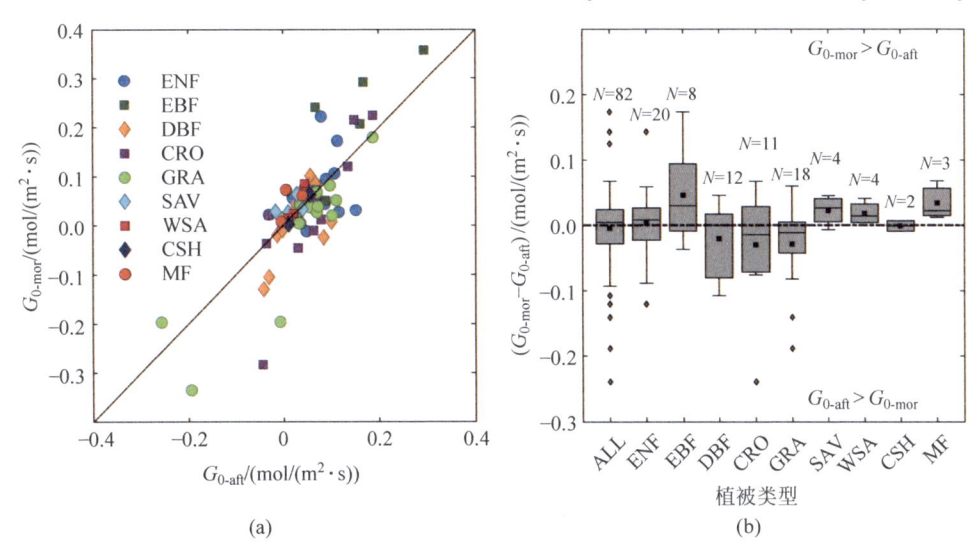

图 8.11 各站点上午和下午的 G_0 比较(a)和不同植被类型 G_0 上下午差值箱线图(b)

矩形实心点表示各植被类型对应差值的平均值

主要受土壤水分影响，由于土壤含水量在日内的迟滞变化关系并不明显，在白天内的变化相对稳定，因此 G_0 在日内上下午的差异性也相应较小，没有明显的规律性变化，不同植被类型的 G_0 变化表明各站点对土壤导度影响的条件因子不同。对 82 个站点的上下午 G_0 值差值进行 t 检验，结果表明，本研究不能拒绝上下午 G_0 值之差为 0 的原假设（$p>0.05$），验证了 G_0 在日内的迟滞关系规律不明显。

模型参数 G_1 表征了植被气孔与外界环境条件的相互作用关系。考虑到一天内上下午平均气温变化引起的 Γ 变化较小，且 G_1 与碳同化的边际用水成本 λ 正相关[217]，因此，日内 G_1 的变化迟滞特征可以反映植被 λ 的变化特征。同样对各站点上午和下午的数据分别采用一般性植被导度模型进行拟合，结果如图 8.12 所示。结果显示，多数植被类型下午时 G_1 更高，尤其是草原等（SAV、WSA）植被类型，以及部分草地（GRA）和常绿阔叶林（EBF）站点，表明下午时段内，该类型的植物与环境条件的相互作用关系更强，植物碳同化时消耗的边际用水成本（λ）较高。相比之下，其他植被类型下午时 G_1 增加幅度相对较低，但对于 82 个站点，t 检验结果显示，总体上，下午 G_1 高于上午 G_1（图 8.12 中"ALL"所示，$p<0.05$）。

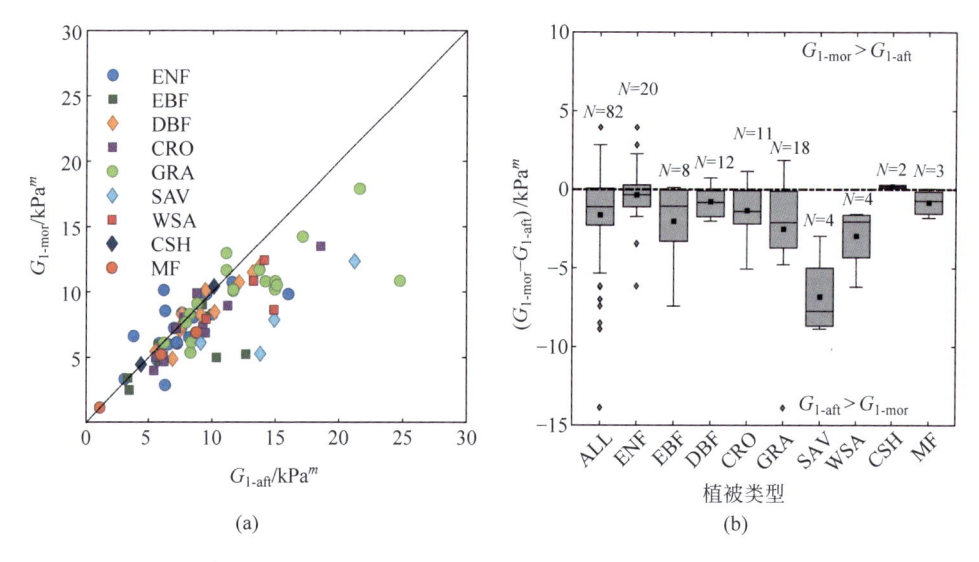

图 8.12　各站点上午和下午的 G_1 比较（a）和不同植被类型 G_1 上下午差值箱线图（b）

矩形实心点表示各植被类型对应差值的平均值

对模型参数 m 的计算结果表明，各站点不同植被型的 m 也具有更高的下午平均值（见图 8.13），且 t 检验结果中 $p<0.05$，说明随着下午时段空气水分胁迫程度增强（VPD$_l$ 增大），植物对 VPD$_l$ 的响应程度有所提高。植物叶片气孔行为直接受到气孔保卫细胞和叶片表面压强的影响，该压强即由叶片水势 ψ_l 所反映[477]，因

此 ψ_l 直接反映了植物本身所处的水分状态。下午 ψ_l 降低表明叶片气孔及叶表压强较低,气孔的调节能力减弱,因此植物对 VPD_l 的变化相对敏感,响应程度也随之增大。

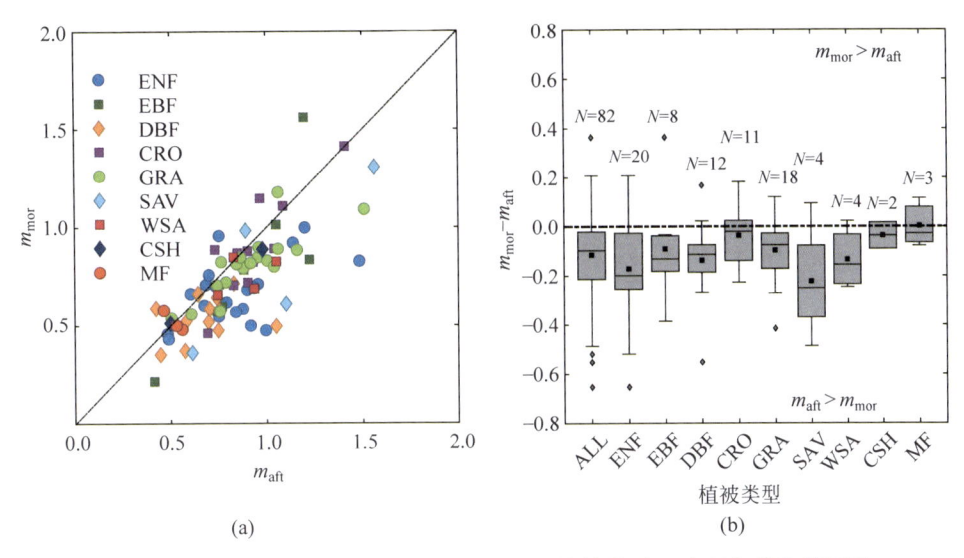

图 8.13 各站点上午和下午的 m 比较(a)和不同植被类型 m 上下午差值箱线图(b)
矩形实心点表示各植被类型对应差值的平均值

为了进一步探讨土壤含水量水平对反映植被与环境条件相互作用的模型参数(G_0、G_1 和 m)日内迟滞变化的影响规律,本节选取各站点土壤含水量第 25 百分位数作为该站点土壤含水量的代表值,做图分析各站点 G_1 和 m 值上下午变化差值与不同土壤含水量(第 25 百分位数土壤含水量)的变化关系,结果如图 8.14 所示。可以看出,随土壤含水量的增加,G_1 和 m 在上下午的变化差值具有减小趋势。考虑到站点数量有限,本节对各站点进行 G_1 和 m 上下午差值关于土壤含水量的第 10 百分位数和第 90 百分位数回归[296,349,351],以判断多数站点的 G_1 和 m 变化规律。结果显示,随土壤含水量增加,G_1 和 m 的上下午差值变化趋于减小(见图 8.14)。低土壤含水量意味着较低的土壤水势,会限制植物对水分的吸收,引起下午时段植物叶片水势更大程度的降低,从而使植被在下午对 VPD_l 具有更大程度的响应关系(m),以及与空气环境更强的相互作用关系(G_1)。而在土壤含水量高时,植物日内平均叶片水势变化程度相对较低,G_1 和 m 的上下午差值随土壤含水量增加具有趋于减小的关系。考虑到土壤水势关于土壤含水量的关系为非线性变化[462],因此 G_1 和 m 的上下午差值关于土壤含水量的变化也是非线性的。结果进一步表明植被自身水分状态对气孔调节约束能力(G_1 和 m)存在影响。

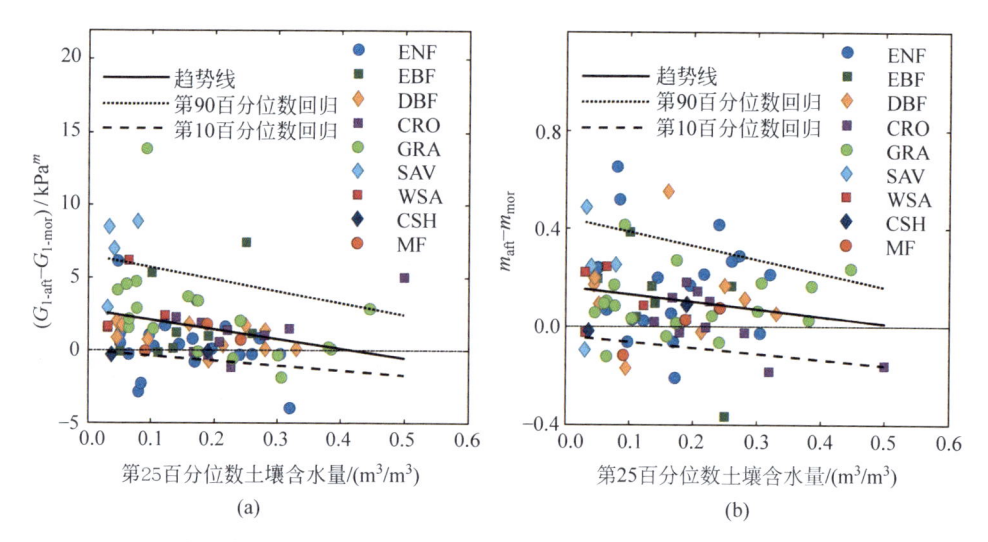

图 8.14 各站点 G_1(a) 和 m(b) 的上下午差值与第 25 百分位数土壤含水量的关系

8.6 本章小结

本章采用 FLUXNET2015 Tier 1 中 82 个通量站点每(半)小时的数据,系统性地分析了区域环境条件变量和植被碳水通量日内迟滞变化特征。依据大气层顶入射太阳辐射定义站点的当地太阳正午,划分各站点每日"上午"和"下午"两个时段,系统性地比较了环境条件变量(T_a、VPD_a、VPD_1、C_a)和植被碳水通量(ET 和 GPP)上下午的变化规律。基于 GPP 的光利用效率(LUE)分解模型与方差分解方法和一般性植被导度模型,本章进一步分析了影响植物日内行为变化的约束因子和内在机理。得到的主要结论如下。

(1) 环境条件变量具有明显的日内迟滞特征,外部水分胁迫是造成植被 ET 日内迟滞变化的主要因素,而 ET 的日内变化则反过来影响叶表的水汽条件。各站点气温(T_a)、VPD_a 和 VPD_1 在下午均明显升高,表明区域下午气温提升及湿度下降引起 VPD_a 和 VPD_1 增大,空气水分胁迫增强,其中 VPD_1 在下午的增幅比 VPD_a 小,二者的日内迟滞特征不同。C_a 在日内的上午平均值比下午高,具有迟滞变化,但相比于其他环境变量,其变化比例较低。区域植被在上午倾向具有更大的植被导度(G_s),并且下午平均 ET 更高,说明下午水分胁迫增强,植物蒸腾作用加强,同时 ET 的增加能够有效减缓下午叶片温度的增加并润湿叶表面空气,减缓 VPD_1 在下午的增加,改变 VPD_1 的日内迟滞变化特征。

(2) 植被光利用效率(LUE)和入射光合有效辐射(PAR_{in})分别是植被 GPP 日内迟滞变化的重要机理和环境驱动因素。植被在上午时的平均 GPP 较高,下午时段各站点 GPP 有不同程度的下降,表明植物上午的水分利用效率(WUE=GPP/ET)更高。基于 LUE 的 GPP 分解模型结果表明,FPAR 日内迟滞变化不明显,LUE 迟滞特征与 GPP 相似,各站点上午的平均 LUE 普遍高于下午,各站点 PAR_{in} 变化具有更大的差异性,但整体上上午时段的 PAR_{in} 更高。方差分解的计算结果表明,LUE 和 PAR_{in} 是引起 GPP 上下午变化的重要原因,各站点的 LUE 和 PAR_{in} 对 GPP 的日内变化相对贡献度分别为 43.3% 和 56.6%,说明 LUE 和 PAR_{in} 分别是引起 GPP 在下午减小的重要机理和环境条件因子。

(3) 植被下午时段的 G_1 高于上午,表明气孔下午与外部环境相互作用更强,且下午时段植被边际用水成本较高。同时植被下午时段的 m 值高于上午,表明植被导度在下午对 VPD_l 的响应程度更高。G_1 和 m 的上下午差值在更高土壤含水量的情形下趋于减小,进一步表明在更高土壤含水量时,植物叶片水势在日内的变化幅度降低,G_1 和 m 的上下午差值趋于减小。

第三部分

大气土壤耦合水分条件对植被碳水通量的影响

第9章

水汽压差与土壤水对生态系统碳水通量的耦合影响

9.1 本章概述

作为生态系统的两个主要水分胁迫因子,高水汽压差与低土壤含水量对生态系统均会产生较大的负面影响,严重时可能会造成农业大量减产[478]及植被大面积死亡[479]。近期的研究表明,陆地生态系统作为未来碳汇的能力与土壤水对碳通量的影响密切相关[245]。水汽压差与土壤水之间具有显著的负相关关系,即干燥的空气通常伴随着较低的土壤含水量,这为解绑二者的相对贡献带来难度。水汽压差与土壤水通过陆气相互作用强烈地耦合在一起,在未来全球变暖的大背景及不同时间尺度下,水汽压差与土壤水会各自表现为不同的变化特征,进一步导致二者的耦合关系发生变化。因此,二者对生态系统碳水通量相对影响的研究应该得到开展,分离水汽压差及土壤水对生态系统碳水通量变化的相对贡献,准确评估生态系统碳水通量对水分胁迫的响应,这对于应对干旱风险、提高未来气候模型的预测精度具有重要的科学意义。

土壤水是植物的直接蓄水池,它决定了植物根系可以吸收利用的水量。因此,土壤含水量的高低可用于识别植物当下的水分胁迫状态,同时,土壤含水量也可作为干旱指标评估干旱对生态系统碳水通量的影响[255,480]。有研究表明,相比于土壤水,植被碳吸收可能对水汽压差更加敏感[180,481],因为高水汽压差会诱导植物关闭气孔以最大限度地减少叶片的水分流失[207]。土壤水与水汽压差分别反映了外界环境对植被的水分供给及环境的水汽需求,二者同时影响了水分在植被体内的传输。植物维管系统将土壤中提取出来的水输送到叶片,水分顺着植物体内水势变小的路径被运输到大气中。在叶片中,控制CO_2及水蒸气交换能力的气孔开放程度也受叶片水势的影响。上述生理过程从微观程度上反映了水汽压差与土壤水对植物碳水通量的影响[238]。

本章基于 FLUXNET 数据集中的每(半)小时通量站观测数据,首先将数据进行筛选,重点关注植被的旺盛生长季,即生态系统主要受水分条件限制的时期,在小时尺度上基于数据分箱、线性回归等方法,采用估算的叶片尺度水汽压差(VPD$_L$),分析生态系统总初级生产力(GPP)、蒸散发量(ET)对耦合水分胁迫的响应规律,在此基础上量化 VPD$_L$ 及土壤水对生态系统碳水通量变化的相对贡献;基于偏最小二乘回归及广义线性模型,探索 GPP 与 ET 对 VPD$_L$ 及土壤水变化的响应的差异,及其对碳水耦合指标——生态系统水分利用效率(WUE=GPP/ET)的影响,进一步分析 WUE 对 VPD$_L$ 及土壤水变化的敏感性。

9.2 数据来源与数据预处理

本章选择 FLUXNET 中观测时间序列不少于 3 年且包含研究所需变量(空气水汽压差、显热通量、潜热通量、土壤含水量、土壤热通量、净辐射、CO_2 浓度及光子通量密度等)的站点,共计 76 个。

FLUXNET 数据集提供的土壤水的观测值为体积含水量(soil water content, SWC),不同站点测量的土壤深度不完全一致,一般情况都是测量距离土壤表面 30 cm 深度以内的浅层土壤体积含水量[482]。冠层高度较高的森林植被通常具有较长的根系,可以吸收更深层的土壤水。Jackson 等[483]的研究指出,北方森林(boreal forests)、温带针叶林(temperate coniferous forests)、温带落叶林(temperate deciduous forests)、热带落叶林(tropical deciduous forests)和热带常绿森林(tropical evergreen forests)的根系在土壤表层 30 cm 以内的分布比例分别为 83%、52%、65%、70% 和 69%。即使森林植被的根系最大深度可达 50 m[484],其根系的大部分(超过 2/3)生物量也分布在土壤表层 30 cm 内。因此,尽管森林植被可以通过根系从深层土壤中吸取水分,30 cm 以内的土壤水对森林植被来说依然是主要的土壤水分来源。也有研究利用土壤水势(soil water potential, SWP)来研究土壤水对碳水通量的影响[239,481,485],尽管相比于 SWC,SWP 更能代表植被可利用的土壤水分,但是 FLUXNET 没有直接提供 SWP 的数据,上述研究中,SWP 都是基于一些假设通过一些非线性经验模型估算的,且经验模型依赖土壤质地参数,土壤质地参数难以获取且只适用于特定站点。因此,本章选择了 FLUXNET 提供的土壤体积含水量(SWC)的观测数据用于土壤水的研究。

针对通量站每半小时数据进行六步预处理[99,192,296]:①选取实测数据及插补质量标识为"优"的数据,即选取数据质量标识为 0 和 1 的数据,保证通量数据的可靠性;②为了最大限度地消除降水和植物截留对蒸散发的影响[44],剔除降雨事件当天及之后 24 h 的数据;③选取白昼数据,即每天 7:00—19:00 的数据,且净辐射(net radiation,R_n)$R_n > 50$ W/m^2;④选取生长季数据,本研究中生长季定义为某天的 15 天滑动窗格平均 GPP 大于当年所有日均 GPP 值的第 95 百分位数的

50%[44]；⑤为了剔除其他环境因子的影响，选取生长季且生态系统仅受水分条件限制的时期，剔除了气温 T_a<15 ℃的观测数据；考虑到需要有足够的蒸发需求来驱动水通量，同时剔除 VPD_L<0.5 kPa 的观测数据，另外为了保证有充足的太阳辐射，将光合作用光子通量密度（photosynthetic photon flux density，PPFD）PPFD<500 μmol/(m²·s)的观测数据剔除[262,481,486]；⑥通过波文比的方法，对能量不闭合的问题进行处理，能量不闭合问题的具体产生原因和处理方式如下所述。

理想状态下，当地表能量平衡处于闭合状态时，地表能量平衡应该满足如下关系：

$$R_n - G = H + LE \tag{9-1}$$

其中，R_n 表示冠层表面净辐射（net radiation，W/m²）；G 表示土壤热通量（soil heat flux，W/m²）；LE 表示潜热通量（latent heat flux，W/m²）；H 表示显热通量（sensible heat flux，W/m²）。但是实际通量站观测的数据通常存在能量平衡不闭合的问题，主要表现为湍流通量（$H+LE$）通常与地表可获得的能量（R_n-G）不相等[44,277]。通过涡度协方差方法观测出现能量不闭合问题的原因主要包括以下几个方面：①未考虑水平方向的通量；②未考虑地面热通量及植物冠层中的能量储存；③观测中的不确定性及误差，如仪器的系统误差及采样误差等[487-489]。

本章首先通过线性回归的方法量化 $H+LE$ 与 R_n-G 之间的相关性，对所选通量站点的能量闭合问题进行评估。结果表明，76 个站点的 $H+LE$ 与 R_n-G 的线性回归 R^2 值为 0.78±0.07，总体上，$H+LE$ 与 R_n-G 较为一致。以站点 CA—SF1(ENF)为例，如图 9.1(a)所示，该站点的 R_n-G 和 $H+LE$ 的观测值分布在 1∶1 线的周围，但并未完全在 1∶1 线上，斜率为 0.81，表明该站点存在能量不闭合的问题。进一步按式(9-2)计算能量平衡比例（energy-balance ratio，EBR）[487-488]：

$$EBR = \frac{LE + H}{R_n - G} \tag{9-2}$$

图 9.1(b)给出了能量平衡闭合比例的计算结果，EBR 主要分布在 1 的周围，但并不完全为 1。所有站点的 EBR 值均为 1.09±0.08。为了消除能量不闭合问题带来的影响，本书基于波文比（bowen ratio，β）方法进行能量闭合的校正[487,490]，即假设波文比观测值为准确值，将能量不闭合的残差部分（$R_n-G-LE-H$）根据波文比分配给潜热和显热，具体的校正方法如下：

$$E\beta = \frac{H}{LE} \tag{9-3}$$

$$LE_{BR} = \frac{R_n - G}{1 + \beta} \tag{9-4}$$

其中，β 代表波文比；LE_{BR} 代表基于波文比方法校正后的潜热通量（W/m²）。站

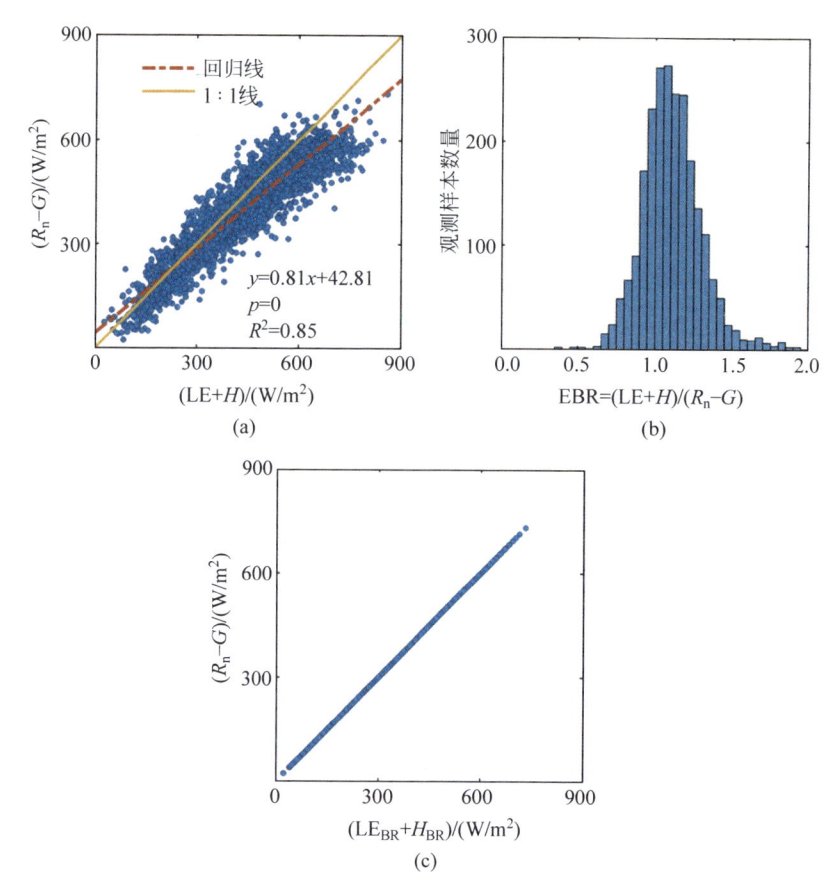

图 9.1 站点 CA-SF1(ENF)的(a)R_n-G 与 $LE+H$ 之间的相关关系图;(b)能量平衡比例 EBR 的频数直方图;(c)基于波文比的方法进行能量闭合校正过后的 R_n-G 与 $LE+H$ 之间的相关关系图

点 CA-SF1 经过能量闭合校正后,R_n-G 和 $H_{BR}+LE_{BR}$ 的关系如图 9.1(c)所示。校正后,计算蒸散发量 ET 为

$$ET = LE_{BR}/\lambda_{vapor} \tag{9-5}$$

$$\lambda_{vapor} = 2.501 - 0.002\,361 T_a \tag{9-6}$$

其中,λ_{vapor} 代表水汽化热(MJ/kg);T_a 代表空气温度(℃)。

经过以上六步预处理,本章最终采用的数据涉及 76 个站点,共计 748 个站点年,时间跨度为 1996—2014 年,具体包括:4 个常绿阔叶林(EBF)站点,共计 29 个站点年,时间跨度为 1996—2014 年;24 个常绿针叶林(ENF)站点,共计 290 个站点年,时间跨度为 1997—2009 年;13 个落叶阔叶林(DBF)站点,共计 139 个站点年,时间跨度为 1996—2014 年;4 个混交林(MF)站点,共计 48 个站点年,时间跨度为 1996—2014 年;9 个农田(CRO)站点,共计 88 个站点年,时间跨度为 2001—2014 年;1 个郁闭灌丛(CSH)站点,共计 4 个站点年,时间跨度为 2003—2006 年;13 个草地(GRA)站点,共计 97 个站点年,时间跨度为 2000—2014 年;4 个开放灌丛(OSH)站点,共计 23 个站点年,时间跨度为 2001—2014 年;2 个热带草原(SAV)站点,共计 9 个站点年,时间跨度为 2005—2013 年;2 个多树草原(WSA)站点,共计 25 个站点年,时间跨度为 2001—2014 年。

本章应用的水汽压差为叶片尺度的 VPD_L。根据 Penman-Monteith 公式的基本思路,对于干燥的叶片表面,水汽传输应包括两个阶段:第一个阶段是水汽从气孔腔到叶片表面,该阶段需要克服气孔阻抗 r_c,假设叶片温度为 T_L(℃),气孔腔内的水汽压为饱和水汽压 $e_s(T_L)$(kPa),干燥的叶片表面处于非饱和状态,对应的实际水汽压为 e_L(kPa),则该阶段的水汽压差为 $e_s(T_L)-e_L$,即 VPD_L;第二阶段水汽需要克服空气动力学阻抗 r_a,当空气温度为 T_a 时,此时的饱和水汽压为 $e_s(T_a)$,空气实际水汽压为 e_a,该阶段的水汽压差为 $e_s(T_a)-e_a$,即空气 VPD_a。基于该机理过程,Lin 等[63]基于大叶模型推导了冠层平均的叶片尺度 VPD,即 VPD_L(原文章中用 VPD_l 表示)。推导过程如下,潜热通量(latent heat flux)可以表示为

$$LE = \rho c_p \frac{e_s(T_L)-e_L}{\gamma r_c} = \rho c_p \frac{e_s(T_a)-e_a}{\gamma r_a} \tag{9-7}$$

其中,LE 为潜热通量(W/m^2);ρ 是空气密度(kg/m^3);c_p 是空气比定压热容(取 1012 J/(kg·K));γ 是干湿表常数(kPa/K);r_c 是气孔阻抗,即冠层导度 G_c 的倒数(m/s);r_a 是空气阻抗,即空气动力学导度 G_a 的倒数(m/s)。式(9-7)进一步转化为

$$LE = \rho c_p \frac{e_s(T_L)-e_L}{\gamma r_c} = \rho c_p G_c \frac{VPD_L}{\gamma} \tag{9-8}$$

Lin 等[63]依据大叶模型(big-leaf model),在其研究中剔除了降雨时段及可能受降水影响的时段,认为冠层截留部分的导度可忽略不计,同时假设研究时段植被生长旺盛且植被和土壤表面干燥,认为此时土壤导度 G_{soil} 可忽略不计,即生态系统导度(G_s)近似等于植被冠层导度(G_c),$G_s \approx G_c$,进一步推导得到

$$VPD_L = e_s(T_L) - e_L = \frac{\gamma LE}{\rho c_p G_c} = \frac{\gamma LE}{\rho c_p G_s} \tag{9-9}$$

生态系统导度 G_s 由 Penman-Monteith 公式计算得到,需要注意的是 $G_s \approx G_c$ 这一假设,对于叶面积指数较小的非森林植被和土壤含水量较高的生态系统不一定成立。Li 等[69]的研究表明,土壤导度 G_{soil} 会随着站点土壤含水量的增加而增加,且对于一些农田或者草地的通量站,G_{soil} 在 G_s 中的比例可能会超过 50%。因

此公式(9-9)的假设可能会导致估算结果不准确。

有限的空气动力学导度 G_a 会导致在冠层(或者叶片表面)位置的气象条件与冠层以上一定距离位置的气象条件存在差异[137]。对于植被生理过程来说,叶片周边的水汽条件比空气水汽条件更加重要,因此十分有必要考虑这些水汽条件的偏差带来的影响。要获取叶片表面的微气象观测数据是非常难的,但是如果可以估算空气动力学导度 G_a,那么叶片尺度的温度和实际水汽压可以根据反演的显热和潜热传递方程计算得到[64,231]。VPD_L 的推导过程如下,基于空气动力学的叶片表面温度 T_L 计算如下:

$$T_L = T_a + \frac{H}{\rho G_a c_p} \tag{9-10}$$

其中,T_a 是通量站提供的空气温度(℃);H 是显热通量(W/m²);G_a 为空气动力学导度(m/s),叶片表面的水汽压 e_L(kPa)的计算如下:

$$e_L = e_a + \frac{\gamma LE}{\rho G_a c_p} \tag{9-11}$$

$$VPD_L = e_s(T_L) - e_L \tag{9-12}$$

其中,空气动力学导度 G_a 的计算方法如下[63]:

$$G_a = \frac{\kappa^2 u}{\left[\ln\left(\frac{z-d}{z_{0h}}\right) - \Psi_H\right]\left[\ln\left(\frac{z-d}{z_{0m}}\right) - \Psi_M\right]} \tag{9-13}$$

其中,z 是风速与空气湿度的测量高度(m);d 是零平面位移高度(m),近似取 $\frac{2}{3}h_c$,h_c 是植被冠层平均高度(m);z_{0h} 和 z_{0m} 分别是能量和动量粗糙长度(m),z_{0h} 取 $0.1h_c$,z_{0h} 取 $0.1z_{0m}$[236];Ψ_H 和 Ψ_M 分别是能量修正函数和动量修正函数;κ 是冯·卡门常数,取值 0.41;u 是测量高度 z 处的平均风速(m/s)。对于 Ψ_H 和 Ψ_M 的计算,本研究首先采用奥布霍夫稳定度参数 z^*/L 评判局部大气稳定性,$z^* = (z-d)$,L 为奥布霍夫长度[237],计算公式为

$$L = \frac{-u^{*3} c_p \rho T_a}{\kappa g H} \tag{9-14}$$

其中,u^* 是摩阻风速(m/s)。若 $z^*/L < 0$,则判定大气条件为非稳定状态,Ψ_H 和 Ψ_M 采用 Paulson[237]提出的方法进行计算;若 $z^*/L > 0$,则判定大气条件为稳定状态,Ψ_H 和 Ψ_M 则采用 Beljaars 等[238]提出的方法进行计算。

上述式(9-8)~式(9-12)的推导过程避免了 $G_s \approx G_c$ 这一假设。考虑到除环境水汽条件外,CO_2 浓度对植被生理过程同样具有较大影响,植被叶片进行光合作用时会吸收周围的 CO_2,导致叶片尺度的 CO_2 浓度与通量站测量的空气 CO_2 浓度

不一致,本研究进一步分析了叶片尺度和空气 CO_2 浓度的差异及其对植被用水效率的影响。叶片尺度的 CO_2 浓度 C_L ($\mu mol/mol$) 可以表示为[64]

$$C_L = C_a + \frac{NEE}{G_a} \tag{9-15}$$

其中,C_a 为空气 CO_2 浓度($\mu mol/mol$);NEE 表示净生态系统交换(net ecosystem exchange,$\mu mol CO_2/(m^2 \cdot s)$)。

考虑到即使数据经过了质量控制,小时尺度的数据依然可能会存在异常值,本节采用基于绝对中位数差(median absolute deviation,MAD)的方法将计算的 VPD_L 序列的异常值进一步剔除。本节首先基于每 15 个半小时或每 15 h 的滑动平均窗格计算窗格内的中位数,MAD 为窗格内数据点与窗格中位数的绝对差值的中位数,该方法判定落在滑动平均窗格中位数±3MAD 范围外的 VPD_L 值为异常值[192-193]。该异常值检测方法也用在后续其他变量的计算中。经过以上预处理步骤后,当通量站提供的数据为半小时尺度时,若某日至少有 16 个有效观测数据(或变量),则将该日的半小时数据进行平均,升尺度到日尺度数据;当通量站提供的数据为小时尺度时,则需要每日至少有 8 个有效观测数据,再将该日的小时数据进行平均,升尺度到日尺度数据;然后,将某月的日尺度数据进行平均得到月尺度数据,将某年生长季的月尺度数据进行平均得到季节尺度数据。

9.3 分离 VPD_L 及土壤水对生态系统碳水通量变化的相对贡献

9.3.1 数据分箱法的基本思路

本章在小时尺度上,基于数据分箱的方法,分析生态系统 GPP、ET 及二者耦合关系指标 WUE(WUE = GPP/ET)对 VPD_L 及土壤水变化的响应规律,并将 VPD_L 及土壤水对碳水通量变化的相对贡献进行量化。数据分箱的基本思路如下,对于经过筛选后的 GPP、ET 及 WUE 数据,在小时尺度上分别按照 VPD_L 和土壤水的第 10 百分位数、第 20 百分位数、第 30 百分位数……及第 90 百分位数将其划分为 10×10 个数据箱(bins)[180,261-262]。基于数据分箱的方法,不会改变数据本身的时空匹配性。在非常理想的情况下,以 GPP 为例,如果土壤水分主导 GPP 的水分胁迫,那么无论 VPD_L 如何变化,土壤水分短缺都应该能够显著减少 GPP;同样,如果 VPD_L 主导 GPP 的水分胁迫,那么无论土壤水分如何变化,VPD_L 的增加都能够减少 GPP。

为了进一步验证分箱方法的可靠性,本节进一步计算了数据分箱后,在每个数据箱内,水汽压差与土壤水的相关系数,结果如图 9.2 所示。结果显示,经过数据分箱后，生长季水汽压差（包括 VPD_L 与 VPD_a）与土壤水的相关性显著减小，相比于未分箱的小时尺度，分箱后的水汽压差与土壤水的 Pearson 相关系数更加接近 0。小时尺度水汽压差数据经过分箱后，VPD_a 与土壤水之间的 Pearson 相关系数 $r(VPD_a\ vs.\ SWC)$ 为 -0.03 ± 0.08（平均值±标准差，下同），$r(VPD_L\ vs.\ SWC)$ 为 -0.04 ± 0.08；小时尺度土壤水数据经过分箱后，$r(VPD_a\ vs.\ SWC)$ 为 -0.07 ± 0.14，$r(VPD_L\ vs.\ SWC)$ 为 -0.07 ± 0.13。考虑到叶片尺度 VPD_L 对植被的影响作用更直接，因此本章中的水汽压差采用 VPD_L。

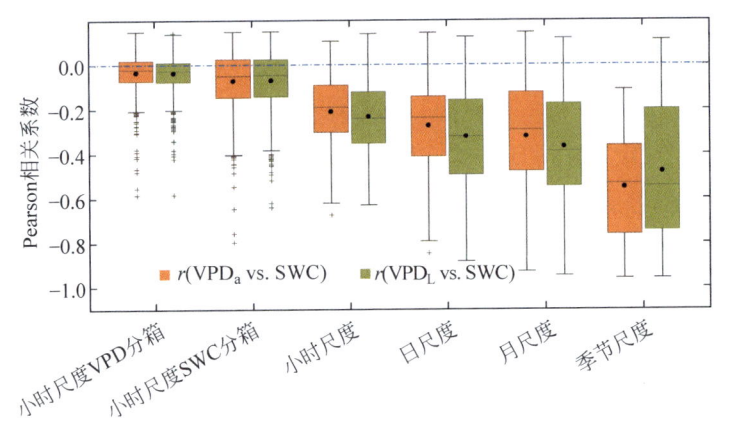

图 9.2　生长季不同时间尺度及数据分箱方式下 $r(VPD_a\ vs.\ SWC)$、$r(VPD_L\ vs.\ SWC)$ 的箱线图

本章应用干旱指数（DI）、叶面积指数（LAI）两个指标量化站点间解耦后相对贡献的差异。本章的 LAI 数据使用 MODIS 的 MCD15A3H 产品。选取通量站点对应网格点的 LAI 数据，取站点时间跨度和 LAI 产品时间跨度的交集作为该站点的 LAI 时间序列，以 LAI 序列的第 95 个百分位数代表该站点的 LAI 最大值，用以表示植被生长旺盛期的冠层结构特征。干旱指数 DI 综合反映了该地区的长时间序列气候干湿状况，定义为

$$DI = \frac{R_n}{\lambda_{vapor} P} \tag{9-16}$$

$$\lambda_{vapor} = 2.501 - 0.002\,361 T_a \tag{9-17}$$

其中，λ_{vapor} 代表水汽化热（MJ/kg）；P 为长时间序列的多年平均降水量（mm）。考虑到通量站提供的观测数据时间跨度较短，计算 P 时优先选用 FLUXNET 官网提供的多年平均降水量 MAP（mean annual precipitation）值，若官方网站未提供 MAP 值，则考虑用 FLUXNET 通量站提供的降雨量观测值计算其多年平均降水量 P[180,193]。DI 小于 1 代表该站点为能量约束生态系统，若 DI 大于 1，则代表该站点为水分约束生态系统[491]。

9.3.2 基于数据分箱法的相对贡献分离方法

本节首先以站点 IT-CA3(落叶阔叶林,DBF)为例,具体阐述基于数据分箱的解耦效果,以及量化分离 VPD_L 及土壤水对碳水通量变化的相对贡献的计算过程。如图 9.3 所示,在分箱处理前,VPD_L 与土壤水未解耦,旺盛生长季的 GPP 与 VPD_L 之间呈显著的负相关关系($R^2=0.13$,$p<0.01$,见图 9.3(a)),即 VPD_L 的增加会导致 GPP 的显著减少;同时 GPP 与土壤水之间有显著的正相关关系($R^2=0.15$,$p<0.01$,见图 9.3(c)),即土壤水的减少会引起 GPP 的减少。而旺盛生长季的 VPD_L 与土壤水之间存在显著的负相关关系,Pearson 相关系数达到 -0.57,导致在这种情况(VPD_L 与土壤水解耦前)下,很难判断该站点 GPP 与 VPD_L 之间的相关性是否实际上是由 GPP 与土壤水相关性引起的,反之亦然。将观测数据按照 VPD_L 与土壤水进行分箱后,可以发现,GPP 与 VPD_L 之间的负相关关系变得不明显(见图 9.4(a)),但是 GPP 与土壤水的正相关关系在不同 VPD_L 水平下依然比较明显(见图 9.4(b))。从这个示例可以看出,在小时尺度下,应用数据分箱的方法基本可以实现 VPD_L 与土壤水之间的解耦。

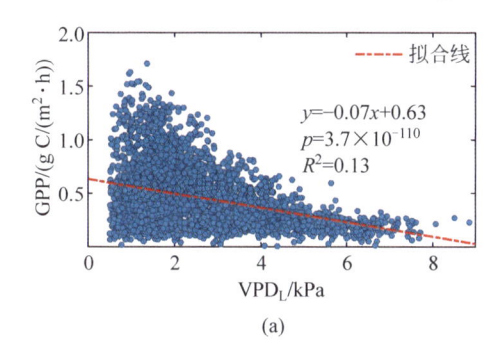

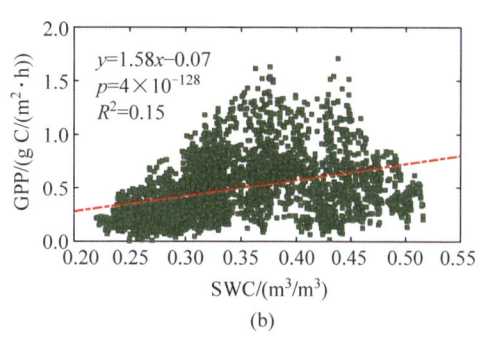

图 9.3 在旺盛生长季的小时尺度下,VPD_L 与土壤水解耦前,站点 IT-CA1(DBF)的 GPP 与 VPD_L(a)及土壤水(b)的相关关系

基于数据分箱的思路,本节应用差值法分离 VPD_L 和土壤含水量对碳水通量变化的相对贡献[262]。差值法的计算过程如下,在基于 VPD_L 进行数据分箱后,在 VPD_L 的第 i(i 的取值为 1~10)个箱内,土壤水对 GPP 的限制作用 $\Delta GPP_{\theta i}$ 为

$$\Delta GPP_{\theta i} = GPP_{i,n_{i,\min}} - GPP_{i,n_{i,\max}} \tag{9-18}$$

其中,$GPP_{i,n_{i,\min}}$ 代表 VPD_L 第 i 个数据箱内,土壤水最低的箱内 GPP 的均值,$n_{i,\min}$ 代表土壤水最低的箱的编号(从 1~10);$GPP_{i,n_{i,\max}}$ 代表 VPD_L 第 i 个数据箱内,土壤水最高的箱内 GPP 的均值,$n_{i,\max}$ 代表土壤水最高的箱的编号。在土壤水的第 j(j 的取值为 1~10)个箱内,VPD_L 对 GPP 的限制作用 ΔGPP_{VPDj} 为

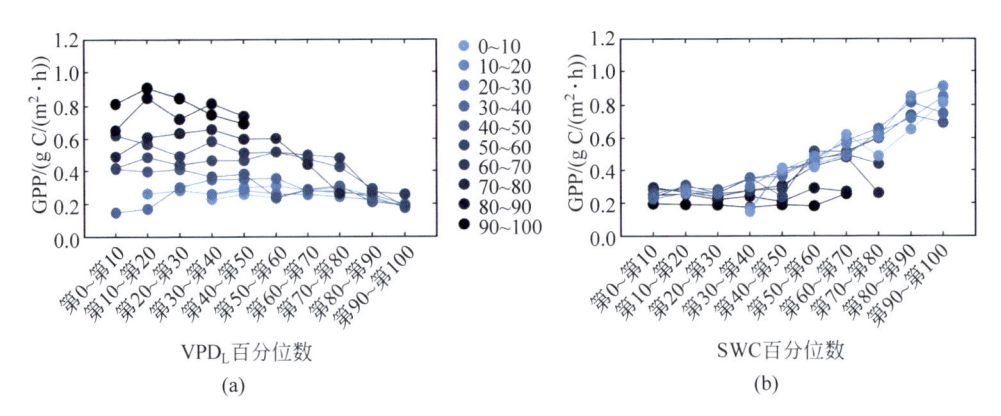

图 9.4 在旺盛生长季的小时尺度下，VPD$_L$ 与土壤水解耦后，站点 IT-CA1（DBF）的 GPP 与 VPD$_L$ 及土壤水的相关关系

(a) 根据土壤含水量的百分位数进行数据分箱；(b) 根据 VPD$_L$ 进行数据分箱

$$\Delta \text{GPP}_{\text{VPD}j} = \text{GPP}_{j,m_{j,\max}} - \text{GPP}_{j,m_{j,\min}} \tag{9-19}$$

其中，$\text{GPP}_{j,m_{j,\max}}$ 代表土壤水第 j 个数据箱内，VPD$_L$ 最高的箱内 GPP 的均值，$m_{j,\max}$ 代表 VPD$_L$ 最高的箱的编号；$\text{GPP}_{j,m_{j,\min}}$ 代表土壤水第 j 个数据箱内，VPD$_L$ 最低的箱内 GPP 的均值，$m_{j,\min}$ 代表 VPD$_L$ 最低的箱的编号。ΔGPP_θ 为 10 个 VPD$_L$ 箱内 $\Delta \text{GPP}_{\theta i}$ 的均值，代表某个站点总体上土壤水对 GPP 的限制作用；同样，$\Delta \text{GPP}_{\text{VPD}}$ 为 10 个 SWC 箱内 $\Delta \text{GPP}_{\text{VPD}j}$ 的均值，代表某个站点总体上 VPD$_L$ 对 GPP 的限制作用。需要注意的是，由于数据样本量较少会造成统计结果的不确定性，因此，如果每个箱内（VPD$_L$ 与 SWC 的百分位数组合下）的观测数据量少于 10 个，则予以剔除。为了进一步确定生态系统在遭受水分胁迫时，具体是土壤水主导还是 VPD$_L$ 主导，本研究进一步比较了 ΔGPP_θ 和 $\Delta \text{GPP}_{\text{VPD}}$ 的绝对值 $|\Delta \text{GPP}_\theta|$ 和 $|\Delta \text{GPP}_{\text{VPD}}|$ 的大小，若 $|\Delta \text{GPP}_\theta|$ 大于 $|\Delta \text{GPP}_{\text{VPD}}|$，则说明该站点的 GPP 主要受土壤水的影响，反之亦然。土壤水对 GPP 水分胁迫的相对贡献度（ζ_θ，%）计算式如式（9-20）所示：

$$\zeta_\theta = 100\% \times \frac{|\Delta \text{GPP}_\theta|}{|\Delta \text{GPP}_\theta| + |\Delta \text{GPP}_{\text{VPD}}|} \tag{9-20}$$

而 VPD$_L$ 对 GPP 水分胁迫的相对贡献度（ζ_{VPD}，%）计算式如式（9-21）所示：

$$\zeta_{\text{VPD}} = 100\% \times \frac{|\Delta \text{GPP}_{\text{VPD}}|}{|\Delta \text{GPP}_\theta| + |\Delta \text{GPP}_{\text{VPD}}|} \tag{9-21}$$

本节继续以站点 IT-CA1（DBF）的 GPP 为例，将 GPP 的观测数据按照 VPD$_L$ 及 SWC 的 10 个百分位数分别进行分箱后，GPP 在每个箱内的均值如图 9.5（a）所示。空白的区域表示对应箱内 GPP 的有效观测数据小于 10 个，由于缺少足够的

样本量,因此未应用到后续分析。红色箭头表示在土壤水位于第70～第80百分位数时,VPD_L 对 GPP 的限制作用,即表示 ΔGPP_{VPD8},其大小为 -0.08 g C/(m² · h);绿色箭头表示在 VPD_L 位于第20～第30百分位数时,土壤水对 GPP 的限制作用,即表示 $\Delta GPP_{\theta3}$,其大小为 -0.44 g C/(m² · h)。所有数据箱内的 $\Delta GPP_{\theta i}$ 与 ΔGPP_{VPDj} 如图 9.5(b)所示,计算 $\Delta GPP_{\theta i}$ 与 ΔGPP_{VPDj} 的均值,分别为 -0.31 g C/(m² · h)与 -0.11 g C/(m² · h),由此可知,$|\Delta GPP_\theta| > |\Delta GPP_{VPD}|$ 表明该站点 GPP 的水分胁迫由土壤水主导。土壤水对 GPP 变化的贡献度 $\zeta_\theta = 67.27\%$,VPD_L 对 GPP 变化的贡献度 $\zeta_{VPD} = 32.73\%$。

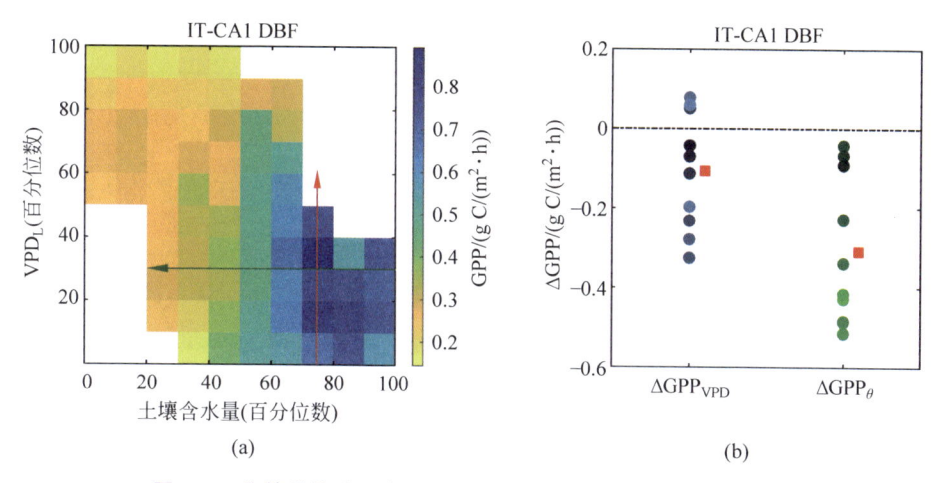

图 9.5 分箱差值法示意图,以 IT-CA1 站点的生长季 GPP 为例

(a) GPP 在不同 VPD_L 及 SWC 箱内的均值,红色箭头表示在对应的土壤水箱内,VPD_L 对 GPP 的限制作用,绿色箭头表示在对应的 VPD_L 箱内,土壤水对 GPP 的限制作用;(b) 在不同的 VPD_L 与 SWC 箱内 ΔGPP_θ 与 ΔGPP_{VPD} 的分布,红色数据点表示对应的均值

9.3.3 生态系统碳水通量对 VPD_L 及土壤水变化的响应

水汽压差与土壤水之间具有较强的相关性,导致耦合水分胁迫(高水汽压差-低土壤水)发生的概率显著提高。本节首先基于数据分箱的方法,分析旺盛生长季耦合水分胁迫对碳水通量的影响。为了量化碳水通量在不同水分胁迫条件下与正常状态下的差异,本节进一步计算了 GPP、ET 及 WUE 的距平值(anomaly),计算方法为 VPD_L 及土壤水某个百分位数对应的数据箱内通量的均值与该站点多年平均值的差值,结果如图 9.6 所示。图 9.6(a)表明,相比于其他水分条件,VPD_L 高于第 90 百分位数,同时土壤水低于第 10 百分位数时发生的概率最高,概率的站点平均值±标准差(下同)为 $(1.98±1.26)\%$,VPD_L 高于第 90 百分位数同时土壤水高于第 90 百分位数出现的概率最低$((0.41±0.47)\%)$。

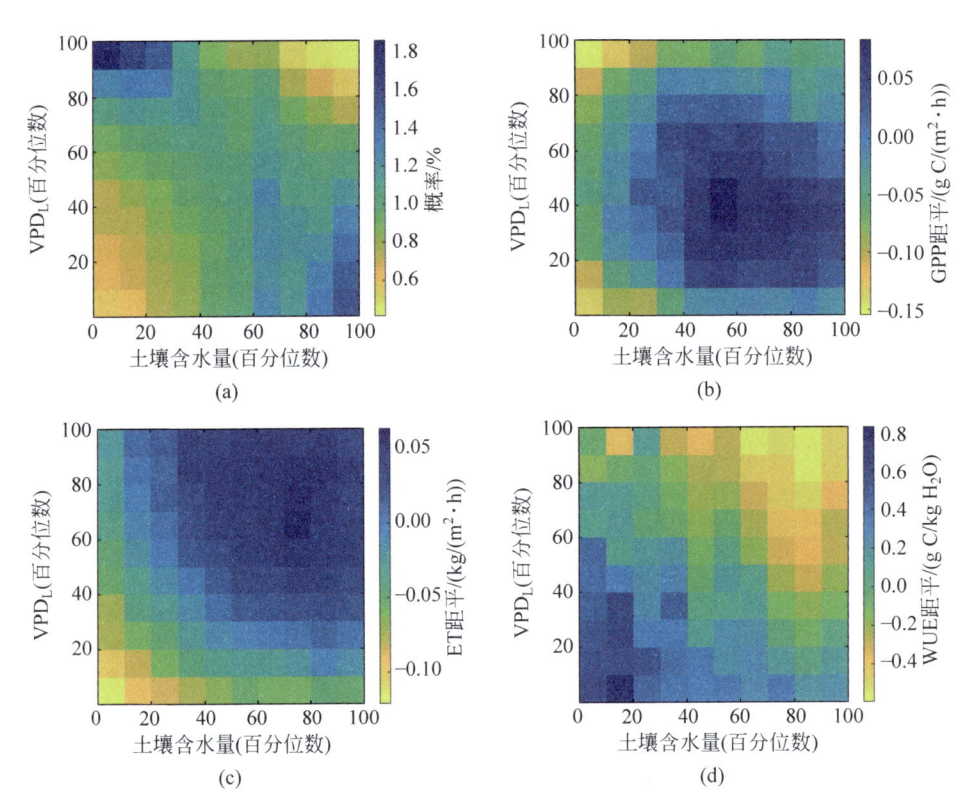

图 9.6 旺盛生长季小时尺度下，76 个通量站 VPD$_L$ 和土壤含水量每个百分位数区间出现的平均概率(a)，GPP 距平(b)，ET 距平(c)，WUE 距平对 VPD$_L$ 及土壤水变化的响应(d)

解耦后，GPP 对 VPD$_L$ 和土壤水变化的响应特征见图 9.6(b)。GPP 对 VPD$_L$ 变化的响应呈现非线性和非单调性的特征，在 VPD$_L$ 较低的情况下，温度通常也较低，此时，温度的升高会促进光化学反应[492]，从而表现出 GPP 随着 VPD$_L$ 的增加而增加的特征；当 VPD$_L$ 较高时，VPD$_L$ 过高会引起气孔关闭，进而会抑制植物的光合作用[180]，从而表现出 VPD$_L$ 的增加伴随 GPP 降低的特征。当 VPD$_L$ 位于第 40～第 50 百分位数，且土壤含水量位于第 50～第 60 百分位数时，站点 GPP 距平值最高（(0.09±0.11) g C/(m^2·h)），若将距平值换算为相对距平值（距平值除以站点长期均值），则该种情景下，相对于站点均值增加的幅度为(12.28±14.98)%。该种情景出现的概率为(1.05±0.34)%，与假设 VPD$_L$ 与土壤水相互独立时出现的概率(1%)非常接近，主要是因为在该水分条件下，VPD$_L$ 与土壤水之间的耦合关系比较弱。在 VPD$_L$ 高于第 90 百分位数同时土壤水低于第 10 百分位数时，GPP 达到最低值，距平值为(−0.15±0.17) g C/(m^2·h)，相比于站点均值减少的幅度为$(30.71\pm15.16)\%$。上述结果表明,在旺盛生长季的小时尺度下,极端耦合水分胁迫导致GPP减少的幅度明显高于水分条件充足时GPP增加的幅度。

有研究表明,GPP对于水分胁迫的响应在不同生态系统、不同植被类型之间存在巨大的差异[219,493],因此需进一步进行跨站点的环境梯度、植被类型之间的比较。选用的指标为干旱指数DI及站点第95百分位数LAI,研究VPD_L高于第90百分位数同时土壤水小于第10百分位数这种极端水分胁迫情景下,GPP的响应在不同站点、生态系统间的差异,结果如图9.7所示。从图中可以看出,耦合水分胁迫下,GPP的相对距平值与干旱指数DI呈显著的负相关关系($R^2=0.21$,$p<0.01$,见图9.7(a)),较为干旱的站点相比于较为湿润的站点,耦合水分胁迫造成的GPP减少幅度较大,位于干旱地区的多树草原(WSA)站点US-SRM,极端耦合水

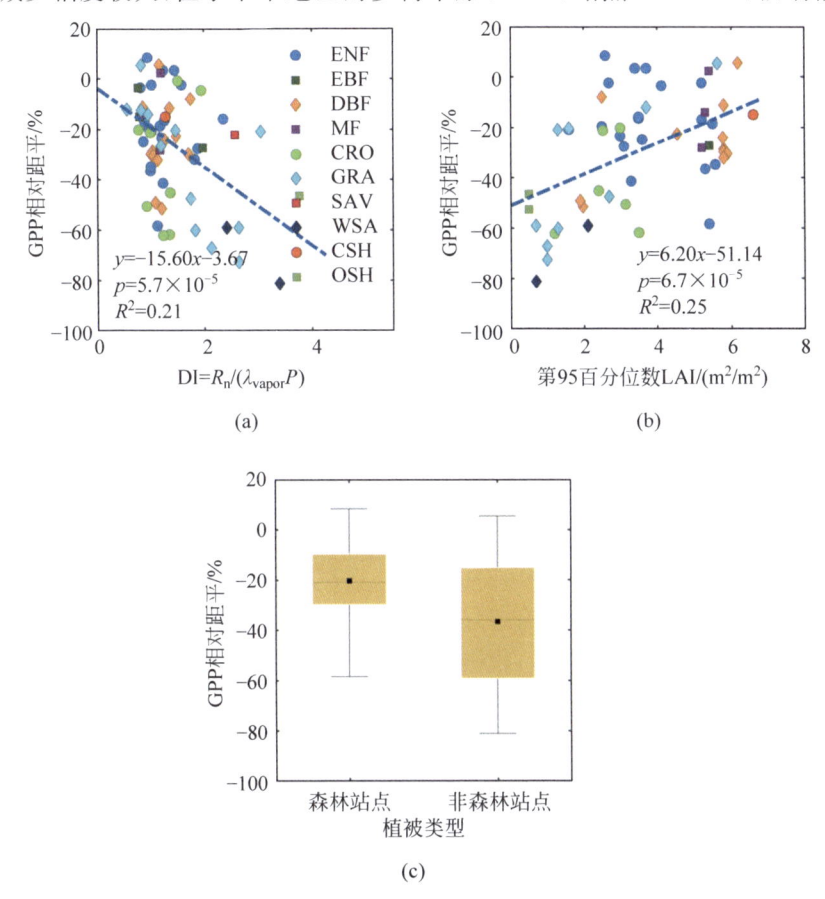

图9.7 在旺盛生长季,VPD_L高于第90百分位数同时土壤水小于第10百分位数时,GPP相对距平与干旱指数DI(a)及第95百分位数LAI(b)的相关关系散点图,以及森林植被站点与非森林植被站点的GPP相对距平的箱线图(c)

分胁迫可造成该站点的 GPP 减少 81%。耦合水分胁迫下，GPP 的相对距平值与站点第 95 百分位数 LAI 呈著的正相关关系（$R^2=0.25$，$p<0.01$，见图 9.7(b)），说明叶面积指数较高的森林植被，如常绿针叶林（ENF）、落叶阔叶林（DBF）及混交林（MF），极端耦合水分胁迫对 GPP 的影响相对较小。

为了进一步验证上述结果，本节进一步比较了极端耦合水分胁迫下不同植被类型站点的 GPP 的变化差异，结果不显著（$p>0.1$）。进一步将植被类型划分为森林植被与非森林植被，探究二者 GPP 的相对距平值对极端耦合水分胁迫的响应，森林植被类型包括常绿针叶林（ENF）、常绿阔叶林（EBF）、落叶阔叶林（DBF）及混交林（MF），非森林植被类型包括农田（CRO）、草地（GRA）、热带草原（SAV）、多树草原（WSA）、郁闭灌丛（CSH）和开放灌丛（OSH）。其结果如图 9.7(c)所示，森林植被站点的 GPP 的相对距平值要显著高于非森林植被类型（$p<0.05$），二者的均值±标准差分别为（-20.32 ± 15.82）%及（-36.61 ± 24.75）%，非森林植被的方差更大，代表其站点间的差异更大，非森林植被站点分布在多个气候区，在干湿程度上差异较大。森林植被的 GPP 总体上对极端耦合水分胁迫的抵御能力要强于非森林植被，因为森林植被的根系较长，可以利用更深层次的地下水，因此相比于草地等生态系统，其对土壤水的获取途径更多，抵御极端耦合水分胁迫的能力更强[254]。

蒸散发量 ET 在不同水分条件下的表现如图 9.6(c)所示，ET 距平的高值出现在 VPD_L 较高且土壤含水量较高的情况下，即空气蒸发需求较高且土壤水供给较丰富时。从所有站点的平均值来看，ET 的距平最大值出现在 VPD_L 处于第 60～第 70 百分位数、土壤水处于第 70～第 80 百分位数的情景，ET 距平值为（0.064 ± 0.063）kg H_2O/(m^2·h)，该种情景下，ET 增加了（21.39 ± 20.68）%，此情景出现的概率为（1.01 ± 0.33）%。在 VPD_L 与土壤含水量都处于最高的状态时（均高于第 90 百分位数），ET 距平的均值为正值（0.035 kg H_2O/(m^2·h)），ET 距平值为正的站点的比例为 80%。目前 ET 对水汽压差变化响应的相关研究还存在较大的争议[234,494]，一方面，高 VPD_L 代表叶片周围有较高的空气水汽需求，蒸发驱动力的增加可能会导致蒸散发的增加，但是另一方面，在高 VPD_L 下，植被会关闭气孔，气孔导度的减少可能会带来蒸腾量的减少，从而可能导致 ET 的减少，因此，ET 对 VPD_L 变化的响应是上述两个过程权衡的结果。本研究选用的通量站数据分析结果表明，高 VPD_L 并未引起 ET 的明显降低，其原因可能与 ET 中的土壤蒸发部分有关，即高 VPD_L-高土壤水的情况下，土壤蒸发的大幅增加抵消了蒸腾量的减少，使 ET 在总体上是增加的。ET 距平的最低值出现在 VPD_L 低于第 10 百分位数同时土壤含水量低于第 10 百分位数时，ET 距平为（-0.075 ± 0.154）kg H_2O/(m^2·h)，减小的幅度为（44.10 ± 16.44）%，即能量和水分均受胁迫的情况，此情景对应出现的概率较低（$(0.58\pm0.50)\%$），显著小于假设 VPD_L 与土壤水独立时的概率。在极端耦合水分胁迫（VPD_L 高于第 90 百分位数同时土壤水小于第 10 百分位数）下，ET 距平值为 (-0.024 ± 0.090) kg $H_2O/(m^2 \cdot h)$，相对于站点均值 ET 减少的幅度为 $(7.53\pm25.21)\%$。

WUE 对 VPD_L 及土壤水变化的响应特征见图 9.6(d)，总体上看，WUE 的格局与 ET 的格局相反。WUE 受 VPD_L 的影响较大且变化较为单调，基本上随着 VPD_L 的增加而减小，该结果与 Zhou 等[39]的研究结果一致，即 WUE 与 $VPD^{0.5}$ 呈负相关关系。WUE 与土壤水之间呈现明显的负相关关系。WUE 距平的低值主要分布在土壤水较充足且 VPD_L 较高的情况下，此时的 ET 较高，WUE 的减少主要由 ET 引起。WUE 距平的最低值位于 VPD_L 介于第 90～第 100 百分位数、土壤含水量介于第 80～第 90 百分位数时，距平值为 (-0.59 ± 0.86) g C/kg H_2O，减少的幅度为 $(24.18\pm17.79)\%$，此情景发生的概率较低（$(0.47\pm0.57)\%$）。由图 9.6(b)和图 9.6(c)可知，当叶片周围的空气水汽需求较低同时土壤水分比较亏缺时，GPP 与 ET 均表现为低值，但是明显 ET 减少得更多，因此该情况下出现 WUE 高值的原因主要是由于 ET 的大幅减少。WUE 距平的最高值位于 VPD_L 低于第 10 百分位数、土壤含水量介于第 10～第 20 百分位数时，平均值±标准差为 (0.83 ± 0.72) g C/kg H_2O，相对于均值变化的幅度为 $(28.83\pm26.42)\%$，此情景出现的概率为 $(0.62\pm0.49)\%$。

9.3.4　分离 VPD_L 及土壤水对 GPP 变化的相对贡献

本节将上述分析方法应用到全部 76 个通量站，解耦 VPD_L 及土壤水对 GPP 变化的相对贡献度。本节首先通过式(9-18)及式(9-19)，计算站点土壤水对 GPP 的限制作用 ΔGPP_θ、VPD_L 对 GPP 的限制作用 ΔGPP_{VPD} 及二者绝对值的差值 $|\Delta GPP_\theta|-|\Delta GPP_{VPD}|$。研究发现，86.36% 的站点具有负值 ΔGPP_θ，证明了土壤水对 GPP 的限制作用，这与前人的研究结果是一致的[255]。ΔGPP_θ 与干旱指数 DI 呈现显著的正相关关系（$R^2=0.08$，$p<0.05$，见图 9.8(a)），表明土壤水对 GPP 的限制作用在偏干的站点要显著高于偏湿的站点。而 VPD_L 对 GPP 的影响 ΔGPP_{VPD} 与干旱指数 DI 的关系不显著（$p>0.05$，见图 9.8(b)）。进一步分析 $|\Delta GPP_\theta|-|\Delta GPP_{VPD}|$ 与干旱指数 DI 的相互关系，结果如图 9.8(c)所示，$|\Delta GPP_\theta|-|\Delta GPP_{VPD}|$ 与干旱指数 DI 呈显著的正相关关系（$R^2=0.22$，$p<0.01$），DI 较低偏湿的站点具有负值 $|\Delta GPP_\theta|-|\Delta GPP_{VPD}|$，表明这些站点的 GPP 的水分胁迫由 VPD_L 主导，DI 较高偏干的站点具有正值 $|\Delta GPP_\theta|-|\Delta GPP_{VPD}|$，表明这些站点的 GPP 的水分胁迫由土壤水主导。

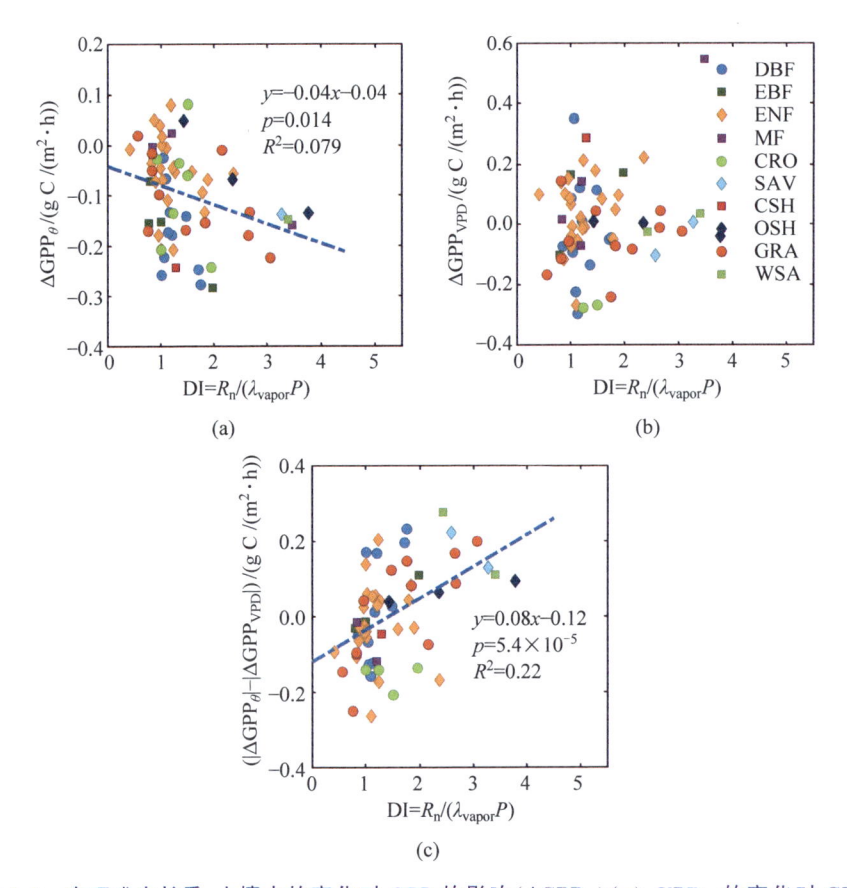

图 9.8 在旺盛生长季,土壤水的变化对 GPP 的影响(ΔGPP_θ)(a),VPD_L 的变化对 GPP 的影响($\Delta\text{GPP}_{\text{VPD}}$)(b)及二者绝对值的差值($|\Delta\text{GPP}_\theta|-|\Delta\text{GPP}_{\text{VPD}}|$)(c)与干旱指数 DI 之间的相关关系

从不同植被类型的角度来看(见图 9.9),混交林(MF)及农田(CRO)站点的 GPP 所受水分胁迫主要由 VPD_L 主导,其 ζ_{VPD} 分别为$(83.05\pm3.37)\%$ 及$(79.28\pm10.87)\%$。热带草原(SAV)、多树草原(WSA)及开放灌丛(OSH)站点的 GPP 所受水分胁迫主要由土壤水主导,其 ζ_θ 分别为$(85.66\pm9.55)\%$、$(86.40\pm5.82)\%$ 及$(82.15\pm7.21)\%$。对于森林植被类型常绿针叶林(ENF)、常绿阔叶林(EBF)及落叶阔叶林(DBF),土壤水及 VPD_L 对 GPP 变化的贡献度相当,ζ_θ 分别为$(47.97\pm20.81)\%$、$(50.49\pm7.47)\%$ 及$(53.95\pm18.95)\%$。从数量上来看,36 个站点(比例为 47.36%)的 GPP 所受水分胁迫由土壤主导,从贡献度上来看,土壤水及 VPD_L 对 GPP 变化的贡献度分别为$(49.71\pm20.83)\%$ 和$(50.29\pm20.83)\%$,说明从本研究选用的通量站来看,土壤水及 VPD_L 对 GPP 变化的贡献度是相当

的。尽管本研究选用的通量站难以反映全球生态系统的真实情况,但是较高的土壤水贡献度依然能够说明干旱地区土壤水对 GPP 的重要影响,结果也进一步说明,不考虑水汽压差与土壤水之间的耦合作用关系可能会高估水汽压差对生态系统生产力的影响[142,266]。

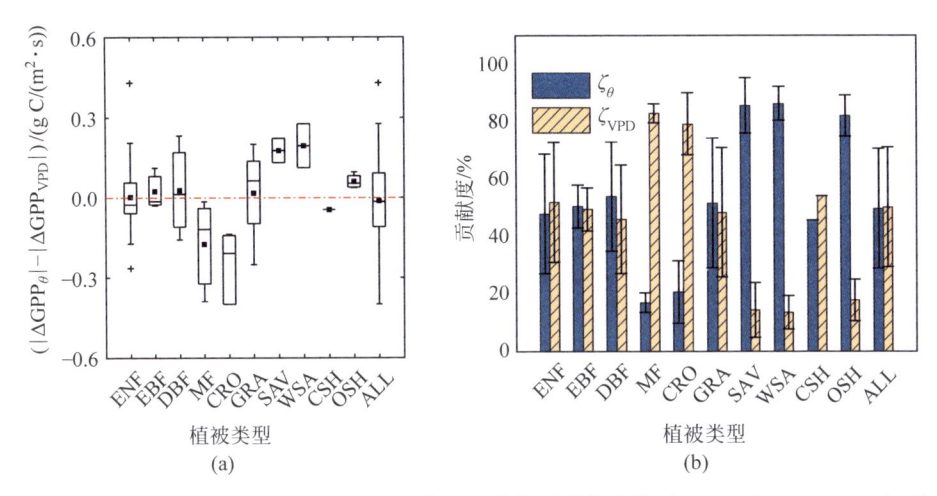

图 9.9　在旺盛生长季,土壤水及 VPD_L 对 GPP 变化贡献的差值($|\Delta GPP_\theta|-|\Delta GPP_{VPD}|$)的箱线图(a),以及土壤水及 VPD_L 对 GPP 变化的相对贡献度 ζ_θ 与 ζ_{VPD} (b)

9.3.5　分离 VPD_L 及土壤水对 ET 变化的相对贡献

本节将式(9-18)~式(9-21)中的 GPP 替换为 ET,进一步分析 VPD_L 及土壤水对 ET 变化的相对贡献。小时尺度上,VPD_L 与土壤水解耦后,ΔET_θ 主要为负值,表明土壤水对 ET 具有约束作用。ΔET_θ 与干旱指数 DI 呈现出的显著负相关关系($R^2=0.23, p<0.01$,见图 9.10(a))表明,土壤水对 ET 的限制作用在偏干的站点要显著高于偏湿的站点。VPD_L 对 ET 的影响 ΔET_{VPD} 主要为正值(比例为 87.84%),但是 ΔET_{VPD} 与干旱指数 DI 呈较弱的负相关关系($R^2=0.044, p<0.05$)。这表明,对于大部分站点来说,VPD_L 增加会导致一定程度的 ET 增加,水分限制的生态系统,如多树草原(WSA)及热带草原(SAV),ΔET_{VPD} 为较小的正值,表明 VPD_L 对 ET 的驱动作用相比于湿润地区偏弱(见图 9.10(b))。$|\Delta ET_\theta|-|\Delta ET_{VPD}|$ 与干旱指数 DI 呈显著的正相关关系($R^2=0.36, p<0.01$,见图 9.10(d)),由 $|\Delta ET_\theta|-|\Delta ET_{VPD}|$ 与干旱指数 DI 的线性回归模型可知,当 DI=1.89 时,站点 ET 的水分胁迫主要由 VPD_L 主导,即能量限制占主导,对于偏干的站点(DI>1.89),其 ET 的水分胁迫主要由土壤水主导,即水分限制占主导。

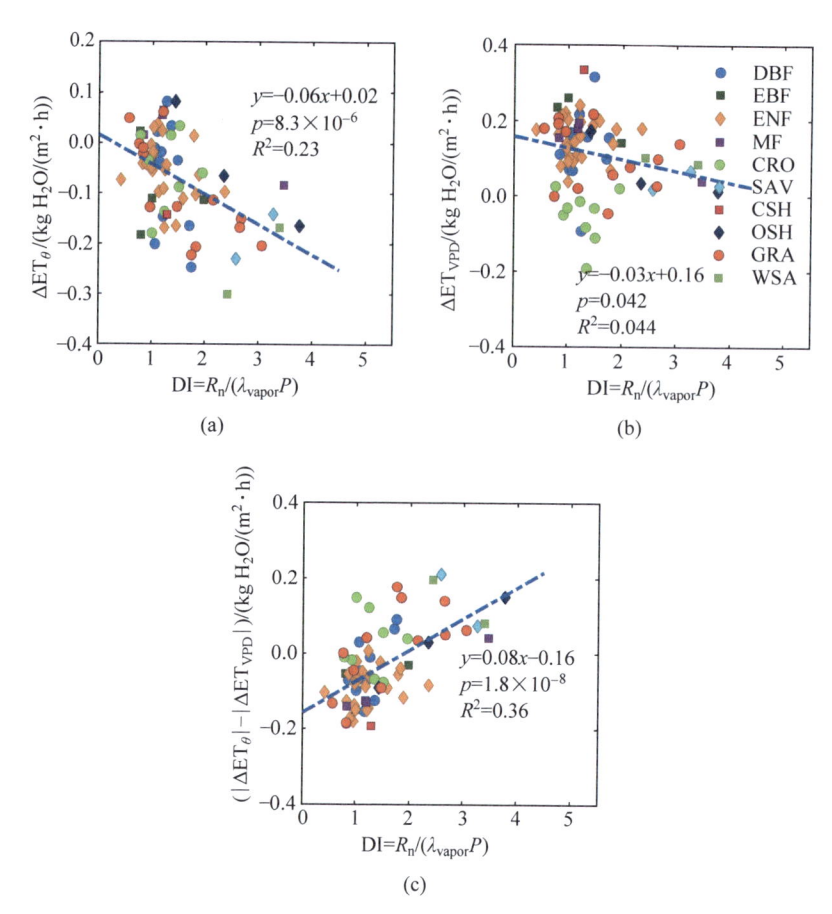

图 9.10 在旺盛生长季,土壤水的变化对 ET 的影响(ΔET_θ)(a)、VPD_L 的变化对 ET 的影响(ΔET_{VPD})(b)及二者绝对值的差值($|\Delta ET_\theta|-|\Delta ET_{VPD}|$)(c)与干旱指数 DI 之间的相关关系

对不同植被类型(如图 9.11 所示),热带草原(SAV)、多树草原(WSA)及开放灌丛(OSH)站点 ET 的水分胁迫主要受土壤水主导,土壤水的贡献度分别为$(80.13\pm12.37)\%$、$(70.15\pm4.12)\%$ 及 $(64.94\pm17.34)\%$。对于森林站点常绿针叶林(ENF)、常绿阔叶林(EBF)、落叶阔叶林(DBF)及混交林(MF),其 ET 的水分胁迫主要受 VPD_L 的影响,VPD_L 的贡献度分别为 $(72.73\pm7.64)\%$、$(60.73\pm5.64)\%$、$(67.96\pm13.33)\%$ 及 $(68.51\pm17.37)\%$。从站点数量上来看,共计 51 个站点(比例为 67.10%)的 ET 水分胁迫由 VPD_L 主导。从贡献度上来看,VPD_L 及土壤水对 ET 水分胁迫的贡献度分别为$(40.92\pm16.91)\%$和$(59.08\pm16.91)\%$。

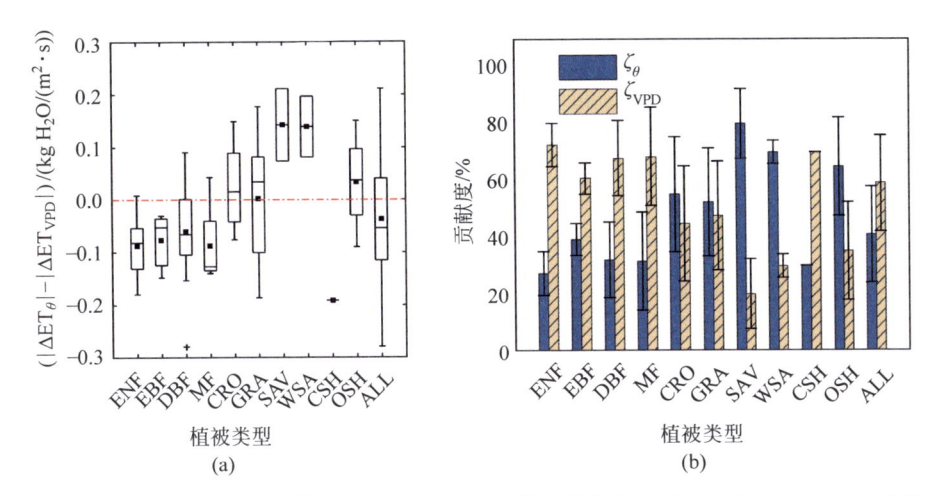

图 9.11 在旺盛生长季，土壤水及 VPD_L 对 ET 变化贡献的差值（$|\Delta ET_\theta|-|\Delta ET_{VPD}|$）的箱线图(a)和土壤水及 VPD_L 对 ET 变化的相对贡献度 ζ_θ 与 ζ_{VPD} (b)

9.4 分离 VPD_L 及土壤水对生态系统水分利用效率变化的相对贡献

9.4.1 VPD_L 及土壤水对 WUE 变化相对贡献的量化方法

生态系统水分利用效率 WUE 反映了碳水耦合特征，其变化是 GPP 与 ET 变化的综合表现。为了确定 GPP 和 ET 对 WUE 变化的相对贡献度，本研究使用 Lindeman-Merenda-Gold(简称 LMG)方法计算了 GPP 和 ET 对 WUE 变化的相对重要性(relative importance)。基于多元回归模型，LMG 方法可用于量化每个变量对模型方差的解释程度，将每个参与回归的变量所有顺序的平方和(sum of squares)进行未加权的平均，以此对模型的 R^2 进行分解，该方法充分考虑了因子之间的相关关系及因子的顺序效应[495]，目前被广泛应用于相关研究[268,496-497]。该方法通过 Rstudio 的"relaimpo"包[495,498]来实现(https://cran.r-project.org)。若 ET 对 WUE 变化的相对重要性高于 GPP 对 WUE 变化的相对重要性，则认为该生态系统的 WUE 的变化主要由 ET 主导，反之亦然。

WUE 对 VPD_L 及土壤水变化的响应同样也是 GPP、ET 对 VPD_L 及土壤水变化响应的综合表现，本节基于线性回归的方法，分析 GPP、ET 对 VPD_L 及土壤水的敏感性，并进行比较。回归分析前，本节首先对 GPP、ET 及 WUE 序列进行标准化以消除数量和单位引起的偏差，标准化采用 Z-score 方法，标准化后的 GPP、ET

及 WUE 分别表示为 GPP$_{norm}$、ET$_{norm}$ 及 WUE$_{norm}$。然后，本节应用偏最小二乘回归法(partial least square regression，PLSR)来分析小时尺度上生态系统 GPP、ET 及 WUE 对 VPD$_L$ 及土壤水变化的响应。考虑到 VPD$_L$ 与土壤水变量之间存在较强的多重共线性，PLSR 的回归系数可表示为 VPD$_L$ 及土壤水对 WUE 的直接影响[499-501]。此外，本节采用两种方法分析 VPD$_L$ 及土壤含水量对 WUE 变化的贡献度，一是应用数据分箱的方法，即式(9-18)～式(9-21)，将 GPP 替换为 WUE，计算土壤含水量及 VPD$_L$ 的贡献度，分别为 ζ_θ 及 ζ_{VPD}；二是应用广义线性模型(generalized linear model，GLM)来分析 VPD$_L$ 及土壤水对生态系统 WUE 变化的相对贡献(relative contribution，RC，%)[268,502]，即计算 RC$_\theta$ 和 RC$_{VPD}$。GLM 可计算方差的贡献度，即每个自变量的 RC，所有变量对方差的贡献度之和就是模型的解释程度。PLSR 和 GLM 方法通过 Rstudio 的"pls"[503]包和"glm2"[504]包来实现。

9.4.2 分离 VPD$_L$ 及土壤水对生态系统水分利用效率变化的相对贡献

图 9.12 展示了不同植被类型下 GPP 和 ET 对 WUE 变化的相对重要性。结果显示，在旺盛的生长季，本研究所选站点的生态系统 WUE 变化由 ET 主导站点的比例为 53.95%(共计 41 个)，ET 和 GPP 对 WUE 变化的相对重要性分别为(51.17±18.36)%和(48.83±18.36)%，即总体上 ET 对 WUE 的影响略大。从图 9.12 中可以看出，农田(CRO)、草地(GRA)、稀树草原(SAV)生态系统的 WUE 的变化主要由 GPP 主导，GPP 对这些植被类型的 WUE 变化的相对重要性分别为(78.14±5.01)%、(60.12±11.94)%和(53.07±7.84)%，Zhao 等[268]的研究也表明，农田与草地生态系统的 WUE 的变化主要由 GPP 主导。ET 对 WUE 变化的相对重要性最高的生态系统是郁闭灌丛(75.31%)，但该类型仅有一个站点，因此存在一定的不确定性。森林生态系统 WUE 的变化主要由 ET 主导，常绿针叶林(ENF)、常绿阔叶林(EBF)、落叶阔叶林(DBF)和混交林(MF)生态系统的 ET 的相对重要性分别为(61.80±10.44)%、(58.44±16.33)%、(54.10±16.38)%和(69.52±18.55)%。该结果表明，对于森林生态系统，在旺盛的生长季，ET 的变异程度相对于 GPP 而言更大。由 9.2 节的数据筛选步骤可知，为了排除其他环境因子的影响，本节选取的时段为生态系统的旺盛生长季，此时辐射、气温等对生态系统的影响较小，且叶面积指数较为稳定，因此，该阶段被认为是生态系统主要受水分条件限制的时期[262,481,486]。由图 9.6 和图 9.7 可知，LAI 较高的森林生态系统在遭受水分胁迫时，其 GPP 的减少程度要显著低于 LAI 较低的非森林生态系统，即森林生态系统的 GPP 对耦合水分胁迫的抵御能力更强。此外，森林生态系统通常位于湿润或者半湿润半干旱地区，当辐射与气温对生态系统的影响趋于饱和时，

ET 中的土壤蒸发部分对水分条件的变化较为敏感[271],导致 ET 在旺盛生长季的变异程度要高于 GPP。此外,Zhao 等[268]的研究也表明,当森林生态系统处于干旱时期时,ET 对 WUE 的影响较大。

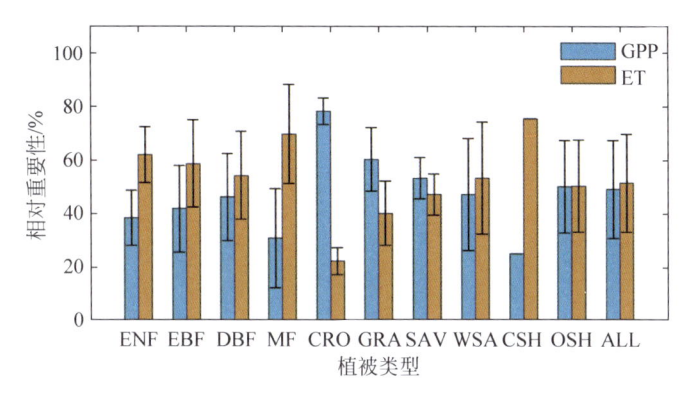

图 9.12　旺盛生长季 GPP 与 ET 对 WUE 变化的相对重要性

以站点 IT-Col(落叶阔叶林)为例,本研究首先分析了 GPP、ET、WUE 与 VPD_L 及土壤含水量的相关关系,结果如图 9.13 所示。WUE_{norm} 与 VPD_L 呈显著的负相关关系($p<0.01$,$R^2=0.038$,见图 9.13(c)),该结果与前人的研究结果相一致[39,233-234]。从 GPP 与 ET 的角度来看,VPD_L 的增加会显著减小 GPP_{norm},但二者的相关性较弱($p<0.01$,$R^2=0.0046$,见图 9.13(a)),同时 VPD_L 的增加会显著增加 ET_{norm}($p<0.01$,$R^2=0.026$,见图 9.13(b)),$GPP_{norm}-VPD_L$ 与 $ET_{norm}-VPD_L$ 的斜率分别为 -0.10 kPa^{-1} 与 0.23 kPa^{-1},因此,GPP 与 ET 对 VPD_L 的响应并不同步,ET 对 VPD_L 较高的敏感性,导致 WUE 与 VPD_L 之间具有强烈的负相关关系(见图 9.13(d))。WUE_{norm} 与土壤水呈显著的正相关关系($p<0.01$,$R^2=0.02$,见图 9.13(g)),土壤水的增加会显著增加 GPP_{norm}($p<0.01$,$R^2=0.097$,见图 9.13(e)),同时土壤含水量的增加也会显著增加 ET_{norm}($p<0.01$,$R^2=0.1$,见图 3.13(f)),$GPP_{norm}-SWC$ 与 $ET_{norm}-SWC$ 相关性的斜率分别为 3.87 m^3/m^3 与 4.95 m^3/m^3,与此相似,GPP 与 ET 对土壤含水量的响应并不同步,ET 对土壤含水量较高的敏感性,导致了 WUE 与土壤含水量的负相关关系(见图 9.13(h))。由以上分析可知,在旺盛的生长季,IT-Col 站点的 WUE 对水分条件的响应主要由 ET 主导。

将上述分析应用到全部的站点,$GPP_{norm}-VPD_L$ 的斜率与 $ET_{norm}-VPD_L$ 的斜率呈显著的正相关关系($p<0.01$,$R^2=0.11$),GPP_{norm} 与 VPD_L 的负相关关系及 ET_{norm} 与 VPD_L 的正相关关系,综合导致了 WUE 与 VPD_L 的负相关关系。GPP_{norm} 对 VPD_L 变化的斜率为 $(-0.29\pm0.30)/kPa$,ET_{norm} 对 VPD_L 变化的斜

率为(0.18 ± 0.28)/kPa,WUE_{norm}对VPD_L变化的斜率为(-0.51 ± 0.33)/kPa。总体上看,GPP对VPD_L的敏感性要高于ET对VPD_L的敏感性,因此,WUE对VPD_L的响应主要是由GPP对VPD_L的响应引起的。

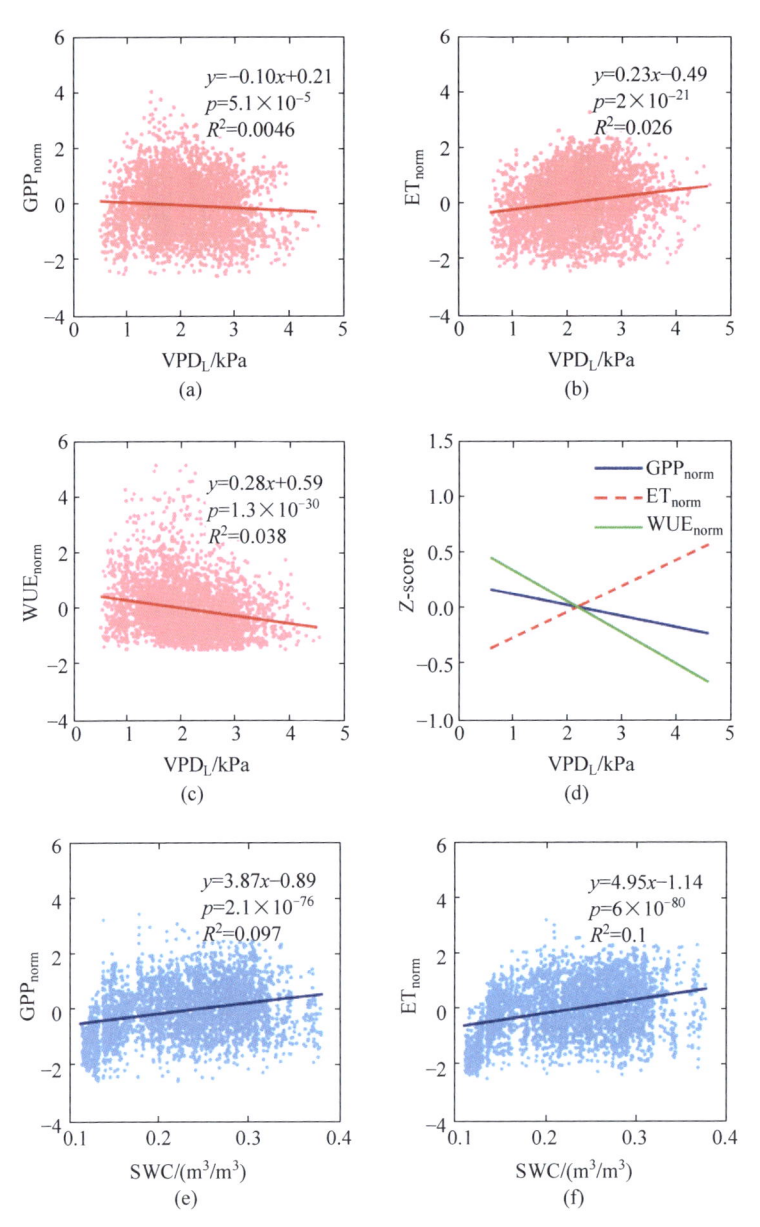

图9.13 站点 IT-Col 的生长季 GPP、ET、WUE 与 VPD_L(a)～(d)及 SWC(e)～(h)的相关关系

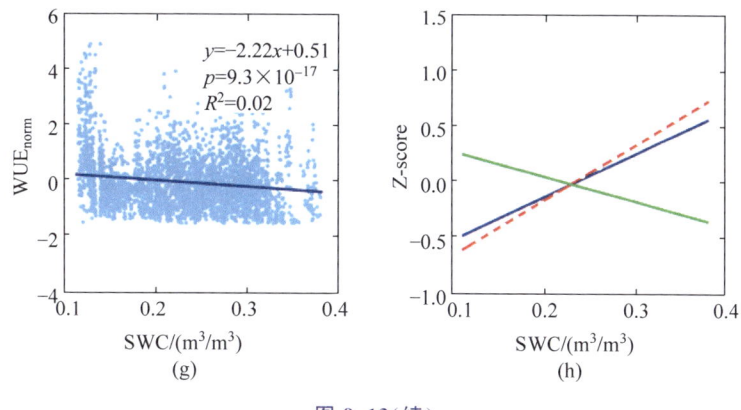

图 9.13（续）

基于 PLSR 方法，本节分析了 GPP、ET 及 WUE 对 VPD_L 与土壤含水量的标准化敏感系数，结果如图 9.14 所示。热带草原（SAV）、多树草原（WSA）及开放灌丛（OSH）站点的 GPP 对土壤含水量的敏感性明显高于 GPP 对 VPD_L 的敏感性，该结果与应用分箱法得到的结果类似（见图 9.9（b）），但与分箱法结果不同的是，PLSR 方法的结果显示，常绿针叶林（ENF）、常绿阔叶林（EBF）和落叶阔叶林（DBF）站点的 GPP 对 VPD_L 的敏感性要高于其对土壤含水量的敏感性，而分箱法的结果显示，VPD_L 和 SWC 对 GPP 的贡献度相当（见图 9.9（b））。对于 ET 而言，PLSR 方法的结果总体上与分箱法的结果一致（见图 9.11（b））。总体上看，PLSR 方法的结果显示，GPP 对 VPD_L 变化的敏感性（−0.14）要略强于 ET 对 VPD_L 变化的敏感性（−0.13），二者综合导致了 WUE 与 VPD_L 之间强烈的负相关关系，WUE 对 VPD_L 变化的标准化敏感系数均值为 −0.31。GPP 对土壤水变化的敏感性（0.06）要显著低于 ET 对土壤水变化的敏感性（0.14），从而导致 WUE 与土壤水之间显著的负相关关系，WUE 对土壤水变化的标准化敏感系数均值为 −0.11。总体上看，VPD_L 主导了 WUE 的变化，VPD_L 主导 WUE 变化的站点数量为 63 个（比例为 82.89%）。同时，该结果同样表明，WUE 与土壤含水量的负相关关系主要是由 ET 对土壤含水量的高敏感性导致的。

本研究进一步分析了 VPD_L 及土壤含水量对 WUE 变化的贡献度，结果如图 9.15 所示。分箱法与 GLM 法的结果较为一致，分箱法得到的 VPD_L 与 SWC 的贡献度分别为 (66.64±15.81)% 与 (33.36±15.81)%，VPD_L 主导 WUE 变化的站点数量为 61（比例为 80.26%）；GLM 方法估算得到的 VPD_L 与 SWC 的贡献度分别为 (69.95±21.75)% 与 (30.05±21.75)%，VPD_L 主导 WUE 变化的站点数量为 58（比例为 76.32%）。综合两种方法的结果，VPD_L 与 SWC 对 WUE 变化的贡献度分别为 (68.31±23.77)% 与 (31.69±23.77)%，表明 VPD_L 是主导

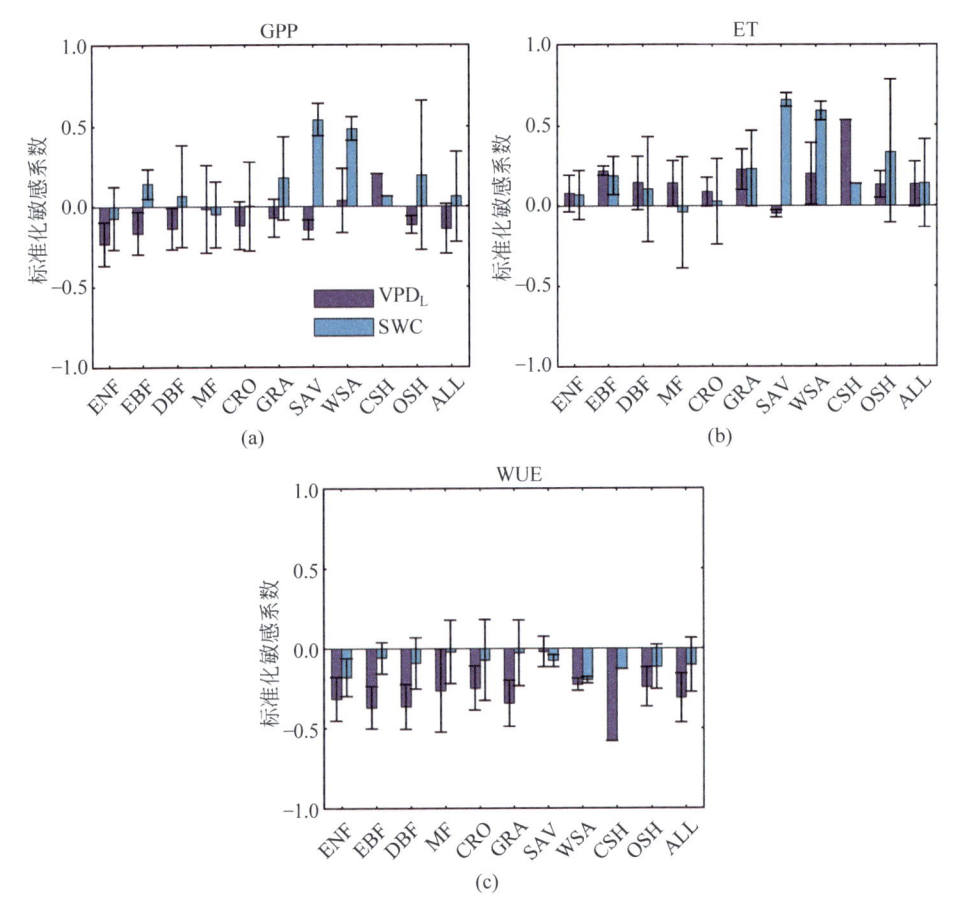

图 9.14　基于 PLSR 方法估算的旺盛生长季 GPP(a)、ET(b)与 WUE(c)对 VPD$_L$ 及土壤含水量的标准化敏感系数

WUE 变化的主要原因。对于热带草原(SAV)和多树草原(WSA)来说,尽管两种方法的结果均显示,土壤水是主导 WUE 变化的主要因素,但是总体上看,土壤水对 WUE 的影响较小,主要是由于 GPP 与 ET 对土壤水变化的响应是同向的,二者对土壤水变化的响应在一定程度上进行了抵消,导致 WUE 对土壤水的敏感性较低[505-506]。相比之下,GPP 与 ET 对 VPD$_L$ 变化的响应是反向的,二者对 VPD$_L$ 的响应进行了叠加,导致了 WUE 对 VPD$_L$ 变化的敏感性较高。

基于两种方法估算的旺盛生长季土壤水对 WUE 变化的贡献度与干旱指数 DI 的相关关系如图 9.16 所示,分箱法的结果未通过显著性检验($p=0.12$,见图 9.16(a)),GLM 法估算的土壤含水量的贡献度与 DI 呈显著正相关关系($p<0.01$, $R^2=0.11$,见图 9.16(b))。该结果表明,WUE 对土壤水变化的响应随着站点干旱程度

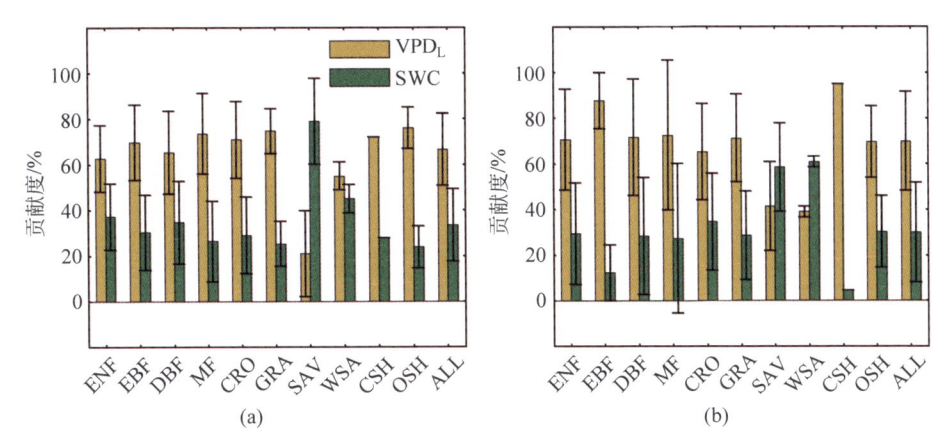

图 9.15 旺盛生长季 VPD$_L$ 及土壤含水量对 WUE 变化的贡献度

(a) 分箱法；(b) GLM 法

的增加而增强。生长在干旱地区的植物在面临土壤水胁迫时，ET 比 GPP 减少得更多，这导致了 WUE 的增加[507]。这是由于生长在干旱地区的植物通常具有较强的干旱适应性，它们可以通过抵抗胁迫相关的基因分泌调节物质来维持生理代谢的稳定[508]。此外，干旱地区的土壤含水量增加时，ET 中的土壤蒸发会显著增加，表现为该地区生态系统 ET 对土壤水更加敏感[271]。

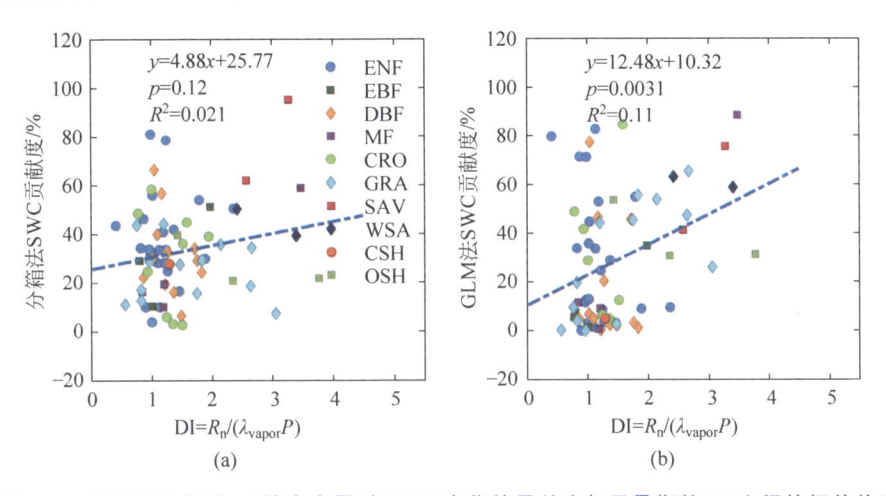

图 9.16 在旺盛生长季，土壤含水量对 WUE 变化的贡献度与干旱指数 DI 之间的相关关系

(a) 分箱法；(b) GLM 法

9.4.3 生态系统水分利用效率对 VPD$_L$ 及土壤水的敏感性分析

本节将基于数据分箱和回归的方法，分析在旺盛的生长季，在不同水分条件

下,WUE 对 VPD_L 及土壤水变化的响应。在 VPD_L 第 i 数据箱内,本节建立如下线性回归模型:

$$WUE_i = \eta_{WUE_i} SWC_i + b_{\theta_i} \tag{9-22}$$

其中,WUE_i 及 SWC_i 分别为 VPD_L 第 i 数据箱内对应的 WUE 及土壤水序列;η_{WUE_i} 为回归模型的斜率,代表在该 VPD_L 箱内,WUE_i 对 SWC_i 的敏感性,$\eta_{WUE_i} = \dfrac{dWUE_i}{dSWC_i}\bigg|_{VPD_{L_i}}$,其物理意义为,在 VPD_{L_i} 水平下,SWC_i 变化 $0.1 \text{ m}^3/\text{m}^3$ 时,引起的 WUE_i 的变化;b_{θ_i} 为截距项。同样,在土壤水第 j 数据箱内,本节建立如下线性回归模型:

$$WUE_j = m_{WUE_j} VPD_{L_j} + b_{VPD_j} \tag{9-23}$$

其中,WUE_j 及 VPD_{L_j} 分别为土壤水第 j 数据箱内对应的 WUE 及 VPD_L 序列,m_{WUE_j} 为回归模型的斜率,代表土壤水第 j 数据箱内,WUE_j 对 VPD_{L_j} 的敏感性,$m_{WUE_j} = \dfrac{dWUE_j}{dVPD_{L_j}}\bigg|_{SWC_j}$,其物理意义为,在 SWC_j 水平下,VPD_L 变化 1 kPa 时,引起的 WUE_j 的变化,b_{VPD_j} 为截距项。

基于数据分箱及线性回归模型,本节以站点各 VPD_L 在箱内的平均值为自变量,以对应箱内的 ΔWUE_{θ_i}(见式(9-18),将 GPP 替换为 WUE)和 η_{WUE_i} 为因变量,分别进行线性回归,结果如图 9.17 所示。对于 ΔWUE_{θ_i},共有 42 个站点的回归斜率为正,其中 24 个站点通过 0.1 显著性水平检验($p<0.1$),33 个站点的斜率为负,其中 17 个站点的斜率显著;对于 η_{WUE_i},共计 45 个站点的斜率为负,其中 28 个站点的结果显著,31 个站点的斜率为正,其中有 15 个站点的斜率显著。以上结果说明,对于大部分站点来说,WUE 对土壤水的敏感性随着 VPD_L 的增加而增加,该现象对于森林植被更加明显,如常绿针叶林(ENF)、常绿阔叶林(EBF)、落叶阔叶林(DBF)。对于农田(CRO)生态系统,WUE 对土壤含水量的敏感性随着 VPD_L 的增加而减少的趋势更加明显,有 6 个站点符合该趋势(共计 9 个)。

本节以站点各土壤含水量箱内的平均值为自变量,以对应箱内的 ΔWUE_{VPD_j}(见式(9-19),将 GPP 替换为 WUE)和 m_{WUE_j} 为因变量,分别进行线性回归,结果如图 9.17 所示。对于 ΔWUE_{VPD_j},共有 46 个站点的回归斜率为正,其中 16 个站点通过 0.1 显著性水平检验,30 个站点的斜率为负,其中 8 个站点的斜率显著;对于 m_{WUE_j},共计 50 个站点的斜率为负,其中 21 个站点的结果显著,26 个站点的斜率为正,其中有 7 个站点的斜率显著。以上结果说明,对于大部分站点而言,WUE 对 VPD_L 变化的敏感性随着土壤含水量的增加而增加,但是从显著性上来看,ΔWUE_{θ_i} 和 η_{WUE_i} 随 VPD_L 变化的趋势比 ΔWUE_{VPD_j} 和 m_{WUE_j} 随土壤含水量变化的趋势更加明显。

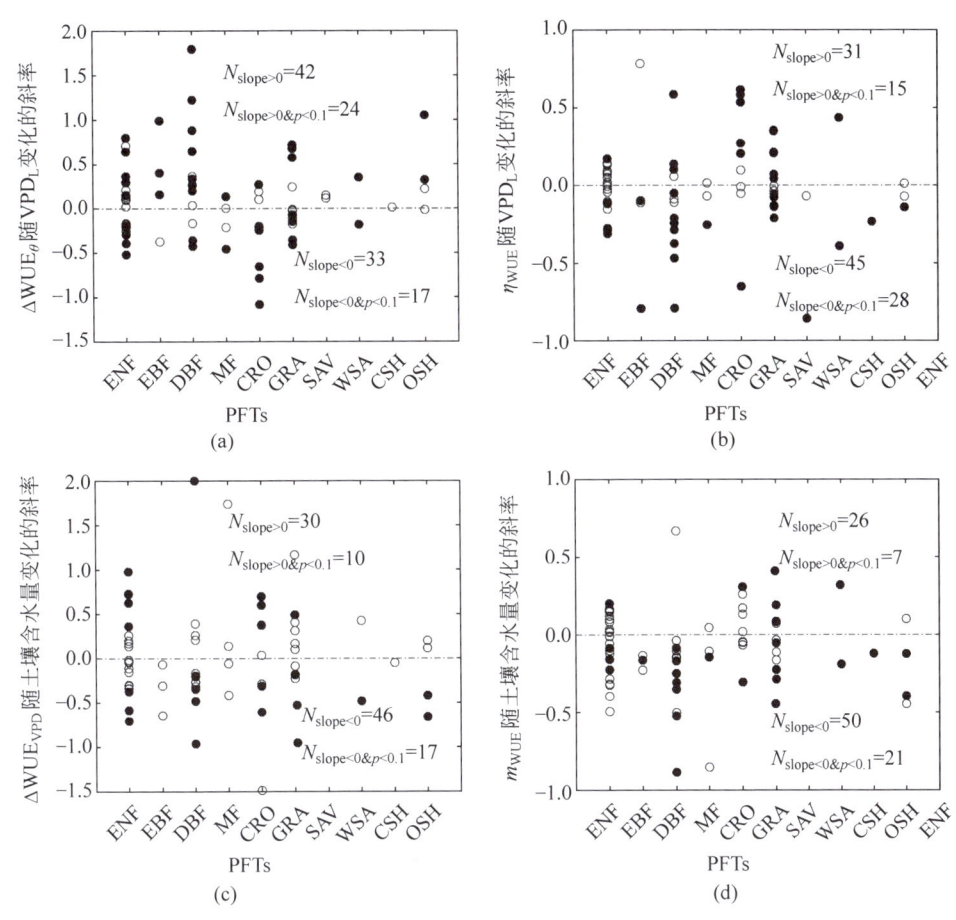

图 9.17 在旺盛生长季，$\Delta \mathrm{WUE}_{\theta i}$（a）和 η_{WUE_i}（b）随 $\mathrm{VPD_L}$ 变化的线性回归斜率及显著性水平分布，以及 $\Delta \mathrm{WUE}_{\mathrm{VPD}j}$（c）和 m_{WUE_j}（d）随土壤水变化的线性回归斜率及显著性水平分布

N 表示不同斜率值所对应的站点数量

考虑到森林生态系统的站点数量较为丰富，且气候跨度较小，基本上分布在湿润区及半干旱半湿润区，所以本研究进一步对森林生态系统的站点单独进行分析。在后续基于分箱法的敏感性分析中，为了保证敏感系数的可靠性，本研究要求分箱后，每个箱内的有效数据至少为 30 个[509]，经过此步筛选后，可使用的森林站点为 36 个，森林植被类型包括常绿针叶林（ENF）、常绿阔叶林（EBF）、落叶阔叶林（DBF）和混交林（MF）。结果如图 9.18 所示，36 个森林通量站的平均 $\Delta \mathrm{WUE}_{\theta i}$ 随着 $\mathrm{VPD_L}$ 的增加而显著增加（$R^2=0.69$，$p<0.01$，见图 9.18(a)），平均 η_{WUE_i} 随着 $\mathrm{VPD_L}$ 的增加而显著减少（$R^2=0.78$，$p<0.01$，见图 9.18(d)），表明森林生态系统

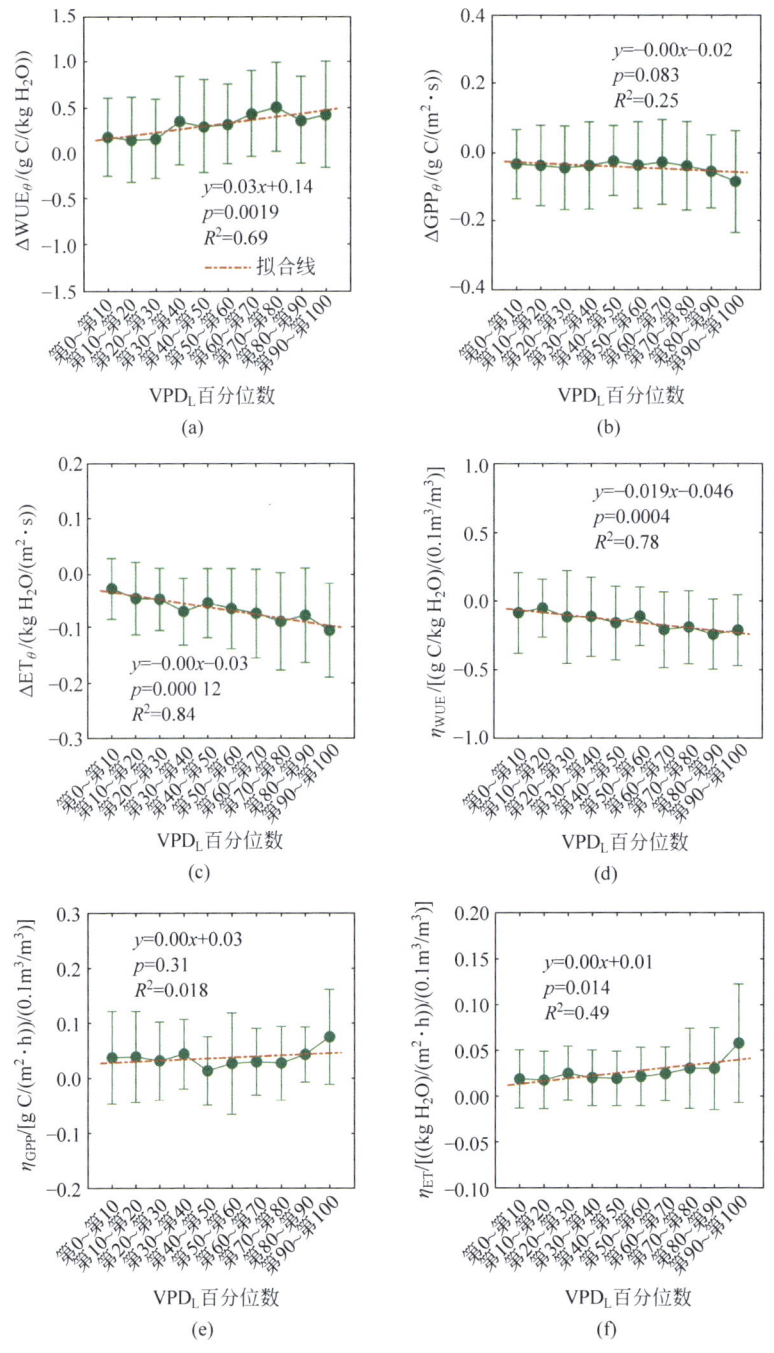

图 9.18 在旺盛生长季，森林站点的 $\Delta WUE_{\theta i}$ (a)、$\Delta GPP_{\theta i}$ (b)、$\Delta ET_{\theta i}$ (c)、η_{WUE_i} (d)、η_{GPP_i} (e) 及 η_{ET_i} (f) 随 VPD_L 百分位数变化的折线图

图中绿色圆点表示所有通量站的均值，误差棒的长度代表 1 倍标准差，本节中其他带误差棒的折线图具有相同的图形特征

WUE 主要与土壤含水量呈负相关,且 WUE 对土壤含水量的敏感性随着 VPD_L 的增加而显著增加,在 VPD_L 较低时(VPD_L 低于第 10 百分位数),$\Delta WUE_{\theta i}$ 和 η_{WUE_i} 均接近 0,表明此时森林生态系统 WUE 对土壤含水量的敏感性较低;在 VPD_L 较高时(高于第 90 百分位数),WUE 对土壤含水量的变化非常敏感,此时土壤含水量每增加 $0.1~m^3/m^3$,WUE 会减少(0.21 ± 0.26) g C/kg H_2O,总体上,土壤含水量的变化导致 WUE 减少了(0.44 ± 0.58) g C/kg H_2O。

图 9.18(b) 和图 9.18(e) 分别为 $\Delta GPP_{\theta i}$ 和 η_{GPP_i} 随 VPD_L 的变化情况,结果显示,$\Delta GPP_{\theta i}$ 和 η_{GPP_i} 与 VPD_L 的相关性较弱($p>0.05$),但在 VPD_L 较高时,$\Delta GPP_{\theta i}$ 有明显增加,η_{GPP_i} 则有明显减少,说明总体上,GPP 对土壤水的敏感性随着 VPD_L 的变化较小,但是在 VPD_L 较高时,GPP 随着土壤含水量的减少而迅速减小。图 9.18(c) 和图 9.18(f) 分别为 $\Delta ET_{\theta i}$ 与 η_{ET_i} 随 VPD_L 的变化情况,结果显示,$\Delta ET_{\theta i}$ 与 VPD_L 呈显著的负相关关系($R^2=0.84$,$p<0.01$),同时 η_{ET_i} 与 VPD_L 呈显著的正相关关系($R^2=0.49$,$p<0.05$),表明森林生态系统 ET 对土壤水的敏感性随着 VPD_L 的增加而显著增加。上述结果进一步说明,WUE 对土壤水变化的敏感性与 VPD_L 的变化密切相关,这主要是由于 ET 对土壤水的敏感性随着 VPD_L 的增加而增加导致的。考虑到高 VPD_L 下,气孔的关闭会导致蒸腾作用减弱,因此上述现象可能与 ET 中土壤蒸发部分有关。

本节进一步将森林通量站依据土壤含水量百分位数的变化,分析 GPP、ET 及 WUE 对 VPD_L 的敏感性随土壤含水量百分位数变化的特征,结果如图 9.19 所示。结果表明,ΔWUE_{VPDj}、m_{WUE_j} 与土壤含水量的相关性总体上较小($p>0.1$),在土壤含水量低于第 10 百分位数时,ΔWUE_{VPDj} 和 m_{WUE_j} 均明显偏高,说明此时 WUE 对 VPD_L 的敏感性有减小的趋势。ΔGPP_{VPDj} 与 m_{GPP_j} 几乎不受 VPD_L 的影响($p>0.1$)。ΔET_{VPDj} 和 m_{ET_j} 与土壤含水量百分位数呈正相关关系,在土壤含水量较高时,ET 对 VPD_L 的变化更敏感。

针对 WUE 对土壤水的敏感性随着 VPD_L 的增加而增加这一结论,本研究进一步展开不确定性分析。尽管在数据筛选时考虑到气温及辐射可能对生态系统有较大的影响,本研究剔除了生态系统受温度及辐射影响较大时期的数据,尽可能使数据集中在生态系统主要受水分条件限制的时期[262,481,486],但是,CO_2 浓度(C_a)、气温(T_a)及净辐射(R_n)等环境因子依然可能对生态系统水分利用效率产生影响[42],并进一步对上述研究结果产生影响。为了验证上述结果的可靠性,本研究量化了其他环境因子带来的不确定性大小,计算了每个 VPD_L 数据箱内 C_a、T_a、R_n 的变异系数。变异系数定义为标准差与平均值之间的比例(%),又称为相对标准差。

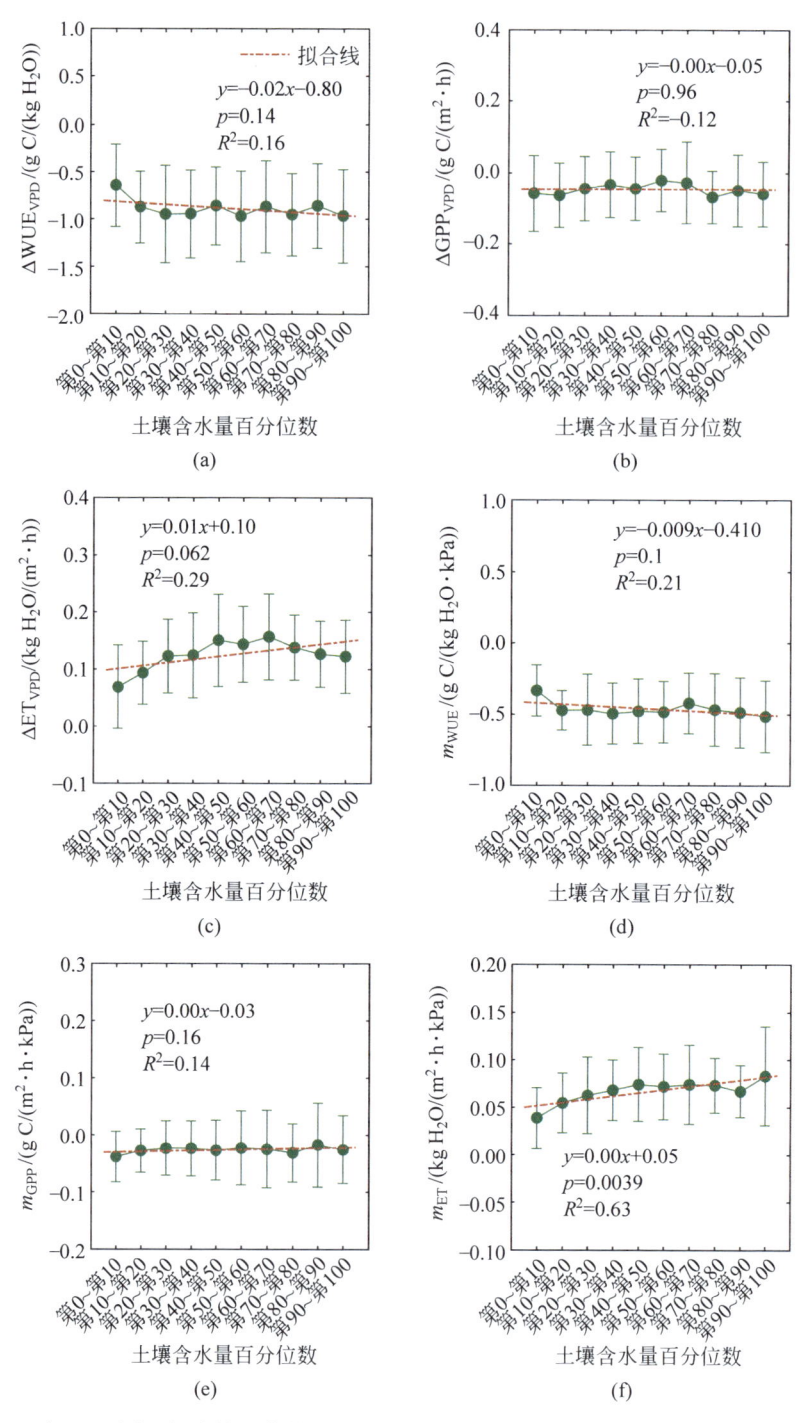

图 9.19 在旺盛生长季,森林站点的 $\Delta\mathrm{WUE}_{\mathrm{VPD}j}$（a）、$\Delta\mathrm{GPP}_{\mathrm{VPD}j}$（b）、$\Delta\mathrm{ET}_{\mathrm{VPD}j}$（c）、$m_{\mathrm{WUE}_j}$（d）、$m_{\mathrm{GPP}_j}$（e）及 m_{ET_j}（f）随土壤含水量百分位数变化的折线图

结果表明,C_a 在每个箱内的变化很小,变异系数为 (3.35±0.10)% (见图 9.20(a))。为了证明本研究的上述结论在不同 CO_2 浓度下的可靠性,本研究进一步按照 CO_2 浓度的绝对值进行分箱处理,将数据分为 3 个 C_a 水平,即 365～375 μmol/mol、370～380 μmol/mol 及 375～385 μmol/mol[482],并重复了 $\Delta WUE_{\theta i}$ 和 η_{WUE_i} 的计算过程,然后比较其与未经 C_a 分箱的结果的相关性。结果显示,经过 C_a 分箱与未经 C_a 分箱的 $\Delta WUE_{\theta i}$ 具有显著相关性,但是基于作差法的结果受样本量的

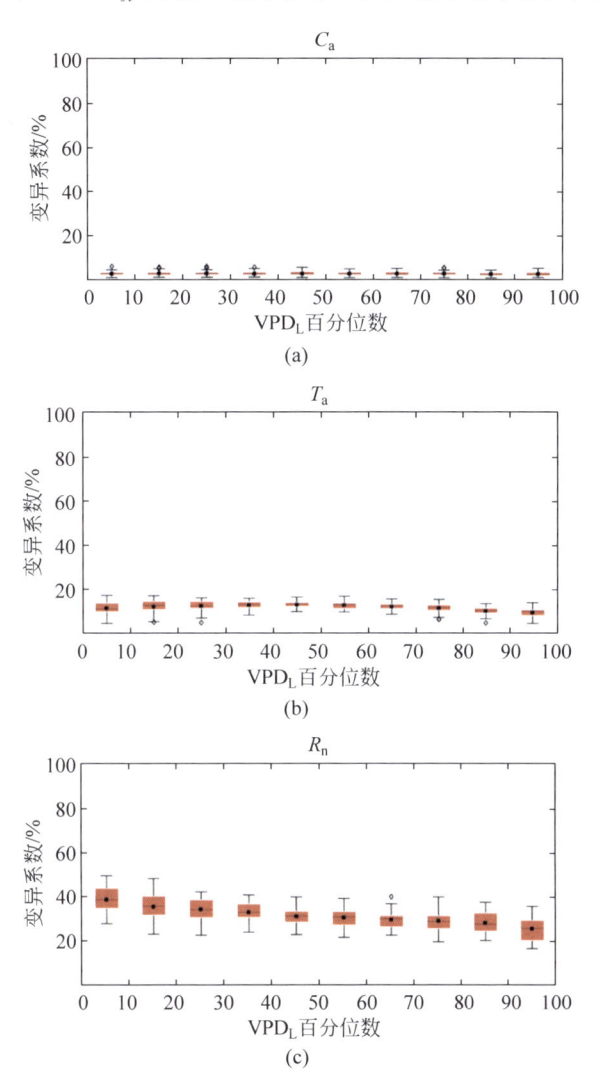

图 9.20　在旺盛生长季小时尺度下,CO_2 浓度 C_a(a)、气温 T_a(b)及净辐射 R_n(c)在 VPD_L 数据箱中变异系数变化的箱线图

影响较大,因此具有较低的 R^2($R^2=0.10$, $p<0.01$, 见图 9.21(a)), 经过 C_a 分箱与未经 C_a 分箱的 η_{WUE_i} 具有较高的一致性($R^2=0.80$, $p<0.01$, 见图 9.21(b)), 结果表明, CO_2 浓度的差异并未对上述研究结果造成显著影响。尽管有研究表明, CO_2 浓度的增加可以提高 WUE[233,510], 但是对于本研究而言, CO_2 浓度的变化对 WUE 造成的影响较小且可以忽略不计。

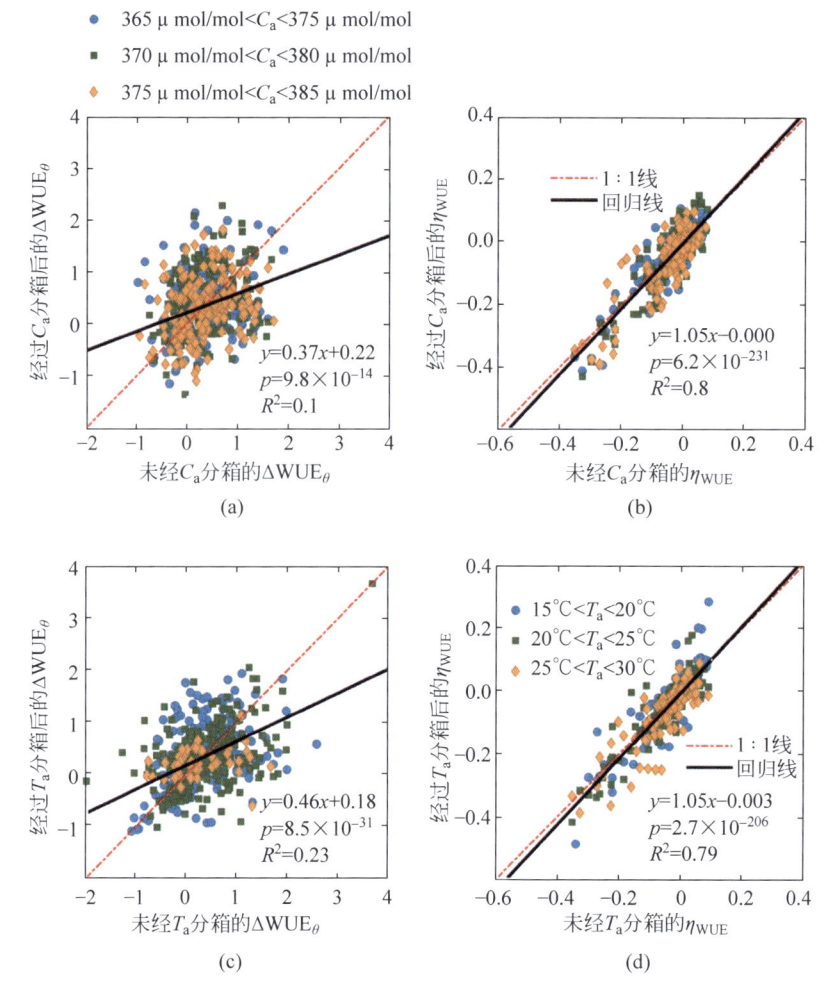

图 9.21 未经 C_a 分箱与经过 C_a 分箱后的 $\Delta WUE_{\theta i}$ 的比较(a)及 η_{WUE_i} 的比较(b);未经 T_a 分箱与经过 T_a 分箱后的 $\Delta WUE_{\theta i}$ 的比较(c)及 η_{WUE_i} 的比较(d);未经 R_n 分箱与经过 R_n 分箱后的 $\Delta WUE_{\theta i}$ 的比较(e)及 η_{WUE_i} 的比较(f)

第9章　水汽压差与土壤水对生态系统碳水通量的耦合影响

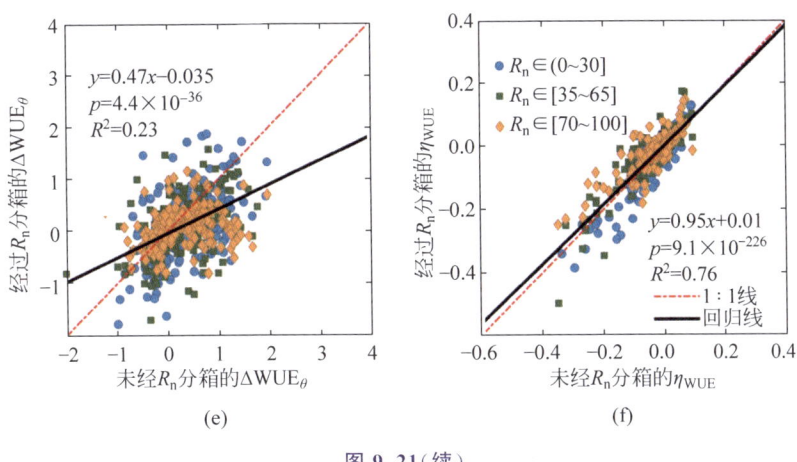

(e) 　　　　　(f)

图 9.21（续）

气温与净辐射在 VPD_L 箱内的变异系数为 $(11.37\pm 1.66)\%$（见图 9.20(b)）和 $(31.73\pm 3.74)\%$（见图 9.20(c)）。T_a 与 R_n 的变异系数随着 VPD_L 的增加有明显的减小，说明本研究结果在高 VPD_L 下更加可靠。相比于 T_a 与 CO_2 浓度，R_n 在 VPD_L 箱内的变异程度较高。一般而言，T_a 与 R_n 的变化不会对 WUE 产生较大的影响，因为 GPP 与 ET 对 T_a 与 R_n 的变化几乎是同步的，除非在空气非常干燥或者热浪出现的情况下，GPP 与 ET 对 T_a 与 R_n 的变化可能会不同步，此时碳水通量会出现解耦[161]。为了验证本研究结果对气温与净辐射变化的可靠性，本节进一步对气温与净辐射的观测数据进行分箱处理。气温数据按照 15~20℃、20~25℃ 及 25~30℃ 分为 3 个数据箱区间[180]，净辐射数据按照百分位数分为第 0~第 30、第 35~第 65 及第 70~第 100 3 个数据箱。结果表明，未经 T_a 分箱与经过 T_a 分箱后的 $\Delta WUE_{\theta i}$ 具有显著的负相关关系 ($R^2=0.23, p<0.01$，见图 9.21(c))，与 C_a 的结果类似，$\Delta WUE_{\theta i}$ 的 R^2 偏低，未经 T_a 分箱与经过 T_a 分箱后的 η_{WUE_i} 具有较高的一致性 ($R^2=0.79, p<0.01$，见图 9.21(d))；未经 R_n 分箱与经过 R_n 分箱后的 $\Delta WUE_{\theta i}$ 具有显著的负相关关系 ($R^2=0.23, p<0.01$，见图 9.21(e))，未经 R_n 分箱与经过 R_n 分箱后的 η_{WUE_i} 较为一致 ($R^2=0.76, p<0.01$，见图 9.21(f))。上述结果表明，气温与净辐射的变化不会对本研究的结果产生影响。

9.5　本章小结

本章基于 FLUXNET2015 Tier 1 的 76 个通量站点每（半）小时数据，首先对观测数据进行筛选，重点关注生态系统主要受水分条件限制的时期，在小时尺度上，基于数据分箱、线性回归等方法，分析了生态系统总初级生产力(GPP)、总蒸发量(ET)及生态系统水分利用效率(WUE＝GPP/ET)对耦合水分胁迫的响应特征，在此基础上量化了VPD_L及土壤水对生态系统碳水通量变化的相对贡献；基于偏最小二乘回归及广义线性模型，探索了GPP、ET对VPD_L及土壤水响应的差异，在此基础上量化了VPD_L及土壤水对WUE变化的相对贡献，分析了WUE对VPD_L及土壤水变化的敏感性。取得的主要结论如下。

(1) 数据分箱法可展现GPP、ET及WUE对VPD_L与土壤水变化的真实响应。在旺盛的生长季，VPD_L与土壤水在小时尺度解耦后，GPP随着VPD_L的增加出现先增加后减小的趋势，GPP的最低值处于极端耦合水分胁迫情景，即VPD_L高于第90百分位数同时土壤低于第10百分位数，此情景出现的概率最高((1.98±1.26)%)，该种情景下，GPP减少了(30.71±15.16)%。极端耦合水分胁迫情景导致GPP减少的幅度明显高于水分条件充足时GPP增加的幅度((12.28±14.98)%)。较为干旱的站点相比于较为湿润的站点，耦合水分胁迫造成的GPP减少幅度明显偏高。ET的高值出现在VPD_L位于第60～第70百分位数同时SWC位于第70～第80百分位数的情景，此时ET增加了(21.39±20.68)%，此情景发生的概率为(1.01±0.33)%，ET低值出现在VPD_L低于第10百分位数同时SWC低于第10百分位数时，此时对应出现的概率较低((0.58±0.50)%)。WUE受VPD_L的影响较大且变化较为单调，基本上随着VPD_L的增加而减小，随着土壤水的增加而减小。

(2) 在旺盛的生长季，土壤水对GPP和ET的限制作用在偏干的站点要显著高于偏湿的站点。土壤水与VPD_L对GPP变化的贡献度分别为(49.71±20.83)%和(50.29±20.83)%；农田(CRO)、混交林(MF)站点GPP受VPD_L的影响较大，热带草原(SAV)、多树草原(WSA)站点GPP受土壤水的影响较大，森林站点的土壤水与VPD_L对GPP变化的贡献度比例相当。土壤水与VPD_L对ET变化的贡献度分别为(40.92±16.91)%和(59.08±16.91)%，热带草原(SAV)、多树草原(WSA)站点的ET受土壤水的影响较大，森林植被ET主要受VPD_L的影响。

(3) GPP与ET对水分条件变化的响应不同步，WUE对VPD_L及土壤水变化的响应存在差异。在旺盛的生长季，农田(CRO)、草地(GRA)、稀树草原(SAV)生态系统的WUE的变化由GPP主导，森林生态系统WUE的变化由ET主导。分箱法与广义线性模型法的结果较为一致，分箱法估算的VPD_L与SWC对WUE变化的贡献度分别为(66.64±15.81)%与(33.36±15.81)%，广义线性模型法估算的VPD_L与SWC对WUE变化的贡献度分别为(69.95±21.75)%与(30.05±21.75)%，以上结果表明，VPD_L是主导WUE变化的主要原因。GPP与ET对水分条件变化的响应不同步，在旺盛的生长季，ET对土壤水的敏感性显著高于GPP

对土壤水的敏感性,GPP 与 ET 对土壤水的响应互相抵消,导致了 WUE 与土壤水之间较弱的负相关关系。GPP 对 VPD_L 的敏感性略高于 ET 对 VPD_L 的敏感性,但 GPP 与 ET 对 VPD_L 的响应叠加,导致了 WUE 与 VPD_L 之间较强的负相关关系。

(4)基于数据分箱法将 VPD_L 及土壤水解耦后发现,在旺盛生长季,森林生态系统 WUE 对土壤水的敏感性与 VPD_L 的变化密切相关。当 VPD_L 较高时,WUE 随着土壤水的增加会迅速减小,土壤水的约束作用增强。GPP 对土壤水的敏感性随着 VPD_L 的变化较小且不显著,但是 ET 对土壤水的敏感性随着 VPD_L 的变化较为剧烈,因此,ET 的变化驱动了 WUE 对土壤水及 VPD_L 变化的响应。

第10章

蒸腾比及植被水分利用效率对耦合水分胁迫的响应机制

10.1 本章概述

蒸腾作用是水分从植物叶片以水蒸气的状态返回到大气中的过程,蒸腾过程中散失的水汽通量称为蒸腾量(transpiration,T)[402,514]。蒸散发量 ET 中的蒸腾量 T 的比例(T/ET,简称蒸腾比)代表陆地生态系统消耗的水量有多少是用于植被生长的[515]。生态系统水分利用效率 WUE(WUE=GPP/ET)可以通过蒸腾比 T/ET 转换为植被水分利用效率 WUE_t(WUE_t=GPP/T),WUE_t 描述了生态系统固定的碳与真正被植被所利用的水量之比[36]。相比于生态系统水分利用效率 WUE,植被 WUE_t 与植被生理过程的结合更为紧密。量化 WUE_t 并研究其对水分条件的响应规律,可以帮助我们更好地理解植被的用水策略[12,63,516],并且对于量化由于观测尺度带来的不确定性及地球系统模型的改进具有重要意义[44,90]。

蒸腾比 T/ET 及植被水分利用效率 WUE_t 在短时间尺度内受水分胁迫的影响一般会有较大的波动[269,297],而每次降水脉冲也会使土壤及植被表面变湿,为蒸发提供水分,导致 T/ET 及 WUE_t 发生变化。蒸腾与土壤蒸发的主要区别在于,蒸腾作用是由植被调节的过程,植被通过调节气孔导度或感受根部吸水量来调节蒸腾作用。蒸腾与土壤蒸发的物理过程非常相似,通过直接观测进行区分具有很大的难度。因此,利用遥感卫星观测数据和站点碳水通量数据建立 ET 分离的间接方法具有重要的意义。

水汽压差不仅是植被蒸腾和土壤蒸发的重要直接驱动力,同时也会影响植被的气孔导度从而进一步影响植被蒸腾作用。高水汽压差会导致气孔导度减小[232],降低光合过程中的水分消耗,高空气水汽需求及减小的气孔导度都会影响蒸腾。土壤水一方面会直接影响土壤蒸发量,同时也会通过影响植被气孔导度来影响植被蒸腾[517],进而影响蒸腾比和植被水分利用效率。由于上述过程强烈地耦合在一起,因此我们有必要深入探讨植被水分利用效率的年内波动及其对水汽压差、土壤水变化的响应特征,寻求量化分离水汽压差、土壤水对植被水分利用效率变化相对贡献的方法。

要估算蒸腾比及植被水分利用效率,首先需要通过有效的方法来量化分离蒸散发量 ET 以获取可靠的植被蒸腾量 T。随着学界对蒸散发分离研究工作的深入,目前有较多的 ET 分离方法,但是所用方法和数据的差异导致估算结果存在不确定性,有些不确定性来自观测数据本身,如液流(sap flow)技术[518]、气室法(chambers)[519]、蒸渗仪法(lysimetry)[520]和涡度协方差观测(eddy covariance)等;有些不确定性来自 ET 分离方法的不确定性,例如,基于通量站观测数据的 ET 分离方法,其不确定性主要源于方法的假设[154,278]。

本章采用 FLUXNET Tier1 数据集中的 36 个森林通量站观测数据,基于 3 种蒸散发分离方法(见表 10.1)估算蒸腾比及植被水分利用效率,分析蒸腾比的季节变化特征及其与叶面积指数的相关关系,并将 3 种方法估算的结果进行对比来评估蒸散发分离方法的可靠性。以此为基础,探究 T/ET 及 WUE_t 对耦合水分胁迫的响应规律,量化 VPD_L 与土壤水对森林植被 WUE_t 及 T/ET 变化的相对贡献,分析 WUE 及 WUE_t 对水分条件变化响应的差异,并基于分微分法,将 WUE 对土壤水变化的敏感系数进行分解,探究森林生态系统 WUE 对土壤水变化响应的内在驱动机制。

表 10.1 本研究应用的蒸散发分离方法*

方法简称	理论基础	所需变量
Z16[39,99,296]	生态系统潜在水分利用效率指标 uWUE	半小时尺度 GPP、ET 及 VPD
L19[193]	一般性生态系统导度模型	半小时尺度 GPP、ET 及 VPD_l
N18[300,521]	随机森林模型	半小时尺度 GPP、ET、T_a、RH、VPD、R_g、R_{gpot}、u

* 包括方法的简称、方法的理论基础、方法应用所需的变量及对应的参考文献。

10.2 数据来源与蒸散发分离方法介绍

10.2.1 数据来源与数据预处理

本章使用的森林通量站点数据来自 FLUXNET2015 Tier 1 数据集。首先对通量站的半小时尺度观测数据进行预处理[99,192,296]:①选取站点实测及数据插补质量为"优"的通量数据,以保证数据的可靠性;②选取白昼数据,即每天 7:00—19:00 的数据。在数据初步筛选之后,本章后续针对所建立的蒸散发分离方法对数据的不同要求,进一步进行数据筛选。进行数据预处理后,本章研究所使用的

36个森林通量站的数据共计459个站点年,时间跨度为1996—2014年,具体包括11个落叶阔叶林(DBF)站点,共计132个站点年;3个常绿阔叶林(EBF)站点,共计25个站点年,时间跨度为1997—2014年;19个常绿针叶林(ENF)站点,共计257个站点年,时间跨度为1996—2014年;3个混交林(MF)站点,共计45个站点年,时间跨度为1996—2014年。

10.2.2 基于uWUE指标的蒸散发分离方法

Zhou等[296]基于生态系统潜在水分利用效率(uWUE)的概念提出了基于uWUE指标的ET分离方法(以下简称Z16)。uWUE指标的计算方法如下:

$$uWUE = \frac{GPP \cdot VPD^{0.5}}{ET} \quad (10-1)$$

其中,GPP代表生态系统总初级生产力(g C/(m²·h));VPD为水汽压差,为了尽可能还原Zhou等[296]提出的算法,此处VPD采用空气VPD_a来进行后续ET分离工作;ET为蒸散发量(kg H_2O/(m²·h))。在应用Z16分离方法时,通量站数据筛选的规则如下:①剔除降雨期间及受降水影响的数据,以减少冠层截留及土壤蒸发的影响[55];②选择日间且R_n、GPP、ET、VPD_a为正值的数据[522]。

基于uWUE指标和半小时通量站数据,分别计算:①潜在uWUE(简称$uWUE_p$),它是$GPP \times VPD^{0.5}$与ET相关关系的第95百分位数回归系数,代表此时生态系统碳同化量最大且消耗水分最少[217],即假设此时$T \approx ET$;②表观$uWUE(uWUE_a)$,通过1天或者8天移动窗格的线性回归斜率确定,移动窗口的长度取决于期望得到的平滑程度及数据样本量。Z16方法的主要假设为:①站点下垫面植被覆盖类型单一,通量站$uWUE_p$是稳定的;②旺盛生长季植被覆盖度比较高且表层土壤较为干燥(土壤含水量较低),部分时段可满足$T \approx ET$,此时$uWUE_p \approx uWUE_a$。在半小时尺度上可直接用式(10-1)计算得到$uWUE_a$。Z16方法中蒸腾比T/ET的计算方法如下:

$$\frac{T}{ET} = \frac{uWUE_a}{uWUE_p} \quad (10-2)$$

利用Z16方法,可基于半小时尺度的GPP、ET和VPD_a数据,分别估算日、8天和年尺度的蒸腾比。其中,估算日尺度的蒸腾比时需要日有效记录不少于10条。由于Z16方法使用相对简单的计算公式,$uWUE_a$与$uWUE_p$为斜率或者为比例,因此Z16方法的使用最简单,且需要的变量相对较少。

10.2.3 基于一般性生态系统导度模型的蒸散发分离方法

蒸腾作用是植被生理过程,理论上蒸腾量T与气孔的调节过程密切相关,因此，T 与 GPP 的变化也应密切相关。基于这一原理，Li 等[193]提出了土壤和冠层的双源模型来进行蒸散发分离，以下简称 L19 方法。该方法认为生态系统导度(G_s)由冠层导度(canopy conductance,G_c)及土壤导度(soil conductance,G_{soil})组成，假设冠层导度与 GPP 之间具有相关性[192-202]，并采用分箱回归方法，量化 G_c 与 GPP 之间的相关关系，同时还假设土壤导度 G_{soil} 仅取决于土壤含水量。与 Z16 方法相比，L19 方法避免了 $T \approx ET$ 的假设，且充分考虑了土壤水对生态系统导度及蒸散发分离的影响。应用 L19 方法时，需要剔除降水及受降水影响的时段，仅将土壤导度看作土壤含水量的函数，忽略叶片的最小导度对生态系统导度的影响。L19 蒸散发分离方法中生态系统导度(G_s)的计算采用 Penman-Monteith 公式[53-54]：

$$LE = \frac{\Delta(R_n - G) + \rho c_p G_a VPD_a}{\Delta + \gamma(1 + G_a/G_s)} \quad (10\text{-}3)$$

其中，LE、R_n 及 G 分别代表通量站提供的潜热通量、净辐射及土壤热通量，单位均为 W/m^2；Δ 是饱和水汽压-温度相关性曲线的斜率(kPa/K)，是空气温度的函数；γ 是干湿表常数(kPa/K)；G_a 是空气动力学导度(m/s)。基于通量站观测数据，可以通过式(10-3)推算生态系统导度 G_s：

$$G_s = \frac{\gamma G_a LE}{\Delta(R_n - G - LE) + \rho c_p G_a VPD_a - \gamma LE} \quad (10\text{-}4)$$

其中，空气动力导度 G_a 的计算方法如下：

$$G_a = \frac{\kappa^2 u}{\left[\ln\left(\frac{z-d}{z_{0h}}\right) - \Psi_H\right]\left[\ln\left(\frac{z-d}{z_{0m}}\right) - \Psi_M\right]} \quad (10\text{-}5)$$

其中，z 代表通量站风速与空气湿度的观测高度(m)；零平面位移高度 d(m)近似取$(2/3)h_c$，h_c 是植被冠层平均高度(m)；z_{0h} 和 z_{0m} 分别是能量粗糙长度和动量粗糙长度(m)，$z_{0m} = 0.1 h_c$，$z_{0h} = 0.1 z_{0m}$[283]；Ψ_H 和 Ψ_M 分别是能量修正函数和动量修正函数；κ 是冯·卡门常数 0.41；u 是测量高度 z 处的平均风速(m/s)。对于 Ψ_H 和 Ψ_M 的计算，本研究首先采用无量纲的奥布霍夫稳定度参数 z^*/L 来评判局部大气稳定性，$z^* = (z - d)$，L 为奥布霍夫长度[436]，计算式为

$$L = \frac{-u^{*3} c_p \rho T_a}{\kappa g H} \quad (10\text{-}6)$$

其中，u^* 是摩阻风速(m/s)。若 $z^*/L < 0$，则判定大气条件为非稳定状态，Ψ_H 和 Ψ_M 采用 Paulson[436]的方法进行计算；若 $z^*/L > 0$，则判定大气条件为稳定状态，Ψ_H 和 Ψ_M 则采用 Beljaars 等[437]的方法进行计算。由以上方法得到的 G_s 的单位为 m/s，为了在后续公式(10-8)拟合模型时使单位统一，本研究进一步采用理想气体方程将 G_s 单位由 m/s 转化为 mol/(m^2·s)[438]。计算得到 G_s 后，采用基

于绝对中位数差（median absolute deviation，MAD）的方法将异常值进一步剔除[192-193]。由 PM 公式反演得到的生态系统导度 G_s 可看作冠层导度（G_{veg}）、土壤导度（G_{soil}）及冠层截留导度之和，将降水时段及降水后 6 h 的数据剔除后，G_s 可看作冠层导度（G_{veg}）和土壤导度（G_{soil}）之和：

$$G_s = G_{soil} + G_{veg} \tag{10-7}$$

基于 Lin 等[192]提出的一般性生态系统导度模型，可建立 G_s 与 GPP 的关系，一般性生态系统导度模型的表达式为

$$G_s = G_0 + G_1 \frac{GPP}{VPD_l^m} \tag{10-8}$$

其中，G_0（mol/(m²·s)）、G_1（kPa^m mol/μmol）与 m 均为生态系统尺度上拟合的参数，m 为最优指数，不同的生态系统可能会存在不同的 m 值。VPD_l 为基于大叶模型及生态系统导度计算得到的叶片尺度水汽压差，其计算方法如下：

$$VPD_l = \frac{\gamma LE}{\rho c_p G_s} \tag{10-9}$$

由 L19 方法中假设冠层导度与 GPP 是相关的，因此 $G_1 \frac{GPP}{VPD_l^m}$ 可看作冠层（植被）导度。G_0 代表冠层最小的导度及土壤导度，其中冠层最小导度表征植物表皮的导度，与土壤导度相比较小，而且即使在非常干旱的条件下，相比于土壤导度，冠层导度依然可以忽略不计[173]。由于土壤水会对土壤导度产生影响，因此 L19 方法中基于土壤水的第 0～第 15、第 15～第 30、第 30～第 50、第 50～第 70、第 70～第 85 和第 85～第 100 百分位数进行分箱，分别在每个土壤水数据箱内拟合一般性生态系统导度模型(4-8)。基于以上假设及通量守恒，蒸腾比的计算方法如下：

$$ET \cdot r_s = E \cdot r_{soil} = T \cdot r_{veg} \tag{10-10}$$

$$\frac{T}{ET} = \frac{r_s}{r_{veg}} = \frac{G_{veg}}{G_s} \tag{10-11}$$

其中，r_s 为生态系统阻抗，即 G_s 的倒数；r_{veg} 为植被冠层阻抗，即 G_{veg} 的倒数。

10.2.4 基于机器学习的蒸散发分离方法

Nelson 等[300]使用机器学习的方法直接对 WUE_t（$WUE_t = GPP/T$）进行模拟（简称 N18）来进行蒸散发分离。该方法首先选择土壤蒸发较弱时期的数据用于机器学习的训练，即生长季且表面土壤干燥的时期，此时土壤蒸发较少，ET 由 T 主导。数据筛选的具体规则见表 10.2，符合该规则的数据被认为是处于蒸腾主导蒸散发的时期。其中保守表面湿度指数（conservative surface wetness index，CSWI）

用于剔除表面较为湿润的时期。其计算方法如下：该指数是基于一个简单的水桶模型来实现的，可以表示为

$$S_t = \min(S_{t-1} + P_t - \mathrm{ET}_t, S_{\max}) \tag{10-12}$$

$$\mathrm{CSWI} = \max(S_t, \min(P_t, S_{\max})) \tag{10-13}$$

其中，S_t 为某半小时 t 内的表面水储量；P_t 表示 t 时刻的降水量；$S_{\max}$ 是最大储水量(桶的大小)，N18 的方法中，$S_{\max}$ 设置为 5 mm。

表 10.2 蒸散发由蒸腾主导的时期的数据筛选规则[300]

变量名	全　　称	限制条件(半小时尺度)	限制条件(日尺度)
GPP	总初级生产力	> 0.05 μmol C/(m²·s)	> 0.5 g C/(m²·d)
T_a	气温	> 5 ℃	
R_g	入射辐射	> 0 W/m²	
CSWI	保守表面湿度指数	−3 mm<CSWI<2 mm	

筛选出生长季且表面干燥的时期后，利用该时期的数据进行随机森林模型参数训练[523]，以植被水分利用效率 WUE_t 为目标，特征向量 $\boldsymbol{X}$ 包括如下因子：

$$\boldsymbol{X} = [R_g, T_a, \mathrm{RH}, u, R_{g_{\mathrm{pot}}}, R'_{g_{\mathrm{pot}}}, \mathrm{CSWI}, \mathrm{GPP}', C^*_{\mathrm{ET}}, \mathrm{DWCI}, \mathrm{year}] \tag{10-14}$$

其中，入射辐射(R_g)、气温(T_a)、相对湿度(RH)、风速(u)为气象因子；$R_{g_{\mathrm{pot}}}$ 为日间潜在辐射；$R'_{g_{\mathrm{pot}}}$ 为日间潜在辐射的导数；GPP' 为经过高斯滤波后的植被总初级生产力；C^*_{ET} 为 ET 的日间 R_g 归一化质心，表示日间 ET 在上午的变化幅度；DWCI 为日间水碳比例指数；year 为年份。在训练好随机森林模型后，可以利用其进行其他时段的 WUE_t 的模拟：

$$\mathrm{WUE}_{t,\mathrm{pred}} = \mathrm{RF}_\mathrm{P}(X_t, P) \tag{10-15}$$

其中，$\mathrm{WUE}_{t,\mathrm{pred}}$ 为模拟得到的 t 时间内的植被水分利用效率；RF_P 表征随机森林模型函数；P 为随机森林模型中每个预测分枝使用的百分位数，取 75%。基于分位数的随机森林回归[524]类似于 Z16 方法中使用的 95% 分位数回归，但是基于分位数的随机森林回归是非线性的。T 与 T/ET 由式(10-16)和式(10-17)计算得到：

$$T = \frac{\mathrm{GPP}}{\mathrm{WUE}_{t,\mathrm{pred}}} \tag{10-16}$$

$$\frac{T}{\mathrm{ET}} = \frac{\mathrm{GPP}}{\mathrm{ET} \cdot \mathrm{WUE}_{t,\mathrm{pred}}} = \frac{\mathrm{WUE}}{\mathrm{WUE}_{t,\mathrm{pred}}} \tag{10-17}$$

10.3 通量站蒸腾比的时空变化特征

10.3.1 3种蒸散发分离方法的结果对比

对于3种蒸散发分离方法估算的小时尺度上的蒸腾量,分别以 T_{Z16} 表示基于 uWUE 指标估算的蒸腾量,T_{L19} 表示基于一般性生态系统导度模型估算的蒸腾量,T_{N18} 表示基于机器学习估算的蒸腾量,结果如图10.1所示。T_{L19} 与 T_{N18} 呈显著的正相关关系($R^2=0.71$,$p<0.01$,见图10.1(a)),回归的斜率为0.81,总体上,T_{L19} 与 T_{N18} 较为一致,二者均匀地分布在1∶1线周围,T_{N18} 比 T_{L19} 略高。T_{Z16} 与 T_{N18} 呈显著的正相关关系($R^2=0.73$,$p<0.01$,见图10.1(b)),回归的斜

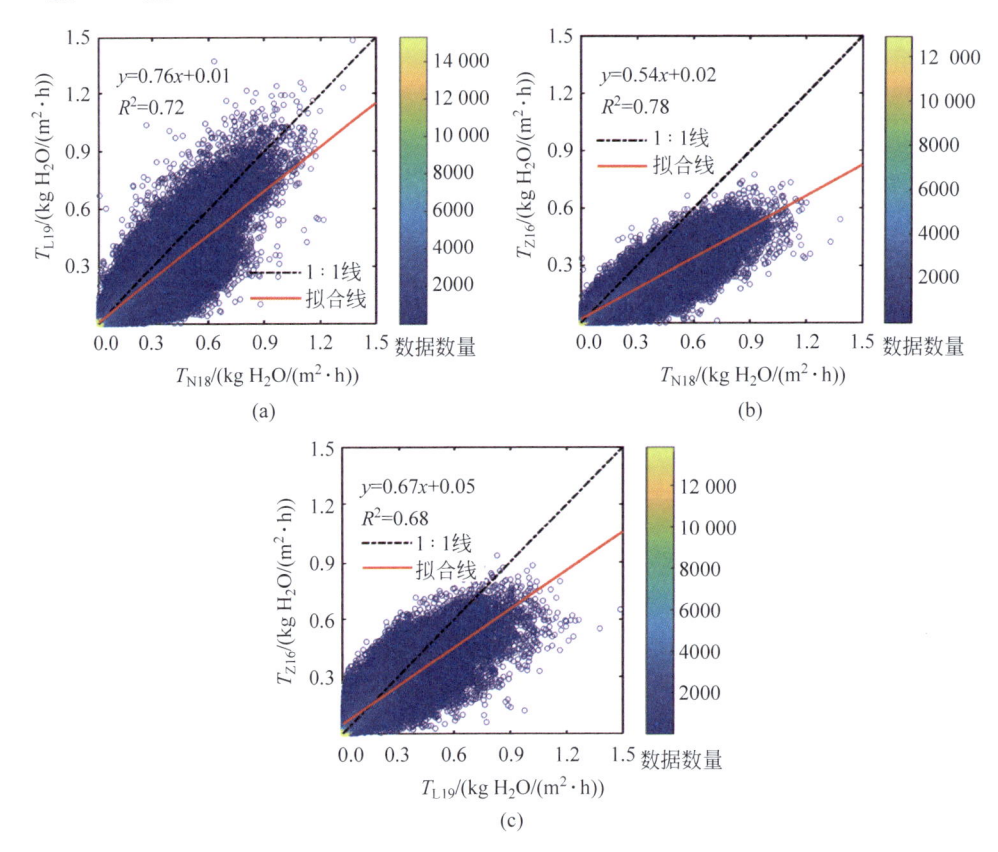

图 10.1　小时尺度下 3 种蒸散发分离方法估算结果比较

(a) T_{N18} vs. T_{L19};(b) T_{N18} vs. T_{Z16};(c) T_{L19} vs. T_{Z16}

图中数据点为3种方法结果中有效数据取交集得到,图中图例表示数据密度,黄色代表数据点最集中的地方

率为 0.52，数据点主要分布在 1∶1 线以下，表明 Z16 方法估算的蒸腾量显著低于 N18 方法，但二者的趋势基本一致，且 R^2 为 3 个回归模型中是最高的。T_{Z16} 与 T_{L19} 呈显著的正相关关系（$R^2=0.66$，$p<0.01$，见图 10.1(c)），回归的斜率为 0.62，数据点主要分布在 1∶1 线以下，与 T_{L19} 相比，T_{Z16} 依然偏低。Scott 等[525]同样也发现，基于 uWUE 指标的 Z16 方法估算的蒸腾量与其他方法相比明显偏低。总体上看，基于不同的假设及统计分析方法，总体上本研究的结果显示，3 种方法估算的蒸腾量相关性较强，即使是在小时尺度上也具有较高的 R^2，3 种方法在分离 ET 时具有非常高的一致性。

本节进一步分析各站点年均蒸腾比的变化，结果如图 10.2 所示。总体上看，T_{Z16}/ET、T_{N18}/ET 和 T_{L19}/ET 分别为 0.51±0.05、0.57±0.06 和 0.62±0.14。从不同植被类型来看，3 种方法估算的常绿阔叶林（EBF）及落叶阔叶林（DBF）的 T/ET 明显偏高。以往的研究通过不同的研究方法得到的全球尺度 T/ET 的范围为 0.35～0.9，总体上看，本研究估算的蒸腾比结果与前人的研究结果较为接近[193,296,521,526]。

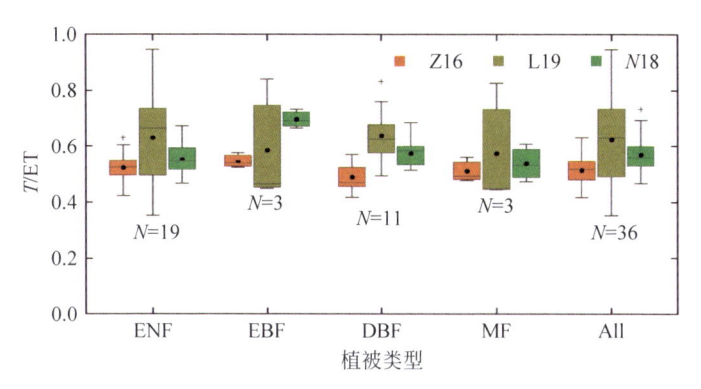

图 10.2　不同森林植被类型年均蒸腾比的箱线图

10.3.2　蒸腾比与叶面积指数的相关性分析

叶面积指数 LAI 是表征植被的冠层结构和光能利用状况的综合指标。有研究表明，T/ET 与 LAI 之间具有非常强的相关关系[500]。本章依然选用 MODIS 的 MCD15A3H LAI 产品。本节首先选取通量站点对应网格点的 LAI 数据，取站点时间跨度和 LAI 产品时间跨度的交集作为该站点的 LAI 时间序列。为了与 LAI 产品的 4 天时间尺度相匹配，将小时尺度的数据升尺度为 4 天平均蒸腾比数据。

在对比分析 3 种方法估算的蒸腾比（T_{N18}/ET，T_{L19}/ET 及 T_{Z16}/ET）与 LAI

之间的相关关系时，考虑到遥感 LAI 数据有较多相同的值，会导致同一 LAI 值对应一定范围的 T/ET，本研究中将同一 LAI 值对应的 T/ET 序列低于第 10 百分位数与高于第 90 百分位数的值去掉，只保留了序列的主体部分进行分析[521]。从图 10.3 可以看出，基于 uWUE 方法估算的 T_{Z16}/ET 与 LAI 之间存在显著的非线性正相关关系，即与 $\ln(LAI)$ 具有很好的线性关系（$R^2=0.57$，$p<0.01$，见图 10.3(a)），T_{L19}/ET 与 $\ln(LAI)$ 也有相似的关系（$R^2=0.57$，$p<0.01$，见图 10.3(b)）。基于机器学习的蒸散发分离方法估算的 T_{N18}/ET 与 $\ln(LAI)$ 的相关性最强（$R^2=0.67$，$p<0.01$，见图 10.3(c)）。T/ET 与 LAI 之间有较强的非线性相关关系，R^2 均高于 0.50，进一步表明，LAI 的变化是导致 T/ET 变化的重要因素。

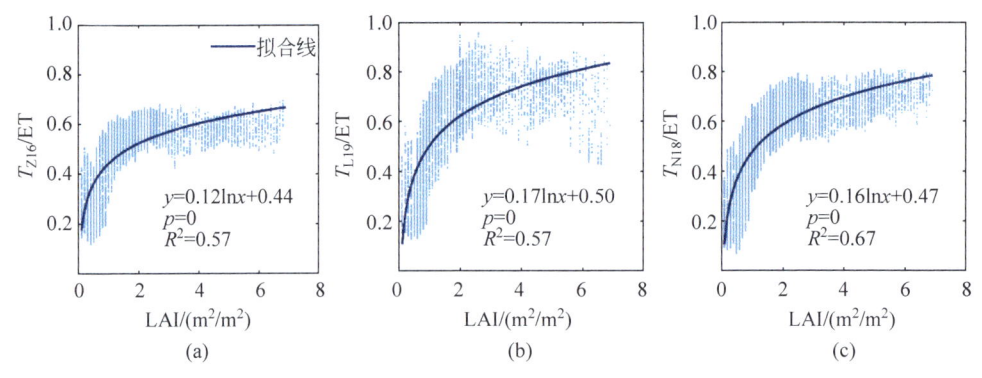

图 10.3 蒸腾比与 LAI 之间的相关关系
(a) T_{Z16}/ET；(b) T_{L19}/ET；(c) T_{N18}/ET

图 10.3 显示，低 LAI（$LAI<1\ m^2/m^2$）对应生长季初期或末期，T/ET 对 LAI 的变化较为敏感，T/ET 或随着 LAI 的增加而迅速增加，或随着 LAI 的减少而迅速减小。LAI 较高时，植被生长进入稳定期，T/ET 对 LAI 变化的敏感性变小，该结果与前人的研究一致[350,526-527]。当 LAI 较低时，土壤蒸发对 LAI 更敏感，而土壤蒸发占蒸散发的比例较高，T/ET 对 LAI 的敏感性更高，LAI 增加到一定程度，植被处于旺盛生长季，蒸腾量在蒸散发量中的比例增加，同时土壤蒸发比例减小，T/ET 最终趋于稳定。

10.3.3 森林生态系统蒸腾比的季节变化特征分析

基于 3 种蒸散发分离方法，本节将各站点按照 4 种森林植被类型进行分类，分析不同森林类型的 T/ET 的季节性变化特征。从图 10.4 可以看出，3 种方法估算的 4 种森林植被类型 T/ET 的季节变化特征总体上较为一致。落叶阔叶林（DBF）的 T/ET 季节变化最大，常绿针叶林（ENF）及混交林（MF）也有明显的季节变化。

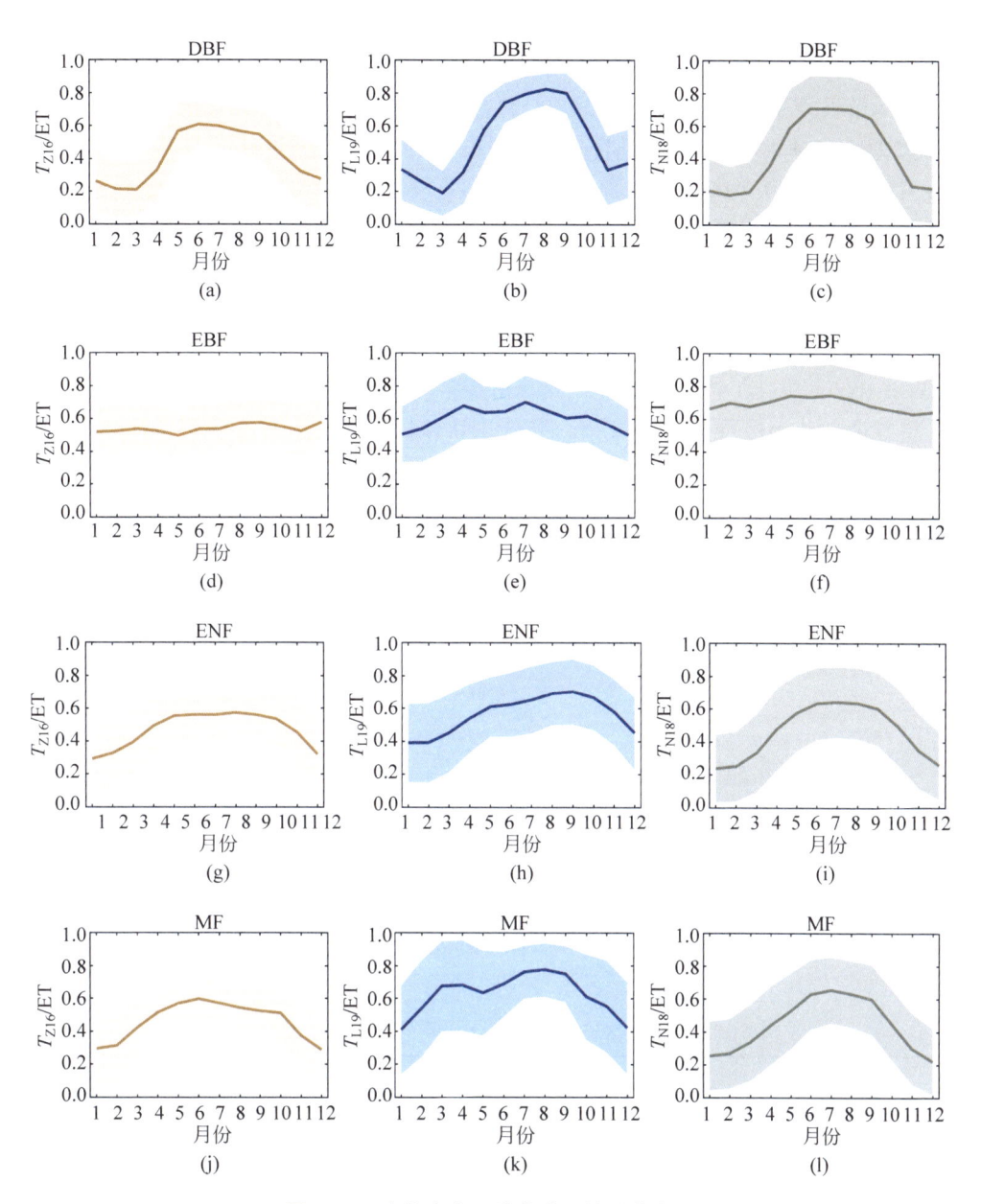

图 10.4　森林生态系统蒸腾比的季节变化

(a)~(c) 落叶阔叶林(DBF)；(d)~(f) 常绿阔叶林(EBF)；(g)~(i) 常绿针叶林(ENF)；(j)~(l) 混交林(MF)

其中，图中折线为相应月份的站点平均值，阴影部分上下分别为 1 倍标准差相比之下,常绿阔叶林(EBF,见图 10.4(d)~(f))位于湿润地区,LAI 的年内变化较小,因此其 T/ET 的季节波动较小。3 种方法估算的 T/ET 基本上捕捉到了不同森林植被类型在季节变化上的差异,体现了 3 种方法的可靠性。由 10.3.2 节可知,T/ET 与 LAI 之间有较强的非线性相关关系,本节进一步分析了 4 种森林植被类型的 LAI 季节变化,结果如图 10.5 所示,4 种森林植被类型的 LAI 变化格局基本上与 T/ET 的季节变化格局一致,因此 LAI 的季节变化是造成 T/ET 季节变化的主要原因。不同的植被类型、不同的方法估算的生长季的 T/ET 峰值及峰值出现的月份见表 10.3。总体上看,T/ET 峰值最高的植被类型为落叶阔叶林(DBF),同样为阔叶林,常绿阔叶林的蒸腾比峰值要低于落叶阔叶林,二者的 LAI 均较高(见图 10.5),T/ET 峰值的差异主要是由于常绿阔叶林主要位于湿润地区,土壤含水量较高导致土壤蒸发比例较高。常绿针叶林(ENF)的蒸腾比峰值最低,主要原因同样与其较低的 LAI 有关(见图 10.5)。

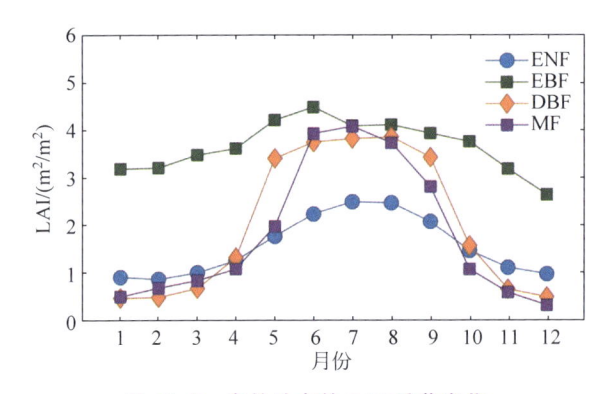

图 10.5 森林站点的 LAI 季节变化

图中的数据点代表同种植被类型下的对应月份的均值,考虑到南半球季节与北半球相反,本图计算时将南北半球的 3 个站点进行了月份的转换,如南半球真实 1 月的数据转换为本图中 7 月的数据

表 10.3 森林生态系统蒸腾比的峰值及峰值对应的月份

森林植被类型	T_{Z16}/ET 峰值	月份(Z16)	T_{L19}/ET 峰值	月份(L19)	T_{N18}/ET 峰值	月份(N18)
落叶阔叶林(DBF)	0.61±0.17	6	0.83±0.12	8	0.71±0.25	6
常绿阔叶林(EBF)	0.58±0.21	9	0.70±0.21	7	0.75±0.24	7
常绿针叶林(ENF)	0.57±0.19	8	0.70±0.25	9	0.64±0.27	7
混交林(MF)	0.60±0.17	6	0.78±0.21	8	0.66±0.25	7
全部	0.57±0.19	6	0.73±0.22	8	0.67±0.27	7

10.4 蒸腾比及植被水分利用效率对耦合水分胁迫的响应规律

10.4.1 蒸腾比及植被水分利用效率对 VPD_L 及土壤水变化的响应特征

本节将 36 个森林站点的数据全部整合到一起,分析不同蒸散发分离方法估算的蒸腾比对 VPD_L 变化的响应。首先,本节采用基于绝对中位数差的方法将 VPD_L 序列的异常值进一步剔除[192-193]。考虑到小时尺度的数据量过大不容易表现出趋势,本研究将蒸腾比与 VPD_L 数据升尺度到日尺度,并剔除了温度低于 5℃ 且日蒸散发量小于 1 mm 的数据。按照 VPD_L 每 0.1 kPa 进行区间划分,计算对应区间内的所有蒸腾比的均值,然后将这些均值连成趋势线[521],结果如图 10.6 所示。从均值线的趋势可以看出,3 种蒸散发分离方法估算的结果均显示,蒸腾比均随着 VPD_L 的增加而增加,在 VPD_L 较低时,蒸腾比对 VPD_L 的变化更敏感,原

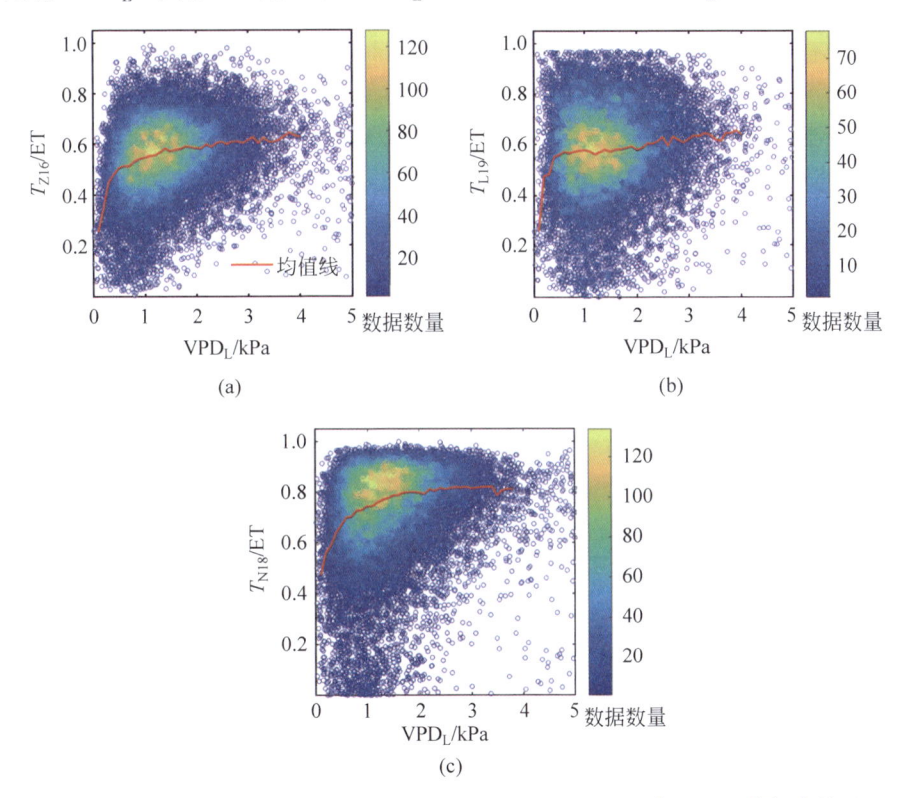

图 10.6 日尺度下,T_{Z16}/ET(a)、T_{L19}/ET(b)及 T_{N18}/ET(c)与 VPD_L 的相关关系

因在于,低 VPD_L 通常对应降水后期或者降露时期(dewfall),此时生态系统表面较为湿润[44],因此物理蒸发量(土壤蒸发或者植被截留)在蒸散发量中的占比(E/ET)较高,此时随着 VPD_L 的增加,植被表面干燥后,蒸腾作用迅速增强,因此此时 T/ET 对 VPD_L 的变化更加敏感。大约在 0.5 kPa 之后,植被表面变得更加干燥,蒸腾变得稳定,同时由于 VPD_L 与土壤水在日尺度下的强耦合关系,高 VPD_L 通常伴随着低土壤水的情景,此时 VPD_L 的增加不会显著增加土壤蒸发,因此总体上蒸腾比呈现的变化较为平缓,蒸腾比对 VPD_L 的敏感性降低。

基于 3 种蒸散发分离方法,本节进一步计算植被水分利用效率($WUE_t = GPP/T$),然后分析 3 种方法估算的 WUE_t 与 VPD_L 之间的相关关系,分析结果见图 10.7。WUE_t 与 VPD_L 呈负的非线性相关关系,且基于不同蒸散发分离方法估

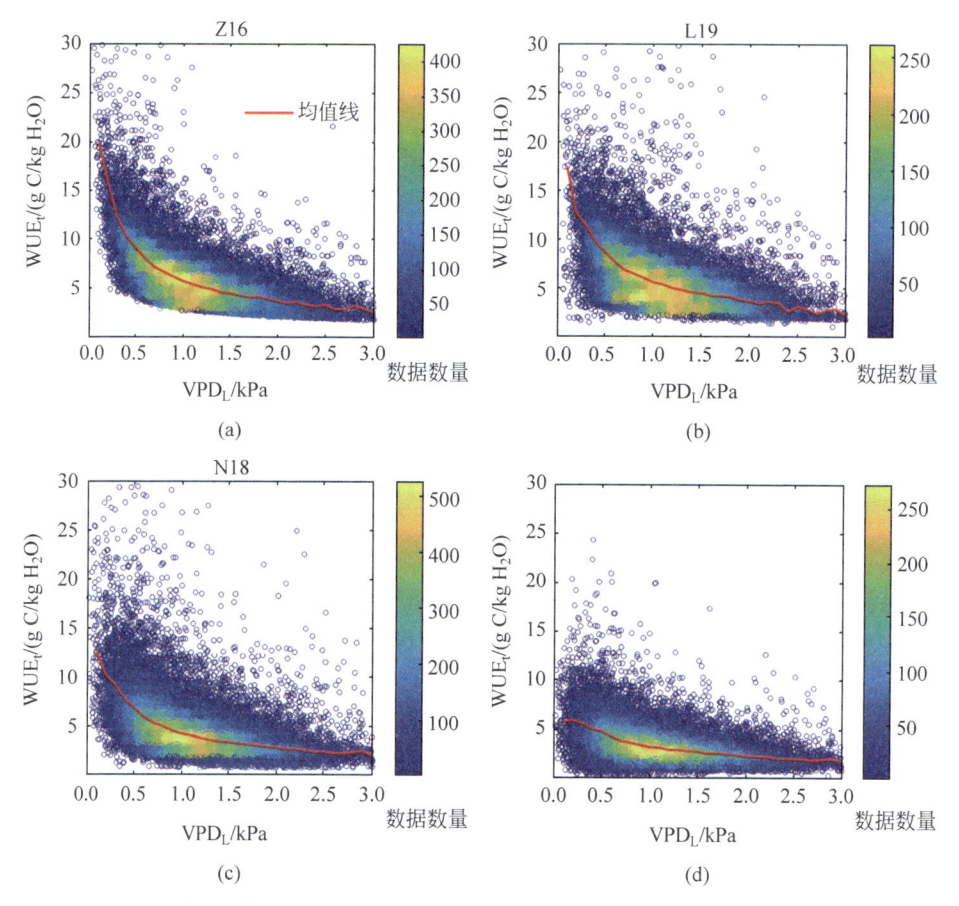

图 10.7　日尺度下,基于 Z16 的 WUE_t(a)、基于 L19 的 WUE_t(b)和基于 N18 的 WUE_t(c)与 VPD_L 的相关关系,以及 WUE 与 VPD_L 的相关关系(d)

算的结果基本一致。日尺度下的 WUE_t 主要集中在 $2\sim10$ g C/kg H_2O,在 VPD_L 较低(大约低于 0.5 kPa)时,WUE_t 随着 VPD_L 的增加而迅速减小,WUE_t 对 VPD_L 的变化非常敏感(见图 10.7(a)~(c)),此时植被采用较为节水的用水策略,该时期对应图 10.6 中 T/ET 随着 VPD_L 的增加而迅速增加的时期,而生态系统水分利用效率 WUE 在 VPD_L 较低时对 VPD_L 的变化并没有 WUE_t 那么敏感(见图 10.7(d)),此时 WUE_t 对 VPD_L 的高敏感度主要是由 T/ET 引起的。在 VPD_L 较高时(大约高于 2 kPa 时),WUE_t 的变化趋于平稳,WUE_t 对 VPD_L 的敏感性变小,且较低的 WUE_t 表明此时植被采用较为耗水的用水策略。

与 WUE_t 相比,WUE 明显偏低(见图 10.7(d)),WUE 与 WUE_t 对 VPD_L 的响应的差异主要在于低 VPD_L 时期,WUE 对 VPD_L 变化的响应更为平缓,这是由于 VPD_L 较低时,空气较为湿润,叶片周围空气水汽需求总体较低,此时对应的 ET 和 GPP 总体较低,WUE 变化较为平缓。上述结果表明,尽管 ET 总量较低,但是较高的土壤蒸发比例(E/ET)使得生态系统水分利用效率变小,该过程掩盖了基于植被生理过程的植被用水策略对 VPD_L 变化的响应,进一步说明了使用 WUE_t 来研究植被生理效应与结构特征的必要性[521,528]。

本研究进一步分析 T/ET 与土壤含水量之间的相关性时,将全部 36 个森林站点的日尺度数据整合到一起,剔除温度低于 5℃ 且日蒸散发量小于 1 mm 的数据,土壤水按照 0.01 m^3/m^3 的区间分箱,计算了对应箱内 T/ET 的均值,将这些均值连成线,结果如图 10.8 所示。从数据整体分布来看,相比于 T/ET 对 VPD_L 变化的响应,T/ET 对土壤含水量变化的响应格局不明显,但是依然能发现在土壤含水量较高的情况下,蒸腾比有所降低。其原因主要是由于土壤含水量较为充足时,土壤蒸发部分会增加,即 E/ET 会增加,从而导致蒸腾比下降。

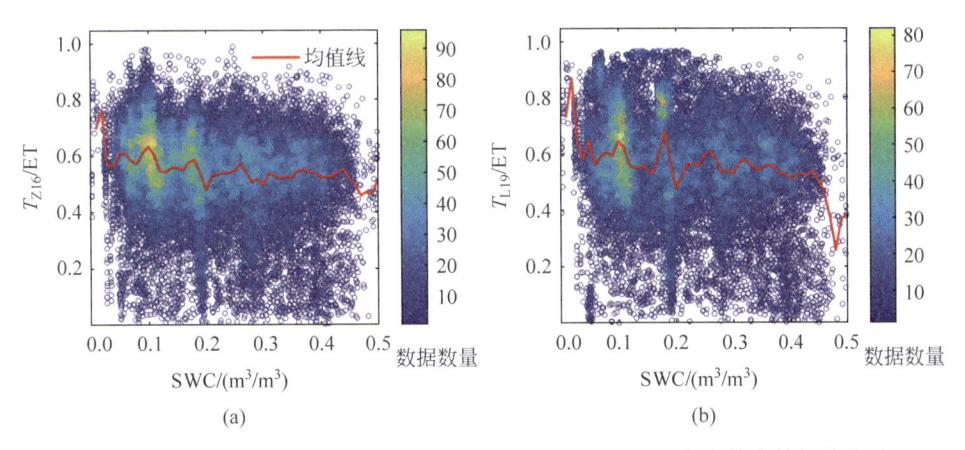

图 10.8 日尺度下,T_{Z16}/ET(a),T_{L19}/ET(b) 及 T_{N18}/ET(c) 与土壤水的相关关系

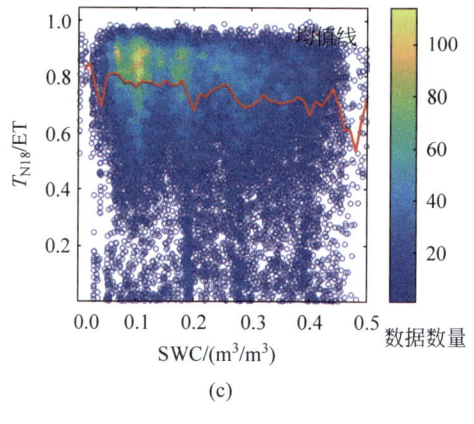

图 10.8（续）

本研究进一步分析 WUE_t 对土壤含水量变化的响应，结果如图 10.9 所示，总体上，WUE_t 与 WUE 随着土壤含水量变化的趋势较为接近且均较为平缓。当土壤含水量较低时，3 种蒸散发分离方法估算的 WUE_t 及 WUE 均随着土壤含水量的增加而增加。由第 9 章可知，此时 VPD_L 与土壤水之间存在较强的耦合关系，二者对植被碳水通量过程的影响相互掺杂，并不能真正反映土壤含水量与 VPD_L 各自对 WUE_t 和 T/ET 的单独影响。

在小时尺度上基于数据分箱的方法，VPD_L 与土壤水可以实现解耦。基于前两章建立的研究框架，本章进一步量化分离 VPD_L 与土壤水对 T/ET 及 WUE_t 变化的相对贡献。在进行数据分箱之前，本节首先进一步筛选数据，即剔除其他环境因子的影响，选取旺盛生长季且生态系统仅受水分条件限制的时期，剔除了气温 $T_a<15℃$ 的数据；考虑到需要有足够的蒸发需求来驱动水通量，进一步剔除 $VPD_L<0.5$ kPa 的数据；为了保证有充足的太阳辐射（蒸散发需要的能量），将光合作用光子通量密度（photosynthetic photon flux density，PPFD）小于 500 μmol/(m² · s) 的观测数据剔除[262,481,486]。经过上述数据筛选后，研究时段基本上处于旺盛的生长季，基本可以排除其他环境因子对结果的影响，此时生态系统处于水分条件影响占主导的时期，各个站点由于所处区域不同，各自的生长季也有所不同[262,481,486]。分箱法的基本思路见 9.3.1 节[261-262]。

在小时尺度下，本研究基于数据分箱的方法对 VPD_L 及土壤水进行解耦，且将研究时段控制在旺盛生长季，此时 T/ET 及 WUE_t 对 VPD_L 及土壤水变化的响应特征与上述未解耦的结果存在较大差异。图 10.10 显示 3 种方法估算的 T/ET 对 VPD_L 及土壤水变化的响应特征基本一致。T_{Z16}/ET 及 T_{L19}/ET 的最低值出现在 VPD_L 及土壤含水量均高于各自第 90 百分位数的情景，该情景下，T_{Z16}/ET 及

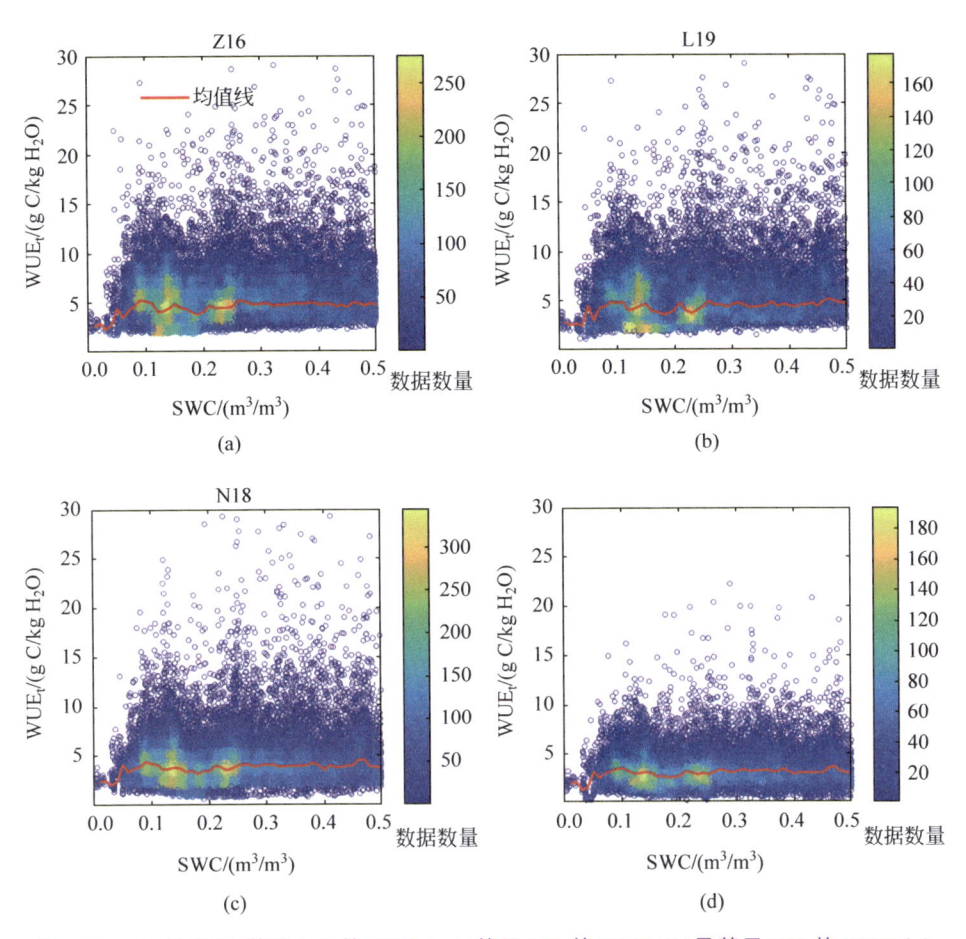

图 10.9 日尺度下，基于 Z16 的 WUE_t(a)、基于 L19 的 WUE_t(b)及基于 N18 的 WUE_t(c)与土壤水的相关关系，以及 WUE_t 与土壤水的相关关系(d)

T_{L19}/ET 分别减少了$(11.81\pm18.18)\%$ 和 $(20.39\pm15.14)\%$（相对距平，见图 10.10(a)和(b)），但此种情景出现的概率较低$((0.41\pm0.47)\%)$。T_{L18}/ET 的最低值出现在 VPD_L 处于第 80～第 90 百分位数且土壤含水量处于第 90～第 100 百分位数的情景，该情景下，T_{Z18}/ET 减少了$(9.20\pm10.55)\%$（见图 10.10(c)），此情景出现的概率同样较低$((0.56\pm0.42)\%)$。综上所述，T/ET 的低值出现在土壤含水量较高且叶片周围水汽需求较高的情景下，但此时出现的概率较低。

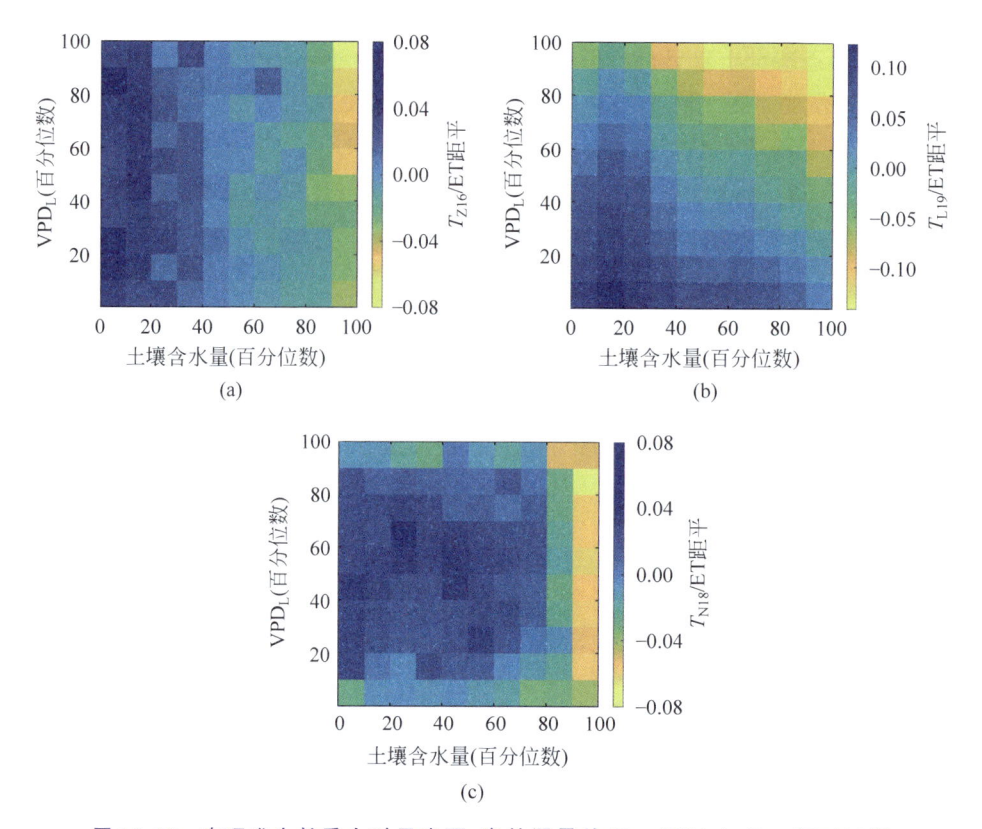

图 10.10 在旺盛生长季小时尺度下，森林通量站 T_{Z16}/ET(a)、T_{L19}/ET(b) 及 T_{N18}/ET(c) 距平对 VPD_L 及土壤变化的响应

10.4.2 分离 VPD_L 及土壤水对植被水分利用效率及蒸腾比变化的相对贡献

本研究首先基于 Lindeman-Merenda-Gold(LMG)方法，分析 GPP 和 T 对 WUE_t 变化的相对重要性(relative importance)[268,495-497]，LMG 方法通过 Rstudio 的"relaimpo"包来实现(https://cran.r-project.org)，结果如图 10.11 所示。Z16 方法的结果表明，GPP 与 T 对 WUE_t 的相对重要性相当，分别为 $(49.97\pm7.20)\%$ 及 $(50.03\pm7.20)\%$，L19 与 N18 的结果较为相似，基于 L19 的 GPP 与 T 对 WUE_t 的相对重要性分别为 $(21.71\pm8.40)\%$ 及 $(79.29\pm8.40)\%$，基于 N18 的 GPP 与 T 对 WUE_t 的相对重要性分别为 $(37.30\pm14.19)\%$ 及 $(62.70\pm14.19)\%$。L19 与 N18 的结果均表明，在旺盛的生长季，森林 WUE_t 的变化主要由 T 的变化主导。该结果与 WUE 的分析结果较为相似(见图 10.11(d))，即 WUE 的变化主要由 ET

的变化主导，GPP 与 ET 对 WUE 的相对重要性分别为 $(44.63\pm12.64)\%$ 与 $(55.37\pm12.64)\%$。3 种方法的结果均显示，不同森林植被类型下的分析结果差异不显著（$p>0.1$）。

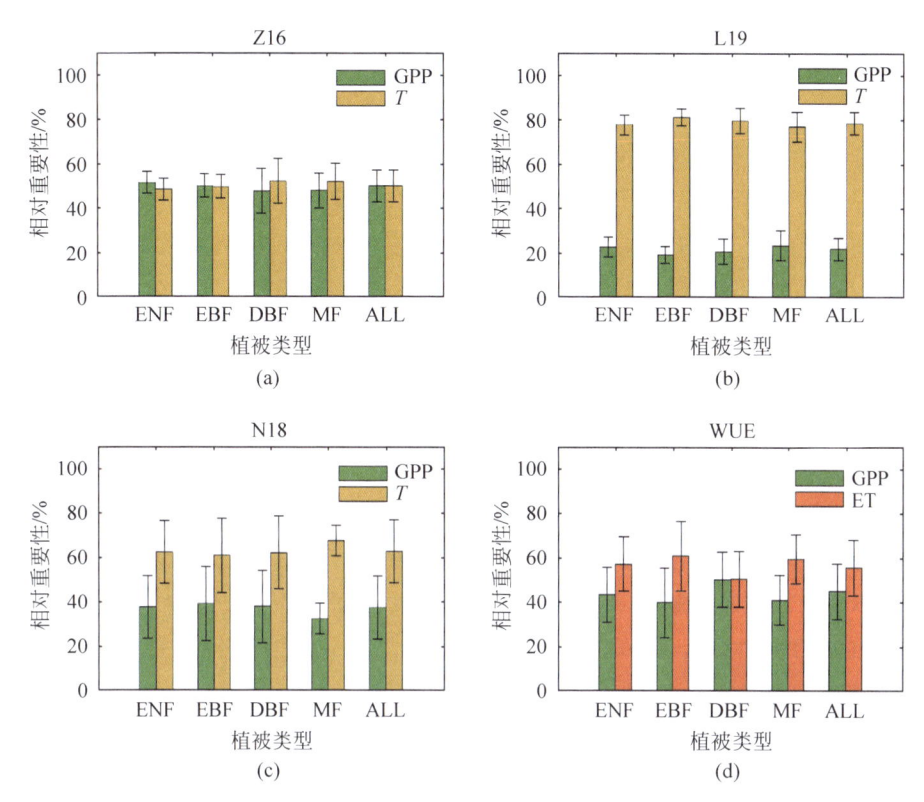

图 10.11　在旺盛生长季，森林生态系统 GPP 与 T 对 WUE_t 变化的相对重要性
(a) Z16；(b) L19；(c) N18；(d) GPP 与 ET 对 WUE 变化的相对重要性

本节应用偏最小二乘回归法（PLSR）来分析在旺盛生长季的小时尺度下，森林生态系统 WUE_t、T/ET 对 VPD_L 及土壤水变化的响应[499-501]，在此基础上应用广义线性模型（GLM）来分析 VPD_L 及土壤水对 WUE_t 及 T/ET 变化的相对贡献度（RC，%）[268,502]。PLSR 及 GLM 方法是通过 Rstudio 的"pls"和"glm2"包来实现的，方法的详细介绍见 10.4.1 节。

3 种 ET 分离方法的 PLSR 分析结果如图 10.12 所示，3 种方法均显示 VPD_L 是主导森林生态系统 WUE_t 变化的主要因素，Z16 方法估算的 WUE_t 对 VPD_L 变化的敏感性最强，其标准化敏感系数为 -0.93 ± 0.04，VPD_L 对 WUE_t 变化的贡献度为 $(99.73\pm0.62)\%$，其次为 N18 及 L19，WUE_t 对 VPD_L 变化的敏感系数分别为 -0.33 ± 0.23 和 -0.10 ± 0.20，VPD_L 对 WUE_t 变化的贡献度分别为（88.70±

29.63)%及(67.90±35.61)%(见图10.13)。Z16、L19及N18方法估算的WUE_t对土壤水变化的标准化敏感系数分别为-0.005 ± 0.05、0.04 ± 0.18及-0.02 ± 0.14,土壤水对WUE_t变化的贡献度分别为(0.27±0.62)%、(32.10±35.61)%及(11.30±29.63)%。总体上看,VPD_L及土壤水对森林WUE_t变化的贡献度分别为(85.44±29.63)%及(14.56±29.63)%(见表10.4)。以上结果显示,在旺盛生长季,森林生态系统WUE_t与WUE对水分条件变化的响应存在较大的差异,如图10.13所示,土壤水对WUE_t的影响较小,而WUE对土壤水之间有明显的负相关关系。该结论与前人的研究一致。Sun 等[134]的研究显示WUE_t几乎不受降水的影响,Hu 等[529]的研究也发现WUE_t与土壤水之间的相关关系不显著。土壤水对WUE_t的影响较弱主要是由于GPP与T对土壤水变化的响应较为同步,以上结果也表明了WUE_t由植物生理过程直接控制,相比于WUE与土壤水之间的强响应关系(见图10.14),WUE_t对土壤水的变化更加稳定,因此更能表征植物的内在特征。

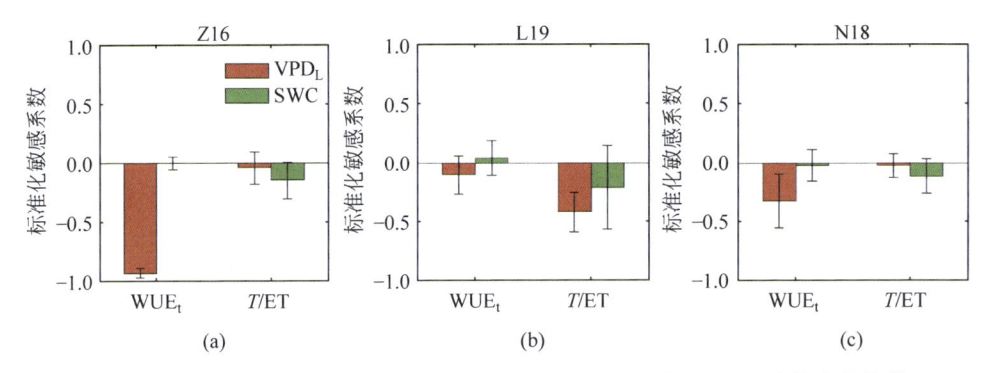

图10.12 在旺盛生长季,森林生态系统WUE_t及T/ET对VPD_L及土壤水变化的标准化敏感系数

(a) Z16;(b) L19;(c) N18

3种ET分离方法结果均显示,T/ET与VPD_L、土壤水均呈负相关关系,Z16与N18方法的结果显示T/ET的变化由土壤水主导,T/ET对土壤水变化的标准化敏感系数分别为-0.15 ± 0.16及-0.11 ± 0.15,土壤水对T/ET的贡献度分别为(62.25±35.72)%及(57.64±31.71)%;T/ET对VPD_L的标准化敏感系数分别为-0.04 ± 0.14及-0.03 ± 0.10,VPD_L对T/ET的贡献度分别为(37.75±35.72)%及(42.36±31.71)%。L19方法估算的T/ET对VPD_L的变化更敏感,该方法估算的T/ET对VPD_L及土壤水变化的标准化敏感系数分别为-0.42 ± 0.21及-0.21 ± 0.44,VPD_L及土壤水对T/ET变化的贡献度分别为(55.60±37.75)%及(44.40±37.75)%。总体上看,VPD_L及土壤水对T/ET变化的贡献

图 10.13 在旺盛生长季,VPD_L 及土壤水对森林生态系统 WUE_t 及 T/ET 变化的贡献度

(a) Z16;(b) L19;(c) N18

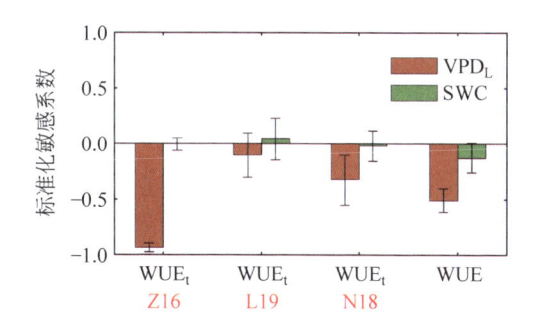

图 10.14 在旺盛生长季,森林生态系统 WUE 及 WUE_t 对 VPD_L 及土壤水变化的标准化敏感系数

度分别为 (45.24±35.64)% 及 (54.76±35.64)%(见表 10.4)。同时,3 种方法均显示,土壤水的变化对 T/ET 的影响要显著强于土壤水对 WUE_t 的影响。

表 10.4 VPD_L 及土壤水对森林生态系统 WUE_t、T/ET 变化的相对贡献

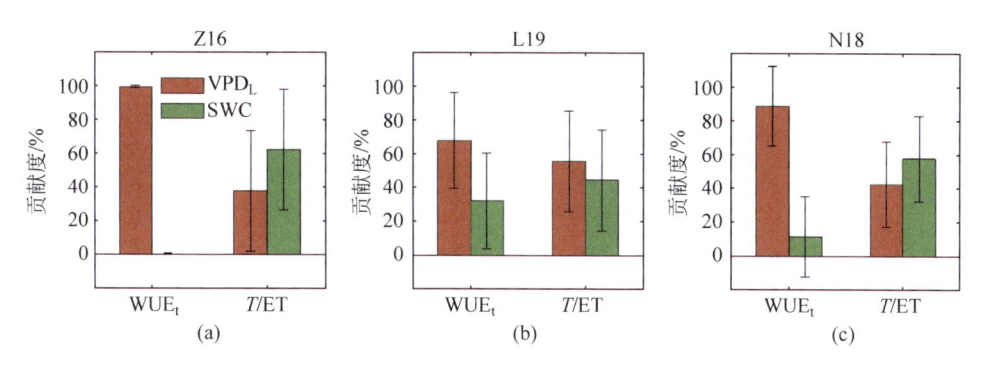

方　　法	VPD_L 对 WUE_t 的贡献度/%	SWC 对 WUE_t 的贡献度/%	VPD_L 对 T/ET 的贡献度/%	SWC 对 T/ET 的贡献度/%
Z16	99.73±0.62	0.27±0.62	37.75±35.72	62.25±35.72
L19	67.90±35.61	32.10±35.61	55.60±37.75	44.40±37.75
N18	88.70±29.63	11.30±29.63	42.36±31.71	57.64±31.71
平均值±标准差	85.44±29.63	14.56±29.63	45.24±35.64	54.76±35.64

10.4.3 生态系统水分利用效率对土壤水敏感性的分解

WUE 可以分解为 T/ET 与 $\mathrm{WUE_t}$ 的乘积[335,530]。其中,$\mathrm{WUE_t} = \mathrm{GPP}/T$ 描述了生态系统获得的碳量与真正被植被所利用的水量之比[36],该指标与植被生理过程相关;T/ET 用于衡量被植被吸收利用的水量,T/ET 代表了生态系统的蒸腾效率[531],由 10.3 节的研究结果可知,T/ET 与叶面积指数的变化密切相关。

基于数据分箱的方法,本节在 $\mathrm{VPD_L}$ 数据箱 i 内,建立如下线性回归模型:

$$\mathrm{WUE}_i = \eta_{\mathrm{WUE}_i} \mathrm{SWC}_i + b_{\theta 1_i} \quad (10\text{-}18)$$

$$(T/\mathrm{ET})_i = \eta_{T:\mathrm{ET}_i} \mathrm{SWC}_i + b_{\theta 2_i} \quad (10\text{-}19)$$

$$\mathrm{WUE}_{t_i} = \eta_{\mathrm{WUE}_{t_i}} \mathrm{SWC}_i + b_{\theta 3_i} \quad (10\text{-}20)$$

其中,η_{WUE_i}、$\eta_{T:\mathrm{ET}_i}$ 和 $\eta_{\mathrm{WUE}_{t_i}}$ 均为回归模型的斜率,代表在 $\mathrm{VPD_L}$ 第 i 个数据箱内,WUE、T/ET 及 $\mathrm{WUE_t}$ 对土壤含水量变化的敏感性,$\eta_{\mathrm{WUE}_i} = \dfrac{\mathrm{dWUE}_i}{\mathrm{dSWC}_i}\bigg|_{\mathrm{VPD_{L_i}}}$,$\eta_{T:\mathrm{ET}_i} = \dfrac{\mathrm{d}(T/\mathrm{ET})_i}{\mathrm{dSWC}_i}\bigg|_{\mathrm{VPD_{L_i}}}$,$\eta_{\mathrm{WUE}_{t_i}} = \dfrac{\mathrm{dWUE}_{t_i}}{\mathrm{dSWC}_i}\bigg|_{\mathrm{VPD_{L_i}}}$,其物理意义为,在 $\mathrm{VPD_{L_i}}$ 水平下,土壤水变化 $0.1\ \mathrm{m^3/m^3}$ 时,引起的 WUE、T/ET 及 $\mathrm{WUE_t}$ 的变化;$b_{\theta 1_i}$、$b_{\theta 2_i}$ 及 $b_{\theta 3_i}$ 为截距项。进一步分解 η_{WUE_i}[482]:

$$\eta_{\mathrm{WUE}_i} = \frac{\mathrm{dWUE}_i}{\mathrm{dSWC}_i} = \frac{\mathrm{d}}{\mathrm{dSWC}_i}\left(\frac{\mathrm{GPP}_i}{\mathrm{ET}_i}\right) = \frac{\partial \mathrm{WUE}_{t_i}}{\partial \mathrm{SWC}_i}\left(\frac{T}{\mathrm{ET}}\right)_i + \frac{\partial}{\partial \mathrm{SWC}_i}\left(\frac{T}{\mathrm{ET}}\right)_i \mathrm{WUE}_{t_i}$$

$$(10\text{-}21)$$

其中,$\dfrac{\partial \mathrm{WUE}_{t_i}}{\partial \mathrm{SWC}_i}\left(\dfrac{T}{\mathrm{ET}}\right)_i$ 代表 $\mathrm{WUE_t}$ 的变化对 η_{WUE_i} 的贡献度;$\dfrac{\partial}{\partial \mathrm{SWC}_i}\left(\dfrac{T}{\mathrm{ET}}\right)_i \mathrm{WUE}_{t_i}$ 代表 T/ET 的变化对 η_{WUE_i} 的贡献度。本研究作如下定义:

$$\eta^*_{\mathrm{WUE}_{t_i}} = \frac{\partial \mathrm{WUE}_{t_i}}{\partial \mathrm{SWC}_i} \quad (10\text{-}22)$$

$$\eta^*_{T:\mathrm{ET}_i} = \frac{\partial}{\partial \mathrm{SWC}_i}\left(\frac{T}{\mathrm{ET}}\right)_i \quad (10\text{-}23)$$

其中,$\eta^*_{\mathrm{WUE}_{t_i}}$ 与 $\eta^*_{T:\mathrm{ET}_i}$ 分别代表 WUE_{t_i} 及 $(T/\mathrm{ET})_i$ 对土壤含水量的偏微分,带 * 是为了与全微分(η_{WUE_i} 与 $\eta_{T:\mathrm{ET}_i}$)进行区分。将式(10-22)及式(10-23)分别代入式(10-21),进一步得到

$$\eta_{\mathrm{WUE}_i} = \eta^*_{\mathrm{WUE}_{t_i}}\left(\frac{T}{\mathrm{ET}}\right)_i + \eta^*_{T:\mathrm{ET}_i} \mathrm{WUE}_{t_i} \quad (10\text{-}24)$$

$$\text{WUE}_i = -\frac{\eta^*_{\text{WUE}_{t_i}}}{\eta^*_{T:\text{ET}_i}}\left(\frac{T}{\text{ET}}\right)^2_i + \frac{\eta_{\text{WUE}_i}}{\eta^*_{T:\text{ET}_i}}\left(\frac{T}{\text{ET}}\right)_i \tag{10-25}$$

其中，η_{WUE_i} 为 WUE 对土壤含水量的全微分，由线性回归式(10-18)计算得到；$\eta^*_{\text{WUE}_{t_i}}$ 与 $\eta^*_{T:\text{ET}_i}$ 由 MATLAB 基于最小二乘法的非线性拟合函数 lsqcurvefit 计算得到。由式(10-21)可知，WUE 对土壤含水量变化的敏感性可看作两部分，即 $\eta^*_{\text{WUE}_{t_i}}\left(\frac{T}{\text{ET}}\right)_i$ 和 $\eta^*_{T:\text{ET}_i}\text{WUE}_{t_i}$，本节分别计算这两部分对 η_{WUE_i} 的贡献度(%)。$\eta^*_{T:\text{ET}_i}\text{WUE}_{t_i}$ 对 η_{WUE_i} 的贡献度记为 $\zeta_{T:\text{ET}_i}(\%)$，$\eta^*_{\text{WUE}_{t_i}}\left(\frac{T}{\text{ET}}\right)_i$ 对 η_{WUE_i} 的贡献度记为 $\zeta_{\text{WUE}_{t_i}}(\%)$：

$$\zeta_{T:\text{ET}_i} = 100\% \times \eta^*_{T:\text{ET}_i}\text{WUE}_{t_i}/\eta_{\text{WUE}_i} \tag{10-26}$$

$$\zeta_{\text{WUE}_{t_i}} = 100\% \times \eta^*_{\text{WUE}_{t_i}}\left(\frac{T}{\text{ET}}\right)_i/\eta_{\text{WUE}_i} \tag{10-27}$$

本节通过分析 $\zeta_{T:\text{ET}_i}$ 与 $\zeta_{\text{WUE}_{t_i}}$ 在不同 VPD_L 数据箱内的变化来进一步分析 η_{WUE_i} 的变化特征。

图 10.15 表明，在森林植被生长的旺盛期，VPD_L 与土壤水解耦后，T/ET 与土壤含水量主要呈负相关。Z16 方法与 L19 方法的结果表明，T/ET 对土壤含水量的回归系数 $\eta_{T:\text{ET}_i}$ 与 VPD_L 呈显著负相关($p<0.01$)，即 T/ET 对土壤含水量变化的敏感性随着 VPD_L 增加而增加，表明随着叶片尺度水汽需求的增加，土壤含水量对于植被生长的重要性得到提升。以站点各 VPD_L 箱内的平均值为自变量，以对应箱内的 $\eta_{T:\text{ET}_i}$ 为因变量，分别进行线性回归，结果如图 10.15 所示。Z16 方法的结果显示共有 23 个站点的回归斜率为负，其中 14 个站点通过 0.1 显著性水平检验，13 个站点的斜率为正，其中 8 个站点的斜率显著。L19 的结果显示共有 26 个站点的回归斜率为负，其中 16 个站点通过 0.1 显著性水平检验，10 个站点的斜率为正，6 个站点的斜率显著。总体上看，基于 Z16 方法与基于 L19 方法估算的 T/ET 对土壤含水量及 VPD_L 变化的响应格局与 WUE 对土壤含水量及 VPD_L 变化的响应格局(见图 9.19)非常相似。以上结果说明，对于森林生态系统来说，在旺盛生长季，T/ET 对土壤含水量变化的敏感性随着 VPD_L 的增加而增加，即在空气非常干燥的情况下，土壤含水量增加会导致 T/ET 迅速减小。

由图 10.16 可知，在森林植被生长的旺盛期，WUE_t 与土壤含水量之间既可能存在正相关关系，也可能存在负相关关系，二者的回归系数 $\eta_{\text{WUE}_{t_i}}$ 在 0 附近上下波动，且 $\eta_{\text{WUE}_{t_i}}$ 与 VPD_L 无显著相关性($p>0.1$)。以站点各 VPD_L 箱内的平均值为自变量，以对应箱内的 $\eta_{\text{WUE}_{t_i}}$ 为因变量，分别进行线性回归，结果如图 10.16 所

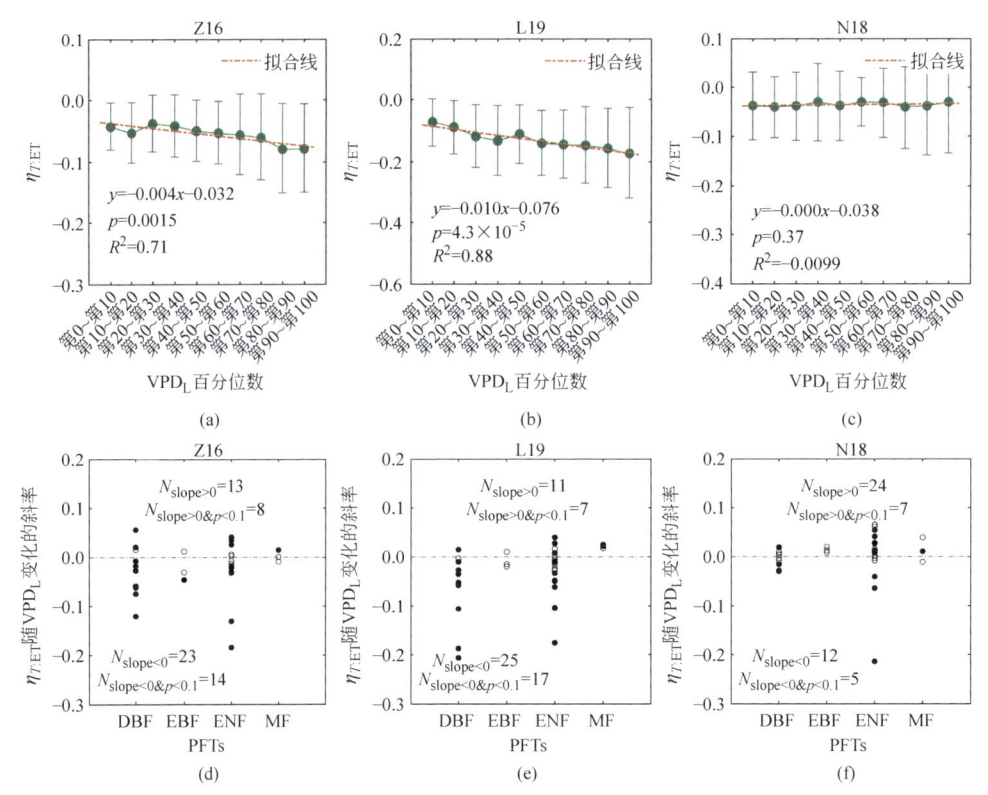

图 10.15 在旺盛生长季,森林生态系统 T/ET 对土壤水变化的敏感性 $\eta_{T:ET_i}$ 与 VPD_L 的相关关系 (a)~(c) 与 $\eta_{T:ET_i}$ 随 VPD_L 变化的线性回归斜率及显著性水平 (d)~(f)

(a) Z16; (b) L19; (c) N18; (d) Z16; (e) L19; (f) N18

示,通过显著性检验的站点的比例较低,总体上 $\eta_{WUE_{t_i}}$ 随着 VPD_L 的变化不明显。以上结果说明,对于本节所选的森林站点来说,VPD_L 的变化不显著改变 WUE_t 对土壤含水量变化的敏感性。本节的研究结果表明,$\eta_{WUE_{t_i}}$ 与 VPD_L 无显著相关性,进一步表明 GPP 与 T 在气孔的调节作用下,对水分条件的响应更加同步。

根据前述结论,空气干燥程度的增加会显著提高生态系统水分利用效率对土壤含水量的敏感性($\eta_{WUE_{t_i}}$),进一步进行归因分析,量化 T/ET 对 $\eta_{WUE_{t_i}}$ 的贡献度。基于式(10-18)~式(10-25)的计算结果(见图 10.17),发现 $\eta_{WUE_{t_i}}$ 的两个组分,即 $\eta^*_{WUE_{t_i}} \left(\dfrac{T}{ET}\right)_i$ 和 $\eta^*_{T:ET_i} WUE_{t_i}$ 均随着 VPD_L 的增加而显著减小($p<0.01$),基本上与 $\eta_{WUE_{t_i}}$ 的变化趋势一致,但是 $\eta^*_{T:ET_i} WUE_{t_i}$ 要显著小于 $\eta^*_{WUE_{t_i}} \left(\dfrac{T}{ET}\right)_i$。由式(10-26)与式(10-27)计算得到的贡献度来看(见表 10.5),$\eta^*_{T:ET_i} WUE_{t_i}$ 与

第10章 蒸腾比及植被水分利用效率对耦合水分胁迫的响应机制 | 211

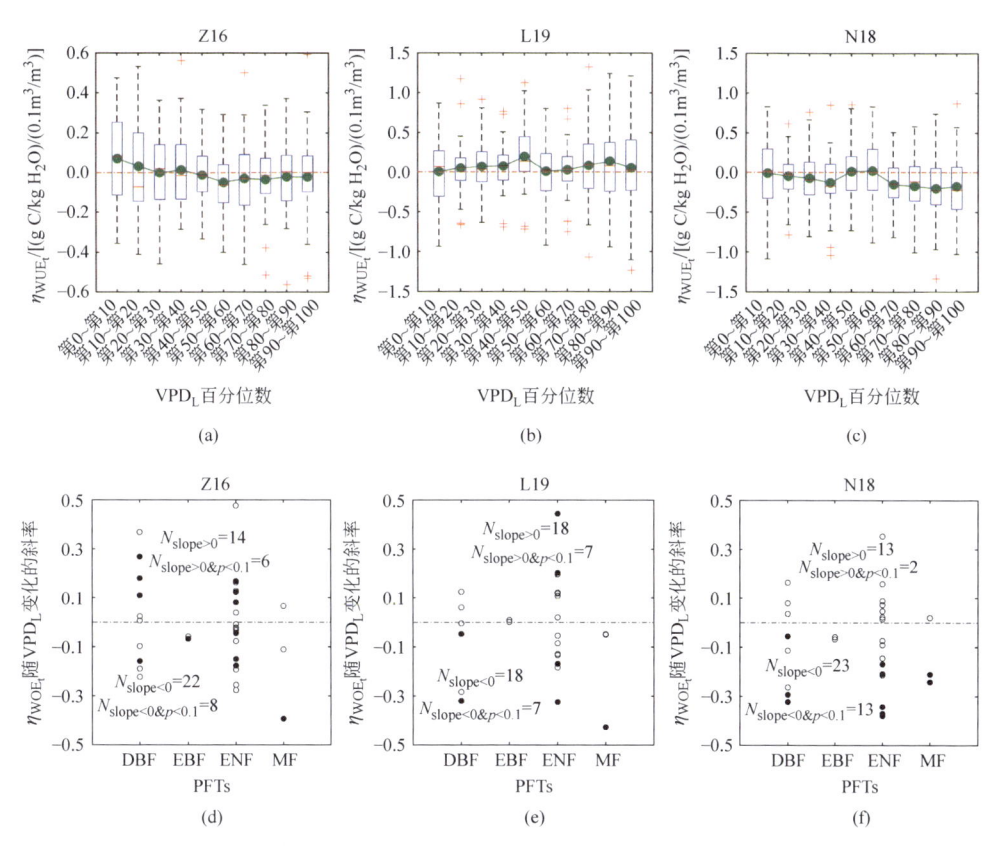

图 10.16 在旺盛生长季，森林植被水分利用效率对土壤水变化的敏感性 η_{WUE_t} 随 VPD_L 的变化 (a)~(c)与 η_{WUE_t} 随 VPD_L 变化的线性回归斜率及显著性水平(d)~(f)

(a) Z16；(b) L19；(c) N18；(d) Z16；(e) L19；(f) N18

$\eta^*_{WUE_t}\left(\dfrac{T}{ET}\right)_i$ 对 η_{WUE_i} 的贡献度(分别以 $\zeta_{T:ET}$ 和 ζ_{WUE_t} 表示)，基于 3 种蒸散发分离方法的 10 个 VPD_L 箱内的 $\zeta_{T:ET}$ 和 ζ_{WUE_t} 分别为$(67.44\pm17.82)\%$ 和 $(32.56\pm17.82)\%$。综上所述，在旺盛生长季，森林生态系统 WUE 对土壤含水量变化的敏感性由蒸腾比主导。

在旺盛生长季，当空气水汽需求较高时，森林生态系统的 WUE 与土壤水之间的强烈负响应关系主要是由 T/ET 的变化导致的，此时 WUE_t 保持相对稳定。以上结果进一步表明，WUE 难以反映植被真实的用水策略。当森林生态系统在旺盛生长季遭遇极端耦合水分胁迫(高水汽压差-低土壤水)时，T/ET 很可能会增加，此时土壤水会更多地被植物吸收并通过植物蒸腾作用返回大气，而不是被土壤的物理蒸发消耗掉。该结论对于水分胁迫下的植物生长机理研究、农业灌溉方案设计及干旱地区用水效率的提高具有重要意义[297,509]。

表 10.5 森林生态系统蒸腾比及植被水分利用效率对 η_{WUE_i} 的相对贡献

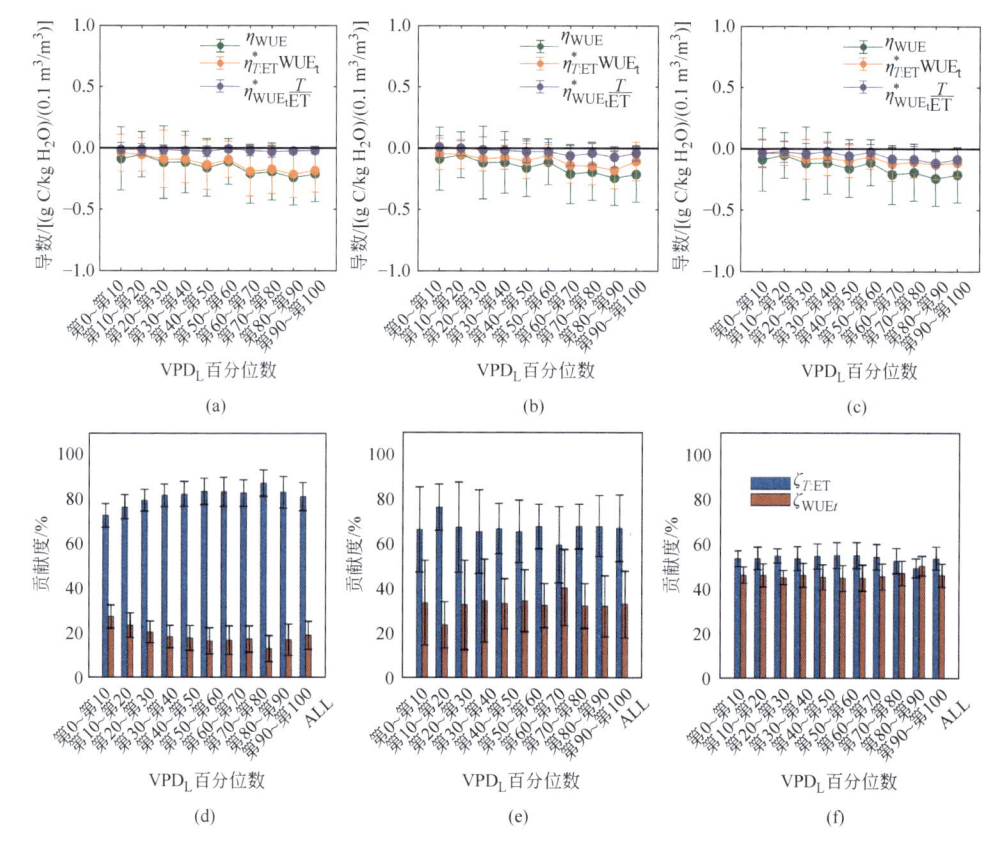

贡献度	Z16	L19	N18	平均值±标准差
$\zeta_{T:ET}/\%$	81.14±9.03	67.10±21.41	53.79±7.39	67.44±17.82
$\zeta_{WUE_t}/\%$	18.86±9.03	32.90±21.41	46.21±7.39	32.56±17.82

图 10.17 η_{WUE_i} 的两个组分随着 VPD_L 变化的折线图,以及不同 VPD_L 水平下,T/ET 及 WUE_t 对 η_{WUE_i} 的贡献度柱状图

(a) Z16；(b) L19；(c) N18；(d) Z16；(e) L19；(f) N18

10.5 3 种蒸散发分离方法的不确定性讨论

生态系统蒸散发分离一直是生态水文领域的热点及难点,主要是由于蒸腾量本身难以直接观测,且蒸腾量的观测也存在尺度问题,因此,近年来涌现了较多的

蒸散发分离方法[154]。本节选用的 3 种蒸散发分离方法涉及机理过程(冠层-土壤双源)、植被生理过程(最优气孔导度理论)及机器学习(随机森林),3 种方法具有前沿性及代表性。总体上来看,3 种方法估算的结果较为一致。

　　Z16 与 N18 两种方法在机理上具有一定的相似性,首先,N18 方法中用机器学习模型来估算 WUE_t,该方法充分考虑了 WUE_t 在日内及季节尺度上的变化,而 Z16 方法认为 WUE_t 与 $VPD^{0.5}$ 之间存在较强的非线性相关性;其次,N18 与 Z16 方法都应用了基于百分位数的模拟方法,Z16 估算生态系统潜在水分利用效率 $uWUE_p$ 的方法为 $GPP \cdot VPD^{0.5}$ 与 ET 的 95% 分位数回归,N18 方法是基于 75% 分位数的随机森林模型进行建模,因此,过高的回归百分位数可能会得到较高的 $uWUE_p$,进一步低估了蒸腾量。Zhou 等[297]应用 Z16 方法估算了中国黑河流域的蒸腾量,结果表明,Z16 方法估算的蒸腾量与液流(sap flow)的观测结果非常一致,R^2 达到 0.8,学界目前普遍认为液流观测是获取蒸腾数据较为准确的方法,该结果表明了 Z16 方法的可靠性。但是也有研究指出,液流观测的升尺度可能存在一定的问题,主要是由于升尺度的过程中只考虑了冠层(canopy)的蒸腾,而未考虑冠层下(understory)的植被蒸腾,因此液流观测可能存在一定的低估[532-533]。

　　从 3 种研究方法的假设出发,基于 uWUE 指标的 Z16 方法的主要假设为:旺盛生长季植被覆盖较高或表层土壤含水量较低时,部分时段能满足植被蒸腾量近似等于蒸散发量的条件($T \approx ET$),此时 $uWUE_a$ 近似等于 $uWUE_p$。该假设成立的条件还有待进一步研究,且基于 95% 分位数回归的方法获取 $uWUE_p$ 也存在不确定性。基于随机森林模型的 N18 方法的假设与 Z16 相似,它首先基于多个指标来筛选旺盛生长季时期,然后认为在该时期内蒸腾占据蒸散发的比例较高,但并未直接假设 $T \approx ET$,接着用基于 75% 分位数的机器学习方法进行训练,最后将训练的规则推广到所有时段。从这个角度来看,N18 的方法可能更合理,但是同时操作也更复杂,涉及的指标及计算量大,相比之下,Z16 方法的操作更加简单。基于一般性生态系统导度模型的 L19 方法的假设为,生态系统导度主要由植被导度及土壤导度组成,它忽略了叶表皮的最小导度,即认为土壤导度 G_{soil} 是导度模型 G_0 的主要组成部分,该假设已经在相关研究中得到证实,即 G_0 会随着土壤水的增加而增加[192]。

　　L19 方法也应用了土壤含水量的分箱,即按照土壤含水量的百分位数分成第 0～第 15、第 15～第 30、第 30～第 50、第 50～第 70、第 70～第 85 及第 85～第 100。该分箱方式被许多研究采纳[180,192,239,482],它是综合考虑了土壤水势对植被的影响后划分的。为了验证 L19 方法中土壤含水量分箱方式的不同对本研究结果的影响,本研究分别按照不同的土壤含水量区间进行分箱,再重复上述过程,并计算 10.4.3 节中的贡献度,观察是否引起贡献度的变化。本次测试共重复 20 次,土壤含水量分箱的数量分别为 1~20,分箱数量为 1 时,代表不分箱,分箱数量为 2 时,将观测数据按照土壤含水量的第 0~第 50 和第 50~第 100 百分位数进行分箱,以此类推。结果显示,随着分箱数量的增加,20 种分箱方式下,$\zeta_{T:ET}$ 和 ζ_{WUE_t} 的均值分别为 $(64.71\pm4.56)\%$ 及 $(35.25\pm4.53)\%$,与 10.4.3 节中计算的结果 ($(67.10\pm21.41)\%$ 和 $(32.90\pm21.41)\%$)相近。这进一步说明,L19 方法中不同的土壤含水量分箱方式不会对本研究的结论产生影响。

综上所述,本研究选择的 3 种蒸散发分离方法是基于不同假设及数据分析的方法,得到的结果虽然存在一定的差异,但是总体上估算的蒸腾量大小较为一致,且变化趋势也总体一致,基本能够保证基于蒸散发分离结果进一步开展研究的合理性和可行性。

10.6 本章小结

本章采用 FLUXNET2015 Tier 1 的 36 个森林通量站点每(半)小时数据,采用基于 uWUE 指标、基于一般性生态系统导度模型及基于机器学习的 3 种蒸散发分离方法估算森林生态系统蒸腾比(T/ET)及植被水分利用效率(WUE_t),将不同蒸散发分离方法估算的结果进行对比,并分析了 T/ET 的季节变化特征及其与叶面积指数(LAI)的相关性,综合评估 3 种蒸散发分离方法的可靠性。在此基础上,本章探究了在旺盛生长季,森林生态系统 T/ET 及 WUE_t 对叶片尺度水汽压差(VPD_L)及土壤含水量变化的响应特征,基于偏最小二乘回归模型及广义线性模型量化了 VPD_L 及土壤含水量对 T/ET、WUE_t 变化的相对贡献,基于全微分法,将森林生态系统水分利用效率(WUE)对土壤含水量变化的敏感性(η_{WUE_t})进行分解,并量化了 T/ET 及 WUE_t 对 η_{WUE_t} 变化的贡献度。本章取得的主要结论如下。

(1) 尽管 3 种蒸散发分离方法是基于不同的机理、假设及统计模型,但 3 种方法估算的植被蒸腾量在小时尺度上的结果较为一致。3 种方法估算的 T/ET 与叶面积指数 LAI 均有较为显著的非线性相关性,在 LAI 偏低的生长季初期或者生长期末期,T/ET 相对 LAI 的变化更为敏感,生长季初期的 LAI 增加会导致 T/ET 的迅速增加。不同植被类型的 T/ET 表现出不同的季节变化格局,常绿阔叶林的 T/ET 的季节变化较小,落叶阔叶林的季节变化最大。3 种方法估算的 T/ET 的季节变化格局也较为一致,表明 3 种蒸散发分离方法能够有效用于 T/ET 与 WUE_t 的估算。

(2) VPD_L 与土壤水解耦前,当 VPD_L 较低时,T/ET 会随着 VPD_L 的增加而迅速增加,当 VPD_L 大于 0.5 kPa 后,T/ET 对 VPD_L 变化的响应变得平缓;WUE_t 与 VPD_L 呈非线性负相关关系,当 VPD_L 较低时,WUE_t 对 VPD_L 变化的

响应比 WUE 对 VPD_L 变化的响应更加剧烈,这主要是由 T/ET 与 VPD_L 之间的强响应关系导致的。

(3)在旺盛的生长季,森林生态系统 WUE_t 与 WUE 对耦合水分胁迫的响应具有较大差异。基于偏最小二乘回归及广义线性模型的分析结果显示,WUE_t 的变化由 VPD_L 主导,VPD_L 与土壤水对 WUE_t 变化的贡献度分别为 $(85.44 \pm 29.63)\%$ 与 $(14.56 \pm 29.63)\%$,相比于 WUE 与土壤水之间存在显著的负相关关系,土壤水的变化对森林生态系统 WUE_t 的影响较小,主要是由于森林生态系统 GPP 与蒸腾量 T 对土壤水的响应更加同步。VPD_L 与土壤水对森林生态系统 T/ET 变化的贡献度分别为 $(45.24 \pm 35.64)\%$ 及 $(54.76 \pm 35.64)\%$。

(4)在旺盛的生长季,基于数据分箱法,将 VPD_L 及土壤水进行解耦后发现,森林生态系统的 T/ET 对土壤含水量变化的敏感性会随着 VPD_L 的增加而增加,当 VPD_L 较高时,土壤含水量的减少会导致 T/ET 迅速增加。

(5)基于全微分法,将 WUE 对土壤水的敏感性进行分解,结果表明,在旺盛的生长季,森林生态系统 WUE 对土壤水变化的响应主要是由 T/ET 的变化导致的,T/ET 及 WUE_t 对该响应的贡献度分别为 $(67.44\% \pm 17.82)\%$ 和 $(32.56\% \pm 17.82)\%$。

参 考 文 献

[1] BEER C, REICHSTEIN M, TOMELLERI E, et al. Terrestrial gross carbon dioxide uptake: global distribution and covariation with climate[J]. Science, 2010, 329(5993): 834-838.

[2] NEMANI R R, KEELING C D, HASHIMOTO H, et al. Climate-driven increases in global terrestrial net primary production from 1982 to 1999[J]. Science, 2003, 300(5625): 1560-1563.

[3] 邵蕊,李垚,张宝庆. 黄土高原退耕还林(草)以来植被水分利用效率的时空特征及预测[J]. 科技导报, 2020, 38(17): 81-91.

[4] COWAN I R, FARQUHAR G D. Stomatal function in relation to leaf metabolism and environment[J]. Sgmposia of the Society for Experimental Biology, 1977, 31: 471-505.

[5] KATUL G G, PALMROTH S, OREN R. Leaf stomatal responses to vapour pressure deficit under current and CO_2-enriched atmosphere explained by the economics of gas exchange[J]. Plant, Cell & Environment, 2009, 32(8): 968-979.

[6] MEDLYN B E, BARTON C V M, BROADMEADOW M S J, et al. Stomatal conductance of forest species after long-term exposure to elevated CO_2 concentration: a synthesis[J]. New Phytol, 2001, 149(2): 247-264.

[7] 胡中民,于贵瑞,王秋凤,等. 生态系统水分利用效率研究进展[J]. 生态学报, 2009, 29(3): 1499-1502.

[8] 胡化广,张振铭,吴生才,等. 植物水分利用效率及其机理研究进展[J]. 节水灌溉, 2013, 3: 11-15.

[9] 曹生奎,冯起,司建华,等. 植物叶片水分利用效率研究综述[J]. 生态学报, 2009, 29(7): 3882-3892.

[10] 张良侠,胡中民,樊江文,等. 区域尺度生态系统水分利用效率的时空变异特征研究进展[J]. 地球科学进展, 2014, 29(6): 691-699.

[11] BETTS R A, BOUCHER O, COLLINS M, et al. Projected increase in continental runoff due to plant responses to increasing carbon dioxide[J]. Nature, 2007, 448(7157): 1037-1041.

[12] KEENAN T F, HOLLINGER D Y, BOHRER G, et al. Increase in forest water-use efficiency as atmospheric carbon dioxide concentrations rise[J]. Nature, 2013, 499(7458): 324-327.

[13] LEWIS S L, LOPEZ-GONZALEZ G, SONKE B, et al. Increasing carbon storage in intact African tropical forests[J]. Nature, 2009, 457(7232): 1003-1006.

[14] PAN Y, BIRDSEY R A, FANG J, et al. A large and persistent carbon sink in the world's forests[J]. Science, 2011, 333(6045): 988-993.

[15] DELUCIA E H, CHEN S, GUAN K, et al. Are we approaching a water ceiling to maize

yields in the United States?[J]. Ecosphere,2019,10(6): e02773.

[16] OKI T,KANAE S. Global hydrological cycles and world water resources[J]. Science, 2006,313(5790): 1068-1072.

[17] ZHANG K,KIMBALL J S,RUNNING S W. A review of remote sensing based actual evapotranspiration estimation[J]. Wiley Interdisciplinary Reviews-Water,2016,3(6): 834-853.

[18] 焦珂伟,高江波,吴绍洪,等. 植被活动对气候变化的响应过程研究进展[J]. 生态学报, 2018,38(6): 2229-2238.

[19] 陈育峰. 自然植被对气候变化响应的研究：综述[J]. 地理科学进展,1997,16(2): 70-77.

[20] LU X L,ZHUANG Q L. Evaluating evapotranspiration and water-use efficiency of terrestrial ecosystems in the conterminous United States using MODIS and AmeriFlux data[J]. Remote Sensing of Environment,2010,114(9): 1924-1939.

[21] 张宝庆. 黄土高原干旱时空变异及雨水资源化潜力研究[D]. 咸阳：西北农林科技大学,2014.

[22] 杜晓铮,赵祥,王昊宇,等. 陆地生态系统水分利用效率对气候变化的响应研究进展[J]. 生态学报,2018,38(23): 8296-8305.

[23] 徐同庆,陶健,王程栋,等. 中国农田生态系统水分利用效率的格局与成因[J]. 中国农学通报,2018,(16): 83-91.

[24] LOBELL D B,ROBERTS M J,SCHLENKER W,et al. Greater sensitivity to drought accompanies maize yield increase in the US midwest[J]. Science, 2014, 344 (6183): 516-519.

[25] ALLEN L H,PAN D Y,BOOTE K J,et al. Carbon dioxide and temperature effects on evapotranspiration and water use efficiency of soybean[J]. Agronomy Journal, 2003, 95(4): 1071-1081.

[26] JIN N,REN W,TAO B,et al. Effects of water stress on water use efficiency of irrigated and rainfed wheat in the Loess Plateau,China[J]. Sci Total Environ,2018,642: 1-11.

[27] JUNG M,REICHSTEIN M,MARGOLIS H A,et al. Global patterns of land-atmosphere fluxes of carbon dioxide, latent heat, and sensible heat derived from eddy covariance, satellite,and meteorological observations[J]. Journal of Geophysical Research: Biogeosciences, 2011,116(3): G00J07.

[28] 张荣华,杜君平,孙睿. 区域蒸散发遥感估算方法及验证综述[J]. 地球科学进展,2012, 27(12): 1295-1307.

[29] 仇宽彪. 中国植被总初级生产力,蒸散发及水分利用效率的估算及时空变化[D]. 北京：北京林业大学,2015.

[30] JIANG C,RYU Y. Multi-scale evaluation of global gross primary productivity and evapotranspiration products derived from Breathing Earth System Simulator (BESS)[J]. Remote Sensing of Environment,2016,186: 528-547.

[31] MIRALLES D G,JIMÉNEZ C,JUNG M,et al. The WACMOS-ET project-Part 2: Evaluation of global terrestrial evaporation data sets[J]. Hydrology and Earth System Sciences,2016,20(2): 823-842.

[32] 洪长桥,金晓斌,陈昌春,等.集成遥感数据的陆地净初级生产力估算模型研究综述[J].地理科学进展,2017,36(8):924-939.

[33] JUNG M,SCHWALM C,MIGLIAVACCA M,et al. Scaling carbon fluxes from eddy covariance sites to globe: synthesis and evaluation of the FLUXCOM approach[J]. Biogeosciences,2020,17(5):1343-1365.

[34] MCCOLL K A,SALVUCCI G D,GENTINE P. Surface flux equilibrium theory explains an empirical estimate of water-limited daily evapotranspiration[J]. Journal of Advances in Modeling Earth Systems,2019,11(7):2036-2049.

[35] MCCOLL K A,RIGDEN A J. Emergent Simplicity of Continental Evapotranspiration[J]. Geophysical Research Letters,2020,47(6):1-11.

[36] LAW B E,FALGE E,GU L,et al. Environmental controls over carbon dioxide and water vapor exchange of terrestrial vegetation[J]. Agricultural and Forest Meteorology,2002,113(1-4):97-120.

[37] BEER C,REICHSTEIN M,CIAIS P,et al. Mean annual GPP of Europe derived from its water balance[J]. Geophysical Research Letters,2007,34(5).

[38] NIU S,XING X,ZHANG Z,et al. Water-use efficiency in response to climate change: from leaf to ecosystem in a temperate steppe[J]. Global Change Biology,2011,17(2):1073-1082.

[39] ZHOU S,YU B F,HUANG Y F,et al. The effect of vapor pressure deficit on water use efficiency at the subdaily time scale[J]. Geophysical Research Letters,2014,41(14):5005-5013.

[40] HUANG M,PIAO S,SUN Y,et al. Change in terrestrial ecosystem water-use efficiency over the last three decades[J]. Glob Chang Biol,2015,21(6):2366-2378.

[41] LIU Y,XIAO J,JU W,et al. Water use efficiency of China's terrestrial ecosystems and responses to drought[J]. Sci Rep,2015,5(1):13799.

[42] DEKKER S C,GROENENDIJK M,BOOTH B B B,et al. Spatial and temporal variations in plant water-use efficiency inferred from tree-ring, eddy covariance and atmospheric observations[J]. Earth System Dynamics,2016,7(2):525-533.

[43] HUANG M,PIAO S,ZENG Z,et al. Seasonal responses of terrestrial ecosystem water-use efficiency to climate change[J]. Glob Chang Biol,2016,22(6):2165-2177.

[44] KNAUER J,ZAEHLE S,MEDLYN B E,et al. Towards physiologically meaningful water-use efficiency estimates from eddy covariance data[J]. Glob Chang Biol,2018,24(2):694-710.

[45] HATFIELD J L,DOLD C. Water-Use Efficiency: Advances and Challenges in a Changing Climate[J]. Front Plant Sci,2019,10:103.

[46] REICHSTEIN M,FALGE E,BALDOCCHI D,et al. On the separation of net ecosystem exchange into assimilation and ecosystem respiration: review and improved algorithm[J]. Global Change Biology,2005,11(9):1424-1439.

[47] 陈世苹,游翠海,胡中民,等.涡度相关技术及其在陆地生态系统通量研究中的应用[J].植物生态学报,2020,44(4):291.

[48] VALENTINI R,DEANGELIS P,MATTEUCCI G,et al. Seasonal net carbon dioxide exchange of a beech forest with the atmosphere[J]. Global Change Biology,1996,2(3):199-207.

[49] BALDOCCHI D,CHEN Q,CHEN X,et al. The dynamics of energy,water and carbon fluxes in a blue oak (Quercus douglasii) savanna in California,USA[J]. Ecosystem function in global Savannas: Measurement modeling at landscape to global scales,2010:135-151.

[50] WAGLE P,GOWDA P H,XIAO X M,et al. Parameterizing ecosystem light use efficiency and water use efficiency to estimate maize gross primary production and evapotranspiration using MODIS EVI[J]. Agricultural and Forest Meteorology,2016,222:87-97.

[51] LI Z Q,YU G R,XIAO X M,et al. Modeling gross primary production of alpine ecosystems in the Tibetan Plateau using MODIS images and climate data[J]. Remote Sensing of Environment,2007,107(3):510-519.

[52] SKOVSGAARD J P,NORD-LARSEN T. Biomass,basic density and biomass expansion factor functions for European beech (Fagus sylvatica L.) in Denmark[J]. European Journal of Forest Research,2012,131(4):1035-1053.

[53] PENMAN H L. Natural Evaporation from Open Water,Bare Soil and Grass[J]. Proceedings of the Royal Society of London Series a-Mathematical and Physical Sciences,1948,193(1032):120-145.

[54] MONTEITH J L. Evaporation and environment; proceedings of the Symposia of the society for experimental biology[J]. Symposia of the Society for Experimental Biology,1965,19:205-234.

[55] PRIESTLEY C H B,TAYLOR R. On the assessment of surface heat flux and evaporation using large-scale parameters[J]. Monthly weather review,1972,100(2):81-92.

[56] RYU Y,BALDOCCHI D D,KOBAYASHI H,et al. Integration of MODIS land and atmosphere products with a coupled-process model to estimate gross primary productivity and evapotranspiration from 1 km to global scales[J]. Global Biogeochemical Cycles,2011,25(4).

[57] DENNING A S,RANDALL D A,COLLATZ G J,et al. Simulations of terrestrial carbon metabolism and atmospheric CO_2 in a general circulation model: Part 2: Simulated CO_2 concentrations[J]. Tellus B,1996,48(4):543-567.

[58] DICKINSON R E,SHAIKH M,BRYANT R,et al. Interactive canopies for a climate model[J]. Journal of Climate,1998,11(11):2823-2836.

[59] MELILLO J M,MCGUIRE A D,KICKLIGHTER D W,et al. Global Climate-Change and Terrestrial Net Primary Production[J]. Nature,1993,363(6426):234-240.

[60] 胡波,孙睿,陈永俊,等.遥感数据结合 Biome-BGC 模型估算黄淮海地区生态系统生产力[J].自然资源学报,2011,26(12):2061-2071.

[61] WHITE M A,THORNTON P E,RUNNING S W,et al. Parameterization and sensitivity analysis of the BIOME-BGC terrestrial ecosystem model: net primary production controls[J]. Earth interactions,2000,4(3):1-85.

[62] LIU J, CHEN J M, CIHLAR J, et al. A process-based boreal ecosystem productivity simulator using remote sensing inputs[J]. Remote Sensing of Environment, 1997, 62(2): 158-175.

[63] BEER C, CIAIS P, REICHSTEIN M, et al. Temporal and among-site variability of inherent water use efficiency at the ecosystem level[J]. Global Biogeochemical Cycles, 2009, 23(2): GB2018.

[64] HE H, LIU M, XIAO X, et al. Large-scale estimation and uncertainty analysis of gross primary production in Tibetan alpine grasslands[J]. Journal of Geophysical Research: Biogeosciences, 2014, 119(3): 466-486.

[65] TURNER D P, RITTS W D, COHEN W B, et al. Evaluation of MODIS NPP and GPP products across multiple biomes[J]. Remote Sensing of Environment, 2006, 102(3-4): 282-292.

[66] YU T, SUN R, XIAO Z Q, et al. Estimation of global vegetation productivity from Global LAnd Surface Satellite data[J]. Remote Sensing, 2018, 10(2): 327.

[67] GAO Y N, YU G R, YAN H M, et al. A MODIS-based Photosynthetic Capacity Model to estimate gross primary production in Northern China and the Tibetan Plateau[J]. Remote Sensing of Environment, 2014, 148: 108-118.

[68] ZHANG Y Q, YU Q, JIANG J, et al. Calibration of Terra/MODIS gross primary production over an irrigated cropland on the North China Plain and an alpine meadow on the Tibetan Plateau[J]. Global Change Biology, 2008, 14(4): 757-767.

[69] LU H, KOIKE T, YANG K, et al. Improving land surface soil moisture and energy flux simulations over the Tibetan plateau by the assimilation of the microwave remote sensing data and the GCM output into a land surface model[J]. International Journal of Applied Earth Observation and Geoinformation, 2012, 17: 43-54.

[70] CLEUGH H A, LEUNING R, MU Q Z, et al. Regional evaporation estimates from flux tower and MODIS satellite data[J]. Remote Sensing of Environment, 2007, 106(3): 285-304.

[71] VINUKOLLU R K, WOOD E F, FERGUSON C R, et al. Global estimates of evapotranspiration for climate studies using multi-sensor remote sensing data: Evaluation of three process-based approaches[J]. Remote Sensing of Environment, 2011, 115(3): 801-823.

[72] BUDYKO M I, MILLER D H, MILLER D H. Climate and life[M]. New York: Academic Press, 1974.

[73] ZHOU S, YU B F, HUANG Y F, et al. The complementary relationship and generation of the Budyko functions[J]. Geophysical Research Letters, 2015, 42(6): 1781-1790.

[74] KALMA J D, MCVICAR T R, MCCABE M F. Estimating land surface evaporation: a review of methods using remotely sensed surface temperature data[J]. Surveys in Geophysics, 2008, 29(4-5): 421-69.

[75] KUSTAS W P. Estimates of evapotranspiration with a one-and two-layer model of heat transfer over partial canopy cover[J]. Journal of Applied Meteorology Climatology, 1990,

29(8)：704-15.

[76] ZHANG R,TIAN J,SU H,et al. Two Improvements of an Operational Two-Layer Model for Terrestrial Surface Heat Flux Retrieval[J]. Sensors (Basel),2008,8(10)：6165-6187.

[77] KUSTAS W P,ZHAN X,SCHMUGGE T J. Combining optical and microwave remote sensing for mapping energy fluxes in a semiarid watershed[J]. Remote Sensing of Environment,1998,64(2)：116-131.

[78] MANABE S. Climate and the ocean circulation：I. The atmospheric circulation and the hydrology of the earth's surface[J]. Monthly Weather Review,1969,97(11)：739-774.

[79] DAI Y J,ZENG X B,DICKINSON R E,et al. The Common Land Model[J]. Bulletin of the American Meteorological Society,2003,84(8)：1013-1023.

[80] SELLERS P,RANDALL D,COLLATZ G,et al. A revised land surface parameterization (SiB2) for atmospheric GCMs. Part Ⅰ：Model formulation[J]. Journal of climate,1996,9(4)：676-705.

[81] 刘树华,刘振鑫,郑辉,等. 多尺度大气边界层与陆面物理过程模式的研究进展[J]. 中国科学：物理学力学天文学,2013,43(10)：1332-1355.

[82] 郑辉,刘树华,刘振鑫,等. 北京大学陆面过程模式 PKULM（Peking University Land Model）介绍及检验[J]. 地球物理学报,2016,59(1)：79-92.

[83] FISHER J B,TU K P,BALDOCCHI D D. Global estimates of the land-atmosphere water flux based on monthly AVHRR and ISLSCP-Ⅱ data,validated at 16 FLUXNET sites[J]. Remote Sensing of Environment,2008,112(3)：901-919.

[84] MARTENS B,MIRALLES D G,LIEVENS H,et al. GLEAM v3：satellite-based land evaporation and root-zone soil moisture[J]. Geoscientific Model Development,2017,10(5)：1903-1925.

[85] RIGDEN A,LI D,SALVUCCI G. Dependence of thermal roughness length on friction velocity across land cover types：A synthesis analysis using AmeriFlux data[J]. Agricultural and Forest Meteorology,2018,249：512-519.

[86] TRUGMAN A T,MEDVIGY D,MANKIN J S,et al. Soil moisture stress as a major driver of carbon cycle uncertainty[J]. Geophysical Research Letters,2018,45(13)：6495-6503.

[87] MAKITA N,KOSUGI Y,SAKABE A,et al. Seasonal and diurnal patterns of soil respiration in an evergreen coniferous forest：Evidence from six years of observation with automatic chambers[J]. PLoS One,2018,13(2)：e0192622.

[88] SUN T,WANG Z H,NI G H. Revisiting the hysteresis effect in surface energy budgets[J]. Geophysical Research Letters,2013,40(9)：1741-1747.

[89] NELSON J A,CARVALHAIS N,CUNTZ M,et al. Coupling Water and Carbon Fluxes to Constrain Estimates of Transpiration：The TEA Algorithm[J]. J Geophys Res-Biogeo,2018,123(12)：3617-3632.

[90] MEDLYN B E,DE KAUWE M G,LIN Y S,et al. How do leaf and ecosystem measures of water-use efficiency compare? [J]. New Phytologist,2017,216(3)：758-770.

[91] RIVEROS-IREGUI D A,EMANUEL R E,MUTH D J,et al. Diurnal hysteresis between

[92] ZHANG Q, KATUL G G, OREN R, et al. The hysteresis response of soil CO concentration and soil respiration to soil temperature[J]. J Geophys Res-Biogeo, 2015, 120(8): 1605-1618.

[93] GENTINE P, FERGUSON C R, HOLTSLAG A A M. Diagnosing evaporative fraction over land from boundary-layer clouds[J]. Journal of Geophysical Research-Atmospheres, 2013, 118(15): 8185-8196.

[94] LEVY O, DUBINSKY Z, SCHNEIDER K, et al. Diurnal hysteresis in coral photosynthesis [J]. Marine Ecology Progress Series, 2004, 268: 105-117.

[95] UNSWORTH M H, PHILLIPS N, LINK T, et al. Components and controls of water flux in an old-growth Douglas-fir-western hemlock ecosystem[J]. Ecosystems, 2004, 7(5): 468-481.

[96] HEFFERNAN J B, COHEN M J. Direct and indirect coupling of primary production and diel nitrate dynamics in a subtropical spring-fed river[J]. Limnology and Oceanography, 2010, 55(2): 677-688.

[97] CHEN L X, ZHANG Z Q, LI Z D, et al. Biophysical control of whole tree transpiration under an urban environment in Northern China[J]. Journal of Hydrology, 2011, 402(3-4): 388-400.

[98] ZHENG H, WANG Q, ZHU X, et al. Hysteresis responses of evapotranspiration to meteorological factors at a diel timescale: patterns and causes[J]. PLoS One, 2014, 9(6): e98857.

[99] ZHOU S, YU B, HUANG Y F, et al. Daily underlying water use efficiency for AmeriFlux sites[J]. J Geophys Res-Biogeo, 2015, 120(5): 887-902.

[100] WULLSCHLEGER S D, HANSON P J, TSCHAPLINSKI T J. Whole-plant water flux in understory red maple exposed to altered precipitation regimes[J]. Tree Physiol, 1998, 18(2): 71-79.

[101] LAGERGREN F, LINDROTH A. Transpiration response to soil moisture in pine and spruce trees in Sweden[J]. Agricultural and Forest Meteorology, 2002, 112(2): 67-85.

[102] 张利刚, 曾凡江, 刘镇, 等. 极端干旱区 3 种植物液流特征及其对环境因子的响应[J]. 干旱区研究, 2013, 30(1): 115-121.

[103] O'BRIEN J J, OBERBAUER S F, CLARK D B. Whole tree xylem sap flow responses to multiple environmental variables in a wet tropical forest[J]. Plant Cell and Environment, 2004, 27(5): 551-567.

[104] O'GRADY A P, EAMUS D, HUTLEY L B. Transpiration increases during the dry season: patterns of tree water use in eucalypt open-forests of northern Australia[J]. Tree Physiol, 1999, 19(9): 591-597.

[105] O'GRADY A P, WORLEDGE D, BATTAGLIA M. Constraints on transpiration of in southern Tasmania, Australia[J]. Agricultural and Forest Meteorology, 2008, 148(3): 453-465.

[106] DAMM A, ELBERS J, ERLER A, et al. Remote sensing of sun-induced fluorescence to improve modeling of diurnal courses of gross primary production (GPP)[J]. Global Change Biology, 2010, 16(1): 171-186.

[107] CUI T X, SUN R, QIAO C, et al. Estimating Diurnal Courses of Gross Primary Production for Maize: A Comparison of Sun-Induced Chlorophyll Fluorescence, Light-Use Efficiency and Process-Based Models[J]. Remote Sensing, 2017, 9(12).

[108] LIU L Y, GUAN L L, LIU X J. Directly estimating diurnal changes in GPP for C3 and C4 crops using far-red sun-induced chlorophyll fluorescence[J]. Agricultural and Forest Meteorology, 2017, 232: 1-9.

[109] HAN G X, LUO Y Q, LI D J, et al. Ecosystem photosynthesis regulates soil respiration on a diurnal scale with a short-term time lag in a coastal wetland[J]. Soil Biology & Biochemistry, 2014, 68: 85-94.

[110] NAIR R, JUWARKAR A A, WANJARI T, et al. Study of terrestrial carbon flux by eddy covariance method in revegetated manganese mine spoil dump at Gumgaon, India[J]. Climatic Change, 2011, 106(4): 609-619.

[111] SCHYMANSKI S J, RODERICK M L, SIVAPALAN M, et al. A test of the optimality approach to modelling canopy properties and CO_2 uptake by natural vegetation[J]. Plant Cell Environ, 2007, 30(12): 1586-1598.

[112] KRAGH T, ANDERSEN M R, SAND-JENSEN K. Profound afternoon depression of ecosystem production and nighttime decline of respiration in a macrophyte-rich, shallow lake[J]. Oecologia, 2017, 185(1): 157-170.

[113] TUZET A, PERRIER A, LEUNING R. A coupled model of stomatal conductance, photosynthesis and transpiration[J]. Plant Cell and Environment, 2003, 26(7): 1097-1116.

[114] BUCKLEY T N, MOTT K A, FARQUHAR G D. A hydromechanical and biochemical model of stomatal conductance[J]. Plant Cell and Environment, 2003, 26(10): 1767-1785.

[115] 王会肖, 刘昌明. 作物水分利用效率内涵及研究进展[J]. 水科学进展, 2000, 11(1): 99-104.

[116] 孙双峰, 黄建辉, 林光辉, 等. 稳定同位素技术在植物水分利用研究中的应用[J]. 生态学报, 2005, 25(9): 2367-2371.

[117] 赵玲玲, 夏军, 许崇育, 等. 水文循环模拟中蒸散发估算方法综述[J]. 地理学报, 2013, 68(1): 127-136.

[118] 卢玲, 李新, 黄春林. 中国西部植被水分利用效率的时空特征分析[J]. 冰川冻土, 2012, 29(5): 777-784.

[119] 王昆, 莫兴国, 林忠辉, 等. 植被界面过程(VIP)模型的改进与验证[J]. 生态学杂志, 2010, 29(2): 387.

[120] ZHANG J T, TIAN H Q, YANG J, et al. Improving representation of crop growth and yield in the dynamic land ecosystem model and its application to China[J]. Journal of Advances in Modeling Earth Systems, 2018, 10(7): 1680-1707.

[121] BRÜMMER C, BLACK T A, JASSAL R S, et al. How climate and vegetation type influence evapotranspiration and water use efficiency in Canadian forest, peatland and grassland ecosystems[J]. Agricultural and Forest Meteorology, 2012, 153: 14-30.

[122] HATFIELD J L, SAUER T J, PRUEGER J H. Managing soils to achieve greater water use efficiency: A review[J]. Agronomy Journal, 2001, 93(2): 271-280.

[123] AINSWORTH E A, LONG S P. What have we learned from 15 years of free-air CO_2 enrichment (FACE)? A meta-analytic review of the responses of photosynthesis, canopy properties and plant production to rising CO_2[J]. New Phytol, 2005, 165(2): 351-371.

[124] 廖建雄,王根轩. 干旱,CO_2 和温度升高对春小麦光合、蒸发蒸腾及水分利用效率的影响[J]. 应用生态学报, 2002, 13(5): 547-550.

[125] DE BOECK H J, LEMMENS C M, BOSSUYT H, et al. How do climate warming and plant species richness affect water use in experimental grasslands?[J]. 2006, 288(1): 249-261.

[126] 王云霓,熊伟,王彦辉,等. 干旱半干旱地区主要树种叶片水分利用效率研究综述[J]. 世界林业研究, 2012, 25(2): 17-23.

[127] XUE B L, GUO Q H, OTTO A, et al. Global patterns, trends, and drivers of water use efficiency from 2000 to 2013[J]. Ecosphere, 2015, 6(10): 1-18.

[128] KEENAN T F, GRAY J, FRIEDL M A, et al. Net carbon uptake has increased through warming-induced changes in temperate forest phenology[J]. Nature Climate Change, 2014, 4(7): 598-604.

[129] BUITENWERF R, ROSE L, HIGGINS S I. Three decades of multi-dimensional change in global leaf phenology[J]. Nature Climate Change, 2015, 5(4): 364-368.

[130] RICHARDSON A D, HOLLINGER D Y, DAIL D B, et al. Influence of spring phenology on seasonal and annual carbon balance in two contrasting New England forests[J]. Tree Physiol, 2009, 29(3): 321-331.

[131] XIA J, NIU S, CIAIS P, et al. Joint control of terrestrial gross primary productivity by plant phenology and physiology[J]. Proc Natl Acad Sci U S A, 2015, 112(9): 2788-2793.

[132] ZHOU S, ZHANG Y, CAYLOR K K, et al. Explaining inter-annual variability of gross primary productivity from plant phenology and physiology[J]. Agricultural and Forest Meteorology, 2016, 226: 246-256.

[133] ZHOU S, ZHANG Y, CIAIS P, et al. Dominant role of plant physiology in trend and variability of gross primary productivity in North America[J]. Sci Rep, 2017, 7: 41366.

[134] SUN Y, PIAO S, HUANG M, et al. Global patterns and climate drivers of water-use efficiency in terrestrial ecosystems deduced from satellite-based datasets and carbon cycle models[J]. Global Ecology Biogeography, 2016, 25(3): 311-323.

[135] SHEN M, PIAO S, CHEN X, et al. Strong impacts of daily minimum temperature on the green-up date and summer greenness of the Tibetan Plateau[J]. Glob Chang Biol, 2016, 22(9): 3057-3066.

[136] CONG N, SHEN M, PIAO S. Spatial variations in responses of vegetation autumn phenology to climate change on the Tibetan Plateau[J]. Journal of Plant Ecology, 2016,

10(5)：744-752.

[137] SHEN M. Spring phenology was not consistently related to winter warming on the Tibetan Plateau[J]. Proceedings of the national academy of sciences,2011,108(19)：E91-E2.

[138] YU H,LUEDELING E,XU J. Winter and spring warming result in delayed spring phenology on the Tibetan Plateau[J]. Proc Natl Acad Sci U S A,2010,107(51)：22151-22156.

[139] WANG S Y,ZHANG B,YANG Q C,et al. Responses of net primary productivity to phenological dynamics in the Tibetan Plateau, China [J]. Agricultural and Forest Meteorology,2017,232：235-246.

[140] SU B,HUANG J,FISCHER T,et al. Drought losses in China might double between the 1.5℃ and 2.0℃ warming[J]. Proceedings of the National Academy of Sciences,2018,115(42)：10600-10605.

[141] IPCC. Climate change 2007：The physical science basis[J]. Agenda,2007,6(07)：333.

[142] ZHAO M,RUNNING S W. Drought-induced reduction in global terrestrial net primary production from 2000 through 2009[J]. Science,2010,329(5994)：940-943.

[143] REICHSTEIN M,BAHN M,CIAIS P,et al. Climate extremes and the carbon cycle[J]. Nature,2013,500(7462)：287-295.

[144] CIAIS P, REICHSTEIN M, VIOVY N, et al. Europe-wide reduction in primary productivity caused by the heat and drought in 2003[J]. Nature, 2005, 437(7058)：529-533.

[145] VICENTE-SERRANO S M,BEGUERÍA S, LÓPEZ-MORENO J I. A multiscalar drought index sensitive to global warming：the standardized precipitation evapotranspiration index [J]. Journal of Climate,2010,23(7)：1696-1718.

[146] SCHWALM C R,ANDEREGG W R L,MICHALAK A M,et al. Global patterns of drought recovery[J]. Nature,2017,548(7666)：202-205.

[147] ERICE G,LOUAHLIA S,IRIGOYEN J J,et al. Water use efficiency,transpiration and net CO exchange of four alfalfa genotypes submitted to progressive drought and subsequent recovery[J]. Environmental and Experimental Botany,2011,72(2)：123-130.

[148] REICHSTEIN M,TENHUNEN J D,ROUPSARD O,et al. Severe drought effects on ecosystem CO_2 and H_2O fluxes at three Mediterranean evergreen sites：revision of current hypotheses? [J]. Global Change Biology,2002,8(10)：999-1017.

[149] EVARISTO J, JASECHKO S, MCDONNELL J J. Global separation of plant transpiration from groundwater and streamflow[J]. Nature,2015,525(7567)：91-94.

[150] JASECHKO S,SHARP Z D,GIBSON J J,et al. Terrestrial water fluxes dominated by transpiration[J]. Nature,2013,496(7445)：347-350.

[151] SMITH D M,ALLEN S J. Measurement of sap flow in plant stems[J]. J Exp Bot,1996,47(305)：1833-1844.

[152] ZHANG Y,XIAO X,WU X,et al. A global moderate resolution dataset of gross primary production of vegetation for 2000-2016[J]. Sci Data,2017,4(1)：170165.

[153] LIAN X,PIAO S L,HUNTINGFORD C,et al. Partitioning global land evapotranspiration using CMIP5 models constrained by observations[J]. Nature Climate Change,2018,8(7): 640-646.

[154] STOY P C,EL-MADANY T S,FISHER J B,et al. Reviews and syntheses: Turning the challenges of partitioning ecosystem evaporation and transpiration into opportunities[J]. Biogeosciences,2019,16(19): 3747-3775.

[155] XIAO J F,CHEVALLIER F,GOMEZ C,et al. Remote sensing of the terrestrial carbon cycle: A review of advances over 50 years[J]. Remote Sensing of Environment,2019, 233: 111383.

[156] MERONI M, ROSSINI M, GUANTER L, et al. Remote sensing of solar-induced chlorophyll fluorescence: Review of methods and applications[J]. Remote Sensing of Environment,2009,113(10): 2037-2051.

[157] CHEN S,HUANG Y,GAO S,et al. Impact of physiological and phenological change on carbon uptake on the Tibetan Plateau revealed through GPP estimation based on spaceborne solar-induced fluorescence[J]. Sci Total Environ,2019,663: 45-59.

[158] LI F,XIAO J F,CHEN J Q,et al. Global water use efficiency saturation due to increased vapor pressure deficit[J]. Science,2023,381(6658): 672-677.

[159] MAES W H,PAGÁN B R,MARTENS B,et al. Sun-induced fluorescence closely linked to ecosystem transpiration as evidenced by satellite data and radiative transfer models [J]. Remote Sensing of Environment,2020,249: 112030.

[160] SHAN N,ZHANG Y G,CHEN J M,et al. A model for estimating transpiration from remotely sensed solar-induced chlorophyll fluorescence [J]. Remote Sensing of Environment,2021,252: 112134.

[161] DE KAUWE M G,MEDLYN B E,PITMAN A J,et al. Examining the evidence for decoupling between photosynthesis and transpiration during heat extremes [J]. Biogeosciences,2019,16(4): 903-916.

[162] XU Z,JIANG Y,JIA B,et al. Elevated-CO_2 Response of Stomata and Its Dependence on Environmental Factors[J]. Front Plant Sci,2016,7: 657.

[163] AINSWORTH E A, ROGERS A. The response of photosynthesis and stomatal conductance to rising[CO_2]: mechanisms and environmental interactions[J]. Plant Cell Environ,2007,30(3): 258-270.

[164] DONOHUE R J,RODERICK M L,MCVICAR T R,et al. Impact of CO fertilization on maximum foliage cover across the globe's warm, arid environments[J]. Geophysical Research Letters,2013,40(12): 3031-3035.

[165] GRIMM N B,CHAPIN F S,BIERWAGEN B,et al. The impacts of climate change on ecosystem structure and function[J]. Frontiers in Ecology and the Environment,2013, 11(9): 474-482.

[166] PECL G T,ARAUJO M B,BELL J D,et al. Biodiversity redistribution under climate change: Impacts on ecosystems and human well-being[J]. Science,2017,355(6332): eaai9214.

[167] MANTUA N J,HARE S R,ZHANG Y,et al. A Pacific interdecadal climate oscillation with impacts on salmon production[J]. Bulletin of the American Meteorological Society,1997,78(6):1069-1079.

[168] POORTER H,NIKLAS K J,REICH P B,et al. Biomass allocation to leaves,stems and roots: meta-analyses of interspecific variation and environmental control[J]. New Phytol,2012,193(1):30-50.

[169] HAGEDORN F,JOSEPH J,PETER M,et al. Recovery of trees from drought depends on belowground sink control[J]. Nat Plants,2016,2(8):16111.

[170] HOLTUM J A,WINTER K. Elevated[CO_2]and forest vegetation: more a water issue than a carbon issue? [J]. Functional Plant Biology,2010,37(8):694-702.

[171] NORBY R J,ZAK D R. Ecological lessons from free-air CO enrichment (FACE) experiments[J]. Annu Rev Ecol Evol S,2011,42:181-203.

[172] UMAIR M,KIM D,CHOI M. Impact of climate,rising atmospheric carbon dioxide,and other environmental factors on water-use efficiency at multiple land cover types[J]. Sci Rep,2020,10(1):11644.

[173] KNAUER J,ZAEHLE S,REICHSTEIN M,et al. The response of ecosystem water-use efficiency to rising atmospheric CO_2 concentrations: sensitivity and large-scale biogeochemical implications[J]. New Phytol,2017,213(4):1654-1666.

[174] VAN DER SLEEN P,GROENENDIJK P,VLAM M,et al. No growth stimulation of tropical trees by 150 years of CO_2 fertilization but water-use efficiency increased[J]. Nature Geoscience,2014,8(1):24-28.

[175] DE KAUWE M G,MEDLYN B E,ZAEHLE S,et al. Forest water use and water use efficiency at elevated CO_2: A model-data intercomparison at two contrasting temperate forest FACE sites[J]. Global change biology,2013,19(6):1759-1779.

[176] KRUIJT B,BARTON C,REY A,et al. The sensitivity of stand-scale photosynthesis and transpiration to changes in atmospheric CO_2 concentration and climate[J]. Hydrology and Earth System Sciences,1999,3(1):55-69.

[177] VICENTE-SERRANO S M,MIRALLES D G,MCDOWELL N,et al. The uncertain role of rising atmospheric CO on global plant transpiration[J]. Earth-Sci Rev,2022,230:104055.

[178] FRANK D C,POULTER B,SAURER M,et al. Water-use efficiency and transpiration across European forests during the Anthropocene[J]. Nature Climate Change,2015,5(6):579-583.

[179] HUANG M,PIAO S,CIAIS P,et al. Air temperature optima of vegetation productivity across global biomes[J]. Nat Ecol Evol,2019,3(5):772-779.

[180] NOVICK K A,FICKLIN D L,STOY P C,et al. The increasing importance of atmospheric demand for ecosystem water and carbon fluxes[J]. Nature Climate Change,2016,6(11):1023-1027.

[181] KNAPP A K,CIAIS P,SMITH M D. Reconciling inconsistencies in precipitation-productivity relationships: implications for climate change[J]. New Phytol, 2017,

214(1): 41-47.

[182] BRODRIBB T J, POWERS J, COCHARD H, et al. Hanging by a thread? Forests and drought[J]. Science, 2020, 368(6488): 261-266.

[183] ZHOU S, DUURSMA R A, MEDLYN B E, et al. How should we model plant responses to drought? An analysis of stomatal and non-stomatal responses to water stress[J]. Agricultural and Forest Meteorology, 2013, 182: 204-214.

[184] ZHANG X, ZHANG Y, TIAN J, et al. CO_2 fertilization is spatially distinct from stomatal conductance reduction in controlling ecosystem water-use efficiency increase[J]. Environ Res Lett, 2022, 17(5): 054048.

[185] POLICY H W, JOHNSON H B, MARINOT B D, et al. Increase in C3 plant water-use efficiency and biomass over Glacial to present CO_2 concentrations[J]. Nature, 1993, 361(6407): 61-64.

[186] BOULAIN N, CAPPELAERE B, RAMIER D, et al. Towards an understanding of coupled physical and biological processes in the cultivated Sahel-2. Vegetation and carbon dynamics[J]. Journal of Hydrology, 2009, 375(1-2): 190-203.

[187] TESTI L, ORGAZ F, VILLALOBOS F. Carbon exchange and water use efficiency of a growing, irrigated olive orchard[J]. Environmental and Experimental Botany, 2008, 63(1-3): 168-177.

[188] TONG X J, LI J, YU Q, et al. Ecosystem water use efficiency in an irrigated cropland in the North China Plain[J]. Journal of Hydrology, 2009, 374(3-4): 329-337.

[189] 王碧霞, 曾永海, 王大勇, 等. 叶片气孔分布及生理特征对环境胁迫的响应[J]. 干旱地区农业研究, 2010, (2): 6.

[190] KALA J, DE KAUWE M G, PITMAN A J, et al. Impact of the representation of stomatal conductance on model projections of heatwave intensity[J]. Sci Rep, 2016, 6: 23418.

[191] LLOYD J, FARQUHAR G D. 13C discrimination during CO_2 assimilation by the terrestrial biosphere[J]. Oecologia, 1994, 99(3-4): 201-215.

[192] LIN C, GENTINE P, HUANG Y, et al. Diel ecosystem conductance response to vapor pressure deficit is suboptimal and independent of soil moisture[J]. Agricultural & Forest Meteorology, 2018, s 250-251: 24-34.

[193] LI X, GENTINE P, LIN C J, et al. A simple and objective method to partition evapotranspiration into transpiration and evaporation at eddy-covariance sites[J]. Agricultural and Forest Meteorology, 2019, 265: 171-182.

[194] MONTEITH J L. A reinterpretation of stomatal responses to humidity[J]. Plant Cell and Environment, 1995, 18(4): 357-364.

[195] JARVIS, P. G. The interpretation of the variations in leaf water potential and stomatal conductance found in canopies in the field[J]. Philosophical Transactions of the Royal Society of London, 1976, 273(927): 593-610.

[196] ARVE L E, TERFA M T, GISLEROD H R, et al. High relative air humidity and continuous light reduce stomata functionality by affecting the ABA regulation in rose

leaves[J]. Plant Cell Environ,2013,36(2): 382-392.

[197] SPERRY J S,WANG Y,WOLFE B T,et al. Pragmatic hydraulic theory predicts stomatal responses to climatic water deficits[J]. New Phytol,2016,212(3): 577-589.

[198] ANDEREGG W R L,WOLF A,ARANGO-VELEZ A,et al. Plant water potential improves prediction of empirical stomatal models[J]. PLoS One,2017,12(10): e0185481.

[199] 覃盈盈,甘肖梅,蒋潇潇,等.红树林生境中互花米草气孔导度的动态变化[J].生态学杂志,2009,(10): 5.

[200] 成雪峰,张凤云,柴守玺.春小麦对不同灌水处理的气孔反应及其影响因子[J].应用生态学报,2010,(1): 5.

[201] ABTEW W,MELESSE A. Evaporation and Evapotranspiration[M]. Berlin: Springer,2013.

[202] BALL J T,WOODROW I E,BERRY J A. A model predicting stomatal conductance and its contribution to the control of photosynthesis under different environmental conditions [M]. Progress in photosynthesis research. Springer. 1987: 221-224.

[203] COLLATZ G J,BALL J T,GRIVET C,et al. Physiological and environmental-regulation of stomatal conductance, photosynthesis and transpiration-a model that includes a laminar boundary- layer [J]. Agricultural and Forest Meteorology, 1991, 54 (2-4): 107-136.

[204] LEUNING R. A critical appraisal of a combined stomatal-photosynthesis model for C3 plants[J]. Plant,Cell & Environment,2006,18(4): 339-355.

[205] LANGE O L,LOSCH R,SCHULZE E D,et al. Responses of stomata to changes in humidity[J]. Planta,1971,100(1): 76-86.

[206] APHALO P J,JARVIS P G. Do stomata respond to relative humidity？[J]. Plant,Cell & Environment,2006,14(1): 127-132.

[207] OREN R,SPERRY J,KATUL G,et al. Survey and synthesis of intra-and interspecific variation in stomatal sensitivity to vapour pressure deficit [J]. Plant, Cell & Environment,1999,22(12): 1515-1526.

[208] DAMOUR G,SIMONNEAU T,COCHARD H,et al. An overview of models of stomatal conductance at the leaf level[J]. Plant Cell Environ,2010,33(9): 1419-1438.

[209] TARDIEU F,LAFARGE T,SIMONNEAU T. Stomatal control by fed or endogenous xylem ABA in sunflower: Interpretation of correlations between leaf water potential and stomatal conductance in anisohydric species[J]. Plant Cell and Environment, 1996, 19(1): 75-84.

[210] 高冠龙,张小由,常宗强,等.植物气孔导度的环境响应模拟及其尺度扩展[J].生态学报,2016,36(6): 10.

[211] WONG S C,COWAN I R,FARQUHAR G D. Stomatal Conductance Correlates with Photosynthetic Capacity[J]. Nature,1979,282(5737): 424-426.

[212] LOHAMMAR T,LARSSON S,LINDER S,et al. FAST-simulation models of gaseous exchange in Scots pine[J]. Ecol Bull,1980,32: 505-523.

[213] LINDROTH A,HALLDIN S. Numerical-analysis of pine forest evaporation and surface-resistance[J]. Agricultural and Forest Meteorology,1986,38(1-3): 59-79.

[214] GRANIER A,LOUSTAU D. Measuring and modeling the-transpiration of a maritime pine canopy from sap-flow data[J]. Agricultural and Forest Meteorology,1994,71(1-2):61-81.

[215] PERTTI H,ANNIKKI M,EEVA K,et al. Optimal control of gas exchange[J]. Tree Physiology,1986,(1-2-3):169-175.

[216] KATUL G,MANZONI S,PALMROTH S,et al. A stomatal optimization theory to describe the effects of atmospheric CO_2 on leaf photosynthesis and transpiration[J]. Ann Bot,2010,105(3):431-442.

[217] MEDLYN B E,DUURSMA R A,EAMUS D,et al. Reconciling the optimal and empirical approaches to modelling stomatal conductance[J]. Global Change Biology,2011,17(6):2134-2144.

[218] 李星月,范秀华,沈繁宜. 木质部空穴化与栓塞修复的过程和机理[J]. 山东农业科学,2011,(5):5.

[219] BLACKMAN C J,BRODRIBB T J,JORDAN G J. Leaf hydraulics and drought stress:response,recovery and survivorship in four woody temperate plant species[J]. Plant Cell Environ,2009,32(11):1584-1595.

[220] 李荣,姜在民,张硕新,等. 木本植物木质部栓塞脆弱性研究新进展[J]. 植物生态学报,2015,39(8):11.

[221] BRODRIBB T J, HOLBROOK N M. Stomatal closure during leaf dehydration,correlation with other leaf physiological traits [J]. Plant Physiol, 2003, 132 (4):2166-2173.

[222] MARTINEZ-VILALTA J,POYATOS R,AGUADE D,et al. A new look at water transport regulation in plants[J]. New Phytol,2014,204(1):105-115.

[223] COCHARD H,DELZON S. Hydraulic failure and repair are not routine in trees[J]. Annals of Forest Science,2013,70(7):659-661.

[224] LLOYD J. Modeling Stomatal Responses to Environment in Macadamia-Integrifolia[J]. Australian Journal of Plant Physiology,1991,18(6):649-660.

[225] JARVIS P G,MCNAUGHTON K G. Stomatal control of transpiration-scaling up from leaf to region[J]. Advances in Ecological Research,1986,15(C):1-49.

[226] BONAN G B,WILLIAMS M,FISHER R A,et al. Modeling stomatal conductance in the earth system:linking leaf water-use efficiency and water transport along the soil-plant-atmosphere continuum[J]. Geoscientific Model Development,2014,7(5):2193-2222.

[227] HEROULT A,LIN Y S,BOURNE A,et al. Optimal stomatal conductance in relation to photosynthesis in climatically contrasting Eucalyptus species under drought[J]. Plant Cell Environ,2013,36(2):262-274.

[228] RAWSON H M,BEGG J E,WOODWARD R G. The effect of atmospheric humidity on photosynthesis,transpiration and water use efficiency of leaves of several plant species[J]. Planta,1977,134(1):5-10.

[229] YUAN W,ZHENG Y,PIAO S,et al. Increased atmospheric vapor pressure deficit reduces global vegetation growth[J]. Sci Adv,2019,5(8):eaax1396.

[230] LAWRENCE M G. The relationship between relative humidity and the dewpoint temperature in moist air-A simple conversion and applications[J]. Bulletin of the American Meteorological Society,2005,86(2)：225-234.

[231] SHARPE P J,WU H-I,SPENCE R D. Stomatal mechanics[J]. Stomatal function,1987, 1987：91-114.

[232] LIN Y S,MEDLYN B E,DUURSMA R A,et al. Optimal stomatal behaviour around the world[J]. Nature Climate Change,2015,5(5)：459-464.

[233] GENTINE P,GREEN J K,GUÉRIN M,et al. Coupling between the terrestrial carbon and water cycles-a review[J]. Environmental Research Letters,2019,14(8)：083003.

[234] GROSSIORD C,BUCKLEY T N,CERNUSAK L A,et al. Plant responses to rising vapor pressure deficit[J]. New Phytol,2020,226(6)：1550-1566.

[235] DAI,AIGUO. Increasing drought under global warming in observations and models[J]. Nature Climate Change,2013,3(2)：52-58.

[236] KONINGS A G,WILLIAMS A P,GENTINE P. Sensitivity of grassland productivity to aridity controlled by stomatal and xylem regulation[J]. Nature Geoscience,2017,10(4)：284-288.

[237] RESTAINO C M,PETERSON D L,LITTELL J. Increased water deficit decreases Douglas fir growth throughout western US forests[J]. Proc Natl Acad Sci U S A,2016, 113(34)：9557-9562.

[238] LIU Y L,KUMAR M,KATUL G G,et al. Plant hydraulics accentuates the effect of atmospheric moisture stress on transpiration[J]. Nature Climate Change,2020,10(7)：691-695.

[239] LIN C J,GENTINE P,FRANKENBERG C,et al. Evaluation and mechanism exploration of the diurnal hysteresis of ecosystem fluxes[J]. Agricultural and Forest Meteorology, 2019,278：107642.

[240] MARCHIN R M,BROADHEAD A A,BOSTIC L E,et al. Stomatal acclimation to vapour pressure deficit doubles transpiration of small tree seedlings with warming[J]. Plant Cell Environ,2016,39(10)：2221-2234.

[241] 韩路,王海珍,徐雅丽,等.灰胡杨蒸腾速率对气孔导度和水汽压差的响应[J].干旱区资源与环境,2016,30(8)：193-197.

[242] 周文君,查天山,贾昕,等.宁夏盐池油蒿叶片水分利用效率的生长季动态变化及对环境因子的响应[J].北京林业大学学报,2020,(7)：98-105.

[243] 林昌杰.植被碳水通量对水分条件的响应机制及其耦合变化特征[D].北京：清华大学,2019.

[244] HUMPHREY V,ZSCHEISCHLER J,CIAIS P,et al. Sensitivity of atmospheric CO_2 growth rate to observed changes in terrestrial water storage[J]. Nature,2018, 560(7720)：628-631.

[245] GREEN J K,SENEVIRATNE S I,BERG A M,et al. Large influence of soil moisture on long-term terrestrial carbon uptake[J]. Nature,2019,565(7740)：476-479.

[246] MCDOWELL N G,ALLEN C D. Darcy's law predicts widespread forest mortality under

climate warming[J]. Nature Climate Change,2015,5(7): 669-672.
[247] SEAN M. Weak tradeoff between xylem safety and xylem-specific hydraulic efficiency across the world's woody plant species[J]. New Phytologist,2016,209(1): 123-136.
[248] BITTENCOURT P R,PEREIRA L,OLIVEIRA R S. On xylem hydraulic efficiencies,wood space-use and the safety-efficiency tradeoff: Comment on Gleason et al. (2016)'Weak tradeoff between xylem safety and xylem-specific hydraulic efficiency across the world's woody plant species'[J]. New Phytol,2016,211(4): 1152-1155.
[249] DANIELE C, PATRICK F, GEORG V A, et al. How does climate influence xylem morphogenesis over the growing season? Insights from long-Term intra-ring anatomy in Picea abies[J]. Annals of Botany,2017,(6): 6.
[250] ZIACO E, TRUETTNER C, BIONDI F, et al. Moisture-driven xylogenesis in Pinus ponderosa from a Mojave Desert mountain reveals high phenological plasticity[J]. Plant Cell Environ,2018,41(4): 823-836.
[251] SEVANTO S. Drought impacts on phloem transport[J]. Curr Opin Plant Biol,2018,43: 76-81.
[252] ROSNER S,HEINZE B,SAVI T, et al. Prediction of hydraulic conductivity loss from relative water loss: new insights into water storage of tree stems and branches[J]. Physiologia Plantarum,2018.
[253] MORILLAS L,PANGLE R E,MAURER G E, et al. Tree mortality decreases water availability and ecosystem resilience to drought in piñon-Juniper woodlands in the southwestern US[J]. Journal of Geophysical Research: Biogeosciences,2017,122(12): 3343-3361.
[254] GIARDINA F,KONINGS A G,KENNEDY D, et al. Tall Amazonian forests are less sensitive to precipitation variability[J]. Nature Geoscience,2018,11(6): 405-409.
[255] STOCKER B D,ZSCHEISCHLER J, KEENAN T F, et al. Quantifying soil moisture impacts on light use efficiency across biomes[J]. New Phytol,2018,218(4): 1430-1449.
[256] ZHOU J,ZHANG Z Q,SUN G, et al. Response of ecosystem carbon fluxes to drought events in a poplar plantation in Northern China[J]. Forest Ecology and Management,2013,300: 33-42.
[257] BONAL D,BOSC A,PONTON S, et al. Impact of severe dry season on net ecosystem exchange in the Neotropical rainforest of French Guiana[J]. Global Change Biology,2008,14(8): 1917-1933.
[258] MEIR P,METCALFE D B,COSTA A C, et al. The fate of assimilated carbon during drought: impacts on respiration in Amazon rainforests[J]. Philos Trans R Soc Lond B Biol Sci,2008,363(1498): 1849-1855.
[259] SENEVIRATNE S I,CORTI T,DAVIN E L, et al. Investigating soil moisture-climate interactions in a changing climate: A review[J]. Earth-Sci Rev,2010,99(3-4): 125-161.
[260] ZSCHEISCHLER J,WESTRA S,VAN DEN HURK B J,et al. Future climate risk from compound events[J]. Nature Climate Change,2018,8(6): 469-477.
[261] ZHOU S,ZHANG Y, PARK WILLIAMS A, et al. Projected increases in intensity,

[262] LIU L, GUDMUNDSSON L, HAUSER M, et al. Soil moisture dominates dryness stress on ecosystem production globally[J]. Nat Commun, 2020, 11(1): 4892.

[263] ZHOU S, WILLIAMS A P, BERG A M, et al. Land-atmosphere feedbacks exacerbate concurrent soil drought and atmospheric aridity[J]. Proc Natl Acad Sci U S A, 2019, 116(38): 18848-18853.

[264] KIMM H, GUAN K, GENTINE P, et al. Redefining droughts for the U. S. Corn Belt: The dominant role of atmospheric vapor pressure deficit over soil moisture in regulating stomatal behavior of Maize and Soybean[J]. Agricultural and Forest Meteorology, 2020, 287.

[265] KNORR W, HEIMANN M. Uncertainties in global terrestrial biosphere modeling, Part Ⅱ: Global constraints for a process-based vegetation model[J]. Global Biogeochemical Cycles, 2001, 15(1): 227-246.

[266] YUAN W P, LIU S G, YU G R, et al. Global estimates of evapotranspiration and gross primary production based on MODIS and global meteorology data[J]. Remote Sensing of Environment, 2010, 114(7): 1416-1431.

[267] FARQUHAR G D, VON CAEMMERER S V, BERRY J A. A biochemical model of photosynthetic CO_2 assimilation in leaves of C3 species[J]. Planta, 1980, 149(1): 78-90.

[268] ZHAO J, FENG H, XU T, et al. Physiological and environmental control on ecosystem water use efficiency in response to drought across the northern hemisphere[J]. Sci Total Environ, 2021, 758: 143599.

[269] PEREZ-PRIEGO O, KATUL G, REICHSTEIN M, et al. Partitioning eddy covariance water flux components using physiological and micrometeorological approaches[J]. Journal of Geophysical Research: Biogeosciences, 2018, 123(10): 3353-3370.

[270] KRISHNAN P, BLACK T A, GRANT N J, et al. Impact of changing soil moisture distribution on net ecosystem productivity of a boreal aspen forest during and following drought[J]. Agricultural and Forest Meteorology, 2006, 139(3-4): 208-223.

[271] YANG Y, GUAN H, BATELAAN O, et al. Contrasting responses of water use efficiency to drought across global terrestrial ecosystems[J]. Sci Rep, 2016, 6: 23284.

[272] HUANG L, HE B, HAN L, et al. A global examination of the response of ecosystem water-use efficiency to drought based on MODIS data[J]. Sci Total Environ, 2017, 601-602: 1097-1107.

[273] MORIANA A, VILLALOBOS F J, FERERES E. Stomatal and photosynthetic responses of olive (L.) leaves to water deficits[J]. Plant Cell and Environment, 2002, 25(3): 395-405.

[274] VILLALOBOS F J, PEREZ-PRIEGO O, TESTI L, et al. Effects of water supply on carbon and water exchange of olive trees[J]. European Journal of Agronomy, 2012, 40: 1-7.

[275] 唐登银, 程维新, 洪嘉琏. 我国蒸发研究的概况与展望[J]. 地理研究, 1984, (3): 14.

[276] GOULDEN M L, FIELD C B. Three methods for monitoring the gas exchange of

[277] 丛振涛,杨大文,倪广恒.蒸发原理与应用[M].北京:科学出版社,2013.

[278] KOOL D, AGAM N, LAZAROVITCH N, et al. A review of approaches for evapotranspiration partitioning[J]. Agricultural and Forest Meteorology, 2014, 184: 56-70.

[279] SHUTTLEWORTH W J, WALLACE J S. Evaporation from sparse crops-an energy combination theory[J]. The Quarterly Journal of the Royal Meteorological Society, 1985, 111(465): 839-855.

[280] NORMAN J M, KUSTAS W P, HUMES K S. Source approach for estimating soil and vegetation energy fluxes in observations of directional radiometric surface-temperature [J]. Agricultural and Forest Meteorology, 1995, 77(3-4): 263-293.

[281] DAAMEN C, SIMMONDS L. Soil, water, energy and transpiration, a numerical model of water and energy fluxes in soil profiles and sparse canopies[J]. Department of Soil Science, University of Reading, 1994, 15.

[282] SIMUNEK J, VAN GENUCHTEN M T, SEJNA M. The HYDRUS-1D software package for simulating the one-dimensional movement of water, heat, and multiple solutes in variably-saturated media[J]. University of California-Riverside Research Reports, 2005, 3: 1-240.

[283] ALLEN R G, PEREIRA L S, RAES D, et al. Crop evapotranspiration-guidelines for computing crop water requirements-FAO irrigation and drainage paper 56[J]. Fao, Rome, 1998, 300(9): D05109.

[284] YANG Y, SHANG S. A hybrid dual-source scheme and trapezoid framework-based evapotranspiration model (HTEM) using satellite images: Algorithm and model test[J]. Journal of Geophysical Research: Atmospheres, 2013, 118(5): 2284-2300.

[285] HORITA J, ROZANSKI K, COHEN S. Isotope effects in the evaporation of water: a status report of the Craig-Gordon model[J]. Isotopes Environ Health Stud, 2008, 44(1): 23-49.

[286] CRAIG H, GORDON L I. Deuterium and oxygen-18 variations in the ocean and the marine atmosphere[J]. Stable Isotopes in Oceanographic Studies and Paleotemperatures, 1965: 9-130.

[287] MOREIRA M Z, STERNBERG L D L, MARTINELLI L A, et al. Contribution of transpiration to forest ambient vapour based on isotopic measurements[J]. Global Change Biology, 1997, 3(5): 439-450.

[288] WANG L X, CAYLOR K K, VILLEGAS J C, et al. Partitioning evapotranspiration across gradients of woody plant cover: Assessment of a stable isotope technique[J]. Geophysical Research Letters, 2010, 37(9).

[289] GRIFFIS T J. Tracing the flow of carbon dioxide and water vapor between the biosphere and atmosphere: A review of optical isotope techniques and their application[J]. Agricultural and Forest Meteorology, 2013, 174: 85-109.

[290] WEN X F, YANG B, SUN X M, et al. Evapotranspiration partitioning through in-situ

oxygen isotope measurements in an oasis cropland[J]. Agricultural and Forest Meteorology,2016,230：89-96.

[291] SCANLON T M,SAHU P. On the correlation structure of water vapor and carbon dioxide in the atmospheric surface layer：A basis for flux partitioning[J]. Water Resources Research,2008,44(10).

[292] SCANLON T M,KUSTAS W P. Partitioning carbon dioxide and water vapor fluxes using correlation analysis[J]. Agricultural and Forest Meteorology,2010,150(1)：89-99.

[293] GOOD S P,SODERBERG K,GUAN K,et al. δ2H isotopic flux partitioning of evapotranspiration over a grass field following a water pulse and subsequent dry down[J]. Water Resources Research,2014,50(2)：1410-1432.

[294] SCANLON T M, KUSTAS W P. Partitioning evapotranspiration using an eddy covariance-based technique：improved assessment of soil moisture and land-atmosphere exchange dynamics[J]. Vadose Zone Journal,2012,11(3).

[295] BERKELHAMMER M,NOONE D C,WONG T E,et al. Convergent approaches to determine an ecosystem's transpiration fraction[J]. Global Biogeochemical Cycles,2016,30(6)：933-951.

[296] ZHOU S,YU B F,ZHANG Y,et al. Partitioning evapotranspiration based on the concept of underlying water use efficiency[J]. Water Resources Research, 2016, 52(2)：1160-1175.

[297] ZHOU S, YU B F, ZHANG Y, et al. Water use efficiency and evapotranspiration partitioning for three typical ecosystems in the Heihe River Basin,northwestern China[J]. Agricultural and Forest Meteorology,2018,253：261-273.

[298] PIERUSCHKA R,HUBER G,BERRY J A. Control of transpiration by radiation[J]. Proc Natl Acad Sci U S A,2010,107(30)：13372-13377.

[299] BOESE S, JUNG M, CARVALHAIS N, et al. The importance of radiation for semiempirical water-use efficiency models[J]. Biogeosciences,2017,14(12)：3015-3026.

[300] NELSON J A,CARVALHAIS N,CUNTZ M,et al. Coupling water and carbon fluxes to constrain estimates of transpiration：the TEA algorithm[J]. Journal of Geophysical Research：Biogeosciences,2018,123(12)：3617-3632.

[301] FRANKENBERG C,FISHER J B,WORDEN J,et al. New global observations of the terrestrial carbon cycle from GOSAT：Patterns of plant fluorescence with gross primary productivity[J]. Geophysical Research Letters,2011,38(17).

[302] KÖHLER P, FRANKENBERG C, MAGNEY T S, et al. Global retrievals of solar-induced chlorophyll fluorescence with TROPOMI：First results and intersensor comparison to OCO-2[J]. Geophysical Research Letters,2018,45(19)：10456-10463.

[303] GU L,WOOD J D,CHANG C Y,et al. Advancing terrestrial ecosystem science with a novel automated measurement system for sun-induced chlorophyll fluorescence for integration with eddy covariance flux networks[J]. Journal of Geophysical Research：Biogeosciences,2019,124(1)：127-146.

[304] ALEMOHAMMAD S H,FANG B,KONINGS A G,et al. Water,Energy,and Carbon

[305] DAMM A, ROETHLIN S, FRITSCHE L. Towards advanced retrievals of plant transpiration using sun-induced chlorophyll fluorescence: First considerations; proceedings[C]. Valencia, Spain: IGARSS 2018-2018 IEEE International Geoscience and Remote Sensing Symposium, 2018.

[306] LU X L, LIU Z Q, AN S Q, et al. Potential of solar-induced chlorophyll fluorescence to estimate transpiration in a temperate forest[J]. Agricultural and Forest Meteorology, 2018, 252: 75-87.

[307] PAGÁN B R, MAES W H, GENTINE P, et al. Exploring the potential of satellite solar-induced fluorescence to constrain global transpiration estimates[J]. Remote Sensing, 2019, 11(4): 413.

[308] BAKER N R. Chlorophyll fluorescence: a probe of photosynthesis in vivo[J]. Annu Rev Plant Biol, 2008, 59: 89-113.

[309] ZHANG Y, XIAO X M, WOLF S, et al. Spatio-temporal convergence of maximum daily light-use efficiency based on radiation absorption by canopy chlorophyll[J]. Geophysical Research Letters, 2018, 45(8): 3508-3519.

[310] KAUTSKY H, HIRSCH A. Neue versuche zur kohlensäureassimilation [J]. Naturwissenschaften, 1931, 19(48): 964.

[311] KRAUSE G H, WEIS E. Chlorophyll fluorescence and photosynthesis-the basics[J]. Annu Rev Plant Phys, 1991, 42(1): 313-349.

[312] PLASCYK J A. The MK II Fraunhofer line discriminator (FLD-II) for airborne and orbital remote sensing of solar-stimulated luminescence[J]. Optical Engineering, 1975, 14(4): 339-340.

[313] GROSSMANN K, FRANKENBERG C, MAGNEY T S, et al. PhotoSpec: A new instrument to measure spatially distributed red and far-red Solar-Induced Chlorophyll Fluorescence[J]. Remote Sensing of Environment, 2018, 216: 311-327.

[314] RASCHER U, ALONSO L, BURKART A, et al. Sun-induced fluorescence-a new probe of photosynthesis: First maps from the imaging spectrometer HyPlant[J]. Glob Chang Biol, 2015, 21(12): 4673-4684.

[315] WIENEKE S, AHRENDS H, DAMM A, et al. Airborne based spectroscopy of red and far-red sun-induced chlorophyll fluorescence: Implications for improved estimates of gross primary productivity[J]. Remote Sensing of Environment, 2016, 184: 654-667.

[316] PARAZOO N C, FRANKENBERG C, KÖHLER P, et al. Towards a harmonized long-term spaceborne record of far-red solar-induced fluorescence[J]. Journal of Geophysical Research: Biogeosciences, 2019, 124(8): 2518-2539.

[317] CENDRERO-MATEO M P, WIENEKE S, DAMM A, et al. Sun-induced chlorophyll fluorescence Ⅲ: benchmarking retrieval methods and sensor characteristics for proximal sensing[J]. Remote Sensing, 2019, 11(8): 962.

[318] MOHAMMED G H,COLOMBO R,MIDDLETON E M,et al. Remote sensing of solar-induced chlorophyll fluorescence (SIF) in vegetation：50 years of progress[J]. Remote Sens Environ,2019,231：111177.

[319] GUANTER L,FRANKENBERG C,DUDHIA A,et al. Retrieval and global assessment of terrestrial chlorophyll fluorescence from GOSAT space measurements[J]. Remote Sensing of Environment,2012,121：236-251.

[320] KÖHLER P,GUANTER L,JOINER J. A linear method for the retrieval of sun-induced chlorophyll fluorescence from GOME-2 and SCIAMACHY data [J]. Atmospheric Measurement Techniques,2015,8(6)：2589-2608.

[321] JOINER J,YOSHIDA Y,VASILKOV A P,et al. Filling-in of near-infrared solar lines by terrestrial fluorescence and other geophysical effects：simulations and space-based observations from SCIAMACHY and GOSAT [J]. Atmospheric Measurement Techniques,2012,5(4)：809-829.

[322] JOINER J,GUANTER L,LINDSTROT R,et al. Global monitoring of terrestrial chlorophyll fluorescence from moderate-spectral-resolution near-infrared satellite measurements：methodology,simulations,and application to GOME-2[J]. Atmospheric Measurement Techniques,2013,6(10)：2803-2823.

[323] SUN Y,FRANKENBERG C,WOOD J D,et al. OCO-2 advances photosynthesis observation from space via solar-induced chlorophyll fluorescence[J]. Science,2017,358(6360)：eaam5747.

[324] DU S,LIU L,LIU X,et al. Retrieval of global terrestrial solar-induced chlorophyll fluorescence from TanSat satellite[J]. Sci Bull (Beijing),2018,63(22)：1502-1512.

[325] DRUSCH M,MORENO J,DEL BELLO U,et al. The FLuorescence EXplorer Mission Concept-ESA's Earth Explorer 8[J]. Ieee T Geosci Remote,2017,55(3)：1273-1284.

[326] WALTHER S,VOIGT M,THUM T,et al. Satellite chlorophyll fluorescence measurements reveal large-scale decoupling of photosynthesis and greenness dynamics in boreal evergreen forests[J]. Glob Chang Biol,2016,22(9)：2979-2996.

[327] MAGNEY T S,BOWLING D R,LOGAN B A,et al. Mechanistic evidence for tracking the seasonality of photosynthesis with solar-induced fluorescence[J]. Proc Natl Acad Sci U S A,2019,116(24)：11640-11645.

[328] ZHANG J R,GONSAMO A,TONG X J,et al. Solar-induced chlorophyll fluorescence captures photosynthetic phenology better than traditional vegetation indices[J]. Isprs J Photogramm,2023,203：183-198.

[329] GUANTER L,ZHANG Y,JUNG M,et al. Global and time-resolved monitoring of crop photosynthesis with chlorophyll fluorescence[J]. Proceeding of the National Academy of Science,2014,111(14)：E1327-E1333.

[330] MACBEAN N,MAIGNAN F,BACOUR C,et al. Strong constraint on modelled global carbon uptake using solar-induced chlorophyll fluorescence data[J]. Scientific reports,2018,8(1)：1973.

[331] BACOUR C,MAIGNAN F,MACBEAN N,et al. Improving estimates of gross primary

productivity by assimilating solar-induced fluorescence satellite retrievals in a terrestrial biosphere model using a process-based SIF model[J]. J Geophys Res-Biogeo,2019,124(11): 3281-3306.

[332] JONARD F,DE CANNIÈRE S,BRÜGGEMANN N,et al. Value of sun-induced chlorophyll fluorescence for quantifying hydrological states and fluxes: Current status and challenges[J]. Agricultural and Forest Meteorology,2020,291: 108088.

[333] LIU Y J,ZHANG Y G,SHAN N,et al. Global assessment of partitioning transpiration from evapotranspiration based on satellite solar-induced chlorophyll fluorescence data[J]. Journal of Hydrology,2022,612: 128044.

[334] ZHANG Q,LIU X Q,ZHOU K,et al. Solar-induced chlorophyll fluorescence sheds light on global evapotranspiration[J]. Remote Sensing of Environment,2024,305: 114061.

[335] HU Z M,YU G R,FU Y L,et al. Effects of vegetation control on ecosystem water use efficiency within and among four grassland ecosystems in China[J]. Global Change Biology,2008,14(7): 1609-1619.

[336] YU G,SONG X,WANG Q,et al. Water-use efficiency of forest ecosystems in eastern China and its relations to climatic variables[J]. New Phytol,2008,177(4): 927-937.

[337] ZHU X J,YU G R,WANG Q F,et al. Seasonal dynamics of water use efficiency of typical forest and grassland ecosystems in China[J]. Journal of Forest Research,2014,19(1): 70-76.

[338] ZHANG H,NOBEL P S. Dependency of cI/ca and leaf transpiration efficiency on the vapour pressure deficit[J]. Functional Plant Biology,1996,23(5): 561-568.

[339] FICK A. Ueber Diffusion[J]. Annalen der Physik,2006,170(1): 59-86.

[340] BUTLER J A V,THOMSON D W,MACLENNAN W H. 173. The free energy of the normal aliphatic alcohols in aqueous solution. Part Ⅰ. The partial vapour pressures of aqueous solutions of methyl, n-propyl, and n-butyl alcohols. Part Ⅱ. The solubilities of some normal aliphatic alcohols in water. Part Ⅲ. The theory of binary solutions, and its application to aqueous-alcoholic solutions [J]. Journal of the Chemical Society (Resumed),1933: 674-686.

[341] ZHANG Y,GUANTER L,BERRY J A,et al. Estimation of vegetation photosynthetic capacity from space-based measurements of chlorophyll fluorescence for terrestrial biosphere models[J]. Glob Chang Biol,2014,20(12): 3727-3742.

[342] SAKURAI Y,PAPADIMITRIOU S,FALOUTSOS C. BRAID: Stream mining through group lag correlations; proceedings [C]. Baltimore,Maryland,USA: Proceedings of the ACM SIGMOD International Conference on Management of Data,2005.

[343] DONATELLI M,BELLOCCHI G,CARLINI L. Sharing knowledge via software components: Models on reference evapotranspiration[J]. European Journal of Agronomy,2006,24(2): 186-192.

[344] YANG Y T,LONG D,SHANG S H. Remote estimation of terrestrial evapotranspiration without using meteorological data[J]. Geophysical Research Letters,2013,40(12): 3026-3030.

[345] SCHLESINGER W H, JASECHKO S. Transpiration in the global water cycle[J]. Agricultural and Forest Meteorology, 2014, 189: 115-117.

[346] BALDOCCHI D. Measuring fluxes of trace gases and energy between ecosystems and the atmosphere-the state and future of the eddy covariance method[J]. Glob Chang Biol, 2014, 20(12): 3600-3609.

[347] BALDOCCHI D, FALGE E, GU L H, et al. FLUXNET: A new tool to study the temporal and spatial variability of ecosystem-scale carbon dioxide, water vapor, and energy flux densities[J]. Bulletin of the American Meteorological Society, 2001, 82(11): 2415-2434.

[348] CADE B S, NOON B R. A gentle introduction to quantile regression for ecologists[J]. Frontiers in Ecology and the Environment, 2003, 1(8): 412-420.

[349] BREMNES J B. Probabilistic wind power forecasts using local quantile regression[J]. Wind Energy, 2004, 7(1): 47-54.

[350] WANG L X, GOOD S P, CAYLOR K K. Global synthesis of vegetation control on evapotranspiration partitioning[J]. Geophysical Research Letters, 2014, 41(19): 6753-6757.

[351] YU K M, MOYEED R A. Bayesian quantile regression[J]. Statistics & Probability Letters, 2001, 54(4): 437-447.

[352] VOGAN P J, SAGE R F. Effects of low atmospheric CO_2 and elevated temperature during growth on the gas exchange responses of C3, C3-C4 intermediate, and C4 species from three evolutionary lineages of C4 photosynthesis[J]. Oecologia, 2012, 169(2): 341-352.

[353] HUETE A, DIDAN K, MIURA T, et al. Overview of the radiometric and biophysical performance of the MODIS vegetation indices[J]. Remote Sensing of Environment, 2002, 83(1-2): 195-213.

[354] JIN S M, YANG L M, DANIELSON P, et al. A comprehensive change detection method for updating the National Land Cover Database to circa 2011[J]. Remote Sensing of Environment, 2013, 132: 159-175.

[355] EHLERINGER J, BJORKMAN O. Quantum yields for CO_2 Uptake in C3 and C4 plants: dependence on temperature, CO_2, and O_2 concentration[J]. Plant Physiol, 1977, 59(1): 86-90.

[356] FURBANK R T, TAYLOR W C. Regulation of Photosynthesis in C3 and C4 Plants: A Molecular Approach[J]. Plant Cell, 1995, 7(7): 797-807.

[357] URBANSKI S, BARFORD C, WOFSY S, et al. Factors controlling CO_2 exchange on timescales from hourly to decadal at Harvard Forest[J]. Journal of Geophysical Research-Biogeosciences, 2007, 112(G2).

[358] MEYERS T P, HOLLINGER S E. An assessment of storage terms in the surface energy balance of maize and soybean[J]. Agricultural and Forest Meteorology, 2004, 125(1-2): 105-115.

[359] DESAI A R, BOLSTAD P V, COOK B D, et al. Comparing net ecosystem exchange of

carbon dioxide between an old-growth and mature forest in the upper Midwest, USA[J]. Agricultural and Forest Meteorology,2005,128(1-2):33-55.

[360] OISHI A C,OREN R,STOY P C. Estimating components of forest evapotranspiration: A footprint approach for scaling sap flux measurements[J]. Agricultural and Forest Meteorology,2008,148(11):1719-1732.

[361] SVOBODA M,LECOMTE D,HAYES M,et al. The drought monitor[J]. Bulletin of the American Meteorological Society,2002,83(8):1181-1190.

[362] WAGLE P,XIAO X M,TORN M S,et al. Sensitivity of vegetation indices and gross primary production of tallgrass prairie to severe drought[J]. Remote Sensing of Environment,2014,152:1-14.

[363] LI H Y,HUANG M Y,WIGMOSTA M S,et al. Evaluating runoff simulations from the Community Land Model 4.0 using observations from flux towers and a mountainous watershed[J]. Journal of Geophysical Research-Atmospheres,2011,116(24).

[364] ZENG Z,LIU J,KOENEMAN P H,et al. Assessing water footprint at river basin level: a case study for the Heihe River Basin in northwest China[J]. Hydrology and Earth System Sciences,2012,16(8):2771-2781.

[365] QI S Z,LUO F. Water environmental degradation of the Heihe River Basin in arid northwestern China[J]. Environ Monit Assess,2005,108(1-3):205-215.

[366] QI S Z,LUO F. Environmental degradation problems in the Heihe River Basin, northwest China[J]. Water and Environment Journal,2007,21(2):142-148.

[367] 周沙,黄跃飞,王光谦.黑河流域中游地区生态环境变化特征及驱动力[J].中国环境科学,2014,(3):8.

[368] HOU X Q,LI R,JIA Z K,et al. Effects of rotational tillage practices on soil properties, winter wheat yields and water-use efficiency in semi-arid areas of north-west China[J]. Field Crops Research,2012,129:7-13.

[369] ZHANG Q,MANZONI S,KATUL G,et al. The hysteretic evapotranspiration-Vapor pressure deficit relation[J]. J Geophys Res-Biogeo,2014,119(2):125-140.

[370] LI X M,LU L,YANG W F,et al. Estimation of evapotranspiration in an arid region by remote sensing-A case study in the middle reaches of the Heihe River Basin[J]. International Journal of Applied Earth Observation and Geoinformation,2012,17(1):85-93.

[371] LIU B,ZHAO W Z,CHANG X X,et al. Water requirements and stability of oasis ecosystem in arid region, China[J]. Environmental Earth Sciences,2010,59(6):1235-1244.

[372] LUO X,WANG K L,JIANG H,et al. Estimation of land surface evapotranspiration over the Heihe River basin based on the revised three-temperature model[J]. Hydrological Processes,2012,26(8):1263-1269.

[373] ZHAO W Z,LIU B,ZHANG Z H. Water requirements of maize in the middle Heihe River basin, China[J]. Agricultural Water Management,2010,97(2):215-223.

[374] GE Y C,LI X,HUANG C L,et al. A Decision Support System for irrigation water

allocation along the middle reaches of the Heihe River Basin,Northwest China[J]. Environmental Modelling & Software,2013,47: 182-192.

[375] YANG B,WEN X,SUN X. Irrigation depth far exceeds water uptake depth in an oasis cropland in the middle reaches of Heihe River Basin[J]. Sci Rep,2015,5: 15206.

[376] WANG P,ZHANG Y C,YU J J,et al. Vegetation dynamics induced by groundwater fluctuations in the lower Heihe River Basin,northwestern China[J]. Journal of Plant Ecology,2011,4(1-2): 77-90.

[377] SAVENIJE H H G,VAN DER ZAAG P. Integrated water resources management: Concepts and issues[J]. Physics and Chemistry of the Earth,2008,33(5): 290-297.

[378] CHENG G D,LI X,ZHAO W Z,et al. Integrated study of the water-ecosystem-economy in the Heihe River Basin[J]. National Science Review,2014,1(3): 413-428.

[379] LI X,CHENG G D,LIU S M,et al. Heihe watershed allied telemetry experimental research (HiWATER): scientific objectives and experimental design[J]. Bulletin of the American Meteorological Society,2013,94(8): 1145-1160.

[380] ROMERO-ARANDA M R, JURADO O, CUARTERO J. Silicon alleviates the deleterious salt effect on tomato plant growth by improving plant water status[J]. J Plant Physiol,2006,163(8): 847-855.

[381] LEE X H,KIM K,SMITH R. Temporal variations of the O/O signal of the whole-canopy transpiration in a temperate forest[J]. Global Biogeochemical Cycles, 2007, 21(3).

[382] 刘翠红,戴红武,胡艳清,等.蒸渗仪的研究与应用现状[J].农机化研究,2014,36(8): 5.

[383] 龙秋波,贾绍凤.茎流计发展及应用综述[J].水资源与水工程学报,2012,(4): 6.

[384] GRANIER A. Evaluation of transpiration in a Douglas-fir stand by means of sap flow measurements[J]. Tree Physiol,1987,3(4): 309-320.

[385] LIU S M,XU Z W,WANG W Z,et al. A comparison of eddy-covariance and large aperture scintillometer measurements with respect to the energy balance closure problem [J]. Hydrology and Earth System Sciences,2011,15(4): 1291-1306.

[386] ZHANG X Y,GONG J D,ZHOU M X,et al. Spatial and temporal characteristics of stem sap flow of Populus euphratica[J]. Journal of Desert Research,2004,24(4): 489-492.

[387] DUBBERT M,CUNTZ M,PIAYDA A,et al. Oxygen isotope signatures of transpired water vapor: the role of isotopic non-steady-state transpiration under natural conditions [J]. New Phytol,2014,203(4): 1242-1252.

[388] WRIEDT G, VAN DER VELDE M, ALOE A, et al. Estimating irrigation water requirements in Europe[J]. Journal of Hydrology,2009,373(3-4): 527-544.

[389] FERERES E,SORIANO M A. Deficit irrigation for reducing agricultural water use[J]. J Exp Bot,2007,58(2): 147-159.

[390] GEERTS S,RAES D. Deficit irrigation as an on-farm strategy to maximize crop water productivity in dry areas[J]. Agricultural Water Management,2009,96(9): 1275-1284.

[391] MILLY P C,BETANCOURT J,FALKENMARK M,et al. Climate change. Stationarity is dead: whither water management? [J]. Science,2008,319(5863): 573-574.

[392] INTERGOVERNMENTAL PANEL ON CLIMATE C. Climate Change 2013-The Physical Science Basis[M]. Cambridge, UK: Cambridge University Press, 2014.

[393] TRENBERTH K E, DAI A G, VAN DER SCHRIER G, et al. Global warming and changes in drought[J]. Nature Climate Change, 2014, 4(1): 17-22.

[394] HURTT G C, CHINI L P, FROLKING S, et al. Harmonization of land-use scenarios for the period 1500-2100: 600 years of global gridded annual land-use transitions, wood harvest, and resulting secondary lands[J]. Climatic Change, 2011, 109(1-2): 117-161.

[395] LIU X, ZHANG Y, HAN W, et al. Enhanced nitrogen deposition over China[J]. Nature, 2013, 494(7438): 459-462.

[396] HICKLER T, SMITH B, PRENTICE I C, et al. CO_2 fertilization in temperate FACE experiments not representative of boreal and tropical forests[J]. Global Change Biology, 2008, 14(7): 1531-1542.

[397] ANDREU-HAYLES L, PLANELLS O, GUTIÉRREZ E, et al. Long tree-ring chronologies reveal 20th century increases in water-use efficiency but no enhancement of tree growth at five Iberian pine forests[J]. Global Change Biology, 2011, 17(6): 2095-2112.

[398] NOCK C A, BAKER P J, WANEK W, et al. Long-term increases in intrinsic water-use efficiency do not lead to increased stem growth in a tropical monsoon forest in western Thailand[J]. Global Change Biology, 2011, 17(2): 1049-1063.

[399] WEI Y, LIU S, HUNTZINGER D N, et al. The North American Carbon Program Multi-scale Synthesis and Terrestrial Model Intercomparison Project-Part 2: Environmental driver data[J]. Geoscientific Model Development, 2014, 7(6): 2875-2893.

[400] PAN S F, CHEN G S, REN W, et al. Responses of global terrestrial water use efficiency to climate change and rising atmospheric CO concentration in the twenty-first century[J]. International Journal of Digital Earth, 2018, 11(6): 558-582.

[401] FATICHI S, LEUZINGER S, PASCHALIS A, et al. Partitioning direct and indirect effects reveals the response of water-limited ecosystems to elevated CO_2[J]. Proc Natl Acad Sci U S A, 2016, 113(45): 12757-12762.

[402] REICHSTEIN M, MOFFAT A M. REddyProc: Data processing and plotting utilities of (half-) hourly eddy-covariance measurements[J]. REddyProc: Data processing and plotting utilities of (half-)hourly eddy-covariance measurements, 2014.

[403] LAWLER J J, LEWIS D J, NELSON E, et al. Projected land-use change impacts on ecosystem services in the United States[J]. Proc Natl Acad Sci U S A, 2014, 111(20): 7492-7497.

[404] LIU X, DUAN L, MO J, et al. Nitrogen deposition and its ecological impact in China: an overview[J]. Environ Pollut, 2011, 159(10): 2251-2264.

[405] LU C, TIAN H, LIU M, et al. Effect of nitrogen deposition on China's terrestrial carbon uptake in the context of multifactor environmental changes[J]. Ecol Appl, 2012, 22(1): 53-75.

[406] HUNTZINGER D N, SCHWALM C, MICHALAK A M, et al. The North American

Carbon Program Multi-Scale Synthesis and Terrestrial Model Intercomparison Project-Part 1: Overview and experimental design[J]. Geoscientific Model Development, 2013, 6(6): 2121-2133.

[407] MAO J F, THORNTON P E, SHI X Y, et al. Remote Sensing Evaluation of CLM4 GPP for the Period 2000-09[J]. Journal of Climate, 2012, 25(15): 5327-5342.

[408] TIAN H Q, CHEN G S, ZHANG C, et al. Century-Scale Responses of Ecosystem Carbon Storage and Flux to Multiple Environmental Changes in the Southern United States[J]. Ecosystems, 2012, 15(4): 674-694.

[409] JAIN A, YANG X J, KHESHGI H, et al. Nitrogen attenuation of terrestrial carbon cycle response to global environmental factors[J]. Global Biogeochemical Cycles, 2009, 23(4).

[410] DHAENE J, TSANAKAS A, VALDEZ E A, et al. Optimal Capital Allocation Principles [J]. Journal of Risk and Insurance, 2012, 79(1): 1-28.

[411] KERGOAT L, LAFONT S, DOUVILLE H, et al. Impact of doubled CO on global-scale leaf area index and evapotranspiration: Conflicting stomatal conductance and LAI responses-: art. no. 4808[J]. Journal of Geophysical Research-Atmospheres, 2002, 107(D24): ACL 30-1-ACL-16.

[412] SEN P K. Estimates of the regression coefficient based on Kendall's Tau[J]. Journal of the American Statistical Association, 1968, 63(324): 1379-1389.

[413] MUGGEO V M. Estimating regression models with unknown break-points[J]. Stat Med, 2003, 22(19): 3055-3071.

[414] MUGGEO V M R. Segmented: An R package to fit regression models with broken-line relationships[J]. R News, 2008, 8(1): 20-25.

[415] GOLDEWIJK K K, BEUSEN A, VAN DRECHT G, et al. The HYDE 3.1 spatially explicit database of human-induced global land-use change over the past 12,000 years [J]. Global Ecology and Biogeography, 2011, 20(1): 73-86.

[416] MITCHELL A K, HINCKLEY T M. Effects of foliar nitrogen concentration on photosynthesis and water use efficiency in Douglas-fir[J]. Tree Physiol, 1993, 12(4): 403-410.

[417] GUERRIERI R, LEPINE L, ASBJORNSEN H, et al. Evapotranspiration and water use efficiency in relation to climate and canopy nitrogen in U. S. forests[J]. Journal of Geophysical Research: Biogeosciences, 2016, 121(10): 2610-2629.

[418] TIAN H Q, CHEN G S, LIU M L, et al. Model estimates of net primary productivity, evapotranspiration, and water use efficiency in the terrestrial ecosystems of the southern United States during 1895-2007[J]. Forest Ecology and Management, 2010, 259(7): 1311-1327.

[419] JAIN A K, MEIYAPPAN P, SONG Y, et al. CO_2 emissions from land-use change affected more by nitrogen cycle, than by the choice of land-cover data[J]. Glob Chang Biol, 2013, 19(9): 2893-2906.

[420] MEIYAPPAN P, JAIN A K, HOUSE J I. Increased influence of nitrogen limitation on CO emissions from future land use and land use change[J]. Global Biogeochemical

Cycles,2015,29(9): 1524-1548.

[421] YANG X, RICHARDSON T K, JAIN A K. Contributions of secondary forest and nitrogen dynamics to terrestrial carbon uptake[J]. Biogeosciences,2010,7(10): 3041-3050.

[422] MINER G L, BAUERLE W L, BALDOCCHI D D. Estimating the sensitivity of stomatal conductance to photosynthesis: a review[J]. Plant Cell & Environment,2016,40(7): 1214-1238.

[423] URBAN J, INGWERS M, MCGUIRE M A, et al. Stomatal conductance increases with rising temperature[J]. Plant Signal Behav,2017,12(8): e1356534.

[424] SCHULZE E D, KELLIHER F M, KORNER C, et al. Relationships among maximum stomatal conductance, ecosystem surface conductance, carbon assimilation rate, and plant nitrogen nutrition-a global ecology scaling exercise[J]. Annual Review of Ecology and Systematics,1994,25(1): 629-662.

[425] ROGERS A, MEDLYN B E, DUKES J S, et al. A roadmap for improving the representation of photosynthesis in Earth system models[J]. New Phytol,2017,213(1): 22-42.

[426] POULTER B, FRANK D, CIAIS P, et al. Contribution of semi-arid ecosystems to interannual variability of the global carbon cycle[J]. Nature,2014,509(7502): 600-603.

[427] NOVICK K A, MINIAT C F, VOSE J M. Drought limitations to leaf-level gas exchange: results from a model linking stomatal optimization and cohesion-tension theory[J]. Plant Cell Environ,2016,39(3): 583-596.

[428] BATES L M, HALL A E. Stomatal closure with soil water depletion not associated with changes in Bulk leaf water status[J]. Oecologia,1981,50(1): 62-65.

[429] HERNANDEZ-SANTANA V, FERNÁNDEZ J E, RODRIGUEZ-DOMINGUEZ C M, et al. The dynamics of radial sap flux density reflects changes in stomatal conductance in response to soil and air water deficit[J]. Agricultural and Forest Meteorology,2016,218: 92-101.

[430] TOBIN R L, KULMATISKI A. Plant identity and shallow soil moisture are primary drivers of stomatal conductance in the savannas of Kruger National Park[J]. PLoS One, 2018,13(1): e0191396.

[431] 赵晶晶,刘良云.基于通量塔观测资料的北美温带植被物候阈值提取方法[J].应用生态学报,2013,24(2): 8.

[432] BALDOCCHI D. Breathing of the terrestrial biosphere: lessons learned from a global network of carbon dioxide flux measurement systems[J]. Australian Journal of Botany, 2008,56(1): 1-26.

[433] LOVELAND T R, ZHU Z L, OHLEN D O, et al. An analysis of the IGBP global land-cover characterization process[J]. Photogrammetric Engineering and Remote Sensing, 1999,65(9): 1021-1032.

[434] 王珊,查天山,贾昕,等.毛乌素沙地油蒿群落冠层导度及影响因素[J].北京林业大学学报,2017,39(3): 9.

[435] THOM A S,OLIVER H R. On Penman's equation for estimating regional evaporation [J]. Quarterly Journal of the Royal Meteorological Society,2006,103(436): 345-357.

[436] PAULSON C A. The mathematical representation of wind speed and temperature profiles in the unstable atmospheric surface layer[J]. Journal of Applied Meteorology and Climatology,1970,9(6): 857-861.

[437] BELJAARS A C M,HOLTSLAG A A M. Flux parameterization over land surfaces for atmospheric models[J]. Journal of Applied Meteorology,1991,30(3): 327-341.

[438] PEARCY R W,SCHULZE E-D,ZIMMERMANN R. Measurement of transpiration and leaf conductance[M]. Plant physiological ecology. Springer. 2000: 137-160.

[439] URBAN J,INGWERS M W,MCGUIRE M A,et al. Increase in leaf temperature opens stomata and decouples net photosynthesis from stomatal conductance in Pinus taeda and Populus deltoides x nigra[J]. J Exp Bot,2017,68(7): 1757-1767.

[440] 李永华,李臻,辛智鸣,等.形态变化对叶片表面温度的影响[J].植物生态学报,2018,42(2): 7.

[441] JI S,TONG L,KANG S,et al. A modified optimal stomatal conductance model under water-stressed condition[J]. International Journal of Plant Production,2017,11(2): 295-314.

[442] WILLMOTT C J. Some comments on the evaluation of model performance[J]. Bulletin of the American Meteorological Society,1982,63(11): 1309-1313.

[443] KAUWE M G D,MEDLYN B E,KNAUER J,et al. Ideas and perspectives: how coupled is the vegetation to the boundary layer? [J]. Biogeosciences,2017,14(19): 4435-4453.

[444] LOBELL D B,HAMMER G L,MCLEAN G,et al. The critical role of extreme heat for maize production in the United States[J]. Nature Climate Change,2013,3(5): 497-501.

[445] TEULING A J,SENEVIRATNE S I,STÖCKLI R,et al. Contrasting response of European forest and grassland energy exchange to heatwaves[J]. Nature Geoscience,2010,3(10): 722-727.

[446] BERG A,SHEFFIELD J,MILLY P C D. Divergent surface and total soil moisture projections under global warming[J]. Geophysical Research Letters,2017,44(1): 236-244.

[447] LOZANO-JUSTE J,CUTLER S R. Hormone signalling: ABA has a breakdown[J]. Nat Plants,2016,2(9): 16137.

[448] COCHARD H,HOLTTA T,HERBETTE S,et al. New insights into the mechanisms of water-stress-induced cavitation in conifers[J]. Plant Physiol,2009,151(2): 949-954.

[449] ZHANG Q,PHILLIPS R P,MANZONI S,et al. Changes in photosynthesis and soil moisture drive the seasonal soil respiration-temperature hysteresis relationship[J]. Agricultural and Forest Meteorology,2018,259: 184-195.

[450] PINGINTHA N,LECLERC M Y,BEASLEY J P,et al. Hysteresis response of daytime net ecosystem exchange during drought[J]. Biogeosciences,2010,7(3): 1159-1170.

[451] BAI Y,ZHU G F,SU Y H,et al. Hysteresis loops between canopy conductance of grapevines and meteorological variables in an oasis ecosystem[J]. Agricultural and Forest

Meteorology, 2015, 214: 319-327.

[452] ZEPPEL M J B, MURRAY B R, BARTON C, et al. Seasonal responses of xylem sap velocity to VPD and solar radiation during drought in a stand of native trees in temperate Australia[J]. Functional Plant Biology, 2004, 31(5): 461-470.

[453] MOHSENZADEH M, SHAFII M B, MOSLEH H J. A novel concentrating photovoltaic/thermal solar system combined with thermoelectric module in an integrated design[J]. Renewable Energy, 2017, 113: 822-834.

[454] WAGLE P, GOWDA P H, MOORHEAD J E, et al. Net ecosystem exchange of CO_2 and H_2O fluxes from irrigated grain sorghum and maize in the Texas High Plains[J]. Sci Total Environ, 2018, 637-638: 163-173.

[455] 叶子飘, 于强. 植物气孔导度的机理模型[J]. 植物生态学报, 2009, 33(004): 772-782.

[456] PAPALE D, REICHSTEIN M, AUBINET M, et al. Towards a standardized processing of Net Ecosystem Exchange measured with eddy covariance technique: algorithms and uncertainty estimation[J]. Biogeosciences, 2006, 3(4): 571-583.

[457] LEYS C, LEY C, KLEIN O, et al. Detecting outliers: Do not use standard deviation around the mean, use absolute deviation around the median[J]. Journal of Experimental Social Psychology, 2013, 49(4): 764-766.

[458] SOUDANI K, HMIMINA G, DUFRÊNE E, et al. Relationships between photochemical reflectance index and light-use efficiency in deciduous and evergreen broadleaf forests[J]. Remote Sensing of Environment, 2014, 144: 73-84.

[459] ROSENTHAL W D, et al. Transmitted and absorbed photosynthetically active radiation in grain sorghum1[J]. Agronomy Journal, 1985, 77(6): 841-845.

[460] KUME A, NASAHARA K N, NAGAI S, et al. The ratio of transmitted near-infrared radiation to photosynthetically active radiation (PAR) increases in proportion to the absorbed PAR in the canopy[J]. J Plant Res, 2011, 124(1): 99-106.

[461] ZHOU S, YU B F, SCHWALM C R, et al. Response of water use efficiency to global environmental change based on output from terrestrial biosphere models[J]. Global Biogeochemical Cycles, 2017, 31(11): 1639-1655.

[462] CLAPP R B, HORNBERGER G M. Empirical equations for some soil hydraulic-properties[J]. Water Resources Research, 1978, 14(4): 601-604.

[463] KATUL G, LEUNING R, OREN R. Relationship between plant hydraulic and biochemical properties derived from a steady-state coupled water and carbon transport model[J]. Plant Cell and Environment, 2003, 26(3): 339-350.

[464] GENTINE P, GARELLI A, PARK S B, et al. Role of surface heat fluxes underneath cold pools[J]. Geophys Res Lett, 2016, 43(2): 874-883.

[465] RASHID M A, ANDERSEN M N, WOLLENWEBER B, et al. Acclimation to higher VPD and temperature minimized negative effects on assimilation and grain yield of wheat[J]. Agricultural and Forest Meteorology, 2018, 248: 119-129.

[466] MENDES K R, MARENCO R A. Stomatal opening in response to the simultaneous increase in vapor pressure deficit and temperature over a 24-h period under constant light

in a tropical rainforest of the central Amazon[J]. Theoretical and Experimental Plant Physiology,2017,29(4): 187-194.

[467] GENTINE P,CHHANG A,RIGDEN A,et al. Evaporation estimates using weather station data and boundary layer theory[J]. Geophysical Research Letters,2016,43(22): 11661-11670.

[468] BATENI S M,ENTEKHABI D. Relative efficiency of land surface energy balance components[J]. Water Resources Research,2012,48(4).

[469] SANGINES DE CARCER P,VITASSE Y,PENUELAS J,et al. Vapor-pressure deficit and extreme climatic variables limit tree growth[J]. Glob Chang Biol,2018,24(3): 1108-1122.

[470] LENS F,PICON-COCHARD C,DELMAS C E,et al. Herbaceous angiosperms are not more vulnerable to drought-induced embolism than angiosperm trees[J]. Plant Physiol,2016,172(2): 661-667.

[471] RYU Y,NILSON T,KOBAYASHI H,et al. On the correct estimation of effective leaf area index: Does it reveal information on clumping effects? [J]. Agricultural and Forest Meteorology,2010,150(3): 463-472.

[472] XU D Y,KANG X W,ZHUANG D F,et al. Multi-scale quantitative assessment of the relative roles of climate change and human activities in desertification-A case study of the Ordos Plateau,China[J]. Journal of Arid Environments,2010,74(4): 498-507.

[473] GENTINE P,HOLTSLAG A A M,D'ANDREA F,et al. Surface and atmospheric controls on the onset of moist convection over land[J]. Journal of Hydrometeorology,2013,14(5): 1443-1462.

[474] KLEIN S A,ZHANG Y,ZELINKA M D,et al. Are climate model simulations of clouds improving? An evaluation using the ISCCP simulator [J]. Journal of Geophysical Research: Atmospheres,2013,118(3): 1329-1342.

[475] COVEY C,GLECKLER P J,DOUTRIAUX C,et al. Metrics for the diurnal cycle of precipitation: toward routine benchmarks for climate models[J]. Journal of Climate,2016,29(12): 4461-4471.

[476] GENTINE P,ENTEKHABI D,POLCHER J. The diurnal behavior of evaporative fraction in the soil-vegetation-atmospheric boundary layer continuum[J]. Journal of Hydrometeorology,2011,12(6): 1530-1546.

[477] MERLIN O,OLIVERA-GUERRA L,HSSAINE B A,et al. A phenomenological model of soil evaporative efficiency using surface soil moisture and temperature data[J]. Agricultural and Forest Meteorology,2018,256: 501-515.

[478] MADADGAR S,AGHAKOUCHAK A,FARAHMAND A,et al. Probabilistic estimates of drought impacts on agricultural production[J]. Geophysical Research Letters,2017,44(15): 7799-7807.

[479] ALLEN C D,MACALADY A K,CHENCHOUNI H,et al. A global overview of drought and heat-induced tree mortality reveals emerging climate change risks for forests[J]. Forest Ecology and Management,2010,259(4): 660-684.

[480] LIU L B,PENG S S,AGHAKOUCHAK A,et al. Broad consistency between satellite and vegetation model estimates of met primary productivity across global and regional scales[J]. J Geophys Res-Biogeo,2018,123(12):3603-3616.

[481] SULMAN B N,ROMAN D T,YI K,et al. High atmospheric demand for water can limit forest carbon uptake and transpiration as severely as dry soil[J]. Geophysical Research Letters,2016,43(18):9686-9695.

[482] ZHANG Q,FICKLIN D L,MANZONI S,et al. Response of ecosystem intrinsic water use efficiency and gross primary productivity to rising vapor pressure deficit[J]. Environmental Research Letters,2019,14(7):074023.

[483] JACKSON R B,CANADELL J,EHLERINGER J R,et al. A global analysis of root distributions for terrestrial biomes[J]. Oecologia,1996,108(3):389-411.

[484] CANADELL J,JACKSON R B,EHLERINGER J R,et al. Maximum rooting depth of vegetation types at the global scale[J]. Oecologia,1996,108(4):583-595.

[485] WAYSON C A,RANDOLPH J C,HANSON P J,et al. Comparison of soil respiration methods in a mid-latitude deciduous forest[J]. Biogeochemistry,2006,80(2):173-189.

[486] ANDEREGG W R L,KONINGS A G,TRUGMAN A T,et al. Hydraulic diversity of forests regulates ecosystem resilience during drought[J]. Nature,2018,561(7724):538-541.

[487] TWINE T E,KUSTAS W P,NORMAN J M,et al. Correcting eddy-covariance flux underestimates over a grassland[J]. Agricultural and Forest Meteorology,2000,103(3):279-300.

[488] WILSON K,GOLDSTEIN A,FALGE E,et al. Energy balance closure at FLUXNET sites[J]. Agricultural and Forest Meteorology,2002,113(1-4):223-243.

[489] ERSHADI A,MCCABE M F,EVANS J P,et al. Multi-site evaluation of terrestrial evaporation models using FLUXNET data[J]. Agricultural and Forest Meteorology,2014,187:46-61.

[490] PASTORELLO G,TROTTA C,CANFORA E,et al. The FLUXNET2015 dataset and the ONEFlux processing pipeline for eddy covariance data[J]. Sci Data,2020,7(1):225.

[491] KLEIDON A,RENNER M,PORADA P. Estimates of the climatological land surface energy and water balance derived from maximum convective power[J]. Hydrology and Earth System Sciences,2014,18(6):2201-2218.

[492] DRAKE J E,VÅRHAMMAR A,KUMARATHUNGE D,et al. A common thermal niche among geographically diverse populations of the widely distributed tree species Eucalyptus tereticornis: No evidence for adaptation to climate-of-origin[J]. Global change biology,2017,23(12):5069-5082.

[493] ZHANG Y,XIAO X M,ZHOU S,et al. Canopy and physiological controls of GPP during drought and heat wave[J]. Geophysical Research Letters,2016,43(7):3325-3333.

[494] MASSMANN A,GENTINE P,LIN C. When does vapor pressure deficit drive or reduce evapotranspiration?[J]. J Adv Model Earth Syst,2019,11(10):3305-3320.

[495] GRÖMPING U. Relative importance for linear regression in R:the package relaimpo

[J]. Journal of statistical software,2006,17(1): 1-27.

[496] MUSAVI T,MIGLIAVACCA M,REICHSTEIN M,et al. Stand age and species richness dampen interannual variation of ecosystem-level photosynthetic capacity[J]. Nature Ecology & Evolution,2017,1(2): 1-7.

[497] SOH W K,YIOTIS C,MURRAY M,et al. Rising CO(2) drives divergence in water use efficiency of evergreen and deciduous plants[J]. Science Advances,2019,5(12): eaax7906.

[498] GROEMPING U,MATTHIAS L. Relative importance for liear regressino in R: The pachage relaimpo[J]. Journal of Statistical Software,2006,17(1),1-27.

[499] WOLD S,RUHE A,WOLD H,et al. The collinearity problem in linear-regression-the partial least-squares (Pls) approach to generalized inverses[J]. Siam Journal on Scientific and Statistical Computing,1984,5(3): 735-743.

[500] LI Y,SHI H,ZHOU L,et al. Disentangling climate and LAI effects on seasonal Variability in Water Use Efficiency Across Terrestrial Ecosystems in China[J]. J Geophys Res-Biogeo,2018,123(8): 2429-2443.

[501] ZHOU S,WILLIAMS A P,LINTNER B R,et al. Soil moisture-atmosphere feedbacks mitigate declining water availability in drylands[J]. Nature Climate Change,2021,11(1): 38-44.

[502] WU X C,LI X Y,CHEN Y H,et al. Atmospheric water demand dominates daily variations in water use efficiency in Alpine Meadows,Northeastern Tibetan Plateau[J]. J Geophys Res-Biogeo,2019,124(7): 2174-2185.

[503] MEVIK B-H,WEHRENS R. Introduction to the pls Package[J]. Help Section of The "Pls" Package of R Studio Software,2015: 1-23.

[504] MARSCHNER I,DONOGHOE M W,DONOGHOE M M W. Package 'glm2'[J]. The R Journal,2011,3(2): 12-15.

[505] SALA O E, GHERARDI L A, REICHMANN L, et al. Legacies of precipitation fluctuations on primary production: theory and data synthesis[J]. Philos Trans R Soc Lond B Biol Sci,2012,367(1606): 3135-3144.

[506] DONG G,GUO J X,CHEN J Q,et al. Effects of spring drought on carbon sequestration, evapotranspiration and water use efficiency in the Songnen Meadow Steppe in Northeast China[J]. Ecohydrology,2011,4(2): 211-224.

[507] VICENTE-SERRANO S M, GOUVEIA C, CAMARERO J J, et al. Response of vegetation to drought time-scales across global land biomes[J]. Proc Natl Acad Sci U S A,2013,110(1): 52-57.

[508] FAROOQ M, WAHID A, KOBAYASHI N, et al. Plant drought stress: effects, mechanisms and management[J]. Agronomy for Sustainable Development,2009,29(1): 185-212.

[509] NIE C,HUANG Y F,ZHANG S,et al. Effects of soil water content on forest ecosystem water use efficiency through changes in transpiration/evapotranspiration ratio[J]. Agricultural and Forest Meteorology,2021,308.

[510] CHENG L, ZHANG L, WANG Y P, et al. Recent increases in terrestrial carbon uptake at little cost to the water cycle[J]. Nat Commun, 2017, 8(1): 110.

[511] PALMROTH S, KATUL G G, MAIER C A, et al. On the complementary relationship between marginal nitrogen and water-use efficiencies among leaves grown under ambient and CO-enriched environments[J]. Annals of Botany, 2013, 111(3): 467-477.

[512] FISCHER M L, BILLESBACH D P, BERRY J A, et al. Spatiotemporal variations in growing season exchanges of CO, HO, and sensible heat in agricultural fields of the Southern Great Plains[J]. Earth Interactions, 2007, 11(17): 1-21.

[513] CHAVES M M, MAROCO J P, PEREIRA J S. Understanding plant responses to drought-from genes to the whole plant[J]. Funct Plant Biol, 2003, 30(3): 239-264.

[514] SELLERS P J. Canopy Reflectance, Photosynthesis and Transpiration[J]. International Journal of Remote Sensing, 1985, 6(8): 1335-1372.

[515] PAUL-LIMOGES E, WOLF S, SCHNEIDER F D, et al. Partitioning evapotranspiration with concurrent eddy covariance measurements in a mixed forest[J]. Agricultural and Forest Meteorology, 2020, 280: 107786.

[516] BALDOCCHI D, CHU H S, REICHSTEIN M. Inter-annual variability of net and gross ecosystem carbon fluxes: A review[J]. Agricultural and Forest Meteorology, 2018, 249: 520-533.

[517] MANZONI S, VICO G, PALMROTH S, et al. Optimization of stomatal conductance for maximum carbon gain under dynamic soil moisture[J]. Advances in Water Resources, 2013, 62: 90-105.

[518] POYATOS R, GRANDA V, FLO V, et al. Global transpiration data from sap flow measurements: the SAPFLUXNET database[J]. Earth System Science Data Discussions, 2021, 13(6): 2607-2649.

[519] QUBAJA R, AMER M, TATARINOV F, et al. Partitioning evapotranspiration and its long-term evolution in a dry pine forest using measurement-based estimates of soil evaporation[J]. Agricultural and Forest Meteorology, 2020, 281: 107831.

[520] ZHAO P, KANG S Z, LI S, et al. Seasonal variations in vineyard ET partitioning and dual crop coefficients correlate with canopy development and surface soil moisture[J]. Agricultural Water Management, 2018, 197: 19-33.

[521] NELSON J A, PEREZ-PRIEGO O, ZHOU S, et al. Ecosystem transpiration and evaporation: Insights from three water flux partitioning methods across FLUXNET sites [J]. Glob Chang Biol, 2020, 26(12): 6916-6930.

[522] 周沙. 陆地生态系统潜在水分利用效率模型及其应用研究[D]. 北京: 清华大学, 2017.

[523] BREIMAN L. Random forests[J]. Machine Learning, 2001, 45(1): 5-32.

[524] MEINSHAUSEN N. Quantile regression forests[J]. Journal of Machine Learning Research, 2006, 7(6): 983-999.

[525] SCOTT R L, KNOWLES J F, NELSON J A, et al. Water Availability Impacts on Evapotranspiration Partitioning[J]. Agricultural and Forest Meteorology, 2021, 297: 108251.

[526] FATICHI S, PAPPAS C. Constrained variability of modeled ratio across biomes[J].

Geophysical Research Letters,2017,44(13):6795-6803.

[527] WEI Z W, YOSHIMURA K, WANG L X, et al. Revisiting the contribution of transpiration to global terrestrial evapotranspiration[J]. Geophysical Research Letters,2017,44(6):2792-2801.

[528] JACOBS A F G,HEUSINKVELD B G,KRUIT R J W,et al. Contribution of dew to the water budget of a grassland area in the Netherlands[J]. Water Resources Research,2006,42(3):446-455.

[529] HU X Y,LEI H M. Fifteen-year variations of water use efficiency over a wheat-maize rotation cropland in the North China Plain[J]. Agricultural and Forest Meteorology,2021,306.

[530] CAO R C,HU Z M,JIANG Z Y,et al. Shifts in ecosystem water use efficiency on China's loess plateau caused by the interaction of climatic and biotic factors over 1985-2015[J]. Agricultural and Forest Meteorology,2020,291:108100.

[531] NIU Z G, HE H L, ZHU G F, et al. An increasing trend in the ratio of transpiration to total terrestrial evapotranspiration in China from 1982 to 2015 caused by greening and warming[J]. Agricultural and Forest Meteorology,2019,279:107701.

[532] FLO V,MARTINEZ-VILALTA J,STEPPE K,et al. A synthesis of bias and uncertainty in sap flow methods[J]. Agricultural and Forest Meteorology,2019,271:362-374.

[533] ČERMÁK J, KUČERA J, NADEZHDINA N. Sap flow measurements with some thermodynamic methods,flow integration within trees and scaling up from sample trees to entire forest stands[J]. Trees,2004,18(5):529-546.